Chemie des Waffen- und Maschinenwesens

Leitfaden der Stoffkunde für den Offiziernachwuchs der Kriegsmarine

Von

Siegfried Paarmann

Marineoberstudiendirektor, Marineschule Flensburg-Mürwik

Dritte, neubearbeitete Auflage

Mit 58 Textabbildungen

Berlin
Springer-Verlag
1942

ISBN-13: 978-3-642-90223-9   e-ISBN-13: 978-3-642-92080-6
DOI: 10.1007/978-3-642-92080-6

Vorwort zur dritten Auflage.

Waffentechnik ist angewandte Wissenschaft. Die praktische Ausbildung ist durch planmäßige Belehrung im Dienstunterricht zu ergänzen. Welchen Umfang dieser Unterricht haben soll, wird verschieden beurteilt. Wesentlich ist jedenfalls, daß der spätere Offizier Gelegenheit erhält, sich einmal im Zusammenhang mit grundlegenden Fragen seines Fachgebietes zu befassen. Erst wenn er sich die wichtigsten wissenschaftlich-technischen Begriffe und Arbeitsmethoden zu eigen gemacht hat, ist er in der Lage, seine Dienstvorschriften sinngemäß anzuwenden, seinen eigenen Dienstunterricht sachgemäß zu gestalten, sich später allein an Hand der einschlägigen betriebs- und waffentechnischen Literatur weiterzubilden, seine führende Stellung in technischen Betrieben der Wehrmacht auszufüllen, als Abnahmeoffizier mit den Rüstungsfirmen zu sprechen und möglichst an der Weiterentwicklung seiner Waffe mitzuarbeiten.

Diese Aufgabe ist weder mit den Lehrbüchern der reinen Wissenschaft noch mit Sonderwerken über Betriebs- und Kampfmittel zu erfüllen. Bei den ersteren treten hinter vielen praktisch entbehrlichen Dingen die Belange des Soldaten zurück, da ihre Zielsetzung nicht militärischer Art ist. Die letzteren setzen die wissenschaftlichen Grundlagen voraus, bleiben also für viele unverständlich. Sie machen eine auch nur angenäherte Behandlung wegen der Kürze der Ausbildung unmöglich, da sie für diesen Zweck zu sehr ins Einzelne gehen. Bei beiden wird es dem Ungeübten kaum gelingen, das für ihn Wichtige herauszufinden.

Im Rahmen dieser Leitgedanken ist es das Ziel des vorliegenden Buches, in gedrängter Form eine Übersicht über die chemischen Hilfsmittel neuzeitlicher Kriegführung und ihre chemischen Grundlagen zu geben. Der in den Betriebs- und Sicherheitsvorschriften weitverstreute Stoff ist nach chemischen Gesichtspunkten geordnet. Er ist eingebaut in einen zwar kurz gefaßten, aber methodischen Lehrgang der Chemie, der allerdings von den üblichen Darstellungen vielfach abweicht. Das Buch ist insbesondere für die Offizieranwärter der technischen Fachrichtungen des Ingenieur- und Waffenwesens bestimmt. Es kann daher auf den Kenntnissen der Reifeprüfung aufbauen, wenn auch vieles zweckmäßig in Erinnerung gerufen wird. Eine weitere Vertiefung in die einzelnen Sachgebiete wird durch zahlreiche Literaturnachweise ermöglicht.

Die freundliche Aufnahme, welche die ersten beiden Auflagen gefunden haben, läßt mich hoffen, daß auch diese nach Möglichkeit auf den neuesten Stand gebrachte und vielfach ergänzte Darstellung ihren Zweck erfüllen wird.

Dem Springer-Verlag danke ich für sein freundliches Entgegenkommen und für die sorgfältige Ausstattung des Buches.

Flensburg-Mürwik, im März 1942.

Paarmann.

Inhaltsverzeichnis.

Die Hinweise im Text, z. B. 41, beziehen sich auf den jeweiligen Abschnitt. — Die Werkstoffe behandelt Dr. Jockel in seinem „Leitfaden der Werkstoffkunde", Springer-Verlag.

Tab. 1. Atomgewichte 1938.

Element	Symbol	Ordnungszahl	Atomgewicht O = 16
Aktinium	Ac	89	227,0
Aluminium	Al	13	26,97
Antimon	Sb	51	121,76
Argon	Ar	18	39,944
Arsen	As	33	74,91
Barium	Ba	56	137,36
Beryllium	Be	4	9,02
Blei	Pb	82	207,21
Bor	B	5	10,82
Brom	Br	35	79,916
Cadmium	Cd	48	112,41
Cäsium	Cs	55	132,91
Calcium	Ca	20	40,08
Cassiopeium	Cp	71	175,0
Cer	Ce	58	140,13
Chlor	Cl	17	35,457
Chrom	Cr	24	52,01
Dysprosium	Dy	66	162,46
Eisen	Fe	26	55,84
Emanation	Em	86	222,0
Erbium	Er	68	167,2
Europium	Eu	63	152,0
Fluor	F	9	19,000
Gadolinium	Gd	64	156,9
Gallium	Ga	31	69,72
Germanium	Ge	32	72,60
Gold	Au	79	197,2
Hafnium	Hf	72	178,6
Helium	He	2	4,003
Holmium	Ho	67	163,5
Indium	In	49	114,76
Iridium	Ir	77	193,1
Jod	J	53	126,92
Kalium	K	19	39,096
Kobalt	Co	27	58,94
Kohlenstoff	C	6	12,010
Krypton	Kr	36	83,7
Kupfer	Cu	29	63,57
Lanthan	La	57	138,92
Lithium	Li	3	6,940
Magnesium	Mg	12	24,32
Mangan	Mn	25	54,93
Masurium	Ma	43	—
Molybdän	Mo	42	95,95
Natrium	Na	11	22,997
Neodym	Nd	60	144,27
Neon	Ne	10	20,183
Nickel	Ni	28	58,69
Niobium	Nb	41	92,91
Osmium	Os	76	190,2
Palladium	Pd	46	106,7
Phosphor	P	15	31,02
Platin	Pt	78	195,23
Polonium	Po	84	210,
Praseodym	Pr	59	140,92
Protactinium	Pa	91	231,
Quecksilber	Hg	80	200,61
Radium	Ra	88	226,05
Rhenium	Re	75	186,31
Rhodium	Rh	45	102,91
Rubidium	Rb	37	85,48
Ruthenium	Ru	44	101,7
Samarium	Sm	62	150,43
Sauerstoff	O	8	16,0000
Scandium	Sc	21	45,10
Schwefel	S	16	32,06
Selen	Se	34	78,96
Silber	Ag	47	107,880
Silizium	Si	14	28,06
Stickstoff	N	7	14,008
Strontium	Sr	38	87,63
Tantal	Ta	73	180,88
Tellur	Te	52	127,61
Terbium	Tb	65	159,2
Thallium	Tl	81	204,39
Thorium	Th	90	232,12
Thulium	Tu	69	169,4
Titan	Ti	22	47,90
Uran	U	92	238,07
Vanadium	V	23	50,95
Wasserstoff	H	1	1,0081
Wismut	Bi	83	209,00
Wolfram	W	74	183,92
Xenon	X	54	131,3
Ytterbium	Yb	70	173,04
Yttrium	Y	39	88,92
Zink	Zn	30	65,38
Zinn	Sn	50	118,70
Zirkonium	Zr	40	91,22

Chemisch-physikalische Grundlagen.

1. Der Feinbau der Grundstoffe.

Ein chemisches Element ist ein Stoff, der durch keine chemischen Eingriffe in einfachere zerlegt werden kann.

Atomgewichte. Jedes der 92 Elemente führt zur Abkürzung ein Symbol, z. B. Sauerstoff = O, Phosphor = P. Genauer bezeichnen diese Symbole je ein Atom des Elements. Atome verschiedener Elemente unterscheiden sich durch ihr Gewicht. Die wirklichen Gewichte der Atome spielen in der Chemie keine Rolle. Es genügt, die Atomgewichte miteinander zu vergleichen. Als Vergleichselement dient der Sauerstoff, weil er sich mit nahezu allen anderen Elementen verbindet. Man setzt das Gewicht von einem Atom Sauerstoff = 16, weil es rund 16mal so schwer ist wie das Atom des Wassersstoffs, des leichtesten aller Elemente. Der Wasserstoff erhält dann das Atomgewicht 1,008. Das Atomgewicht gibt also an, wieviel ein Atom des Elementes wiegen würde, wenn das Gewicht von einem Atom Sauerstoff = 16 wäre. (Über das Rechnen mit Atomgewichten vgl. 10).

Periodisches System. Ordnet man die 92 Elemente nach ihrem Atomgewicht, so ergeben sich, abgesehen von vier Ausnahmen, überraschende Gesetzmäßigkeiten. In bestimmten Abständen kehren chemisch verwandte Elemente wieder. Diese Anordnung wird daher als periodisches System der Elemente bezeichnet (Lothar Meyer 1869, Tab. 2). Jedes Element hat in ihr als Platznummer seine Ordnungszahl Z. Der Stellung des Elementes im periodischen System entsprechen die chemischen Eigenschaften. Die obere rechte Ecke enthält die Nichtmetalle, die linke Seite die Metalle. Die Elemente der Spalte I heißen Alkalimetalle, der Spalte II Erdalkalimetalle, der Spalte III Erdmetalle, der Spalte VII Halogene, der Spalte VIII Edelgase. Die mit a und b bezeichneten Spalten ergeben Haupt- bzw. Nebenverwandtschaft. Derartige Gesetzmäßigkeiten lassen sich nur dadurch erklären, daß man den Atomen einen ganz bestimmten inneren Aufbau zuerkennt.

Das Bohrsche Atombild. Nach Rutherford (1911) und Bohr (1913) entspricht der Atomaufbau einem Planetensystem. Jedes Atom besteht aus einem positiv geladenen Atomkern und einer Reihe den Kern umkreisender Elektronen negativer Ladung. Fast das gesamte Gewicht des Atoms steckt im Atomkern. Da das Atom nach außen elektrisch neutral ist, ist die Zahl der Elektronen gleich der Zahl der positiven Kernladungen. Diese Zahl ist gleich der Ordnungszahl des Elements. Die Reihenfolge der Elemente wird heute durch die Kernladungszahl Z bestimmt, nicht mehr durch das Atomgewicht. Damit entfallen die anfangs genannten Ausnahmen.

Die Elektronen denkt man sich auf Schalen verteilt, die den verschwindend kleinen Kern umgeben.

Tab. 2. Periodisches System der Elemente nach Antropoff.

0							I											II
0							H 1											He 2

0	I	II	III	IV	V	VI	VII	VIII
He 2	Li 3	Be 4	B 5	C 6	N 7	O 8	F 9	Ne 10
Ne 10	Na 11	Mg 12	Al 13	Si 14	P 15	S 16	Cl 17	Ar 18

0	Ia	IIa	IIIa	IVa	Va	VIa	VIIa	VIIIa			Ib	IIb	IIIb	IVb	Vb	VIb	VIIb	VIIIb
Ar 18	K 19	Ca 20	Sc 21	Ti 22	V 23	Cr 24	Mn 25	Fe 26	Co 27	Ni 28	Cu 29	Zn 30	Ga 31	Ge 32	As 33	Se 34	Br 35	Kr 36
Kr 36	Rb 37	Sr 38	Y 39	Zr 40	Nb 41	Mo 42	Ma 43	Ru 44	Rh 45	Pd 46	Ag 47	Cd 48	In 49	Sn 50	Sb 51	Te 52	J 53	X 54
X 54	Cs 55	Ba 56	La 57 Cp 71	Hf 72	Ta 73	W 74	Re 75	Os 76	Ir 77	Pt 78	Au 79	Hg 80	Tl 81	Pb 82	Bi 83	Po 84	— 85	Em 86
Em 86	87	Ra 88	Ac 89	Th 90	Pa 91	U 92												
0	1	2	3	4	5	6	7	8	9	10	11	12	13	14	15	16	17	18

Ce 58	Pr 59	Nd 60	— 61	Sm 62	Eu 63	Gd 64	Tb 65	Dy 66	Ho 67	Er 68	Tu 69	Yb 70	Cp 71	seltene Erdmetalle

Zu einer Schale gehören alle Elektronen, deren mittlerer Abstand vom Kern gleich groß ist. Die dem Kern nächste Schale bezeichnet man als K-Schale, die folgenden der Reihe nach als L-, M-, N-Schale usw. Jede Schale hat nur ein beschränktes Fassungsvermögen für Elektronen. Z. B. kann die K-Schale höchstens 2, die L-Schale höchstens 8, die M-Schale höchstens 18 und die N-Schale höchstens 32 Elektronen aufnehmen, zu merken durch die Formel $2 n^2$ ($n = 1, 2, 3$ usw.). Mit jeder Periode des Systems beginnt der Ausbau einer neuen Schale, also bei den Elementen 1, 3, 11, 19, 37 usw. Dieser Ausbau ist bis zum Element 18 völlig regelmäßig. Dagegen beginnt bei Element 19 bereits der Ausbau der N-Schale, ohne daß die M-Schale schon voll aufgefüllt ist. Da nun die folgenden Elektronen hauptsächlich zur Auffüllung der inneren M-Schale dienen, bleibt die Elektronenzahl auf der N-Schale bis zur Auffüllung der M-Schale im wesentlichen gleich. Ähnlich liegen die Dinge für die folgenden Perioden. Einzelheiten ergeben sich aus Tab. 3.

Beispiel: Verteilung der Elektronen für Natrium und Chlor:

Na (Z = 11): K-Schale 2, L-Schale 8, M-Schale 1 Elektron

Cl (Z = 17): K-Schale 2, L-Schale 8, M-Schale 7 Elektronen.

Tab. 3. Verteilung der Elektronen in der Atomhülle.

Schale Quanten-n zahlen l / Element	K 1 0	L 2 0	L 2 1	M 3 0	M 3 1	M 3 2	N 4 0	N 4 1	N 4 2	N 4 3	O 5 0	O 5 1	O 5 2	P 6 0	P 6 1	P 6 2	Q 7 0
1— 2	1—2																
3— 4	2	1—2															
5—10	2	2	1—6														
11—12	2	2	6	1—2													
13—18	2	2	6	2	1—6												
19—20	2	2	6	2	6		1—2										
21—23	2	2	6	2	6	1—3	2										
24	2	2	6	2	6	5	1										
25—28	2	2	6	2	6	5—8	2										
29—30	2	2	6	2	6	10	1—2										
31—36	2	2	6	2	6	10	2	1—6									
37—38	2	2	6	2	6	10	2	6			1—2						
39—40	2	2	6	2	6	10	2	6	1—2		2						
41—45	2	2	6	2	6	10	2	6	4—8		1						
46	2	2	6	2	6	10	2	6	10								
47—48	2	2	6	2	6	10	2	6	10		1—2						
49—54	2	2	6	2	6	10	2	6	10		2	1—6					
55—56	2	2	6	2	6	10	2	6	10		2	6		1—2			
57	2	2	6	2	6	10	2	6	10		2	6	1	2			
58—71	2	2	6	2	6	10	2	6	10	1—14	2	6	1	2			
72—78	2	2	6	2	6	10	2	6	10	14	2	6	2—8	2			
79—80	2	2	6	2	6	10	2	6	10	14	2	6	10	1—2			
81—86	2	2	6	2	6	10	2	6	10	14	2	6	10	2	1—6		
87—88	2	2	6	2	6	10	2	6	10	14	2	6	10	2	6		1—2
89—92	2	2	6	2	6	10	2	6	10	14	2	6	10	2	6	1—4	2
2 n² =	2	8		18			32				—			—			—

Der Bohrsche Grundgedanke. Bohr schuf sein Atommodell mit folgender grundlegenden Betrachtung: Das Elektron mit der Masse m und der Ladung e möge auf einer Kreisbahn vom Radius r um den Kern mit der Ladung Z · e laufen. Es muß dann die Coulombsche Anziehungskraft $Z \cdot e \cdot e/r^2 = Z \cdot e^2/r^2$ gleich der Zentrifugalkraft $m v^2/r$ sein (v = Bahngeschwindigkeit = r w mit w als Winkelgeschwindigkeit). Es ist also:

$$m w^2 r = Z \frac{e^2}{r^2}, \tag{1}$$

Hierin bedeutet r zunächst einen Bahnradius beliebiger Größe. Nun hatte Planck 1900 die Hypothese der Energiequanten aufgestellt: Bei atomaren Schwingungs- und Rotationsvorgängen kann die Energie E nur ein ganzzahliges Vielfaches eines bestimmten Energiequantums ε sein, wobei ε proportional der Eigenfrequenz μ der Rotation ist: $E = n \cdot \varepsilon = n \cdot h \cdot \mu$. Hierin ist n = 1, 2, 3 ... und h das Plancksche „Wirkungsquantum", eine universelle Konstante. Es gilt also auch für die potentielle Energie Ep des Elektrons der Quantenansatz: $Ep = n \cdot h \cdot \mu$ oder da $w = 2 \pi \mu$ ist: $Ep = n \cdot h \cdot w/2 \pi$.

Die potentielle Energie Ep des Elektrons hat aber den Betrag $-Z e^2/r$. Es ist die Arbeit, die nötig ist, um das Elektron vom Kern unter Überwindung der Coulombschen Anziehungskraft auf die Bahn mit dem Radius r zu „heben". [Beweis: Arbeit ist = Kraft · Weg. Da die Kraft veränderlich ist, gilt die Arbeitsformel nur für kleine Teilwege: dA = $Z e^2 \cdot dr/r^2$. Das ergibt integriert (d. h. für beliebig kleine Teilwege summiert): A = $- Z e^2/r$]. Es ist also weiter:

$$Ep = - \frac{Z e^2}{r} = \frac{n h w}{2 \pi} \tag{2}$$

(1) und (2) ergeben nach Eliminieren von w für den Bahnradius:

$$r = \frac{n^2 h^2}{4 \pi^2 m e^2 Z},$$

Da h, m, e (und für ein bestimmtes Element auch Z) Konstanten sind, können die Elektronen entsprechend n = 1, 2, 3, 4 nur in Bahnen laufen, deren Radien sich wie 1 : 4 : 9 : 16 ... verhalten. Ist die Bahn nicht kreisförmig, sondern elliptisch, so gilt die gleiche Formel für r, nur bedeutet r dann die große Halbachse der Ellipse.

Quantenzahlen. Elektronen, deren Bahnen die gleiche große Halbachse (bzw. Kreisradius) haben, gehören zu der gleichen Schale. Elektronen mit n = *1* gehören zur K-Schale, solche mit n = 2, 3 ... zur L, M ... Schale. n entscheidet daher über die Zugehörigkeit zu einer bestimmten Schale (Hauptenergiestufe) und heißt Hauptquantenzahl. Innerhalb einer Schale können die Bahnellipsen wieder verschiedene kleine Halbachsen, also verschiedene Exzentrizität haben. Auch die kleine Achse unterliegt einer Quantenauswahl genau wie r. Als Maß für die kleine Halbachse kann die Nebenquantenzahl l gelten. Ihre Beträge sind die ganzen Zahlen von 0 bis n — *1*. l = n — *1* bedeutet eine Kreisbahn. Elektronen mit gleicher Haupt- und Nebenquantenzahl können sich noch durch die verschiedene räumliche Lage ihrer Ellipsenbahnen unterscheiden. Durch die räumliche Lage wird das magnetische Moment bestimmt, welches das umlaufende Elektron als ringförmig fließender elektrischer Strom erzeugt. Das magnetische Moment wird gemessen durch die magnetische Quantenzahl m mit ganzzahligen Beträgen von — l bis + l. Zu jedem l gehören also 2 l + *1* mögliche Bahnen. Die bisherigen 3 Quantenzahlen n, l, m genügen noch nicht zur Unterscheidung sämtlicher Elektronen eines Atoms. Als vierte kommt die Spinquantenzahl hinzu, welche ein Maß für die Eigenrotation (den Spin) des Elektrons ist. Das Elektron ist als kleiner Kreisel mit magnetischem Moment, als Elementarmagnet, zu betrachten. Da die Rotation des Kreisels im Sinne oder Gegensinne des Bahnumlaufs erfolgen kann, kann jede Bahn mit 2 Elektronen besetzt sein, die entgegengesetzten Spin haben. Grundsätzlich müssen sich innerhalb eines Atoms sämtliche Elektronen voneinander in ihren Quantenzahlen unterscheiden (Pauli-Prinzip). Zu einer bestimmten Schale gehören also insgesamt an Elektronen:

$$2 \sum_{0}^{n-1} (2 l + 1) = 2 n^2.$$

Die wellenmechanische Auffassung. Wird einem Atom Energie zugeführt, so werden Elektronen auf eine energiereichere Bahn gehoben. Beim Zurückspringen der Elektronen auf die energieärmere Bahn werden die entsprechenden Energiebeträge quantenmäßig in Form von Licht ausgestrahlt. Dem Energieunterschied $E_2 - E_1$ entspricht 1 Lichtquant $h \cdot \nu$, wobei h wieder das Plancksche Wirkungsquantum und ν die Frequenz des ausgestrahlten Lichtes ist. Es ist also $E_2 - E_1 = h \cdot \nu$. Da dieser Vorgang der Wellennatur des Lichtes, die als Ursache der Strahlung eine Elektronenschwingung erfordert, nicht entspricht, ordnet man nach de Broglie (1924) jedem bewegten Teilchen, also auch dem Elektron, eine Trägerwelle zu. Die Bohrsche punktförmige Ladung wird über den Raum aufgelöst. Die „Wellenmechanik" ermittelt an Stelle bestimmter Bahnen des Elektrons die Ladungsdichte in der Umgebung des Atomkerns. An die Stelle des punktförmigen Elektrons tritt eine Ladungswolke, die den ganzen Atomkern umhüllt. Das Wasserstoffatom ist daher nicht mehr, wie es der Bohrschen ebenen Bahn entsprach, scheibensymmetrisch, sondern den Tatsachen entsprechend kugelsymmetrisch. Das Elektron ist in anderer Ausdrucksweise ein schwingendes Gebilde. Die Schwingungen bestehen in periodischen Änderungen der elektrischen Ladungsdichte. Das wellenmechanische Atombild (Schrödinger 1926) ist mit bewußtem Verzicht auf Anschaulichkeit geschaffen worden. Durch das wellenmechanische Bild ist die Bohrsche Theorie nicht verdrängt, sondern vertieft worden. Erst aus der Ergänzung des Bohrschen stationären Atombildes durch das dynamische wellenmechanische ergeben sich die neuzeitlichen Auffassungen von der chemischen Bindung.

Größenangaben. Zur Veranschaulichung der Größenordnungen mögen noch einige Zahlen folgen:

Ladung eines Elektrons:	e	=	$1,591 \cdot 10^{-19}$ Coulomb
Masse eines Elektrons:	m	=	$9,035 \cdot 10^{-28}$ g
Masse des H-Atoms:	m_H	=	$1,662 \cdot 10^{-24}$ g
Radius des H-Atoms:	r	=	$0,529 \cdot 10^{-8}$ cm
Plancksches Wirkungsquantum:	h	=	$6,607 \cdot 10^{-27}$ erg s.

Literatur. Eggert: Lehrbuch der physikalischen Chemie 1937. — March: Moderne Atomphysik 1933.

2. Die chemische Bindung.

Die Edelgasschale. Bei der Entstehung chemischer Verbindungen aus einzelnen Atomen spielen die kernnahen Elektronen keine Rolle, entscheidend ist allein die Zahl der Außenelektronen. Es gibt Elemente, die keinerlei Verbindungen eingehen und daher Edelgase genannt werden. (Spalte VIII des periodischen Systems.) Die völlige Stabilität der Edelgasschale, die beim Helium aus 2 und bei den anderen Edelgasen aus 8 Außenelektronen besteht, ist in dem paarweisen Ausgleich des Spins je zweier Elektronen zu suchen. Da diese Elektronen somit innerhalb des Atomverbandes abgesättigt sind, können sie sich nach außen nicht betätigen. Elemente, welche über solche abgesättigten Außenschalen nicht verfügen, zeigen das Bestreben, ebenfalls in den Besitz der Edelgasschale zu gelangen, ein Bestreben, das man bei dem Aufbau chemischer Verbindungen als richtungweisend ansehen kann. Für die Erlangung der Edelgasschale gibt es zwei verschiedene Wege, die dementsprechend zu zwei großen Gruppen chemischer Verbindungen mit verschiedenen Eigenschaften führen.

Ionenbindung. In der Nähe der Edelgase stehende Elemente mit 7 bzw. 6 Außenelektronen (Spalte VII und VI) zeigen das Bestreben, ihre Außenschale auf 8 aufzufüllen. Sie gehen dabei zwar nicht in Edelgase über, weil ihre Kernladungszahl unverändert bleibt, aber sie sind infolge eines oder mehrerer überschüssiger Elektronen nach außen negativ elektrisch geladen. Andererseits zeigen die Elemente der Spalte I und II, die je 1 bzw. 2 Außenelektronen haben, das Bestreben, die Elektronen ihrer Außenschale abzugeben, sodaß die verbleibende Schale die Edelgasgruppierung 2 oder 8 zeigt. Diese Elemente müssen dann nach außen positiv elektrisch sein. Solche Atomverbände, deren Elektronenzahl größer oder kleiner ist als die Kernladungszahl, heißen Ionen. Treffen 2 Atome zusammen, von denen das eine Elektronen aufzunehmen, das andere abzugeben bestrebt ist, so tauschen sie ihre Elektronen aus und gehen in den Ionenzustand über. Diese Ionen ketten sich aneinander, da das positive Ion nach dem Coulombschen Gesetz das negative Ion anzieht. Es entsteht aus den beiden Elementen eine chemische Verbindung. So bildet z. B. das Na-Atom $(Z = 11)$ das positive Ion Na^+ und das Chloratom $(Z = 17)$ das negative Ion Cl^-. Beide ergeben das Molekül $NaCl$ (Kochsalz). Na und Cl heißen einwertig, weil sie nur ein Elektron austauschen. Die Elemente der Spalte I bzw. II sind positiv 1- bzw. 2-wertig, der Spalte VI bzw. VII negativ 2- bzw. 1wertig. Von besonderer Bedeutung ist das Wasserstoffion H^+, das nur aus einem positiven Kern besteht, den man ein Proton nennt (17).

    Beispiele: $K^+ + Cl^- \rightarrow KCl$; $Ca^{++} + 2\,Cl^- \rightarrow CaCl_2$; $2\,Na^+ + O^= \rightarrow Na_2O$
Die Wertigkeit eines Elements ist gleich der Zahl seiner austauschbaren Elektronen und kennzeichnet den Ladungszustand des Atoms.

    Das Molekül solcher Stoffe zeigt eine ausgesprochene Polarität, also eine unsymmetrische Verteilung der Ladung auf die beiden Ionen. Solche polaren Verbindungen sind in erster Linie die Salze, Säuren und Basen. In wäßriger Lösung treten bei diesen Stoffen freie Ionen auf (17). Beim Anlegen einer elektrischen Spannung wandern die positiven Ionen zur Kathode (Kationen), die negativen zur Anode (Anionen). Da die Wanderung der Ionen gleichbedeutend mit dem Stromdurchgang ist, stellt die elektrische Leitfähigkeit der Lösungen ein charakteristisches Merkmal ionogener Stoffe dar.

    Atombindung. Die Neigung zur Ionenbildung wird für die inneren Spalten des Systems immer geringer. Z. B. gehören die vielen Verbindungen des Kohlenstoffs, die man als organische Verbindungen bezeichnet, meist nicht zu den polaren Verbindungen; die Stoffe sind Nichtstromleiter (z. B. Öle), ein Elektronenaustausch findet nicht statt.

Hier muß die Verkettung der Atome zu Molekülen anders erklärt werden und zwar durch die Wellennatur des Elektrons. Fromherz zieht als Vergleich zwei Drähte heran. Werden beide Drähte entgegengesetzt geladen, so ziehen sie sich an (Modell der Ionenbindung). Sie können sich aber auch anziehen, wenn sie als ganze elektrisch neutral sind, dagegen in ihnen durch Induktion eine stehende elektrische Schwingung erzeugt wird. Sind die Schwingungen in beiden Drähten von gleicher Frequenz, so

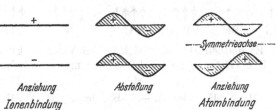

Abb. 1. Modell der Ionen- und Atombindung nach Fromherz.

stoßen sie sich bei gleicher Phase ab, ziehen sich jedoch bei entgegengesetzter Phase an. Im letzteren Falle ist die Schwingung symmetrisch. Die symmetrische Resonanzschwingung ist das Modell für die Atombindung.

Zweiatomige Elementargase. In eine solche Resonanzschwingung können nun zunächst 2 Wasserstoffatome treten, von denen jedes ein Elektron hat. Es entsteht dann das Wasserstoffmolekül H_2. In diesem hat man nach dem Pauli-Prinzip anzunehmen, daß die beiden Elektronen entgegengesetzte Spinrichtung haben und sich gegenseitig absättigen. Die in Resonanz stehenden Elektronen sind jetzt gemeinsamer Besitz der beiden Wasserstoffkerne, jeder Kern hat sich gleichsam auf die Edelgasschale des Heliums aufgefüllt. Die bisher getrennten Wasserstoffatome sind additiv zu einem einheitlichen kinetischen Molekül verschmolzen. Ebenso wie Wasserstoff vereinigen sich auch die anderen Elementargase (außer Edelgasen) zu einem zweiatomigen Molekül, wobei diese in den gemeinsamen Besitz der Achteredelgasschale gelangen:

Elektronenformel	$H\!:\!H$	$:\!\overset{\cdot\cdot}{C}l\!:\!\overset{\cdot\cdot}{C}l\!:$	$\overset{\cdot\cdot}{O}\!\!:\!\!\overset{\cdot\cdot}{O}$	$:\!N\!:\!N\!:$
vereinfachte Strukturformel	$H{-}H$	$Cl{-}Cl$	$O = O$	$N \equiv N$
Summenformel	H_2	Cl_2	O_2	N_2

Die Punkte bedeuten je ein Elektron des ersten bzw. zweiten Atoms.

Die Bindigkeit (Valenz). Für den Doppelpunkt (:) als Ausdruck eines gekoppelten Elektronenpaares mit Absättigung durch entgegengesetzten Spin schreibt man kürzer den chemischen Bindestrich, z. B. statt $H\!:\!H$ kürzer $H{-}H$. **Die Anzahl der gemeinsamen Elektronenpaare ergibt die Bindigkeit der beteiligten Atome.** (Der Begriff der Wertigkeit ist heute auf die Ionenbindung beschränkt.) Über die Zahl derartiger ,,Valenzelektronen'' eines Atoms und damit seiner Bindigkeit kann man folgendes sagen: Die erste kleine Periode ($Z=3—10$) kann auf der L-Schale höchstens 8 Elektronen fassen. Davon können sich die ersten 4 Elektronen ungestört mit parallelem Spin ($\uparrow$) einstellen und als Valenzelektronen betätigen. Das ergibt für C die Bindigkeit 4 (z. B.

CH_4). Die folgenden sind aber nach dem Pauli-Prinzip antiparallel eingestellt und müssen einige der ersten 4 Elektronen innerlich absättigen.

Spinschema für die Elemente 3—10:

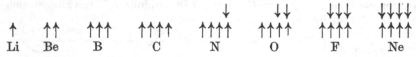

Es bleiben also für Stickstoff 3 Valenzelektronen (NH_3), für Sauerstoff 2 (H_2O). Ihre Elektronenformeln sind daher:

$$H : \overset{..}{\underset{..}{N}} : H \quad \text{oder} \quad H—\overset{H}{\underset{|}{N}}—H \quad \text{bzw.} \quad H : \overset{..}{\underset{..}{O}} : H \quad \text{oder} \quad H—\overline{O}—H$$

Die Striche bei $\underline{N}$ und $\overline{O}$ bedeuten je ein innerlich im Spin abgesättigtes (einsames) Elektronenpaar im Gegensatz zu dem bindenden Elektronenpaar. —

Auf der M-Schale haben höchstens 18 Elektronen Platz. Es können sich also höchstens 9 Elektronen parallel einstellen. In der zweiten kleinen Periode (11—18) kann die Bindigkeit also bis 7 anwachsen. Es können sich aber auch je 2 Elektronen durch antiparallele Einstellung innerlich absättigen. Dadurch sinkt die Bindigkeit jedesmal um 2. Der Phosphor kann also 3- und 5bindig sein, der Schwefel 2-, 4- und 6bindig. Bei manchen Stoffen kommen Ionenbindungen und Atombindungen gleichzeitig vor. Z. B. kann der Stickstoff eines seiner 5 Außenelektronen abgeben und wird positiv geladen, während die restlichen 4 Elektronen Atombindungen mit dem Wasserstoff eingehen. Auf diese Weise entsteht das Ion $NH_4{}^+$, welches seinerseits z. B. mit Cl^- die Verbindung NH_4Cl ergibt.

Literatur. Fromherz: Z. angew. Chem. 1936, S. 429. — Eistert: Z. angew. Chem. 1939, S. 353. — Grimm, Z. angew. Chem. 1940, S. 288.

3. Physik der Gase.

Kinetische Gastheorie. Die Molekularauffassung führt bei den Gasen unmittelbar zu den Gesetzen, welche den Gaszustand beherrschen. Bei einem „idealen" Gas üben die Moleküle keinerlei Anziehungskräfte aufeinander aus, sie sind frei beweglich. Man stellt sich die Gasmoleküle als völlig elastische Kugeln vor, die in schneller gleichförmiger Bewegung begriffen sind, häufig aufeinanderprallen und dabei elastisch reflektiert werden. Die Größe der Geschwindigkeit ist bei bestimmter Temperatur für die einzelnen Moleküle eines Gases verschieden, aber gesetzmäßig verteilt, so daß man für jedes Gas mit einer Durchschnittsgeschwindigkeit c rechnen kann (12). Beim Aufprall auf die Gefäßwände üben die Moleküle auf diese einen Druck p aus. Dieser Druck ist die Kraft, die auf jede der 6 Wände eines Würfels von 1 cm Kantenlänge ausgeübt wird. Enthält dieser Würfel N Moleküle, so fliegen N/6 Moleküle auf jede Wand zu und in der Sekunde erfolgen $^1/_6$ Nc Aufpralle. Bei jedem Aufprall ändert sich die Geschwindigkeit der Moleküle um 2 c, nämlich von $+c$ auf $-c$, und wenn μ die Masse des Moleküls ist, ergibt jeder Aufprall die Wirkung (den Impuls) $2\mu c$. Hieraus folgt für den Druck:

$$p = {}^1/_3\,N\,\mu c^2.$$

Für ein beliebiges Gasvolumen V mit insgesamt n Molekülen ergibt sich daraus wegen $N = n/V$ der Ausdruck:

$$p \cdot V = \frac{1}{3}\,n\,\mu c^2 = \frac{2}{3}\,n \cdot \frac{\mu c^2}{2}$$

Die rechte Seite enthält außer der Zahl der Moleküle deren kinetische Energie oder Wucht $\frac{\mu c^2}{2}$. Diese Wucht ist nun nach der Theorie ein Maß für die Temperatur des Gases. Die Temperatur ist hierbei als absolute Temperatur T einzusetzen, d. h. sie ist von derjenigen Temperatur an zu rechnen, bei welcher die Wucht der Moleküle bzw. ihre Geschwindigkeit $= 0$ wird. Diese Grundtemperatur ist der absolute Nullpunkt. Da dieser 273° unter dem Eispunkt liegt, besteht zwischen absoluter Temperatur T und Celsiustemperatur t die einfache Beziehung:

$$T = 273 + t.$$

Bei gleicher Temperatur haben somit sämtliche Gase die gleiche Wucht ihrer Moleküle, oder anders ausgedrückt, bei gleicher Temperatur haben die Gasmoleküle um so größere Geschwindigkeit, je kleiner ihre Masse ist.

Literatur. Chemiker-Taschenbuch 1939. — Eggert: Lehrbuch der physikalischen Chemie, 1937.

Die Zustandsgleichung. Betrachtet man nun ein bestimmtes Gas, so ist $n \cdot \mu$ die Gesamtmasse des Gases. Da die Masse eines Körpers mit seinem Gewicht durch die Beziehung: Gewicht $=$ Masse $\cdot$ Schwerbeschleunigung oder $G = m \cdot g$ verknüpft ist, kann man die Masse des Gases durch sein Gewicht ersetzen und erhält:

$$p \cdot V = \frac{G}{3g}c^2.$$

Setzt man nun: $c^2 = 3\,g\,R\,T$, worin der Faktor R als Gaskonstante des betreffenden Gases bezeichnet wird, so erhält man die technische Form der Zustandsgleichung (molare Zustandsgleichung s. 10):

$$pV = GRT.$$

Der Wert dieser Gleichung besteht darin, daß sie eine Beziehung zwischen Druck, Volumen und Temperatur liefert, den Größen, welche den Zustand eines Gases bestimmen. Bei dem Arbeiten mit der Zustandsgleichung ist für R der aus Beispiel 1 ersichtliche Zahlenwert, für die Temperatur die absolute Temperatur T einzusetzen. Es ist darauf zu achten, daß stets zusammengehörige Maßeinheiten benutzt werden. Für den Druck sind verschiedene Einheiten im Gebrauch. Diese lassen sich leicht ineinander umrechnen:

1 (techn.)   at $= 1\,kg/cm^2 = 10000\,kg/m^2$ entsprechend 735,6 Torr.
1 (physik.) Atm $= 1{,}033\,kg/cm^2 = 10333\,kg/m^2$ entsprechend 760   „

Beispiel 1. Berechnung der Gaskonstanten R. Aus der Gleichung $pV = GRT$ folgt: $p = \frac{G}{V}RT = \gamma \cdot RT$. Hierin ist $\frac{G}{V} = \gamma$ das spezifische Gewicht, die Wichte, die sich selbst mit Druck und Temperatur ändert. Es sind also für γ, p und T zusammengehörige Werte einzusetzen. Für Wasserstoff ergibt sich dann mit $\gamma = 0{,}09 \ kg/m^3$ (Tab. 4) und $p = 760 \ Torr = 10333 \ kg/m^2$, $T = 273^\circ K$:

$$R = \frac{10333}{0{,}09 \cdot 273} = 420{,}6 \ \frac{m \ kg}{kg \ ^\circ C} \ .$$

Ähnlich folgt für Sauerstoff 26,50, für Stickstoff 30,26, für Luft 29,27. Weitere Gaskonstanten findet man aus der Beziehung: $R \cdot \gamma_0 = const$.

Beispiel 2. Berechnung der Molekulargeschwindigkeit. Aus R findet man die durchschnittliche Molekulargeschwindigkeit bei 0° C für Wasserstoff mit $g = 9{,}81 \ m/s^2$ aus:

$$c^2 = 3 \cdot 9{,}81 \cdot 420{,}6 \cdot 273 \quad zu \quad c = 1844 \ m/s.$$

Ähnlich folgt für Sauerstoff 461, Stickstoff 492 m/s.

Beispiel 3. Reduktion eines Gasvolumens. Gasvolumina sind nur vergleichbar, wenn die Gase unter gleichem Druck und bei gleicher Temperatur gemessen sind. Gewöhnlich bezieht man die Volumangaben auf den Normzustand 0° C und 760 Torr und spricht dann von Normkubikmetern (Nm^3). Ist das Gasvolumen V bei beliebigem Druck p und beliebiger Temperatur T gemessen, so kann es mit Hilfe der Zustandsgleichung auf $p_0 = 760 \ Torr$ und $T_0 = 273^\circ K$ ($t_0 = 0^\circ$ C) reduziert werden. Da G und R konstant bleiben, gilt: $pV = GRT$ und $p_0V_0 = GRT_0$; also ergibt sich die Reduktionsformel:

$$V_0 = V \cdot \frac{p \cdot T_0}{p_0 \cdot T}$$

Ist z. B. $V = 267 \ cm^3$ bei $p = 740 \ Torr$ und $t = 15^\circ$ C, so folgt:

$$V_0 = 267 \cdot \frac{740 \cdot 273}{760 \cdot 288} = 247 \ Ncm^3,$$

Literatur: Schüle: Technische Thermodynamik 1930.

Verdichtete Gase. Die technische Verwendung der Gase erfordert einen möglichst wirtschaftlichen Versand. Die Gase werden daher in Stahlflaschen unter hohem Druck gespeichert. Der Überdruck beträgt gewöhnlich 150 at. Der hohe Druck macht entsprechende Behandlungsvorschriften erforderlich. Der Verwechslung von Gasflaschen wird durch farbigen Anstrich, die eingeschlagene Bezeichnung der chemischen Zeichen der Gase und durch Längsaufschrift in großen Buchstaben vorgebeugt. Die Farbe ist für Sauerstoff blau, für Wasserstoff und alle brennbaren Gase rot, für Stickstoff grün, für Kohlensäure und andere nicht brennbare Gase grau, für Azetylen gelb. (Azetylen s. 4.) Die Flaschen müssen regelmäßig durch Wasserdruck geprüft werden. Der Prüfdruck beträgt 225 at Überdruck. In jede Flasche darf stets nur dasselbe Gas gefüllt werden. Die Flaschen müssen völlig frei von Fremdkörpern (Sand, Rost) sein, weil diese beim Ausströmen Funken ergeben können. Das Ventil ist stets langsam zu öffnen, da durch Reibung Temperaturen bis 200° entstehen. Gewinde von Sauerstoffflaschen dürfen nicht eingefettet werden, weil das ausströmende Gas das Fett entzündet und gefährliche Stichflammen hervorruft. Die Anschlußstutzen für brennbare Gase tragen Linksgewinde, die übrigen Rechtsgewinde. Die Flaschen sind gegen Sonne und Wärme zu schützen, sie dürfen nicht geworfen werden und sind gegen Umstürzen zu sichern. Bei Beförderung dürfen sie nicht ohne Aufsicht gelassen werden. Mitbeförderung unbeteiligter Personen ist unstatthaft.

Trotz des hohen Verdichtungsdruckes besteht ein Mißverhältnis zwischen dem Gewicht der Flasche und demjenigen der Gasfüllung. Die üblichen Flaschen aus Flußstahl wiegen 12,5 kg/Nm³. Durch Verwendung besonders zäher Chromnickelstähle (Leichtstahlflaschen) kann man auf 6 kg/Nm³ kommen und damit etwa 50% der Beförderungskosten sparen. Flaschen aus Leichtmetall, z. B. Duralumin, werden z. Zt. nur für kleine Inhalte hergestellt und bedürfen wegen der Korrosionsgefahr eines entsprechenden Schutzüberzuges. Bei einigen Gasen kann man durch Unterbringung im flüssigen Zustande weiterkommen.

Literatur. Druckgasverordnung vom 2. Dezember 1935, Beuth-Verlag. — Christmann: Die Wärme 1937, S. 236 (Flaschen aus Leichtmetall).

Flüssiggase. Jedes Gas läßt sich schon bei normalem Druck ververflüssigen, wenn man es weit genug abkühlt. Diese Siedetempera-

Tab. 4. Physikalische Kennzahlen wichtiger Gase.

Gas	Formel	Wichte *	Siedetemperatur bei 760 Torr	Kritische Temperatur	Kritischer Druck	Siededruck bei 20° C	Wichte der Flüssigkeit bei 0°	Heizwert Hu (H₂O Gas *)
		kg/Nm³	° C	° C	at	at	kg/l	kcal/Nm³
Wasserstoff	H₂	0,09	—252,6	—241	15	—	—	2 570
Helium	He	0,178	—269	—268	2,3	—	—	—
Stickstoff	N₂	1,251	—196	—146	35	—	—	—
Sauerstoff	O₂	1,429	—183	—118	50	—	—	—
Luft	—	1,293	—	—	—	—	—	—
Chlor	Cl₂	3,214	— 34,5	+141	84	6,6	1,468	—
Kohlenoxyd . . .	CO	1,250	—190	—140	35,3	—	—	3020
Kohlendioxyd . .	CO₂	1,977	— 78	+ 31,4	72,9	58,8	0,925	—
Schwefeldioxyd. .	SO₂	2,927	— 10	+156	78	3,2	1,435	—
Chlorwasserstoff .	HCl	1,639	— 83	+ 51	82	—	—	—
Ammoniak. . . .	NH₃	0,771	— 33,4	+132	113	8,4	0,634	3 390
Methan	CH₄	0,717	—164	— 82,8	45,6	—	—	8 550
Äthan.	C₂H₆	1,356	— 88,3	+ 35,0	45,2	32,3	0,446	15 370
Propan	C₃H₈	2,019	— 44,5	+ 97,0	44,0	8,8	0,532	22 350
n-Butan.	C₄H₁₀	2,703	— 0,7	+150,8	37,5	2,1	0,601	29 510
Äthylen	C₂H₄	1,261	—103,9	+ 10,1	51,0	—	0,34	14 320
Propylen	C₃H₆	1,915	— 47,0	+ 92,6	45,4	10,1	0,546	21 070
Butylen	C₄H₈	2,558	— 5,0	+142,0	—	2,8	0,619	27 190
Azetylen.	C₂H₂	1,171	— 83,0	+ 35,5	61,7	—	—	13 600

* Nach Normblatt DIN 1871 und 1872.

tur liegt z. B. bei Chlor bei —34°, dagegen bei Helium erst bei —269°. Vom Verhalten des Wassers her ist bekannt, daß die Siedetemperatur mit dem Druck stark ansteigt. Wasser siedet z. B. bei 10 at erst bei 179° C. Ein Gas läßt sich somit auch bei höherer Temperatur verflüssigen, wenn man es unter Druck setzt. Hierbei gibt es jedoch für jedes Gas eine bestimmte Temperatur, oberhalb deren es sich selbst durch noch so hohen Druck nicht mehr verflüssigen läßt. Diese Temperatur heißt kritische Temperatur, der zugehörige Druck kritischer Druck. In geschlossenen Flaschen, die nach einiger Zeit Außentemperatur annehmen, können also nur solche Gase im flüssigen Zustande untergebracht werden, deren kritische Temperatur oberhalb Umgebungstemperatur liegt (Kohlendioxyd, Chlor, Ammoniak, Propan, Schwefeldioxyd). In der Flasche herrscht dann der zu der jeweiligen Temperatur gehörige Siededruck (Tab. 4). Beim Öffnen des Ventils vergast der Inhalt selbständig. Vgl. (4).

Permanente Gase. Gase, deren kritische Temperatur weit unterhalb der Umgebungstemperatur liegt (Sauerstoff, Stickstoff, Wasserstoff, Helium), heißen permanente Gase. Sie lassen sich nur bei entsprechender Abkühlung, z. B. nach dem Verfahren von Linde (1895), verflüssigen (Abb. 2.) Der Kompressor 1 verdichtet das Gas, die entstandene Kompressionswärme wird durch den Kühler 2 abgeleitet. Das verdichtete und abgekühlte Gas wird durch das Drosselventil 4 entspannt. Dabei erfährt das Gas den Temperatursturz Δt:

$$\Delta t = -\mu \cdot \Delta \mathrm{p} \left(\frac{\mathrm{To}}{\mathrm{T}}\right)^2; \quad \mu = 0,275 \text{ für Luft.}$$

Das zunächst noch nicht verflüssigte Gas 6 kühlt im Gegenstrom-Wärmeaustauscher 3 das nachströmende Gas vor. Da der Temperatursturz nach quadratischem Gesetz mit sinkender Temperatur beschleunigt erfolgt, wird bald die Verflüssigungstemperatur erreicht. Das verflüssigte Gas wird bei 5 abgezapft.

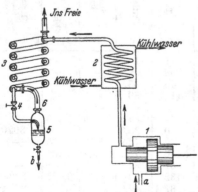

Abb. 2. Schema der Luftverflüssigung nach Linde (aus Neumann).

Auch die permanenten Gase können im flüssigen Zustande befördert werden, aber nur in gut isolierten, offenen Gefäßen. In diesen hält sich die tiefe Siedetemperatur dadurch lange genug, daß laufend etwas Flüssigkeit verdampft. Die dazu nötige Verdampfungswärme entzieht sie ihrer Umgebung. Wenn man durch Schließen der Gefäße die Verdampfung verhindert, so geht beim Überschreiten der kritischen Temperatur die Flüssigkeit plötzlich in den Gaszustand über und sprengt die Gefäße.

Flüssige Luft. Das wichtigste Beispiel der Verflüssigung permanenter Gase ist die Luft mit ihren Hauptbestandteilen Sauerstoff und Stickstoff.

Trockene Luft enthält 78,03 Vol. % Stickstoff, 20,93 % Sauerstoff, 0,932 % Argon, 0,03 % Kohlendioxyd, 10^{-3} % Neon, $5 \cdot 10^{-4}$ % Helium, 10^{-4} % Krypton, 10^{-5} % Xenon und $5 \cdot 10^{-5}$ % Wasserstoff. Die verflüssigte Luft wird unter Ausnutzung der verschiedenen Siedepunkte bei geeignet geleiteter Verdampfung (doppelter Rektifikation) in reinen Stickstoff und Sauerstoff zerlegt. Fast der gesamte Industriesauerstoff und der ganze Industriestickstoff wird nach diesem Verfahren gewonnen. Sauerstoff ermöglicht die Verbrennung und dient daher zum autogenen Schweißen und Schneiden, er dient als Atemsauerstoff bei den Sauerstoffgeräten (55) und für Wiederbelebungszwecke. Flüssige Luft wird bei dem Sprengen mit „Flüssigluft" gebraucht (38). In chemisch gebundener Form ist der Sauerstoff der wichtigste Bestandteil der Explosivstoffe. Der verbrennungstechnisch ausgesprochen träge (inerte) Stickstoff ist der Rohstoff der gesamten Stickstoffindustrie (Ammoniak und Salpetersäure [16], Explosivstoffe [32—46], Düngemittel]. Die flüssige Luft ist ferner für alle Edelgase mit Ausnahme des Heliums, das auch der Erde entströmt, die einzige Rohstoffquelle.

Literatur. Neumann, Lehrbuch der Chemischen Technologie und Metallurgie, 1939. — Laschin: Der Sauerstoff, 1937. — Siedler: Z. angew. Chem. 1938 S. 799 (Edelgase). — Mayer-Gürr, Z. V. D. I. 1940, S. 245 (Entstehung und Vorkommen von Helium). — Hausen, Z. V. D. I. 1940, S. 248 (Verfahren zur Gewinnung von Helium).

Brennstoffe.

4. Gasförmige Brennstoffe.

Beurteilung von Brenngasen. Gasförmige Brennstoffe sind die Träger jeder Verbrennung. Ist der Brennstoff nicht selbst gasförmig, wird er zunächst vergast. Das geschieht bei flüssigen Brennstoffen durch Verdampfung, bei festen Brennstoffen wie Holz und Kohle durch Zersetzung unter Abspaltung von Gasen, bei bereits entgasten Brennstoffen wie Koks durch Vergasung zu Kohlenoxyd. Die feine Verteilung des gasförmigen Brennstoffes erleichtert die Zufuhr der zur Verbrennung nötigen Luft. Ein Brenngas-Luft-Gemisch verbrennt nach der Zündung mit explosiver Heftigkeit. Daher sind gasförmige Brennstoffe ohne weiteres zum Antrieb von Verbrennungsmotoren geeignet. Die Möglichkeit schwerer Explosionen durch unbeabsichtigt oder zufällig entstandene Brennstoff-Luft-Gemische erfordert jedoch besondere Vorsicht bei der Handhabung (12). Bei der leicht regulierbaren Gasfeuerung kommt man mit dem kleinstmöglichen Luftüberschuß aus. Dadurch wird eine vollkommene und rauchfreie saubere Verbrennung gewährleistet. Da kein überschüssiger Luftballast nutzlos mit erwärmt wird, sind die Wärmeverluste gering und die Verbrennungstemperaturen entsprechend hoch. Der Heizwert als Maßstab für die Güte von Brenngasen hängt von deren Zusammensetzung ab.

Wasserstoff ist entweder als solcher oder in chemisch gebundener Form der wichtigste Energieträger der meisten Brennstoffe. Das farblose Gas verbrennt mit fahler Flamme und liefert 28750 kcal/kg. Wartet man die nachträgliche Kondensation des entstehenden Wasserdampfes ab, so erhöht sich der Betrag durch die freiwerdende Verdampfungswärme des Wassers auf 33910 kcal/kg (13). Bei allen Brennstoffen mit Wasserstoffgehalt ist der obere und untere Heizwert zu unterscheiden (Ho bzw. Hu), je nachdem ob die Kondensationswärme des Wasserdampfes mitgerechnet wird oder nicht. Auf das Gewicht bezogen ist der Wasserstoff der energiereichste Brennstoff. Da der Wasserstoff aber auch der leichteste aller Stoffe ist, ergibt sich auf das Volumen bezogen nur ein Heizwert von Hu = 2570 kcal/Nm^3. Wasserstoff wird in großen Mengen benötigt zur Füllung von Ballons, zum autogenen Schweißen und Schneiden, zur Ammoniaksynthese (16) und zur Veredlung von Brennstoffen durch Hydrieren (6). Dieser Massenbedarf erfordert entsprechend großzügige Gewinnungsverfahren. Rohstoff ist meist das Wasser. Besonders reinen Wasserstoff erhält man durch die Elektrolyse alkalischen Wassers, welche an der Anode gleichzeitig Sauerstoff liefert. Da der Kraftverbrauch jedoch mit 4,4—5,6 kWh/Nm^3 sehr hoch ist und auch bei der Druckelektrolyse, welche die beiden Gase gleich auf 150 at verdichtet liefert, nur unwesentlich geringer wird, werden nur etwa 16 % des Industriewasserstoffs durch Elektrolyse gewonnen. Wichtiger ist die Zersetzung des Wasserdampfes durch glühendes Eisen, welche im Weltkriege technisch ausgestaltet wurde. Nach der Gleichung:

$$3\ Fe + 4\ H_2O \rightarrow Fe_3O_4 + 4\ H_2$$

bindet das Eisen den Sauerstoffgehalt des Wassers. In starker Entwicklung ist die Tiefkühlung wasserstoffreicher Gase, hauptsächlich Koksgas (seit 1921, s. u.), wobei die Fremdgase verflüssigt werden und der Wasserstoff infolge seiner tiefen Siedetemperatur gasförmig zurückbleibt. Die größte Bedeutung hat die Gewinnung von Wasserstoff aus Wassergas mit etwa 55 % der gesamten Wasserstofferzeugung.

Literatur. Arndt: Z. VDI. 1939, S. 907 (Elektrolytische Wasserzersetzer). — Voß: Archiv für Wärmewirtschaft 1933, S. 301 (Wasserstoff als Energieträger, Wasserstoffmotor).

Wassergas und Generatorgas entstehen durch die „Vergasung" der Kohle. Zunächst wird Koks in einem Schachtofen, dem Generator, mit Luft heißgeblasen. Das zunächst entstehende Kohlendioxyd wird im oberen Teil zu Kohlenoxyd reduziert: $CO_2 + C \rightarrow 2\ CO$. Man erhält das selbst noch brennbare Kohlenoxyd CO mit 3020 kcal/Nm^3, welches mit dem Stickstoff der Luft gemischt entweicht. Dieses Gemisch heißt Generatorgas. Bedeutend energiereicher ist das „Wassergas", welches im Anschluß an das Heißblasen beim Durchleiten von Wasserdampf durch die glühende Koksschicht nach der Gleichung entsteht:

$$C + H_2O \rightarrow CO + H_2$$

Das theoretische Wassergas besteht also zu gleichen Teilen aus Kohlenoxyd und Wasserstoff. Das Wassergas ist nicht nur für Heizzwecke, für die „Wassergasschweißung", für den Motorenbetrieb und als Zusatz für Stadtgas (s. u.) gut geeignet, sondern es spielt heute eine große Rolle als „Synthesegas", d. h. als Rohstoff für die neuzeitliche synthetische Erzeugung von Methanol und Benzin (32 u. 6). Es dient auch zur Gewinnung großer Mengen von Wasserstoff, vor allem für die Synthese des Ammoniaks. Zu diesem Zweck wird der Kohlenoxydgehalt bei etwa 600° unter Mitwirkung eines Katalysators, d. h. eines Reaktionsbeschleunigers, der selbst an der Reaktion nicht teilnimmt, mit Hilfe von Wasserdampf in Kohlendioxyd umgewandelt, „konvertiert":

$$CO + H_2O \rightarrow CO_2 + H_2$$

Das Kohlendioxyd ist durch alkalische Wäsche leicht zu entfernen.

Tab. 5. Zusammensetzung technischer Brenngase.

Gas	Vol. %							Hu
	CO	H_2	CH_4	CxHy *	CO_2	N_2	O_2	kcal/Nm³
Generatorgas . . .	28,5	12,8	0,3	—	5,9	52,5	—	1215
Wassergas (Koks) .	39,8	49,5	0,4	—	4,1	6,0	0,2	2500
Schwelgas (Steinkohle 600°). . .	4	31	55	4	3	2	0,5	6300
Steinkohlengas (950°)	8	52	25	3	4	7,5	0,5	4380
Mischgas (Normgas)	17,1	52,7	18,6	1,6	3,3	6,2	0,5	3810
Stadtgas, entgiftet	1,0	57,6	21,6	1,8	11,7	6,3	—	3730

* CxHy = ungesättigte „schwere" Kohlenwasserstoffe, hauptsächlich Äthylen. Zahlenangaben nach Hütte: Taschenbuch der Stoffkunde 1937.

Literatur. Kröger: Z. angew. Chem. 1939, S. 129. — Thau: Z. VDI. 1938, S. 129. — Müller und Graf: Brennstoffchemie 1939, S. 241.

Paraffinkohlenwasserstoffe. Neben den Wassergasbestandteilen CO und H_2 sind in gasförmigen Brennstoffen noch wertvolle Kohlenwasserstoffe zu finden. Den wichtigsten dieser Kohlenwasserstoffe liefert die Natur an den Erdöllagerstellen in großen Massen als Erdgas, welches zum größten Teil aus Methan besteht. Dieser Stoff hat der Vierbindigkeit des Kohlenstoffs entsprechend die Formel CH_4. Da aber auch eines der 4 Außenelektronen des Kohlenstoffs mit einem entsprechenden eines weiteren Kohlenstoffatoms in eine Resonanzschwingung treten kann, ergibt sich ein kettenförmiges Kohlenstoffgerüst $\cdot \dot{C} - \dot{C} \cdot \cdot \dot{C} - \dot{C} \cdot$ mit beliebig viel C-Atomen. Sind nun die restlichen Valenzen durch Wasserstoff abgesättigt, so ergeben sich „gesättigte" oder Paraffinkohlenwasserstoffe:

Paraffinkohlenwasserstoffe C_nH_{2n+2}

Strukturformel   Elektronenformel

```
  H  H  H     H  H  H            H  H  H        H  H  H
  |  |  |     |  |  |
H-C--C--C...C--C--C-H        H : C : C : C ... C : C : C : H
  |  |  |     |  |  |
  H  H  H     H  H  H            H  H  H        H  H  H
```

Strukturformel, kürzer CH_3—CH_2—CH_2 ... CH_2—CH_2—CH_3

Infolge ihres gesättigten Charakters sind sie chemisch schwer angreifbar und bei niederen Temperaturen beständig. Oxydationsmittel, Schwefelsäure und Alkalien wirken kaum auf die Paraffine ein, Chlor und Brom dagegen unter dem Einfluß von Katalysatoren und Licht (32). Dieses chemische Verhalten gilt für die ganze „homologe Reihe", deren Bruttoformel C_nH_{2n+2} ist. Die einzelnen Glieder einer solchen Reihe unterscheiden sich wesentlich durch ihre physikalischen Konstanten, z. B. ihre Wichte, den Schmelzpunkt und Siedepunkt. Mit wachsendem n steigen diese Konstanten an (Tab. 4). Die niedrigsten Glieder sind bei Normaltemperatur gasförmig und heißen: $n = 1$: Methan CH_4, $n = 2$: Äthan C_2H_6, $n = 3$: Propan C_3H_8, $n = 4$: Butan C_4H_{10}. Die folgenden Glieder sind bereits flüssig und bilden die Bestandteile des Benzins (6). Die Kohlenstoffkette kann auch verzweigt sein, außer dem „Normal"butan gibt es z. B. das „Iso"butan:

$$\text{n-Butan: } CH_3\text{—}CH_2\text{—}CH_2\text{—}CH_3; \quad \text{i-Butan: } CH_3\text{—}CH\text{—}CH_3$$
$$|$$
$$CH_3$$

Beide haben die gleiche Bruttoformel C_4H_{10}, jedoch verschiedene „Struktur". Die verschiedene Struktur bedeutet physikalisch, weniger chemisch abweichende Eigenschaften. Stoffe mit gleicher Bruttoformel, jedoch verschiedener Struktur heißen „isomer", die Erscheinung selbst heißt „Isomerie" (Strukturisomerie). Die Lage der Verzweigung kann durch Numerierung der C-Atome der Kette angegeben werden. So ist z. B. das später benutzte Isooktan (7)

$$CH_3$$
$$|$$
$$CH_3 - CH - CH_2 - C - CH_3$$
$$| \qquad\qquad |$$
$$CH_3 \qquad\quad CH_3$$

als dreifach verzweigtes Pentan aufzufassen, genauer als 2, 4, 4-Trimethylpentan (die Gruppe $\cdot CH_3$ heißt Methyl). Das chemisch analoge Verhalten der Paraffinkohlenwasserstoffe macht eine Trennung der einzelnen Glieder auf chemischem Wege äußerst schwierig. Es ist eine besonders verfeinerte Destillation erforderlich.

Literatur. Peters, Z. angew. Chem. 1937, S. 40 (Trennung der Kohlenwasserstoffe).

Ungesättigte Kohlenwasserstoffe. Leicht von den Paraffinen zu trennen sind jedoch die Olefine und Azetylene, welche „ungesättigte Kohlenwasserstoffe" sind. Bei diesen werden Valenzelektronen zu einer Doppel- bzw. Dreifachbindung zwischen 2 C-Atomen der Kette verbraucht, so daß der Wasserstoffgehalt sinkt:

Olefinkohlenwasserstoffe C_nH_{2n} : $CH_2 = CH\text{—}CH_2 \ldots CH_2\text{—}CH_3$
Azetylenkohlenwasserstoffe C_nH_{2n-2} : $CH \equiv C\text{—}CH_2 \ldots CH_2\text{—}CH_3$

Die Olefine führen die Paraffinnamen mit der Endung „-ylen" statt „an", z. B. Äthylen C_2H_4. Der wichtigste Azetylenkohlenwasserstoff ist das Azetylen C_2H_2 selbst. Die Mehrfachbindung bedeutet keinen besonders festen Zusammenhalt der C-Atome. Da vielmehr die Einfachbindung die Normalbindung ist, ist die zweite bzw. dritte Bindung lockerer Art und spaltet sich leicht in je 2 freie Elektronen auf. Das bedeutet praktisch eine den Paraffinen gegenüber wesentlich größere Angreifbarkeit durch chemische Einflüsse. Der Angriff erfolgt an beiden C-Atomen der Doppelbindung gleichzeitig. Brom wird z. B. folgendermaßen „addiert":

$$CH_2 = CH\text{—}CH_2 \ldots + Br_2 \rightarrow CH_2\text{—}CH\text{—}CH_2 \ldots$$
$$| \qquad |$$
$$Br \quad\;\; Br$$

Hierbei verschwindet die braune Farbe des Broms. In der Ölchemie wird die „Bromzahl", d. h. der Bromverbrauch in g für 100 g Öl oder Fett, als Maß für den Gehalt an ungesättigten Verbindungen benutzt. Entsprechend kann ein Olefin durch Addition von Wasserstoff zum Paraffin „hydriert" werden. Noch leichter werden mehrfache Olefine, d. h. solche mit mehreren Doppelbindungen angegriffen, und zwar schon durch den Sauerstoff der Luft. Insbesondere gilt das für Olefine mit konjugierter Doppelbindung, d. h. Doppelbindungen, die nur durch eine einfache Bindung getrennt sind. Musterbeispiele hierfür sind das Butadien $CH_2=CH—CH=CH_2$ und das Isopren $CH_2=C—CH=CH_2$. Diese

$$CH_3$$

Olefine „polymerisieren" sich besonders leicht. Die einzelnen Moleküle verbinden sich untereinander zu großen, ja sogar zu Riesenmolekülen, die entsprechend konsistenter sind. Butadien läßt sich z. B. mit Natrium als Katalysator zu einer kautschukartigen Masse „Buna" polymerisieren:

$$x\,(CH_2 = CH—CH = CH_2) \rightarrow [—CH_2—CH = CH—CH_2—]x$$

x ist von der Größenordnung 1000.

Leicht polymerisierbar ist auch Azetylen, z. B. zu Benzol C_6H_6 (6)

$$3\,C_2H_2 \rightarrow C_6H_6$$

Die Reaktionsfähigkeit sowohl des Äthylens als auch des Azetylens führt zu ausgedehnter Verwendung dieser Stoffe bei neuzeitlichen organischen Synthesen. Olefine für Synthesezwecke erhält man durch Dehydrieren gasförmiger Paraffine oder durch Spalten flüssiger Kohlenwasserstoffe (6).

Literatur. Freudenberg, Organische Chem. 1938. — Fischer-Weinrotter: Brennstoff-Chem. 1940, S. 209 (Olefine durch Spaltung von Kogasin).

Azetylen wird wegen der hohen Temperatur seiner Flamme zum autogenen Schweißen verwendet. Man erhält es aus dem Karbid (Kalziumkarbid) durch Einwirkung von Wasser:

$$CaC_2 + 2\,H_2O \rightarrow Ca(OH)_2 + C_2H_2$$

Der gelöschte Kalk $Ca(OH)_2$ bleibt zurück. Das Karbid selbst wird durch Zusammenschmelzen von Kalk und Kohle im elektrischen Lichtbogen gewonnen. Man stellt das Azetylen durch solche Azetylenentwickler am besten an Ort und Stelle her mit der nötigen Vorsicht gegen Azetylen-Luft-Gemische, die mit furchtbarer Gewalt explodieren können (12). Ein Transport von Azetylen nach Art der verdichteten Gase ist ausgeschlossen, weil komprimiertes Azetylen dabei explosionsartig in seine Bestandteile zerfällt. Man löst das Azetylen vielmehr in Azeton auf, das bei 12 at Druck etwa die 250fache Menge Gas aufnimmt. Das Azeton läßt man durch poröses Material aufsaugen (Dissousgas).

Literatur. Nikodemus: Z. angew. Chem. 1936, S. 787 (Azetylenchemie). — Le Comte: Z. VDI. 1939, S. 237 (Schweißeinrichtungen). — Draeger-Hefte 1935, Nr. 178 (Geräte für autogene Metallbearbeitung). — Desgl.1936, S. 3072 (Bewirtschaftung mit C_2H_2, O_2 und H_2).

Flüssiggas (Gasol). Große Mengen gasförmiger Kohlenwasserstoffe fallen als Nebenprodukt bei der Kraftstoffsynthese an (6). Es handelt sich hauptsächlich um Propan, Butan, Isobutan, Propylen und Butylen. Diese Gase lassen sich nach Tab. 4 leicht verflüssigen und kommen in dünnwandigen leichten Stahlflaschen in den Handel. Sie dienen auf dem Lande an Stelle von Stadtgas zu Heizzwecken im Haushalt, vor allem verdrängen sie aber das Benzin und Benzol, denen sie mit ihrem außerordentlich hohen Heizwert mindestens ebenbürtig sind, zum Antrieb von Lastkraftwagen. Diese Flüssiggase sind unter dem Namen Leunatreibgas, Deurag-Flüssiggas, B.V.-Treibgas und Ruhr-Gasol bekannt.

Literatur. Grimm: Z. angew. Chem. 1938, S. 265.

Steinkohlengas entsteht durch die „Entgasung" der Kohle. Nach (5) enthält die Kohle durchschnittlich 5% „gasbildenden" Wasserstoff. Dieser wird beim Erhitzen unter Luftabschluß entweder als solcher oder in Form von Kohlenwasserstoffen, hauptsächlich Methan, abgespalten und zwar um so vollständiger, je höher die Entgasungstemperatur ist. Mit steigender Temperatur wächst die Gasausbeute. Daher arbeiten die Gasanstalten bei etwa 1000° C. Entsprechend hoch liegt die Temperatur bei den Kokereien mit Rücksicht auf die Koksausbeute. Dieser Hochtemperaturentgasung, welche das eigentliche Steinkohlengas bzw. Koksofengas liefert, steht die Entgasung von Braunkohle oder Steinkohle bei Mitteltemperatur, etwa 550° C, „die Schwelung" gegenüber, welche zur Teergewinnung betrieben wird (6) und das „Schwelgas" als Nebenprodukt liefert. Durch Entgasung von Holz entsteht das Holzgas, das zum Betriebe von Fahrzeugmotoren dient. Die Gaswerke geben heute in das Stadtnetz ein „Mischgas" ab, bestehend aus etwa 60% Steinkohlengas und 40% Wassergas. Beide enthalten das giftige Kohlenoxyd (9). 1934 wurde die erste Entgiftungsanlage in Hameln in Betrieb genommen. Die Entgiftung entspricht der bereits genannten Konvertierung des Kohlenoxyds (s. Wassergas) nach der Gleichung:

$$CO + H_2O \rightarrow CO_2 + H_2.$$

Literatur. Thau: Z. VDI. 1938, S. 129. — Neumann: Lehrbuch der chemischen Technologie 1939. — Sustmann: Brennstoffchemie 1939, S. 228. — Bunte: Z. Gasschutz und Luftschutz 1939, S. 117 (Stadtgasentgiftung). — Referat, Brennstoff-Chem. 1940, S. 206, nach Schuster, Gas- und Wasserfach 1940, S. 305/309 (Stadtgas als Treibgas). — Wunsch: Z. VDI. 1940, S. 2 (Gasfernversorgung). — Referat, Z. VDI. 1940, S. 103 (Richtlinien f. d. Beschaffenheit von Stadtgas). — Finkbeiner, Z. VDI. 1940, S. 645 (Holzgaserzeuger).

5. Feste Brennstoffe.

Rohkohle. Alle natürlichen festen Brennstoffe entstammen dem Pflanzenreich. Verholzte Pflanzen bestehen etwa zur Hälfte aus Zellulose (33), ferner aus 20—30% Lignin, dessen chemischen Aufbau man z. Zt. aufzuklären bemüht ist (s. Lit.), aus zuckerartigen Verbindungen und aus Harzen, Fetten und Wachsen (in Nadelhölzern 1—5%). Harz-, wachs- und ligninarme Pflanzen (Farne) bilden den Urstoff der Stein-kohle, ligninreiche Pflanzen (Laub- und Nadelhölzer) denjenigen der Braunkohle. Steinkohle entsteht durch „geochemische" Inkohlung in-folge Schwelung unter dem Einfluß der erhöhten Temperatur in der Tiefe des Erdreiches. Die Schwelgase entweichen jedoch nicht, sondern führen zu innermolekularen Umwandlungen. Der verschiedenen Höhe der Temperatur (bis zu 300°) entsprechen die verschiedenen Inkohlungs-stufen bis zum Anthrazit. Die Braunkohle dagegen entsteht durch „biochemische" Inkohlung unter dem Einfluß von Bakterien durch „Humifikation" bei Temperaturen bis höchstens 180°. Braunkohle geht niemals mehr in Steinkohle über, bei Torf geht die Umwandlung noch heute vor sich. Die Unterschiede der einzelnen Kohlensorten sind durch die chemische Zusammensetzung bedingt (Tab. 6).

Tab. 6. Zusammensetzung fester Brennstoffe
(wasser- und aschefrei).

Stoff	Gewichts %					Hu kcal/kg
	C	H	O*	S	Gas	
Zellulose	44,0	6,2	49,8	—	93	3850
Brennholz	49,5	6,1	44,4	—	85	4500
Älterer Torf	61,5	5,4	32,8	0,3	61	5450
Braunkohle (Lausitz)	66,6	5,4	26,5	1,5	57	5950
Westfäl. Gasflammkohle	86,5	5,4	8,1		33	8240
Westfäl. Fettkohle	88,0	5,2	6,8		24	8400
Westfäl. Magerkohle	91,5	4,5	4,5		15	8450
Anthrazit	92,5	3,9	3,6		9	8500
Hüttenkoks	97,4	0,4	1,7	0,5	—	8020
Holzkohle	85,5	3,4	10,8	0,3	16	7620
Grudekoks	89,1	1,9	6,5	2,5	14	7800

* Bei Kohlen einschl. 0,5—1,5% N.

Anm.: Bei Steinkohlen beträgt der Aschegehalt meist 4—8%, der Wasser-gehalt 1—5% (bei Braunkohlen Aschegehalt 3—12%, Wassergehalt 30—60%).

Literatur. Freudenberg: Z. angew. Chem. 1939, S. 362 (Lignin). — Bode: Glückauf 1939, S. 401 (Inkohlung). — Schoon: Z. angew. Chem. 1938, S. 608 (natürliche Kohlen).

Rohkohle enthält infolge der Berührung mit dem Erdreich wechselnde Mengen Wasser und Asche. Für die Beurteilung einer Kohle ist daher zunächst die Bestimmung des Wasser- und Aschegehalts erforderlich. Der Wert solcher Untersuchungen hängt von der Erlangung einer guten Durchschnittsprobe ab.

Probenahme (DIN DVM 3711). Die Proben werden am besten wäh-rend des Entladens, z. B. aus jedem Greiferinhalt, entnommen, insgesamt bis 0,5% der Gesamtmenge. Diese Proben werden sofort auf Walnuß-größe zerkleinert, gut gemischt, kreisförmig ausgebreitet und symmetrisch geviertelt. Je zwei gegenüberliegende Viertel werden entfernt, der Rest gemischt und zerkleinert. Dieses Einengen wird bis auf 3 kg (bei Stein-kohle) fortgesetzt derart, daß die Kohle dann durch ein 5 mm-Maschen-sieb läuft. Die Probe wird nun an der Luft getrocknet. Im Laboratorium wird durch Mahlen entsprechend weiter eingeengt bis auf 0,5 kg, dann im Mörser zerrieben, so daß die endgültige Probe durch ein Prüfsieb mit 900 Maschen/cm² hindurchgeht. Je ein Drittel dieser Probe erhält das Laboratorium, der Lieferant und der Abnehmer in Glasflaschen mit eingeschliffenem Stopfen.

Wassergehalt (DIN DVM 3721). Der Gesamtwassergehalt besteht aus der groben Nässe und der hygroskopischen Feuchtigkeit. Die grobe Nässe wird durch Abwägen der Durchschnittsprobe und Trocknen an der Luft bis zur Gewichtskonstanz bestimmt.

Der verbleibende „lufttrockene" Brennstoff wird nun allen anderen Untersuchungen zugrundegelegt. Er enthält noch die „hygroskopische Feuchtigkeit". Diese kann im Trockenschrank bestimmt werden. 1 g des lufttrockenen Brennstoffes wird im flachen Gefäß mit eingeschliffenem Deckel im Trockenschrank bei 105° bis zur Gewichtskonstanz getrocknet (etwa 2 Stunden). Man läßt bei lose aufgelegtem Deckel im Exsikkator abkühlen und wägt bei aufgesetztem Deckel. Aus dem Gewichtsverlust wird die hygroskopische Feuchtigkeit berechnet, bezogen auf lufttrockenen Brennstoff. Das Verfahren ist nicht anwendbar für junge Steinkohle, Braunkohle, Torf, Holz, die als „trocknungsempfindlich" bei 105° bereits zersetzt werden. In diesem Falle arbeitet man nach dem Xylolverfahren (8). Das Prüfverfahren ist stets anzugeben. Der Wassergehalt verursacht außer dem prozentualen Heizwertverlust einen weiteren erheblichen Wärmeaufwand zur Verdampfung (600 kcal/kg).

Literatur. Piatschek, Braunkohle 1940, S. 267 (Der automatische AEG-Wasserbestimmungsapparat). — Eckert-Wulff, Beiheft 39 zur Z. angew. Chem. 1940 (Bestimmung des Wassergehaltes).

Aschegehalt (DIN DVM 3721). Die Asche besteht aus mineralischen Bestandteilen. Da diese unverbrennlich sind, wird die Asche folgendermaßen bestimmt: 1 g der lufttrockenen Probe wird in einem Veraschungsschälchen abgewogen. Im geschlossenen Muffelofen wird die Kohle vollständig verbrannt. Hierbei hält man die Temperatur zunächst niedrig und steigert sie dann auf etwa 800°. Mit einem ausgeglühten Platindraht wird von Zeit zu Zeit umgerührt. Die Asche wird gewogen und in Gewichtsprozenten angegeben. Der Aschegehalt vermindert den Heizwert. Leicht schmelzbare Asche (<1200° C) ergibt Schlacke und erschwert die Luftzufuhr.

Reinkohle. Zieht man von der Rohkohle den Wasser- und Aschegehalt ab, so erhält man die Reinkohle. Auch diese besteht noch nicht völlig aus brennbarer Substanz. Brennbar und für den Heizwert bestimmend sind Kohlenstoff, Wasserstoff und Schwefel. Der Schwefel ist unerwünscht, da seine sauren Verbrennungsprodukte, schweflige Säure und Schwefelsäure, Metalle und Mauerwerk angreifen. Der Stickstoff verhält sich völlig passiv, der Sauerstoff ist ebenfalls nutzloser Ballast. Beide vermindern den Heizwert. Während innerhalb desselben Flözes die Rohkohle durch verschiedenen Gehalt an Asche und Wasser recht verschieden sein kann, ist die Reinkohlesubstanz in demselben Flöz stets die gleiche. (Gesetz von der Konstanz der Reinkohle.)

Verkokungsrückstand (DIN DVM 3725). Einen guten Einblick in die Substanz der Reinkohle gewährt die Verkokungsprobe. Im genormten Platintiegel mit Deckel, der ein Loch von 2 mm Durchmesser hat, wird 1 g lufttrockene Kohle abgewogen. Der Tiegel wird auf genormtem Chromnickeldreieck mit entleuchteter Bunsenflamme erhitzt (Flammenhöhe 180 mm, Tiegel allseitig bis oben umspült, Innenkegel der Flamme darf Tiegelboden nicht berühren). Wenn das Loch im Tiegeldeckel in verdunkeltem Raum kein Flämmchen mehr zeigt, wird der Tiegel im Exsikkator abgekühlt und gewogen. Der Gewichtsverlust ergibt, um den Wassergehalt vermindert, den Gehalt an flüchtigen Bestandteilen. Da diese hauptsächlich aus brennbaren Gasen bestehen (4), kann man daraus Schlüsse ziehen auf die Entzündlichkeit der Kohlen, das Flammenbild und die Eignung zur Gas- und Koksbereitung. Der Koksrückstand wird in Gewichtsprozenten als pulverig, gesintert oder gebacken angegeben.

Einteilung der Steinkohlen. Das Ergebnis der Verkokungsprobe ist für die praktische Verwendung der Kohle wichtiger als eine vollständige „Elementaranalyse", die sich auf die Bestimmung der einzelnen Grundstoffe erstreckt (14). Von dieser wird daher gewöhnlich abgesehen, es genügt die „Kurzanalyse", welche die Bestimmung des Wassergehaltes, des Aschegehaltes und des Verkokungsrückstandes umfaßt. Dazu ist noch der Heizwert zu bestimmen (14). Die Kurzanalyse ist für die Verwendung des Brennstoffes und dessen Einkauf entscheidend. Es ergeben sich hauptsächlich drei verschiedene Typen von Steinkohlen:

1. **Magerkohlen** entwickeln beim Verkoken nur bis 15% Gase. Sie brennen mit kurzer Flamme ohne Rauch und Ruß, sind schwer entzündbar und hinterlassen viel Koks als sandiges Pulver (Sandkohlen). Die wertvollsten sind die Anthrazitkohlen, an denen Deutschland arm ist. Magerkohlen eignen sich nicht zur Gas- und Koksbereitung. Wegen ihres hohen Heizwertes sind sie aber wertvoll für Feuerungszwecke.

2. **Fettkohlen** liefern bis 25% Gase. Sie brennen mit stark leuchtender und rußender Flamme. Sie liefern zusammenbackenden Koks und eignen sich vorzüglich zur Koksgewinnung.

3. **Gasflammkohlen** liefern bis 35% Gase. Sie dienen daher zur Gasbereitung. Der Koks ist gebacken, die Flamme lang und leuchtend.

Künstliche feste Brennstoffe sind die Entgasungsrückstände Holzkohle, Steinkohlenkoks und Grudekoks. Holzkohle ist die reinste Form von Koks, frei von Schwefel und arm an Asche, Zechenkoks besitzt einen Höchstgehalt an Kohlenstoff und zeichnet sich durch außerordentliche Druckfestigkeit und Härte aus. Gaskoks ist weniger ausgegast, weniger druckfest und poröser, Grudekoks als Nebenprodukt der Braunkohlenschwelerei dient hauptsächlich zur Vergasung. Holzkohle und Koks verbrennen ohne Rauch und Ruß.

Literatur. Wesche: Die Brennstoffe 1936. — Aufhäuser: Brennstoff und Verbrennung, 1. Teil, 1926. — Wüster, Z. VDI. 1937, S. 1105 (Aufbereitung der Steinkohle).

6. Gewinnung flüssiger Brennstoffe.

Bestandteile flüssiger Brennstoffe, sowohl der natürlichen (Erdöl), als auch der künstlichen (Teere und synthetische Öle) sind hauptsächlich Kohlenwasserstoffe mit Siedepunkten über 30°. Hierzu gehören zunächst die Paraffinkohlenwasserstoffe (4), beginnend mit dem Pentan C_5H_{12} bis zu dem Paraffin, einem Gemenge der höchsten Glieder dieser Reihe (ab $C_{22}H_{46}$). Neben den trägen Paraffinen findet man die ungesättigten, reaktionsfähigen Olefine, beginnend mit dem Amylen C_5H_{10}. Mehrfache Olefine neigen zur Aufnahme von Sauerstoff aus der Luft. Außer diesen enthalten flüssige Brennstoffe häufig noch Kohlenwasserstoffe mit Ringstruktur, und zwar Naphthene und Aromaten. Gesättigte Naphthene haben die allgemeine Formel C_nH_{2n}, die also derjenigen der Olefine entspricht. Da sie aber im Gegensatz zu den Olefinen durchaus gesättigten Charakter haben, muß man ihnen Ringstruktur zuschreiben. Bei höherer Temperatur gehen die Naphthene durch Dehydrierung leicht in Aromaten über. Charakteristisch für aromatische Kohlenwasserstoffe ist der Benzolring, der aus 6 Kohlenstoffatomen besteht, die abwechselnd Doppel- und Einfachbindung aufweisen (41).

Ringhexan C_6H_{12} Benzol C_6H_6 Toluol C_7H_8 Naphthalin $C_{10}H_8$

Die aromatischen Kohlenwasserstoffe Benzol, Toluol und Xylol (C_8H_{10}) sind farblose Flüssigkeiten von starkem Lichtbrechungsvermögen und „aromatischem" Geruch. Naphthalin entsteht durch Kondensation zweier Benzolringe.

Die Elementaranalyse der flüssigen Brennstoffe ergibt neben einem überwiegenden Kohlenstoffgehalt einen Gehalt an Wasserstoff, der etwa doppelt so hoch ist wie bei den Kohlen. Daneben tritt der Sauerstoffgehalt, der bei Kohlen eine bedeutende Rolle spielt, erheblich zurück. Man findet ihn als Bestandteil von Verunreinigungen in Form von Säuren, Phenolen (41), Harzen und Asphalten. Praktisch von Bedeutung ist ferner noch ein Gehalt an Schwefel. Der Gehalt an Wasser und Asche ist klein.

Aufbereitung flüssiger Brennstoffe. Die Rohöle stellen ein Gemisch der verschiedensten Kohlenwasserstoffe dar. Eine Trennung in technisch verwendbare Gruppen kann auf chemischem Wege wegen der Ähnlichkeit der einzelnen Kohlenwasserstoffe nicht erfolgen. Die Aufbereitung erfolgt unter Ausnutzung der verschiedenen Siedepunkte durch Destillation.

Die Destillation erfordert zunächst die Verdampfung des Rohöls.

Zu diesem Zweck wird dieses unter Druck durch ein beheiztes Röhrensystem gedrückt und dabei auf die Temperatur des höchstsiedenden Bestandteils erhitzt. Bei dem Eintritt in den „Fraktionierturm" verdampft das Öl infolge Entspannung. Die hochsiedenden, also leicht kondensierbaren „Schweröle" sammeln sich am Boden des Turms, während die Leichtöldämpfe bis in den Kopf des Turms gelangen. Die Mittelöle werden an entsprechend ausgestalteten Glockenböden im Mittelteil des Turmes kondensiert und abgezapft. Je nach Bedarf können die einzelnen Fraktionen durch einen zweiten Fraktionierturm weiter zerlegt werden. Dieses hauptsächlich für Erdöl ausgeübte Verfahren der stetigen, fraktionierten Destillation wird bei Teeren meist durch eine Destillation aus einer Retorte heraus ersetzt. Rohe Erdöle und Teere müssen vor der Destillation entwässert werden. Die Destillation hochsiedender Anteile wird durch Verminderung des Druckes und damit der Siedetemperatur (Vakuumdestillation) erleichtert. Eine Verminderung der Siedetemperatur tritt auch bei der Destillation mit Wasserdampf ein, weil dann der Dampfdruck des Öles nur gleich dem Außendruck vermindert um den Dampfdruck des Wassers zu sein braucht. Hohe Temperaturen ergeben Verluste durch thermische Zersetzung der Öle.

Die Raffination ermöglicht die Reinigung einzelner Fraktionen von unerwünschten Fremdbestandteilen. Die chemische Raffination wird mit Schwefelsäure durchgeführt, welche die gesättigten Kohlenwasserstoffe nicht angreift, wohl aber die ungesättigten, die zur Harzbildung führen, polymerisiert, übelriechende Schwefelverbindungen und Farbstoffe oxydiert oder löst. Nach Ablassen des entstandenen Säureharzes wird mit Wasser und Natronlauge neutral gewaschen. Die chemische Raffination ist wegen der Bindung von Olefinen und Aromaten durch Schwefelsäure mit erheblichen Stoffverlusten verbunden und wird allmählich durch die physikalische Raffination verdrängt. Hier handelt es sich hauptsächlich um die Anwendung „selektiver" Lösemittel oder von Adsorptionserden (Bleicherden). Selektive Lösemittel sind z. B. flüssiges Schwefeldioxyd (Edeleanuverfahren), flüssiges Propan, Phenol u. a. Derart gereinigte Öle bezeichnet man als „Raffinate" im Gegensatz zu den einfachen „Destillaten".

Eine fast verlustfreie Raffination ist die Druckhydrierung (s. u.). Sie beseitigt die störenden O-, N- und S-Verbindungen unter Bildung von Wasser, Ammoniak und Schwefelwasserstoff.

Literatur. Neumann: Lehrbuch der chemischen Technologie 1939. — Steinbrecher: Z. angew. Chem. 1937, S. 233 (Selektive Lösemittel). — Schultze: Z. angew. Chem. 1936, S. 74 (Bleicherden).

Erdöl ist aus der Fettsubstanz von Algen und anderen schwimmenden Organismen entstanden. Während im sauerstoffreichen Wasser die organische Substanz völlig oxydiert wird und nur zu mineralischen Ablagerungen führt, fault sie im sauerstofffreien Wasser und ergibt unter dem zersetzenden Einfluß von Bakterien den Faulschlamm als Erdölmuttergestein. Das dunkelbraune bis dunkelgrüne Erdöl ist ein wechselnd zusammengesetztes Gemisch der verschiedensten Kohlenwasserstoffe. Die wertvollen pennsylvanischen Öle enthalten fast nur Paraffine, Texasöle daneben auch Olefine. Im russischen Öl herrschen die Naphthene vor, rumänische, galizische und deutsche Öle nehmen eine Mittelstellung ein. Indische und kalifornische Öle enthalten auch Aromaten. Eine kurze Übersicht über die Erzeugnisse der Erdölindustrie gibt die Tabelle 7.

Tab. 7. Erzeugnisse der Destillation des Erdöls.

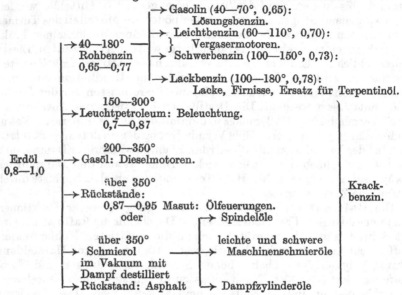

Erdöl 0,8—1,0

→ 40—180° Rohbenzin 0,65—0,77

→ Gasolin (40—70°, 0,65): Lösungsbenzin.

→ Leichtbenzin (60—110°, 0,70): } Vergasermotoren.

→ Schwerbenzin (100—150°, 0,73):

→ Lackbenzin (100—180°, 0,78): Lacke, Firnisse, Ersatz für Terpentinöl.

150—300° → Leuchtpetroleum: Beleuchtung. 0,7—0,87

200—350° → Gasöl: Dieselmotoren.

über 350° → Rückstände: 0,87—0,95 Masut: Ölfeuerungen. oder

über 350° → Schmierol im Vakuum mit Dampf destilliert → Rückstand: Asphalt

→ Spindelöle

leichte und schwere → Maschinenschmieröle

→ Dampfzylinderöle

} Krackbenzin.

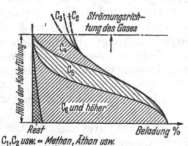

Abb. 3. Beladung von aktiver Kohle mit Benzindämpfen (nach Bailleul.)

$C_3 + C_2$ Strömungsrichtung des Gases
C_4
C_5
C_6 und höher
Höhe der Kohlefüllung
Rest — Beladung %
C_1, C_2 usw. = Methan, Äthan usw.
▨ Restbeladung nach dem Spülen stets in der Kohle bleibend.
▨ erwünschte Benzinbestandteile
☐ unerwünschte Benzinbestandteile

Die den Bohrlöchern des Erdöls entströmenden Gase sind mit den Dämpfen leichter Kohlenwasserstoffe gesättigt. Aus diesen können große Mengen von Flüssiggasen, Gasol (4) sowie Benzin durch Verdichtung, auch bei gleichzeitiger Kühlung gewonnen werden. Diese Kondensation kann auch bei kleineren Gehalten ($40\,g/Nm^3$) besser nach dem Bayer-Verfahren (1916) durch Adsorption an aktiver Kohle (54) erreicht werden. A-Kohle adsorbiert an ihrer großen inneren Oberfläche Gase um so besser, je größer das Gasmolekül und je höher damit der Siedepunkt ist. Der mit A-Kohle gefüllte Adsorber adsorbiert beim Gasdurchgang zunächst auch die leichtesten Kohlenwasserstoffe $C_1 - C_4$, d. h. Methan bis Butan, bei weiterer Beladung werden diese aber durch die eigentlichen Benzinkohlenwasserstoffe verdrängt (Abb. 3). Da dieses Verfahren recht trennscharf arbeitet, können zunächst Methan und Äthan, dann die „Flüssiggase" Propan und Butan als „Gasol" gewonnen werden.

Die Benzinkohlenwasserstoffe erhält man durch Ausblasen der A-Kohle mit Wasserdampf, der nachher mit dem Benzin zusammen kondensiert.

Literatur. Heinze: Z. VDI. 1938, S. 1005. — Holde: Kohlenwasserstofföle und Fette 1933. — Becker: Z. VDI. 1939, S. 941 (Erdölbohranlagen). — Treibs: Z. angew. Chem. 1940, S. 202 (Entstehung des Erdöls). — Bailleul-Herbert-Reisemann: Aktive Kohle 1937.

Spaltbenzin (Krackbenzin). Der Benzinanteil (Kohlenwasserstoffe C_5—C_8) ist im Erdöl im allgemeinen gering. Amerikanische Öle ergeben bis 20, deutsche nur bis 2% Benzin. Eine Erhöhung der Benzinausbeute erreicht man durch „Spalten". Unter Spalten versteht man die in der Hitze, oberhalb 400° erfolgende Aufspaltung der langen Kohlenstoffketten schwererer Öle in die kürzeren Ketten leichter Öle. Hierbei tritt immer ein Übergang in ungesättigtere Verbindungen, eine Olefinisierung ein. Am leichtesten werden die wärmeunbeständigen Paraffine gespalten:

$$C_{n + p}H_{2(n + p) + 2} = C_nH_{2n + 2} + C_pH_{2p}, \text{ wobei } n < p$$
$$\text{Paraffin} \qquad \text{Paraffin} \qquad \text{Olefin}$$

Spaltbenzine sind reich an ungesättigten Kohlenwasserstoffen. Infolgedessen färben sich Spaltbenzine durch Sauerstoffaufnahme gelb und scheiden leicht harzartige Stoffe aus. Die Zusammensetzung der Spaltbenzine hängt von der Temperatur und vom Druck ab. Hoher Druck begünstigt die Entstehung gesättigter Kohlenwasserstoffe, hohe Temperatur die Entstehung olefinischer und aromatischer Verbindungen. Die Benzinausbeute aus dem Erdöl kann durch Spalten auf etwa 40% gesteigert werden. Von besonderer Bedeutung ist das Spalten zunächst für erdölreiche Länder (vgl. aber letzten Absatz). Erdölarme Völker können sich die für Krieg und Frieden unentbehrlichen flüssigen Brennstoffe aus eigener Kraft schaffen, wenn sie über ausreichende Kohlevorkommen verfügen.

Literatur. Schultze: Z. angew. Chem. 1936, S. 268.

Tab. 8. Erzeugnisse der Schwelung der Braunkohle.

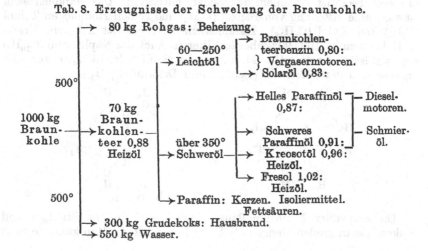

Teeröle. Bei Erhitzen unter Luftabschluß geht ein Teil der Kohlesubstanz in Teer über. Je nachdem, ob man bei niederen Temperaturen, etwa 500° (Schwelung), oder bei hohen Temperaturen, etwa 1000° (Verkokung), arbeitet, sind die im Teer enthaltenen Öle ganz verschiedener Art. Bei der Schwelung ergeben sich hauptsächlich Paraffine, bei der Verkokung dagegen Aromaten. Die weitere Zerlegung der Teere durch Destillation ergeben die Tab. 8 und 9. Die Industrie der Braunkohle ist in starkem Ausbau begriffen. Die anfallenden Kraftstoffe und Heizöle stellen wertvolle Veredelungsprodukte der Braunkohle dar. In ähnlicher Weise kann man die Steinkohle schwelen. Es ergibt sich der Tieftemperaturteer (T-Teer) oder Urteer in einer dem Braunkohlenteer ähnlichen

Tab. 9. Erzeugnisse der Verkokung der Steinkohle.

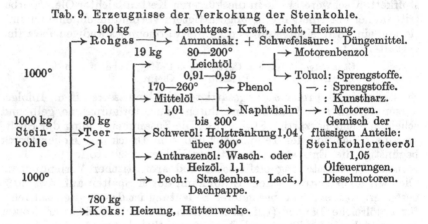

Zusammensetzung, also auf paraffinischer Basis. Einen „Schieferteer" erhält man aus dem in Schottland, an der baltischen Küste und auch in Deutschland sowie in U.S.A. (Colorado) vorkommenden Ölschiefer.

Die Verkokung der Steinkohle liefert den Steinkohlenteer. Im Leichtöl dieses Teers ist vor allem das Benzol enthalten. Das Handelsbenzol ist stets eine Mischung von Benzol (C_6H_6) und seinen Homologen Toluol (C_7H_8) und Xylol (C_8H_{10}). Handelsbenzol I (90er) ist z. B. ein Kraftstoff, bei dem bis 100° 90% überdestillieren. Auch das Naphthalin ($C_{10}H_8$) ergibt flüssige Kraftstoffe. Man kann es nämlich leicht hydrieren. Es ergeben sich dann Tetralin ($C_{10}H_{12}$) und Dekalin ($C_{10}H_{18}$).

Tetralin   Dekalin

Die wertvollen Leichtöle Benzol und Toluol sind im Stadtgas und Kokereigas in großen Mengen als Dämpfe enthalten. Man kann sie nach dem Bayer-Verfahren durch Adsorption mit aktiver Kohle gewinnen (s. Erdöl).

Literatur. Sustmann-Ziesecke: Brennstoff-Chem. 1940, S. 61. — Thau: Der Vierjahresplan 1939, S. 924. — Rempel: Wehrt. Monatshefte 1940, S. 37 (Die estnische Ölschieferindustrie). — Bailleul-Herbert-Reisemann: Aktive Kohle 1937, S. 65.

Kohleextraktion. In milderer Weise als beim Verkoken und Schwelen und daher mit wesentlich höherer Ausbeute wird die Kohle durch Extraktion aufgeschlossen. Seit 1937 arbeitet in Welheim eine Großanlage, welche nach dem Verfahren von Pott-Broche getrocknete und gemahlene Kohle mit geeigneten Lösemitteln (Tetralin und Naphthalin) bei höherem Druck und erhöhter Temperatur behandelt. Bei dieser „schonenden Schwelung in Öl" verwandelt sich die Kohle bei stufenweise gesteigerter Temperatur bis zu 90% in Extrakt. Die extrahierte Lösung kann als Heizöl verwendet werden. Nach dem Abdampfen des Lösungsmittels ergibt sich als Extrakt ein pechähnliches Erzeugnis. Aus dem aschefreien Extrakt kann man durch Hochdruckhydrierung mit geringem Wasserstoffverbrauch hochwertige Kraftstoffe gewinnen.

Literatur. Moehrle: Z. angew. Chem. 1935, S. 510.

Hochdruckhydrierung (nach Bergius). Die wasserstoffarmen Kohleextrakte, Teere und Schweröle des Erdöls können durch Anlagerung von Wasserstoff unter hohem Druck weiter veredelt werden. Schwieriger ist die Hochdruckhydrierung der Kohle selbst. Man kann die Kohlen als höchst ungesättigte Kohlenwasserstoffe ansehen mit dem summarischen Gewichtsverhältnis $C : H = 16 : 1$ gegenüber den Ölen $C : H = 8 : 1$. Nach Patenten von Prof. Bergius (1913) wird das Verfahren der „Kohleverflüssigung" von der I. G. Farben hauptsächlich mit Braunkohle folgendermaßen durchgeführt: Ein Brei von Schweröl und Kohlemehl wird in dickwandigen Edelstahlzylindern nach Zumischen eines Katalysators hydriert. Die anfallenden Öle werden durch Destillation in Benzine, Mittel- und Schweröle zerlegt. Das Schweröl wird zu neuem Brei verrührt, das Mittelöl im Benzinofen gekrackt und katalytisch hydriert. Die Hydrierung des Schwerölbreies heißt Sumpfphase, die Hydrierung des gewonnenen Mittelöls „Gasphase". Der Druck beträgt etwa 200 at, die Temperatur über 400°. Im Mittel liefert 1 t Braunkohle 590 kg Benzin und 200 kg Gas. Das Verfahren ist anpassungsfähig. Es ist z. B. bei Verzicht auf die Gasphase auch zur Gewinnung von Dieselkraftstoffen geeignet. Der Gesamtvorgang der Kohleverflüssigung besteht in einer Aufschließung der Kohle unter dem Einfluß des zugemischten Öls, einer Spaltung der Extrakte und endlich der Hydrierung der Spaltprodukte.

Literatur. Pier: Z. angew. Chem. 1938, S. 603 (Hydrierbenzin). — Hedicke, Z. kompr. flüss. Gase 1940, S. 51.

Ölsynthese aus Wassergas (nach Fischer-Tropsch). Die Schwelung, Verkokung und Druckhydrierung der Kohle stellen eine nur grobe Aufspaltung der Kohlemoleküle dar. Dagegen wird bei der Vergasung die Kohle in letzte kleine und wohldefinierte Bestandteile in Form des Wassergases $CO + H_2$ zerlegt (4). Hier bleiben alle Möglichkeiten eines synthetischen Aufbaues offen. Seit 1925 versuchsweise, seit 1933 technisch wird nach Fischer-Tropsch das Wassergas katalytisch in Kohlenwasserstoffe verwandelt und zwar bei Normaldruck (Niederdrucksynthese). Das Wassergas wird entschwefelt (30) und ein Teil mit Wasserdampf konvertiert (4):

$$CO + H_2O = CO_2 + H_2$$

Der wiedervereinigte Gasstrom wird von CO_2 freigewaschen und hat nun die Zusammensetzung $CO + 2H_2$. Nach einer weiteren Feinreinigung wird dieses „Synthesegas" bei 190° C über einen Kobalt- oder Eisenkatalysator geleitet. Dabei wird das Kohlenoxyd zu Methylengruppen reduziert:

$$CO + 2H_2 \rightarrow : CH_2 + H_2O.$$

Die Methylengruppen: CH_2 können sich je nach den Bedingungen zu Olefinketten C_nH_{2n} verschiedener Länge polymerisieren. Durch Wasserstoff werden sie z. T. zu Paraffinketten C_nH_{2n+2} hydriert. Die entstehenden Gase und Öle sind Gemische von n-Paraffinen und n-Olefinen. Niedersiedende Fraktionen sind olefinreicher als höhersiedende. Mit Hilfe von aktiver Kohle wird nach dem Bayer-Verfahren (4) Gasol (Flüssiggas) und Leichtbenzin gewonnen. Das „Kogasin", ein Gemisch höhersiedender Kohlenwasserstoffe, wird durch Destillation in Vergaser- und Dieselkraftstoffe sowie Paraffinöl zerlegt. Die gewonnenen Erzeugnisse sind besonders rein und den besten Markensorten aus Erdöl ebenbürtig. Für die Herstellung von Paraffin, das zur Fettsäuregewinnung dient, eignet sich besonders die „Mitteldrucksynthese" von Fischer-Pichler bei Drucken von 4—20 at, die im übrigen der Arbeitsweise von Fischer-Tropsch entspricht. Als Rohstoff kommen zur Erzeugung von Wassergas alle Kohlesorten sowie Koks in Betracht. Besonders vorteilhaft ist die Koppelung des Fischer-Verfahrens mit einer vorhergehenden Schwelung von Braunkohle oder Steinkohle. Man erhält dann zunächst die entsprechenden Teere und aus dem Schwelkoks das Wassergas für die Synthese.

Literatur. Craxford: Brennstoff-Chemie, Jahrg. 1939, S. 263. (Fischer-Tropsch-Synthese). — Fischer und Pichler: Brennstoff-Chemie, Jahrg. 1939, S. 41 und 221 (Mitteldrucksynthese). — Neumann: Lehrbuch der chemischen Technologie 1939.

Ölsynthese aus Olefinen. Neue Wege zur Gewinnung besonders hochwertiger synthetischer Öle ergeben sich durch Ausnutzung der Polymerisierbarkeit von Olefinen (4). Sofern diese nicht schon in Form olefinreicher Abgase, z. B. bei der Fischer-Tropsch-Synthese, bei der Herstellung von Spaltbenzin, bei der Destillation des Erdöls oder in Form von Naturgasen (U.S.A.) zur Verfügung stehen, kann man sie durch entsprechend geleitete Spaltung von weniger wertvollen Mittel- und Schwerölen oder festen Paraffinen der Fischer-Tropsch-Synthese oder des Erdöls in Form gasförmiger oder höhersiedender olefinischer Bruchstücke bereitstellen. Das Polymerisieren wird meist mit „Polymerisationskatalysatoren" durchgeführt, von denen das Aluminiumchlorid eine besondere Rolle spielt. Aus gasförmigen Olefinen kann man hochwertiges (klopffestes) Benzin, das „Polymerbenzin", gewinnen, indem man die

Olefine über einen rotierenden Katalysator leitet, von dem die flüssigen Polymeren abgeschleudert werden, bevor sie in höhersiedende Polymere übergehen. Zur Synthese von Schmierölen, denen man je nach den Reaktionsbedingungen (Druck, Temperatur, Art und Menge des Katalysators, Art der Olefine) verschiedene Eigenschaften geben kann, läßt man den Katalysator länger einwirken. Diese Schmieröle dürften hauptsächlich aus Isoparaffinen bestehen. Die „Isomerierung", also die Verzweigung der C-Kette, sei an folgendem einfachen Beispiel erläutert:

$$\text{Beispiel: } CH_3\,CH_2\,C\!\!\begin{array}{c} H \\ \diagdown \\ H \end{array}\!\!CH_3 + CH_2 = CH_2 \longrightarrow CH_3\,CH_2\,C\!\!\begin{array}{c} H \\ \diagup \\ \diagdown CH_2\,CH_3 \end{array}$$

$$\text{n-Butan} \qquad\qquad \text{Äthylen} \qquad\qquad \text{3 Methylpentan}$$

Bei Einwirkung polymerisierter Olefine entstehen dann Isoparaffine der verschiedensten Art, z. B.

$$CH_3\text{---}(CH_2)_{14}\text{---}CH\!\!\begin{array}{c} \diagup CH_3 \\ \diagdown CH_3 \end{array} \quad\text{oder}\quad CH_3\text{---}(CH_2)_{14}\text{---}CH\!\!\begin{array}{c} \diagup CH_2\,CH_2\,CH_2\,CH_3 \\ \diagdown CH_2\,CH_2\,CH_2\,CH_3 \end{array}$$

Dagegen sind die natürlichen Schmieröle aus Erdöl alkylierte Aromaten oder Naphtene, d. h. Benzol- oder Naphthalin- oder Naphtenkerne, welche eine paraffinische Seitenkette haben. (Unter „Alkyl" versteht man den Paraffinrest $\cdot\,C_nH_{2n+1}$).

$$\text{Beispiel: alkyl. Benzol} \quad\bigcirc\!\!-C_{18}H_{37} \quad ; \text{alkyl. Naphthalin} \quad\bigcirc\!\bigcirc\!\!-C_{18}H_{37}$$

Die Alkylierung der Aromaten erreicht man durch Einwirkung von polymerisierten Olefinen auf Benzol oder Naphthalin wieder mit dem Katalysator Aluminiumchlorid:

$$C_6H_6 + C_nH_{2n} \xrightarrow{AlCl_3} C_6H_5C_nH_{2n+1}$$

Endlich gelingt die Alkylierung auch dadurch, daß man höhersiedendes Kogasin der Fischer-Tropsch-Synthese zunächst mit Chlor behandelt. Die dabei entstehenden Halogenparaffine C_nH_{2n+1} Cl setzt man wieder mit AlCl$_3$ als Katalysator mit Aromaten um:

$$C_6H_6 + C_nH_{2n+1}\,Cl \xrightarrow{AlCl_3} C_6H_5C_nH_{2n+1} + HCl$$

Die hier kurz gestreiften Verfahren des Spaltens, des Polymerisierens, des Isomerierens und des Alkylierens haben zweifellos noch eine große Zukunft. Über das Aromatisieren vgl. 41.

Literatur. Kränzlein: Aluminiumchlorid in der organischen Chemie 1939. — Fischer-Weinrotter: Brennstoff-Chemie 1940, S. 209 (Spaltung von Kogasin in Olefin). — Koch: Brennstoff-Chemie 1940, S. 169 (Schmieröle aus festen Kohlenwasserstoffen der Fischer-Tropsch-Synthese). — Zorn: Z. angew. Chem. 1937, S. 791 (Schmieröleigenschaften und chem. Konstitution).

7. Flüssige Kraftstoffe, Heizöle und Schmiermittel.

Die aus Erdöl und Kohle hergestellten Öle heißen Mineralöle, im Gegensatz zu den tierischen und pflanzlichen „fetten Ölen" (32). Sie finden hauptsächlich als Vergaser- und Dieselkraftstoffe, als Heizöle und

Schmierstoffe Verwendung. Ihrer Besprechung im Zusammenhang sind zweckmäßig Angaben über gemeinsame Eigenschaften vorauszuschicken. Die Wichte, ausgedrückt in kg/l, ist abhängig von der chemischen Zusammensetzung des Öls. Umgekehrt ergibt sich nach Heinze und Marder aus der Wichte der C- und H-Gehalt des Öls und das C/H-Verhältnis, ferner für Vergaserkraftstoffe die Oktanzahl (s. u.), ja nach Jaursch für Erdöldieselkraftstoffe sogar der Heizwert. Die Wichte ermöglicht weiter die Umrechnung von Öllieferungen vom Gewichtsmaß in das Raummaß. Es ist der Raumbedarf von 1 kg Öl, das „spezifische Volumen", $= 1/W$ l/kg (W = Wichte). Wichteangaben sind auf 20° C zu beziehen. Da die Wichte mit steigender Temperatur abnimmt, ist sie in diesem Falle auf 20° umzurechnen (8).

Literatur. Heinze u. Marder: Z. angew. Chem. 1935, S. 776. — Chem. Ztrlbl. 1940 II, S. 1975. — Jaursch: Brennstoff-Chem. 1940, S. 121.

Die Viskosität, die innere Reibung des Öls, ist technisch in Englergraden auszudrücken:

$$\text{Viskosität in °E} = \frac{\text{Ausflußzeit von 200 cm}^3 \text{ Öl bei Versuchstemperatur}}{\text{Ausflußzeit von 200 cm}^3 \text{ Wasser bei 20°}}$$

Dieses Viskositätsmaß ist ebenso wie das englische (Redwoodsekunden) und das der U.S.A. (Sayboltsekunden) an das entsprechende Prüfgerät (8) gebunden. Diese Masse sind als Vergleichszahlen der Viskosität für Betriebszwecke ausreichend, nicht aber für dynamische Berechnungen (Lagerreibung, Strömungsgeschwindigkeit). Hier ist die dynamische Viskosität η einzusetzen, die in zunehmendem Maße das Englermaß verdrängt: Die Kraft K, welche bei einem quaderförmigen Flüssigkeitsteil von der Höhe h die Deckfläche F gegen die Grundfläche mit der Geschwindigkeit v verschiebt, ist, gemessen im CGS-System:

$$K = \eta \cdot \frac{F \cdot v}{h} \; ; \text{ also } \eta = \frac{K \cdot h}{F \cdot v} \left[\frac{g \text{ cm}}{\text{sec}^2} \cdot \frac{\text{cm}}{\text{cm}^2} \cdot \frac{\text{sec}}{\text{cm}} = \frac{g}{\text{cm sec}} \right]$$

Der Faktor η ist vom Stoff abhängig und heißt „dynamische Viskosität". Die Einheit heißt 1 Poise. Meist benutzt wird der 100. Teil = 1 Centipoise (cP). Aus der dynamischen Viskosität wird die kinematische Viskosität abgeleitet:

$$\text{kinematische Viskosität } \nu = \frac{\text{dynamische Viskosität}}{\text{Dichte der Flüssigkeit}} \left[\frac{g}{\text{cm} \cdot \text{sec}} \cdot \frac{\text{cm}^3}{g} = \text{cm}^2 \cdot \text{sec}^{-1} \right]$$

Als Einheit der kinematischen Viskosität gilt 1 Stok bzw. 1 Centistok. Wasser von 20° hat die Engler-Viskosität 1° E und die kinematische Viskosität 1 cSt, Wasser von 20,2° die dynamische Viskosität 1 cP. Zur Umrechnung für Werte über 7° E dienen die Formeln:

$$\nu = 0,076 \text{ E}, \text{ Redwood sec} = 29,2 \text{ E}, \text{ Saybolt sec} = 34,5 \text{ E}.$$

Für kleinere Viskositäten gilt:

Englergrade	1,00	1,20	1,40	1,60	1,80	2,00	2,50	3,00	4,00	5,00	6,00	7,00
ν in Stok . .	1,0	2,8	5,0	7,45	9,6	11,8	16,6	21,1	29,3	37,3	45,1	52,9
Redwood sec	29,2	32,8	38,2	44,9	51,0	57,9	73,7	89,0	119,0	149,0	178,0	206,0
Saybolt sec .	31,1	35,6	42,1	49,6	57,8	66,3	85,2	104,0	140,0	174,0	209,0	242,0

Die Viskosität steigt mit wachsendem Druck und fällt mit steigender Temperatur. Die Druckabhängigkeit der Viskosität hat Interesse für das Verhalten der Schmieröle unter hohem Lagerdruck. Bei fetten Ölen steigt die Viskosität mit dem Druck weniger als bei Mineralölen. Bei letzteren wurde bei 1000 at teilweise eine Verfestigung beobachtet. Im einzelnen ist über die Druckabhängigkeit wegen der Schwierigkeit der Messungen noch wenig bekannt. Übersichtlicher ist das Viskositäts-Temperaturverhalten. Es wird dargestellt in einer Viskositätskurve (Abb. 4). Bei stark schwankenden Betriebstemperaturen ist eine möglichst flache Viskositätskurve erwünscht, eine Forderung, die jedoch schwer zu erfüllen ist. Fette Öle haben eine flachere Viskositätskurve als Mineralöle.

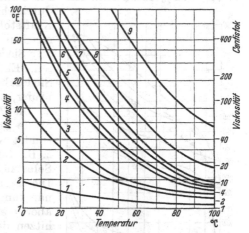

Abb. 4. Viskositätskurven verschiedener Öle.
(Ordinate logarithmisch geteilt; bei gleichmäßiger Teilung ist die Krümmung der Kurven wesentlich stärker.)

1 = Putzöl, 2 = Transformatorenöl, 3 = Spindelöl, 4 = Turbinenöl, 5 = Maschinenöl, mittel, 6 = Maschinenöl, schwer. 7 = Winter-Autoöl, 8 = Sommer-Autoöl, 9 = Zylinderöl.

Literatur. Richtlinien für Einkauf und Prüfung von Schmierstoffen. 1939 (Normenausschuß). — Holde: Kohlenwasserstofföle und Fette, 1933. — Suge: Chem. Ztrlbl. 1940 II S. 1533. — Normblatt DIN 1342, 1936.

Das Kälteverhalten. Bei Abkühlung steigt die Viskosität schnell an. Da ein Öl verschiedene Bestandteile enthält, kann bei tieferen Temperaturen eine Kristallausscheidung oder eine Entmischung eintreten, welche die Verwendbarkeit des Öls, z. B. eines Vergaserkraftstoffes, in Frage stellt. Die abgeschiedenen Kristalle, meist aus Paraffin bestehend, rufen eine Trübung des Öls hervor. Die entsprechende Temperatur heißt daher Trübungspunkt. Bei weiterer Abkühlung ergibt sich ein Zustand, in dem das Öl unter dem Einfluß seiner eigenen Schwere nicht mehr fließt. Die zugehörige Temperatur heißt Stockpunkt. Ein gestocktes Öl ist ein Gemisch von Kristallen mit noch flüssigen Ölbestandteilen. Da die Zufuhr eines Öls zur Schmierstelle aber nicht erst bei Erreichung des Stockpunktes, sondern bereits bei Überschreitung einer bestimmten Viskosität gestört wird, ist der Bestimmung des Stockpunktes die Viskositätsmessung bis zur tiefsten Betriebstemperatur vorzuziehen.

Literatur. Heinze u. Marder: Öl und Kohle, 1939, S. 611.

Das Siedeverhalten. Auch beim Siedeverhalten ist zu beachten, daß die Öle Mischungen verschieden hochsiedender Anteile sind. Öle haben daher keinen Siedepunkt, sondern eine Siedekurve (Abb. 5). Diese enthält die überdestillierten Anteile in % als Funktion der Temperatur. Die Siedekennziffer ist das Mittel der Temperaturen, bis zu denen 5, 15, 25... — 95% überdestillieren. Die Siedekennziffer ist ein Maß für die durchschnittliche Flüchtigkeit eines Kraftstoffs. Bei spiritushaltigen Gemischen gilt die Kennziffer nicht, da hier Siedepunktserniedrigungen eintreten. Eine abgekürzte Angabe ist die Siedezahl nach Jentzsch (Zündwertprüfer, 8).

Die Zündeigenschaften. Brennbare Stoffe können auf doppelte Weise gezündet werden, durch Fremdzündung, z. B. im Vergasermotor und durch Selbstzündung, z. B. im Dieselmotor. Die Fremdzündung erfordert die Annäherung einer Zündflamme, sie kann aber erst einsetzen, wenn durch Erhitzen des Öls eine genügende Menge brennbarer Dämpfe abgespalten ist. Die hierzu erforderliche Temperatur heißt Flammpunkt. Nach kurzem Aufflammen des Öldampf-Luftgemisches erlischt die Flamme wieder. Das Öl brennt erst bei noch höherer Temperatur, dem Brennpunkt, weiter, wenn sich dauernd Öldämpfe in ausreichender Menge entwickeln. Der Flammpunkt ist ein Maß für die Feuergefährlichkeit eines Öls. Bei Schmierölen ist er gleichzeitig ein Anhaltspunkt für die Verdampfbarkeit dieser Öle im Betriebe. Die Höhe des Flammpunktes ist allein

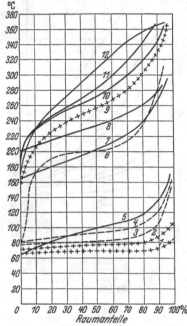

Abb. 5. Siedekurven verschiedener Öle nach Jentzsch.

1 = Spiritus, 2 = Methylalkohol, 3 = 90. Handelsbenzol, 4 = B.V. Benzol, 5 = Benzin, 6 = Phenolöl, 7 = Leuchtpetroleum, 8 = Kraftstoff für Traktoren, 9 = Fresol, 10 = Dieselkraftstoff (Erdöl), 11 = Dieselkraftstoff (Braunkohle), 12 = Braunkohlenheizöl

durch den Gehalt des Öls an leichter verdampfbaren Anteilen bestimmt, mit einer chemischen Zersetzung der Öle in der Hitze hat er nichts zu tun. Die Größenordnung der Flammpunkte ist für Vergaserkraftstoffe meist $< 0°$, für Dieselkraftstoffe und Heizöle $\approx 75°$, für Schmieröle $\approx 200° \text{C}$.

Ganz anders verhalten sich die Öle bei Selbstzündung. Die Selbstzündung ist eingehend von Jentzsch untersucht worden. Er entwickelte zu diesem Zweck seinen Zündwertprüfer (8). Der (untere) Selbstzündungspunkt Szp_u ist die niedrigste Temperatur, bei welcher sich das Öl in einem reichlichen Sauerstoffstrom selbst entzündet. Paraffinkohlenwasserstoffe (Erdöldestillate und Braunkohlenteeröle) haben beträchtlich niedrigeren Szp_u als aromatische (Steinkohlenteeröle). Der Grund liegt in dem Wasserstoffreichtum der Paraffine und der Wasserstoffarmut der Aromaten und der verschiedenen Beständigkeit beider Stoffgruppen in der Hitze. Paraffine sind wenig wärmebeständig. Sie zersetzen sich bei etwa 300° unter Abspaltung von Wasserstoff. Das entstehende Knallgasgemisch leitet die Zündung ein. Aromaten sind gerade in der Wärme beständig und zünden daher erst bei etwa 500°. Der Szp_u ist also ein Maß für die chemische Zersetzbarkeit der Öle in der Hitze, während der Flamm-punkt ein Maß für die erste ohne Zersetzung erfolgende Abspaltung von Dämpfen ist. Beide stehen in keiner Beziehung, z. B. haben Schmieröle und Dieselkraftstoffe aus Erdöl annähernd gleiche Szp_u wie Benzine.

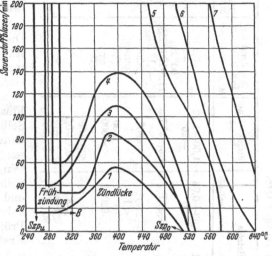

Zur Selbstzündung in einem gedrosselten Sauerstoffstrom, ausgedrückt in Blasen/min, ist eine höhere Temperatur erforderlich. Zu jeder Sauerstoff-Blasenzahl gehört ein bestimmter Selbstzündungspunkt. Der Szp ist also keine absolute Konstante, sondern eine Funktion der

Abb. 6. Selbstzündungskurven verschiedener Öle.
1 = Dieselkraftstoff aus Erdöl, 2 = Benzin aus russ. Erdöl, 3 = Dieselkraftstoff aus Braunkohlenteer, 4 = Heizöl aus Braunkohlenteer, 5 = Spiritus, 6 = B. V. Benzol, 7 = Heizöl aus Steinkohlenteer.

Sauerstoffzufuhr. Die graphische Darstellung ergibt die Selbstzündungs-kurve (Abb. 6). Charakteristisch für Paraffine ist das Auftreten eines Früh-zündungsgebietes, d. h. eines Temperatur-Intervalls, oberhalb dessen bei gleicher Sauerstoffzufuhr die Zündung zunächst wieder aussetzt. Bei den Temperaturen in der Zündungslücke werden neben Wasserstoff wesentliche Mengen Kohlenwasserstoffe abgespalten, zu deren Zündung der Sauerstoff nicht ausreicht. Bei noch höherer Temperatur, oberhalb der Zündlücke, setzt der Spaltprozeß ein, dessen Produkte der Zündung wieder zugänglich sind. Jentzsch leitet aus dem Szp_u durch Bestimmung der niedrigsten Blasenzahl B, welche bei dieser Temperatur noch Selbstzündung ergibt, den unteren Zündwert her: $Zw_u = Szp_u/(B + 1)$. Ferner ergibt sich der obere Zündpunkt Szp_0 als niedrigste Temperatur, bei welcher ohne Sauerstoffzufuhr Zündung eintritt. (Zündung in Luft wird mit der Zufuhr von 1 Blase Sauerstoff/min angesetzt.) Aus dem oberen und unteren Szp leitet er dann einen Kennzündwert her: $Zw_k = (Szp_0 — Szp_u)/(B + 1)$. Der Kennzündwert ist ein Maß für die Zünd-willigkeit der Öle. Die durch Selbstzündung schwer entzündlichen Aromaten haben z. B. kleinen Kennzündwert ($Szp_0 — Szp_u$ klein, B groß), die leicht entzündlichen Paraffine großen Kennzündwert ($Szp_0 — Szp_u$ groß, B klein). Die Zündwilligkeit ist sowohl für Vergaser- wie auch für Dieselkraftstoffe von großer Bedeutung.

Tab. 10. Kennzahlen einiger Öle.

Kenngröße	Vergaser-Kraftstoff (klopffest)	Diesel-Kraftstoff Erdöl	Heizöle Erdöl	Heizöle Braunkohlenöl	Heizöle Steinkohlenheizöl	Schmieröl für Diesel-Motoren Mineralölraffinat	Schmieröl für Dampfturbinen Mineralölraffinat
Wichte bei 20°	0,71—0,81	0,83—0,91	0,89—0,91	0,93—0,98	1,00—1,12	~0,90	~0,90
Stockpunkt °C	—	<0°	<0°	<0°	—25°	<—5°	<—5°
Viskosität° E	0,9° E_{20}	~2° E_{20}	<10° E_{20}	2—4° E_{20}	1,5—3° E_{20}	90° E_{20} / 11,5—12,5° E_{50} / ~2,1° E_{100}	~28° E_{20} / 5—6,5° E_{50} / ~1,5° E_{100}
Flammpunkt DVM °C	—	>65°	>80°	>80°	>80°	>200°	>190°
Wassergehalt %	0	<0,5	<1	<1	<1	Spuren	Spuren
Aschegehalt %	0	<0,02	0	0	<0,05	<0,05	<0,01
Unterer Heizwert kcal/kg	>10 200	>9900	>9600	>9200	>9000	—	—
Säuregehalt N. Z.	0	—	—	—	—	<0,14	<0,14
Selbstzündungspunkt Szp_u	270—320°	>280°	>280°	>280°	500—600°	>270°	>270°
Kennzündwert.	<2,5	>8	>3	>3	0,4—0,7	<3	<3
Zündverzug bei 300°	<3 sec	<4 sec	<4 sec	<4 sec	—	|	|
Siedezahl nach Jentzsch.	>60 (300°)	>40 (500°)	>30 (500°)	>30 (500°)	>30 (500°)	|	|

Literatur. Jentzsch: Mitteilungen des Verbandes für Mat.-Prüfung Nr. 25, 1933. — Mohr: Dissertation 1936 (Selbstzündung u. motorische Verbrennung). — Winter: Kraftstoff 1940, S. 142.

Dieselkraftstoffe. Beim Dieselmotor wird fein zerstäubter Brennstoff eingespritzt. Besonders bei schnelllaufenden Fahrzeugmotoren ist schnelle Verbrennung der Flüssigkeitströpfchen durch Selbstzündung zu fordern. Gute Dieselkraftstoffe müssen also zündwillig genug sein, sie müssen niedrigen Selbstzündungspunkt Szp_u und großen Kennzündwert haben (Tab. 10). Die beste Prüfung ist das Verhalten des Kraftstoffs im Dieselmotor selbst. Als Vergleichsstoff dient ein Gemisch des besonders zündwilligen Cetens $C_{16}H_{32}$ und des kaum zündenden Methylnaphthalins $C_{11}H_{10}$. Die Cetanzahl gibt dann den Prozentgehalt desjenigen Gemisches an Cetan an, das die gleiche Zündwilligkeit wie der zu untersuchende Kraftstoff hat. Als Maß für die Zündwilligkeit wird hier der Zündverzug benutzt, d. h. die Zeit zwischen Einspritzbeginn und Selbstzündung. Schnellaufende Motoren verlangen besonders kleinen Zündverzug (Cetanzahlen bis 70). Infolge der Unbeständigkeit des ungesättigten Cetens ersetzt man dieses neuerdings durch das beständigere gesättigte Cetan $C_{16}H_{34}$ (100 Cetenzahlen = 76 Cetanzahlen). Kraftstoffe nach Fischer-

Tropsch können Cetenzahlen über 100 haben, d. h. noch zündwilliger sein als das Ceten selbst.

Als Dieselkraftstoffe sind besonders die zündwilligen Paraffine geeignet, also Erdöldestillate (Gasöl Tab. 7), Braunkohlenteeröle (Paraffinöle Tab. 8), Schieferteeröle, Produkte der Hochdruckhydrierung und besonders solche der Fischer-Tropsch-Synthese. Schlechte Dieselkraftstoffe sind die wenig zündwilligen aromatischen Steinkohlenteeröle. Dieselkraftstoffe haben Siedegrenzen zwischen 200 und 360° (Kohlenwasserstoffe mit etwa C_{12} bis C_{20}). Verlangt wird eine gewisse Viskosität, gutes Fließvermögen und gute Filtrierbarkeit in der Kälte, da sonst die Filter vor der Einspritzpumpe versagen, Mangel an korrodierenden Bestandteilen und tiefer Stockpunkt.

Literatur. Weber: Öl und Kohle, Jahrg. 1938, S. 879 (Dieselbezugskraftstoffe). — Heinze und Marder: Öl und Kohle, Jahrg. 1938, S. 833 (Anforderungen an Dieselkraftstoffe). — Lindner: Z. VDI. 1939, S. 25 (Prüfung und Bewertung der Kraftstoffe). — Kölbel: Brennstoff-Chemie 1939, S. 352 (Dieselöle nach Fischer-Tropsch).

Vergaserkraftstoffe werden im vergasten Zustande nach Mischung mit Luft durch Fremdzündung zur Verbrennung gebracht. Die Leistung eines Vergasermotors steigt mit dem Verdichtungsverhältnis. Bei höherer Kompression wird die normale Verbrennung durch das Klopfen gestört (12), das außer einer Verminderung der Leistung den Motor gefährdet. Das Klopfen wird durch vorzeitige Selbstentzündung infolge zu niedriger Selbstzündungstemperatur hervorgerufen (Frühzündung Abb. 6). Wenig klopffest sind daher die Paraffine sowie Naphtene und Olefine mit Siedepunkten > 100°, klopffester Naphtene und Olefine mit Sp. < 100° (bis C_7) sowie besonders die Aromaten und die Alkohole Methanol und Äthanol. Klopffest wird ein Paraffin durch eine Seitenkette. So dient bei der motorischen Prüfung z. B. das Isooktan (4) als klopffester Bestandteil, das n-Heptan dagegen als wenig klopffester Anteil. Die Oktanzahl ist ähnlich definiert wie die Cetanzahl. In einem besonderen Prüfmotor, dem C.F.R.-Motor (Cooperation Fuel Research) oder bei dem in letzter Zeit entwickelten I.G.-Prüfmotor wird der Prozentgehalt einer Isooktan-Heptan-Mischung an Isooktan festgestellt, welche die gleiche Klopffestigkeit wie der zu untersuchende Kraftstoff hat. Als Maßstab dient das Verdichtungsverhältnis, bei dem ein bestimmter Klopfwert erreicht wird. Die Messung der Klopfstärke erfolgt elektrisch. Genügt die Klopffestigkeit nicht, so kann sie durch Antiklopfmittel, z. B. Bleitetraäthyl, verbessert werden (12). Durch solche Zusatzstoffe wird das Jentzsche Frühzündungsgebiet verkleinert. Hat ein Kraftstoff eine hohe Oktanzahl, so hat er eine geringe Cetanzahl (Oktanzahl OZ und Cetanzahl CZ stehen nach Versuchen der I.G. in der Beziehung $OZ = 120 - 2\,CZ$). Das Verhalten eines Kraftstoffs ist im Dieselmotor und in der Vergasermaschine also völlig verschieden. Gute Vergaserkraftstoffe haben hohe Oktanzahl und kleinen Kennzündwert, gute Dieselkraftstoffe dagegen hohe Cetanzahl, also kleine Oktanzahl, und hohen Kennzündwert.

Schlechte Vergaserkraftstoffe sind daher die Destillationsbenzine des Erdöls (straight run-Benzine) und die synthetischen Benzine nach

Fischer-Tropsch. Beide bedürfen eines Bleizusatzes (Kennfarbe dieser Benzine gelb mit OZ = 74). Sie können auch durch Zusatz von olefinreichen Spalt- oder Polymerbenzinen verbessert werden. Brauchbar sind auch Benzin-Benzol-Gemische (Kennfarbe rot) und alkoholhaltige Benzine (Kennfarbe grün). Für Kraftwagenmotoren verlangt man heute OZ = 75—80, für Flugzeugmotoren dagegen OZ = 100 und mehr. Hier wird z. T. Isooktan selbst benutzt. Die Oktanzahl ist kein absolutes Maß für die Eignung des Kraftstoffs, da das Klopfen auch von der Bauart des Motors und den Betriebsbedingungen abhängt.

Vergaserkraftstoffe müssen auch bestimmten Siedebedingungen entsprechen. Heute ist die Siedekennziffer etwa = 120°, jedoch finden auch „Sicherheitskraftstoffe" mit einem Siedeendpunkt von etwa 220° Verwendung. Die Siedekurve soll gleichmäßig verlaufen, bei 60° sollen etwa 10% überdestillieren. Zu viel hochsiedende Anteile führen zu unvollkommener Vergasung und Verbrennung und damit zu Schmierölverdünnung oder Verschlammung. Vergaserkraftstoffe müssen weiter frei sein von Diolefinen, insbesondere solchen mit konjugierter Doppelbindung (4), da diese leicht Harze und Säuren bilden, ferner von Schwefel- und Stickstoffverbindungen und von Asche. Endlich wird gute Kältebeständigkeit und hoher Heizwert gefordert (14). Daher kommt reiner Alkohol als Kraftstoff kaum in Betracht, da er nur einen Heizwert von H_u = 6400 kcal/kg gegenüber Benzin mit etwa 10300 kcal/kg hat.

Literatur. Wilke: Z. VDI. 1938, S. 1135 (Prüfmotoren). — Sipmann: Chemiker-Zeitung 1938, S. 633 (Leichtkraftstoffe für Hochleistungsmotoren). — van Voerhis: Petroleum 1939, S. 635 (Sicherheitskraftstoffe für Flugmotoren) — Lindner: Z. VDI. 1939, S. 25 (Bewertung flüssiger Kraftstoffe). — Mar. Verordnungsblatt 1939, Heft 42 (Kennzeichnung von Kraftstoffen). — Kneule: Z. VDI. 1941, S. 571 (OZ und Kraftstoffbewertung im Fahrbetrieb). — Mayer: Öl, Kohle, Petroleum 1940, S. 274 (Herst. v. Flugbenzin).

Heizöle sind die einzigen Öle, bei denen der Heizwert ein unmittelbarer Gütemaßstab ist (Größenordnung Hu = 9000 — 10000 kcal/kg). Aus wirtschaftlichen Gründen werden nur die schwersten Destillate oder Rückstandsöle benutzt. Das Abdestillieren der Leicht- und Mittelöle ist auch aus Sicherheitsgründen erforderlich. Das Heizöl selbst soll einen Flammpunkt von über 80° haben. Heizöle aus Erdöl führen bestimmte Herkunftsbezeichnungen, z. B. Masut (Rußland), Pacura (Rumänien), Ebano (Texas), Aruba (Niederl.-Indien). Alle diese Öle sind daher dickflüssig und erfordern eine Vorwärmung. Die Viskosität soll nicht größer sein als 10° E_{20}, damit eine genügende Pumpfähigkeit und ausreichende Zerstäubung in der Düse sichergestellt ist. Sie enthalten als Rückstandsöle meist über 1% Schwefel und immer Asphalt, der die Hauptursache der Koksbildung ist. Stark asphalthaltige zähflüssige Heizöle aus Erdöl werden zur Verminderung der Viskosität mit anderen Rückstandsölen gemischt. Hierbei dürfen jedoch keine Asphaltabscheidungen eintreten. Mischbar sind Öle, die bei Zumischung anderer Öle keine Ausfällungen erleiden. Mischbar sind in diesem Sinne sämtliche Heizöle aus Steinkohlen-, Braunkohlen- und Schieferteer sowie viele aus Kohle synthetisch gewonnene Öle untereinander. Erdölheizöle sind miteinander häufig nicht mischbar, besser ist die Mischbarkeit der Erdölheizöle mit den

Heizölen aus Teeren, jedoch muß die Mischbarkeit in jedem Falle geprüft werden. Das Heizöl soll weniger als 1% Wasser enthalten, da es sonst zischend und stoßweise brennt und der Heizwert sinkt.

Literatur. Demann: Glückauf 1940, S. 61 (Mischbarkeit).

Schmieröle sollen die hohe trockene Reibung von Metall auf Metall durch die geringere innere Reibung des Öls ersetzen. Bei Lagerschmierung (Abb. 7) hängt die Dicke der Schmierschicht von der Zapfengeschwindigkeit, der Belastung und der Viskosität des Öls ab. Im Gebiet der vollen Flüssigkeitsreibung (große Zapfengeschwindigkeit, kleine Belastung) ist der Schmierwert des Öls durch seine Viskosität (als Maß für seine innere Reibung) gegeben. Es genügen Öle geringer Viskosität, bei höherer oder schwankender Betriebstemperatur ist eine flache Viskositätskurve erwünscht. Bei kleiner Zapfengeschwindigkeit und großer Belastung ist der Schmierspalt eng. Es können Schmierschichten von unter $1/1000$ mm auftreten, die nur 6—8fache Molekülgröße haben. In diesem Gebiet der „Grenzreibung" ist die Viskosität kein ausreichender Gütemaßstab des Schmieröls. Der Schmierwert wird hier vielmehr bedingt durch die Adsorption des Schmieröls

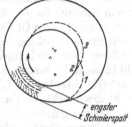

Abb. 7. Lage des Zapfens bei verschiedener Drehgeschwindigkeit.

1: Drehzahl = 0
2: „   groß
3: „   = ∞

Im Schmierspalt deuten die Striche die Anordnung der Moleküle an.

durch das Lagermetall, die Größe der Moleküle, ihre Polarität und damit ihr Orientierungsvermögen an der Oberfläche, die Steigerung der Viskosität unter hohem Druck u. a. Ein brauchbares Maß für diesen Schmierwert eines Öls gibt es noch nicht. Durch Feinstbearbeitung der Metalloberfläche sucht man das Auftreten der Grenzreibung zu verhindern. Stets vorhandene Rauhigkeiten können durch Zusatz von Graphit zum Öl geglättet werden. Die Graphitoberfläche adsorbiert das Öl besser als eine Metalloberfläche. Graphitzusatz ist besonders beim Einfahren von Maschinen wertvoll. Bei Kugel- und Rollenlagern, Zahnflanken, Wälzhebeln tritt stets Grenzreibung auf (kleine Geschwindigkeit, engster Spalt). Hier verwendet man besonders druckfeste Öle oder Schmierfette (32).

Das ablaufende Schmieröl hat weiterhin die Reibungswärme abzuführen. Hohe spezifische Wärme des Öls bedeutet gute Wärmeabfuhr und gute Kühlung des Lagers. Arbeitet das Öl bei höherer Temperatur, so ist es Einflüssen ausgesetzt, welche seine Lebensdauer verkürzen. Leichter flüchtige Anteile des Öls verdampfen, der Ölverbrauch nimmt zu, die Viskosität steigt. Als erster Anhaltspunkt für die Verdampfbarkeit ist der Flammpunkt anzusehen (s. o.). Schmierölexplosionen sind nicht auf zu tief liegenden Flammpunkt, sondern auf Selbstzündung des Öls zurückzuführen. Die Lebensdauer des Öls wird weiter durch Alterung infolge Oxydation durch Luftsauerstoff verkürzt, vielfach katalytisch beschleunigt durch Metallabrieb. Die Alterungsstoffe, die aus organischen Säuren, Harzen und Asphalten bestehen, bleiben zunächst im Öl gelöst, können jedoch später als Schlamm oder Hartasphalt ausfallen. Sie rufen eine Steigerung der Viskosität des Öls hervor und können sogar zur Verstopfung von Ölleitungen führen. Stark gealterte Öle werden ausgewechselt und regeneriert. Die Ölalterung ist gekennzeichnet durch die Zunahme der Neutralisations- und Verseifungszahl (20) als Maß für den Grad der Versäuerung. Die Alterung wird beschleunigt durch Wasser im Öl, da Wasser den Luftsauerstoff überträgt.

Die wichtigsten Schmieröle sind die Destillate und Raffinate des Erdöls, auch des Braunkohlen- und Schieferteers. Dazu kommen synthetische Schmieröle (6). Gefettete Öle (Compoundöle) sind Mineralöle mit Zusatz von fettem Öl (Rüböl, Knochenöl). Fette Öle haben eine flachere Viskositäts-Druckkurve, eine flachere Viskositäts-Temperaturkurve, ein größeres Wärmeleitungsvermögen und eine bessere Adsorptionsfähigkeit als Mineralöle, bilden jedoch mit Wasser leicht Emulsionen. Die Emulgierbarkeit ist bei der Lagerschmierung von Dampfturbinen und Motoren nicht erwünscht, da das emulgierte Öl dickflüssig wird und die Umlaufschmierung gefährdet. Voltolöle sind durch elektrische Glimmentladungen polymerisierte hochmolekulare mineralische oder fette Öle. Die Viskosität beträgt bis zu $100° E_{100}$. Die Viskositätskurve ist flach, die Adsorptionsfähigkeit groß. Die Hauptbedeutung der gefetteten Öle und Voltolöle liegt auf dem Gebiete der Grenzreibung. Über fette Öle und Schmierfette s. 32.

Literatur. Holde: Kohlenwasserstofföle u. Fette, 1933. — Heydebroek: Z. angew. Chem. 1937, S. 743 (maschinentechnische Ansprüche). — Hagemann: desgl. 1936, S. 662 (Richtlinien d. Heereswaffenamtes). — Normenausschuß, Richtlinien f. Einkauf u. Prüfung v. Schmiermitteln, 1939.

8. Untersuchung der Öle.

Bei jedem messenden Versuch wird sorgfältiges Arbeiten vorausgesetzt. Ergebnisse sind sofort zu notieren. Vor Beginn ist der einwandfreie Zustand der Geräte zu prüfen. Nach Beendigung sind die Gefäße sofort zu reinigen.

Probenahme (DIN DVM 3651). Bei ausfließender Flüssigkeit wird mit einem Schöpflöffel von etwa $\frac{1}{2}$ l Inhalt etwa 10 mal eine Probe entnommen. Die Proben werden dann gemischt. Bei ruhender, vorher gut gemischter Flüssigkeit benutzt man einen genormten Stechheber. Aus Öltanks werden Schichtproben aus der Ober-, Mittel- und Unterschicht sowie eine Bodenprobe (Wasser) entnommen. Die Mischprobe ist zu je einem Viertel für den Auftraggeber, das Laboratorium, den Probenehmer und für Schiedsanalysen bestimmt.

Das Aräometer (DIN DVM 3653) ist eine in die Flüssigkeit eintauchende Spindel. Sie dient in bekannter Weise zur betriebsmäßigen Feststellung der Wichte: 1. Öl in einen Standzylinder gießen und durchrühren. 2. Temperaturausgleich mit der Umgebung abwarten. 3. Nochmals durchrühren und die Spindel freischwimmend einführen, Luftblasen durch Drehen entfernen. 4. Ablesen auf 3 Dezimalen. Für jeden Temperaturgrad über 20° 0,0007, bei Steinkohlenöl 0,00065, bei sehr zähen Ölen 0,0006 addieren, unter 20° abziehen. Toleranz: $\pm 0,005$.

Das Viskosimeter von Engler (DIN DVM 3655). Arbeitsvorschrift: 1. Das Mantelgefäß mit destilliertem Wasser füllen (oberhalb 100° mit Öl, Xylol Sp. 140°, Anilin Sp. 184°, Glyzerin Sp. 290°). 2. Das Öl in das Innengefäß bis etwas über die Spitzen gießen. Verunreinigte und dunkle Öle sind hierbei durch ein 0,3 mm-Sieb zu gießen. 3. Wasserbad anheizen bis einige Grad oberhalb Versuchstemperatur. Durch Drehen des Deckels hierbei mit dem Thermometer rühren. 4. Sobald Öltemperatur nahe Versuchstemperatur, durch Zugießen kalten Wassers Badtemperatur auf Versuchstemperatur bringen. 5. Öloberfläche durch Lüften des Verschlußstiftes genau auf die Spitzen einstellen. Spitzen

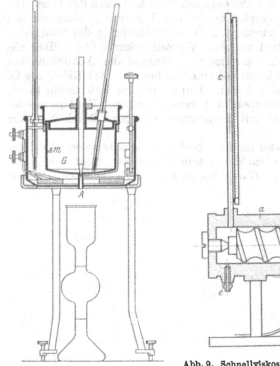

Abb. 8. Engler-Viskosimeter.

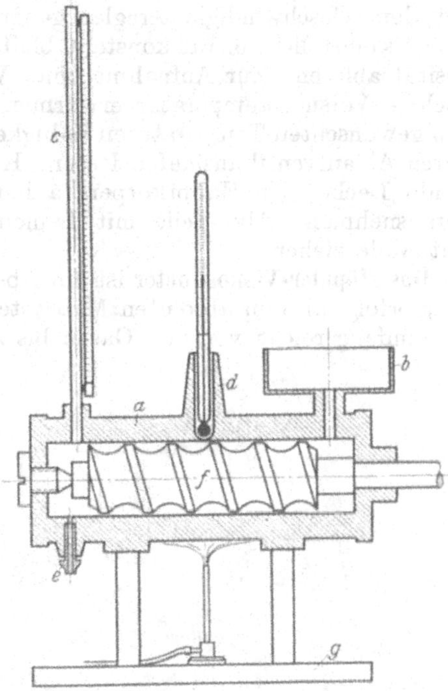

Abb. 9. Schnellviskosimeter nach Dallwitz-Wegner (R. Jung A.-G., Heidelberg.).

durch die Stellschrauben horizontal stellen. Ausflußkanal muß mit Öl gefüllt sein. 6. Deckel des Ölgefäßes aufsetzen. 7. Wenn Öl- und Badthermometer eine Minute übereinstimmen, Verschlußstift heben und Öl in einen trockenen Meßkolben fließen lassen. 8. Badtemperatur konstant halten. 9. Ausflußzeit bei der 200 cm³-Marke abstoppen und Englergrade berechnen. Der Eichwert — Ausflußzeit von 200 cm³ Wasser bei 20° — liegt zwischen 50 und 52 sec. Er ist von Zeit zu Zeit sorgfältig nachzuprüfen. Hierzu Gefäße mit Äther, Alkohol und Wasser reinigen. Toleranz ±1—3 % je nach Viskosität.

Das Schnellviskosimeter von Dallwitz-Wegner. Die Aufnahme von Viskositätskurven ist mit dem Englerschen Viskosimeter zeitraubend. Man kürzt die Meßzeit ab durch das Schnellviskosimeter. Je nach der Zähigkeit stellt sich ein Gleichgewicht ein zwischen dem Druck der im Meßrohr emporsteigenden Ölsäule und dem Widerstand des an den Rändern der Schnecke zurückfließenden Öls. Die Skala ist gleich in °E geteilt. Skala 1 mit 1—55° E wird mit Umlaufgeschwindigkeit 1, Skala 2 mit 1—100° E für zähe Öle mit der kleineren Umlaufgeschwindigkeit 2 gemessen (Umschalthebel links am Motor). Arbeitsvorschrift: 1. Öl in b einfüllen. Uhrwerk aufziehen. 2. Uhrwerk laufen lassen. Dadurch Öl in das Meßrohr bringen. 3. Uhrwerk ausschalten, Ölstand im Meßrohr und Ölgefäß ausgleichen lassen. Nullstrich der Skala auf die Öloberfläche einstellen. 4. Uhrwerk laufen lassen und Pendel anstoßen. 5. Ticken des Uhrwerks mit dem Geschwindigkeitsregler genau auf 1 Doppelschwingung des Pendels einstellen. 6. Bei konstant bleibender Ölhöhe an der Skala Viskosität ablesen. Zur Aufnahme einer Viskositätskurve etwas über die höchste Versuchstemperatur erwärmen. Während der Abkühlung bei den gewünschten Temperaturen Zähigkeit ablesen. — Zur Reinigung Öl durch Ablaufventil auslaufen lassen. Kupplung zum Federmotor lösen. Beide Deckel des Hauptkörpers a herausschrauben. Förderschnecke herausnehmen. Alle Teile mit Leinentuch reinigen. Durch Meßrohr Putzwolle ziehen.

Das Höppler-Viskosimeter ist ein Absolut-Zähigkeitsmesser, die Messung erfolgt also im absoluten Maßsystem (Centipoise, Centistok). Der Meßumfang reicht von den Gasen bis zu eben noch fließenden Pasten

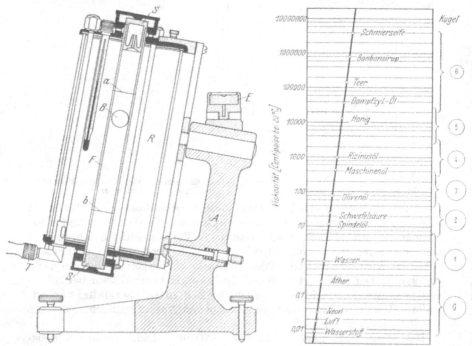

Abb. 10. Höppler-Viskosimeter.   Abb. 11. Meßbereich des Höppler-Viskosimeters.

(Abb. 11). Das Viskosimeter ist anwendbar für Temperaturen von — 60 bis + 150°, gestattet also die Viskositätsmessung auch für tiefe Betriebstemperaturen und eignet sich gut zur Aufnahme von Viskositätskurven. Gemessen wird die Fallzeit von exzentrisch fallenden Kugeln (B) zwischen den Marken a und b in einem Fallrohr F, das, in konstantem Winkel aufgestellt, die zu untersuchende Flüssigkeit enthält. Die Temperatureinstellung erfolgt durch das elektrisch beheizte Wasserbad R. Die Fallzeit ergibt multipliziert mit dem aus einer Tabelle ersichtlichen Kugelfaktor sofort die Viskosität in Centipoise. Die höchste Genauigkeit erzielt man durch Kombination des Viskosimeters mit einem Thermostaten, d. h. einem Gerät, welches automatisch eine Badflüssigkeit auf ± 0,002° C genau einstellt, die dann dem Viskosimeter bei T zugeführt wird.

Literatur. Höppler: Chem. Ztg. 1933, S. 62. — Bandte: Erdöl u. Teer 1933, S. 349.

Das Stockpunktprüfgerät. Die ungefähre Lage des Stockpunktes ergibt ein Vorversuch: In ein Probierglas (Abb. 12) 3 cm hoch Öl füllen[1]. Thermometer einsetzen und verkorken. Das Probierglas in ein 3—4 cm weites Reagensglas setzen, das als Luftbad dient. Die Probe in einer Kältemischung aus Eis und Viehsalz abkühlen. Durch Herausnehmen Erstarrung oder Ausscheidungen feststellen.

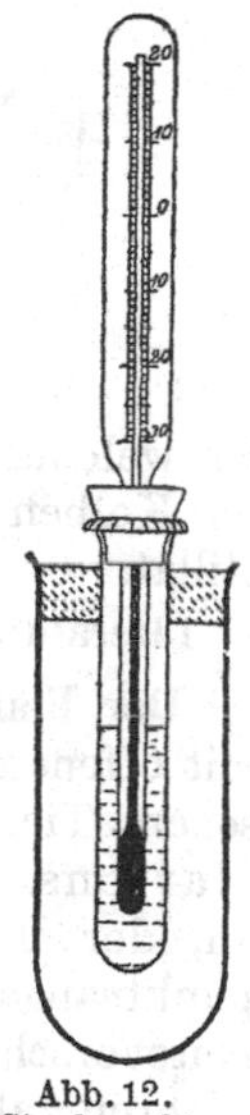

Genauer arbeitet man nach dem Richtlinienverfahren (DIN DVM 3662) wie folgt: 1. Öl 10 min auf 50° erhitzen. 2. Im Wasserbad auf 20° abkühlen. 3. Öl bis zur Marke in ein Reagensglas füllen (18 cm Länge, 4 cm Weite, Ringmarke in 4 cm Höhe). 4. Stockpunktthermometer in durchbohrtem Stopfen 1,7 cm über dem Boden einsetzen (Meßbereich —38° bis +50° bei Quecksilber, —70° bis +50° bei Alkohol). 5. Reagensglas in die Kältemischung bringen (bei Stockpunkten über 0° Wasser und Eis, bei Stockpunkten bis —20° Mischung von 1 kg Kochsalz und 2—3 kg Schnee oder Eis, unter —20° festes Kohlendioxyd in Alkohol). 6. Von 2 zu 2° Reagensglas herausnehmen und prüfen. 7. Stockpunkt ist erreicht, wenn sich bei Kippdauer von 10 sec keine Bewegung zeigt. Toleranz: +5°.

Abb. 12.
Stockpunkt-
prüfgerät.(Vor-
versuch.)

Literatur. Normblatt DIN DVM 3673 (Kältebeständigkeit von Leichtkraftstoffen).

Das Siedeverlauf-Prüfgerät ist ein Destilliergerät mit ganz bestimmten Abmessungen. Der Apparat von Engler-Ubbelohde dient zur Prüfung von Erdöl, Benzin, Leichtöl, Gasöl, ein ähnliches Gerät von Krämer zur Prüfung von Benzol. Arbeitsvorschrift: 1. In den Destillierkolben 100 cm³ Brennstoff füllen durch eine Pipette oder bei zähen Ölen durch Einwägen. 2. Als Siedebeginn diejenige Temperatur notieren, bei welcher der erste Tropfen Destillat vom Kühlerende fällt.

---

[1] Wasserhaltige Öle zuvor mit Chlorcalcium schütteln und filtrieren.

3. Destillation so regeln, daß in der Sekunde 2 Tropfen in die Vorlage fallen. 4. Temperaturen notieren, bei welchen 5, 15 . . . 95 % überdestilliert sind. 5. Als Siedeendpunkt diejenige Temperatur notieren,

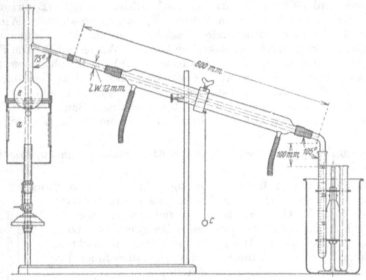

Abb. 13. Destilliergerät nach Engler-Ubbelohde.

bei welcher entweder alles destilliert ist oder weiße Zersetzungsdämpfe im Kolben auftreten. Bei Benzol Endpunkt bei 90 oder 95 % Destillat. 6. Siedekennziffer berechnen.

Literatur. Normblattentwurf DIN DVM E 3672, 1940.

Der Flammpunktprüfer nach Marcusson (DIN DVM 3661) arbeitet mit offenem Tiegel (Abb. 14). Es gibt auch Geräte, die mit geschlossenem Tiegel arbeiten, z. B. den Flammpunktprüfer nach Pensky-Martens. Bei diesem sammeln sich die brennbaren Dämpfe leichter an, der Flammpunkt liegt daher entsprechend tiefer. Bei Flammpunktsangaben muß das Prüfgerät unbedingt genannt werden. Arbeitsvorschrift: 1. Öle mit F.P. über 250° (Zylinderöle) bis zur unteren, alle anderen Öle bis zur oberen Marke in den Porzellantiegel einfüllen. 2. Tiegel so in das Sandbad betten, daß der Flansch auf dem Halter liegt. Schellen festschrauben. Tiegel mit Wasserwaage ausrichten. Ölspiegel in Höhe des Sandbades. 3. Das genormte Thermometer mittels Strichmarke am Thermometerhalter einsetzen. 4. Zündflamme bis zum leuchtenden Punkt der Spitze genau 10 mm lang machen. Düsenschuh muß Tiegelrand ohne Widerstand streifen. Mitte Zündflamme muß beim Schwenken durch Mitte Tiegelöffnung gehen. 5. Anfangs mit 5—10° pro Minute erhitzen (bis 30°, bei F.P. über 250° bis 50° unter erwarteten F.P). 6. Temperaturanstieg mäßigen auf 3 ± 0,5° pro Minute. 7. Von Grad zu Grad innerhalb 1 Sekunde Zündflamme über das Öl hin und zurück führen. Dabei nicht auf dem Tiegelrand verweilen.

8. Bei erstmaligem Aufflammen der Öldämpfe F.P. notieren. — Bei Schiedsuntersuchung Mittelwert aus 5 Bestimmungen nehmen. Hierbei Messungen, die um mehr als 4° von diesem Mittelwert abweichen, ausscheiden und durch neue ersetzen. Zur Beachtung: Zugluft vermeiden. Raum mäßig verdunkeln. Toleranz: $\pm 4°$.

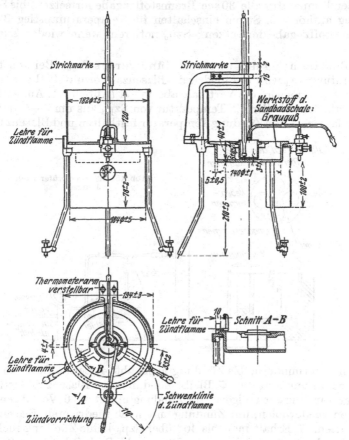

Abb. 14. Flammpunktprüfer nach Marcusson. (Normblatt DIN-DVM 3661.)

Der Zündwertprüfer von Jentzsch. Der in einen elektrischen Ofen eingebaute Tiegel aus V_2A-Stahl enthält drei Zündkammern mit Sauerstoffzufuhrröhren und eine Thermometerkammer für das Thermometer bis 585° oder darüber hinaus für das Thermoelement. Der Heizstrom wird mit dem Widerstand geregelt. Der Sauerstoff wird in dem Blasenzähler gemessen und dann im Chlorcalciumrohr getrocknet. Arbeitsvorschrift:

a) Bestimmung des unteren Selbstzündungspunktes Szp_u: Bei reichlicher Sauerstoffzufuhr wird der niedrigste Zündpunkt ermittelt. 1. Reduzierventil auf 1 atü einstellen. 2. Mit dem Feinstellventil

Sauerstoffstrom auf 300 Blasen/min regeln. 3. Heizstrom voll einschalten bis 100° unterhalb des erwarteten Szp. 4. Mit dem Widerstand den Temperaturanstieg auf 10°/min regeln. 5. Von 5 zu 5° je einen Tropfen Probeöl abwechselnd in die Zündkammern geben. Vergasungsteller jedesmal auswechseln. 6. Bei der ersten Selbstzündung Strom ausschalten. 7. Bei fallender Temperatur alle 30 sec Brennstoffzugabe fortsetzen, bis Selbstzündung aufhört. 8. Strom einschalten für Temperaturanstieg 2°/min. 9. Brennstoffzugabe fortsetzen. Szp_u notieren, wenn wieder Zündung einsetzt.

b) Bestimmung des unteren Zündwertes Zw_u. Bei konstanter Temperatur Szp_u wird die niedrigste Blasenzahl ermittelt, bei der die Zündung eintritt. Es wird die Vertikale abgetastet (Abb. 6). 1. Ausreichende Blasenzahl 96 einstellen. 2. Temperatur von Szp_u aus um 3—5°/min ansteigen lassen. 3. Bei Zündung Temperatur festhalten und Blasenzahl um

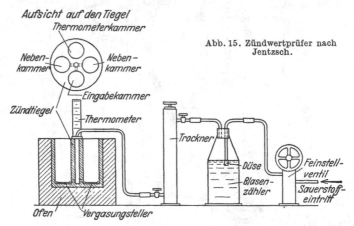

Abb. 15. Zündwertprüfer nach Jentzsch.

6—12/min vermindern, bis Zündung ausbleibt. 4. Letzte Stufe nochmals mit nur 2 Bl/min abtasten. 5. Bleibt Zündung aus, Blasenzahl festhalten, Temperatur langsam steigern, bis Zündung einsetzt. 6. Verfahren mit je 2 Blasen wiederholen, um Zündung mit noch niedrigeren Blasenzahlen zu erhalten. 7. Erhält man bis 40° über Szp_u keine Zündung mehr, auf Szp_u zurückgehen. 8. Niedrigste Blasenzahl B, bei der noch Zündung eintritt, notieren. 9. Unteren Zündwert berechnen: $Zw_u = Szp_u/B + 1$.

c) Bestimmung des oberen Zündpunktes Szp_o und des Kennzündwertes Zw_k. Ohne Sauerstoffzufuhr wird der niedrigste Zündpunkt Szp_o ermittelt. 1. Sauerstoffstrom abstellen. 2. Ofen stark anheizen bis zum Eintritt der Zündung (meist oberhalb 500°). 3. Heizung abstellen. 4. Bei fallender Temperatur von 10° zu 10° prüfen. 5. Bei ausbleibender Zündung Temperaturanstieg auf 3—5°/min regeln. 6. Von 10° zu 10° Stoff zuführen. 7. Die erste Selbstzündung ergibt (abgerundet auf volle 10°) Szp_o. 8. Kennzündwert berechnen nach: $Zw_k = (Szp_o - Szp_u)/(B + 1)$.

d) Bestimmung des Zündverzuges. 1. Bei Dieselölen Temperatur genau auf 300°, bei Vergaserkraftstoffen auf 320° einstellen.

Blasenzahl 120/min. 2. Beim Ablösen des Tropfens von der Pipette Stoppuhr einschalten. 3. Bei Zündung ablesen, Genauigkeit 0,2 sec.

e) Bestimmung der Siedezahl. 1. Bei Dieselkraftstoffen, Heizölen und Schmierölen Ofentemperatur auf 500° einstellen. 2. Meßglas mit genau 3 cm³ füllen. 3. Meßglas in die Zündkammer stellen, Stoppuhr einschalten. 4. Nach genau 4 min Glas herausnehmen und abkühlen lassen. 5. Verdampfte Menge ablesen und in % umrechnen. Bei Vergaserkraftstoffen wird entsprechend verfahren mit 300° Ofentemperatur und 1,5 min Siededauer.

Literatur. Anweisung für die Untersuchung von Treib-, Heiz- und Schmierölen sowie von festen Brennstoffen mit dem Zündwertprüfer nach Jentzsch. Firma Heinrich Schlotfeldt, Kiel.

Das Prüfgerät auf Wassergehalt. Der Nachweis von Wasser in Öl ist einfach: Probeöl in Becherglas füllen, Karbid hineinwerfen. Das in Blasen aufsteigende Azetylen zeigt Wasser an. Oder: Probeöl in Probierglas bei benetzter Wand unter Umrühren mit Thermometer auf 160°, bei dunklen Ölen auf 180° erwärmen. Emulsionsbildung an der Wand oder Schäumen verrät Wasser, starkes Stoßen viel Wasser.

a) Quantitativ ergibt sich der Wassergehalt durch Destillieren mit Xylol (DIN DVM 3656). Arbeitsweise: 1. 100 cm³ Öl im Meßzylinder abmessen und in den Kolben gießen. Reste mit 50, 25 und 25 cm³ Xylol in den Kolben spülen. 2. Einige Bimssteinstücke zugeben (Siedeverzug). 3. Langsam destillieren, sodaß 2—5 Tropfen/sec in die Vorlage fallen. 4. Destillation abbrechen, wenn kein Wassertropfen mehr fällt und das Xylolkondensat klar ist. 5. Im Meßgefäß Wassermenge ablesen: Wasser unten, das leichtere und nicht mit Wasser mischbare Xylol oben.

b) Kleine Wassergehalte lassen sich mit Xylol nicht genau genug bestimmen. Man arbeitet dann nach Oertel und Pflug nach folgendem Prinzip: Wasserfreies Magnesiumsulfat (Bittersalz) bindet Wasser als Kristallwasser unter Wärmeentwicklung. Die entstehende Temperatursteigerung ist ein Maß für den Wassergehalt des Öls. Arbeitsweise: 1. Probeöl umschütteln und bis zur Ringmarke in das Ölgefäß geben. 2. Ölgefäß in den mit Kieselgur isolierten Porzellanbecher einsetzen. 3. Mit Thermometer Öl umrühren. 4. Konstant bleibende Anfangstemperatur t_1 notieren. 5. Salzgemisch aus dem Meßglas unter Umrühren in das Ölgefäß schütten. 6. Nach dauerndem Rühren erreichte Höchsttemperatur t_2 notieren. 7. Den auf der Salzflasche angegebenen Faktor f mit $t_2 - t_1$ multiplizieren. Ergibt Wassergehalt in Prozent. Anmerkung: Bei $t_2 - t_1 > 13°$ Öl mit wasserfreiem Öl 1:x verdünnen. Hierzu Öl durch Salzgemisch vorher wasserfrei machen und filtrieren. Ergebnis mit x multiplizieren.

Abb. 16. Gerät zur Wasserbestimmung im Öl.

Literatur. Normblatt DIN DVM 3676 (Wasseraufnahmevermögen v. Leichtkraftstoffen). — Eckert-Wulff: Beiheft 39 z. Z. angew. Chem. 1940 (Best. d. Wassergehaltes).

Das Prüfgerät auf Säuregehalt s. 20.

Das Prüfgerät auf Aschegehalt. a) Bei leichtflüchtigen Ölen: 1. Aus einem Kolben 1 Liter Öl abdestillieren, bis 20—40 cm³ Öl zurückbleiben. 2. Diese in eine gewogene Quarzschale bringen, den Rest mit Benzin überspülen. 3. Vorsichtig verdampfen und in der Schale veraschen. b) Bei schwerflüchtigen Ölen: 1. Öl durch 0,3 mm-Sieb filtrieren. 2. 40—50 g Öl in ausgeglühten und gewogenen Porzellan- oder Quarztiegel bringen. 3. Tiegel auf Tondreieck erhitzen, entweichende Dämpfe anzünden. 4. Tiegelinhalt abbrennen lassen. 5. Kohligen Rückstand durch starkes Glühen verbrennen. 6. Schwerverbrennliche Rückstände mit aschefreiem Wasserstoffsuperoxyd befeuchten, trocknen und glühen. 7. Tiegel im Exsikkator erkalten lassen und wägen.

Literatur. Normblatt DIN DVM 3657.

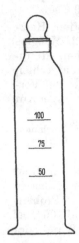

Abb. 17.
Schüttelzylinder zur Bestimmung der Emulgierbarkeit.

Das Prüfgerät auf Emulgierbarkeit. Die Emulgierbarkeit gibt an, in welchem Umfange sich das Öl im Wasser als Emulsion hält. Arbeitsvorschrift: 1. Schüttelzylinder bis zur ersten Marke mit Öl und bis zur zweiten Marke mit Wasser auffüllen. 2. Mindestens eine Minute schütteln. 3. Eine Stunde stehen lassen. 4. Bei scharfer Trennung zwischen Öl und Wasser Emulgierbarkeit nicht vorhanden. Bei Emulsionsschicht kleiner als 2 mm ist das Öl schwach, sonst stark emulgierend.

Literatur. Holde: Kohlenwasserstofföle und Fette 1933. — Dtsch. Normenausschuß, Richtlinien f. Einkauf u. Prüfung von Schmierstoffen 1939.

Verbrennung.

9. Rauch- und Schußgase.

Oxydation und Reduktion. Unter Oxydation versteht man die Anlagerung von Sauerstoff. Umgekehrt bezeichnet man die Entziehung von Sauerstoff als Reduktion. Bei Ionenreaktionen können diese Vorgänge folgendermaßen gedeutet werden: Wird z. B. Kupfer oxydiert zu CuO, so geht das Kupferatom in das Kupferion Cu^{++} über, der Sauerstoff hat ihm also 2 Elektronen entzogen. Das Kupfer gewinnt dabei positive Ladung, der Sauerstoff negative. Unter Oxydation versteht man also den Gewinn an positiver bzw. die Abnahme negativer Ladung, unter Reduktion die Zunahme negativer bzw. die Abnahme positiver Ladung. Da der eine Stoff die Ladung des anderen aufnehmen muß, ist stets die Oxydation des einen Stoffes mit der Reduktion des anderen verbunden. Bei der Oxydation von $FeCl_2$ zu $FeCl_3$

$$2\,FeCl_2 + Cl_2 = 2\,FeCl_3$$

ist das 2 wertige Eisen zu 3 wertigem oxydiert, das Chlor, das zunächst keine überschüssige Ladung hatte, zu Cl^- reduziert worden.

Der Begriff Oxydation ist also an die Teilnahme von Sauerstoff nicht gebunden. — Der wichtigste Oxydationsvorgang ist die technische Verbrennung. Da die Brennstoffe, seien es Kohlen oder Öle, Pulver oder Sprengstoffe, als brennbare Bestandteile im wesentlichen nur Kohlenstoff und Wasserstoff enthalten, ergeben sich als Verbrennungsprodukte in allen Fällen die gleichen Stoffe, bei vollständiger Verbrennung Kohlendioxyd (CO_2) und Wasser (H_2O), bei unvollständiger Verbrennung, also bei Sauerstoffmangel, außerdem Kohlenoxyd (CO) und freier Wasserstoff (15), bei starkem Sauerstoffmangel ferner noch unverbrannter Kohlenstoff in Form von Ruß. Die Verbrennung ist i. a. kein Ionenvorgang. Sie ist daher nach der in 2 eingeführten Symbolik durch Lösung und Neukoppelung von Elektronenpaaren zu deuten:

$$CO_2: \quad \overline{O} = C = \overline{O} \qquad CO: \quad |\overset{(-)}{C} \equiv \overset{(+)}{O}| \qquad H_2O: \quad H - \overline{O} - H.$$

Bei CO liegen 3 gekoppelte Elektronenpaare (3 Atomvalenzen) vor und eine Elektrovalenz. Diese entsteht durch Übergang eines Elektrons vom Sauerstoff- zum Kohlenstoffatom.

Kohlendioxyd (CO_2) wirkt bei genügendem Sauerstoffgehalt der Luft (55) narkotisch, in hoher Konzentration durch Verdrängung des Sauerstoffs als Stickgas. Der CO_2-Gehalt der Atemluft muß für arbeitende Menschen kleiner als 2% sein (55). Von 3% an wird die Atmung vertieft, von 4% an ergeben sich Kopfschmerzen, Herzklopfen, Schwindel, Schwäche, bei 8% besteht hochgradige Atemnot, von 8—10% tritt Bewußtlosigkeit und Tod durch Atemstillstand ein. Gegenmittel sind künstliche Atmung und Sauerstoffzufuhr. Die Benutzung eines Filtergerätes ist bei Kohlendioxyd zwecklos, denn unterhalb 2% ist es überflüssig, oberhalb 2% besteht immer die Gefahr derart hoher CO_2-Gehalte, daß entweder das Filter schnell erschöpft wird oder sogar Sauerstoffmangel infolge Verdrängung der Luft droht. Es kommt allein ein Isoliergerät (Sauerstoffgerät) in Betracht (55). Ein linearer Anstieg des CO_2-Gehaltes tritt in Luftschutzräumen und Unterseebooten durch die von den Insassen ausgeatmete Kohlensäure ein. In diesen Fällen muß zur Vermeidung von Erstickungen die Kohlensäure aus der Luft entfernt werden. Das geschieht durch Raumlüfter oder durch Alkalipatronen (55). Aus den Kältemaschinen, die auf Kriegsschiffen mit Kohlendioxyd arbeiten, kann dieses Gas infolge Undichtwerden der Maschinen in die Schiffsräume gelangen. Dort sammelt es sich infolge seiner Schwere auf dem Boden an. Jedes Niederlegen zum Schlafen ist in den Kühlmaschinenräumen verboten. Zur Vermeidung von Erstickungsgefahren wird dem Kohlendioxyd beim Einfüllen in die Maschinen ein Riechstoff zugesetzt. Das Kohlendioxyd ist selbst nicht mehr brennbar und dient daher ähnlich wie Stickstoff als „inertes Druckgas". Seine Hauptverwendung findet es jedoch wegen seiner erstickenden Wirkung zur Bekämpfung von Bränden in den Handfeuerlöschern (29). Vielfach wird es in Stahlflaschen in flüssiger Form gespeichert. Beim Ausströmen entsteht Kohlensäureschnee, der auf der Haut Wunden und Blasen hervorruft. Der Kohlensäureschnee kann zu „Trockeneis" gepreßt werden. Dieses hat dem gewöhnlichen

Eis gegenüber den Vorteil wesentlich tieferer Temperatur (—78,5° C) und der Unschmelzbarkeit. Es geht sofort in den Gaszustand über, es „sublimiert".

Literatur. Flury und Zernik: Schädliche Gase 1931 (Giftwirkung). — Bangert: Dräger-Hefte 1937, S. 3704 (Filterung). — Kobold: Z. VDI 1938, S. 365 (Trockeneis). — Stelzner: Dräger-Hefte 1936, S. 3107 (Schutzraumlüftung). — Heinze: Z. VDI. 1940, S. 349 (Kältemaschinen für Schiffe).

Kohlenoxyd (CO) ist im Gegensatz zum Kohlendioxyd ein schweres Blutgift. Das Blut nimmt das Kohlenoxyd vorzugsweise auf, selbst wenn die Luft noch genügend Sauerstoff enthält. Das Blut verarmt daher an Sauerstoff. Das normale „Oxyhämoglobin" ist mehr oder weniger weitgehend ersetzt durch eine lockere Bindung des Kohlenoxyds als „Kohlenoxydhämoglobin". Ein Gehalt von 0,03% wirkt bereits schädlich, 0,3% führen in kurzer Zeit zum Tode. Betroffen wird vor allem das Gehirn, das besonders hohen Sauerstoffbedarf hat. Die Erscheinungen sind daher: Schwindel, Schwäche, Übelkeit, Erbrechen, Bewußtlosigkeit, Krämpfe, Tod durch Atemstillstand (innere Erstickung). Die Lunge ist nicht verletzt. Gegenmittel sind also: frische Luft, Sauerstoffzufuhr, künstliche Atmung, gegebenenfalls mit Pulmotor. Häufig bleiben Störungen des Nervensystems zurück. Die Kohlenoxydvergiftung ist deswegen so gefährlich, weil das Gas wegen seiner Geruch-, Geschmack- und Farblosigkeit nicht wahrgenommen wird. Man hat sich daher die hauptsächlichsten Fälle von Kohlenoxydgefahren zu merken:

1. **Schußgase (Pulvergase)** enthalten bis 40 Vol% Kohlenoxyd. Das Gas entströmt den Rohren beim Öffnen der Verschlüsse und vor allem den Kartuschhülsen, die schleunigst zu verschließen sind. Trotzdem bleibt die Gefahr der Kohlenoxydanreicherung in den Geschütztürmen und Kasematten, vor allem bei mangelhaft wirkender Lüftung oder ungünstiger Windrichtung. Beim Versagen der Lüftung fällt gewöhnlich der Turm aus.

2. **Sprenggase**, die beim Detonieren von Granaten oder bei Pioniersprengungen entstehen, enthalten ebensoviel Kohlenoxyd. Die Gefahr ist im Freien nicht so groß, weil durch die Druck- und Wärmewirkung die Gase verteilt werden. Aber in geschlossenen Räumen (in Schiffen, Unterständen, Minenstollen) kommt es zu schweren Vergiftungen. Besonders gefährlich sind Unterwassertreffer (Torpedos, Minen, Wasserbomben). Gefährdet ist vor allem das Lecksucherpersonal.

3. **Gase bei Kartuschbränden** enthalten wiederum viel Kohlenoxyd. In diesem Falle wird die Vergiftungsgefahr bedeutend verschärft durch das gleichzeitige Auftreten der „nitrosen Gase" (s. unten).

4. **Auspuffgase von Explosionsmotoren** können tödliche Kohlenoxydvergiftungen ergeben, wenn die Motoren in geschlossenen Garagen laufen. Durch undichte Auspuffrohre kann das Kohlenoxyd in das Innere der Kraftfahrzeuge gelangen. Der Höchstgehalt bei Leerlauf beträgt 12%.

5. **Technische Heizgase** enthalten meist sehr viel Kohlenoxyd. Sie sind fast alle giftig (4). Ein mit reinem Sauerstoff hergestelltes Generatorgas besteht zu 100% aus CO.

6. Verbrennungsgase der Feuerungen, wenn die Kohlen mit dunkler Flamme brennen. In Luftschutzräumen ist von Ofenheizung abzusehen, da infolge fehlender Frischluft Kohlenoxyd entstehen kann. Ist die Ofenheizung aber in Betrieb, darf der Raum nicht gasdicht abgeschlossen werden. Warnungstafeln sind auf jeden Fall anzubringen. Zusammenfassend kann gesagt werden, daß Kohlenoxyd bei den verschiedensten Gelegenheiten auftreten kann. Es ist eine besonders bei Arbeiten in engen Räumen wichtige Aufgabe, das Kohlenoxyd rechtzeitig zu erkennen. Hierzu gibt es hauptsächlich zwei Methoden:

Bei der Palladiumchlorürmethode wird ein Reagenzpapier benutzt, das mit 1 proz. Palladiumchlorürlösung (und Natriumazetat) getränkt ist. Dieses färbt sich bei 0,8 % CO sofort, bei 0,08 % in 1 min, bei 0,008 % in 20 min glänzend schwarz. Das Palladiumchlorür wird durch Kohlenoxyd zu metallischem Palladium reduziert:

$$PdCl_2 + CO + H_2O = Pd + CO_2 + 2\ HCl.$$

Voraussetzung für die Anwendung ist der Ausschluß von Sonnenlicht und die Abwesenheit anderer reduzierender Gase, z. B. Wasserstoff und Schwefelwasserstoff.

Bei der Jodpentoxydmethode wird Jodpentoxyd durch Kohlenoxyd zu Jod reduziert und zwar bei Aufschlämmung in rauchender Schwefelsäure bereits bei normaler Temperatur:

$$J_2O_5 + 5\ CO = J_2 + 5\ CO_2.$$

Hierbei entsteht eine Verfärbung über grünlich, bläulich bis braun und schwarz. Der Prozentgehalt an CO kann an einem entsprechend stufenweise gefärbten Vergleichsröhrchen festgestellt werden. Es sind bereits Gehalte an CO ab 0,05 % erkennbar. Nach diesem Prinzip arbeitet der Auer-CO-Anzeiger. Zur Entfernung störender Gase wird eine Schicht aktiver Kohle vorgeschaltet. Die Jodpentoxydaufschlämmung ist in Bimsteinstückchen aufgesaugt, die zu prüfende Luft wird durch einen Gummiball durch das Prüfröhrchen gedrückt.

Die bisherigen Gasmasken schützen nicht gegen Kohlenoxyd. Es gibt aber Spezialfilter zum Schutz gegen Kohlenoxyd. In diesen wird CO katalytisch zu CO_2 oxydiert. Der Katalysator ist eine Mischung verschiedener Metalloxyde (CuO, MnO_2), die sog. Hopcalite-Mischung:

$$2\ CO + O_2\ \text{(Luftsauerstoff)} = 2\ CO_2.$$

Der Katalysator wirkt aber nur in vollkommen trockenem Zustand. Er muß beiderseits geschützt werden durch Trockenschichten. Das ergibt einen großen

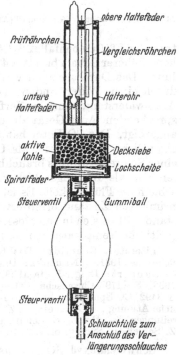

Abb. 18. Schnitt durch den Degea-Kohlenoxydanzeiger (Auergesellschaft)

Umfang. Das „Draeger-CO-Filtergerät" hat eine 20 stündige Gebrauchsdauer. Diese ist nicht begrenzt durch den Katalysator, der trocken unendlich lange arbeiten müßte, sondern durch das Wasseraufnahmevermögen des Trockenmittels.

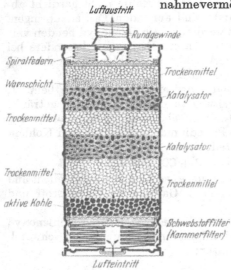

(Es sind bis zu 20 g Wasser in jedem Kubikmeter Luft zu binden bei einer Durchströmung von etwa 30 l Luft/min.) Die 20 stündige Gebrauchszeit bezieht sich auf einen CO-Gehalt von dauernd höchstens 2 %. An sich verarbeitet der Katalysator vorübergehend auch höhere CO-Gehalte, die Beschränkung auf dauernd 2 % ergibt sich aber aus der Höhe der Temperatursteigerung bei der Oxydation des Kohlenoxyds (über 100° bei 2 % CO), ferner aus der Unmöglichkeit, die Menge des entstehenden Kohlendioxyds chemisch zu binden (720 l in 20 Stunden bei 2 % CO).

Abb. 19. S-CO-Büchse Nr. 86 im Schnitt (Auergesellsch.)

Der Kohlendioxydgehalt beträgt bei 2 % CO ebenfalls 2 % CO_2. Diese sind unschädlich, ein vorübergehend höherer Gehalt bis etwa 4 % dient als Warnmittel durch Atemvertiefung. Das Durchschlagen von Feuchtigkeit wird bei dem Draegergerät durch einen Widerstandswarner, d. h. eine allmähliche Erhöhung des Atemwiderstandes infolge Zerfließens des Trockenmittels, bei dem entsprechenden Auer-Gerät durch Abspaltung von Azetylen aus Karbid angezeigt. Das CO-Filter hat ein hohes Adsorptionsvermögen auch für eigentliche Kampfstoffe, als Universalfilter wird es durch Vorschalten eines Schwebstoffilters brauchbar. Trotz seiner hohen Giftigkeit ist Kohlenoxyd als Kampfgas bisher nicht verwendet worden. Der Grund ist seine hohe Flüchtigkeit. Es ist leichter als Luft. Sein Transport im komprimierten Zustand erfordert zu viel totes Gewicht. Im flüssigen Zustand hält es sich in geschlossenen Flaschen nicht, weil es oberhalb —140° (kritische Temperatur) nicht flüssig sein kann. (Weiteres 52.)

Literatur. Schmidt: Das Kohlenoxyd 1935. — Flury-Zernik: Schädliche Gase 1931. — Naujoks: Draeger-Hefte 1938, S. 3732 (Vorkommen von CO). — Bangert: Dräger-Hefte 1938, S. 3737 (CO-Filter). — Thiel: Dräger-Hefte 1938, S. 3479 (Chronische ، CO-Vergiftung). — Bangert: Dräger-Hefte 1937, S. 3492 (CO-Spürgerät). — Haase-Lampe: Dräger-Hefte 1939, S. 4232 (Künstliche Atmung). — Grasreiner: Z. Schieß-Sprengstoffwesen 1937, S. 23 (Neuere Mitteilungen). — Dräger Gasschutz in Industrie und Luftschutz 1937. — Referat, Z. Schieß- u. Sprengstoffw. 1940, S. 181 (Zur Toxikologie der Sprenggase).

Schwefeldioxyd, SO_2, ist das Verbrennungsprodukt des Schwefels oder schwefelhaltiger Brennstoffe. Das stechend riechende Gas reizt bei 0,02 % die Atemorgane, bei 0,05 % macht es das Atmen unmöglich. Man hat es

daher schon im Altertum als erstickendes Gas zum Ausräuchern von
Festungen benutzt (Platää 428 v. Chr.). Es läßt sich leicht verflüssigen
und wird daher wie auch NH_3 und CO_2 in Kompressionskältemaschinen
benutzt.

Stickoxyde, nitrose Gase, NO und NO_2, entstehen wegen der Trägheit
des Stickstoffs nur unter extremen Bedingungen. Im elektrischen Lichtbogen (3000°) vereinigen sich die Luftbestandteile zu Stickoxyd. Das
unbeständige farblose Stickoxyd nimmt aus der Luft leicht Sauerstoff
auf und geht in das charakteristisch braun gefärbte Stickstoffdioxyd
über. Die nitrosen Gase sind schwere Lungengifte (50). In
der Lunge bildet sich die gefährliche Salpetersäure. Bereits 0,01%
führen zu den schwersten Schädigungen. Die nitrosen Gase sind also
erheblich gefährlicher als Kohlenoxyd. Sie entstehen mit diesem zusammen in großen Mengen bei Kartuschbränden, also immer, wenn
Pulver nicht unter hohem Druck in der Waffe, sondern unter niedrigem
Druck verbrennt (Grenzdruck 30 at). In kleinen Mengen bilden sich nach
und nach nitrose Gase bei der Selbstzersetzung von Pulvern. Die Menge
der abgespaltenen nitrosen Gase kann also als Maß für den Zustand eines
Pulvers dienen (37).

Ferner bilden sich nitrose Gase auch beim Schießen mit dickwandigen
Röhrenpulvern bei der Verbrennung derjenigen Pulverteile, die nicht in
der Waffe, sondern erst vor der Rohrmündung verbrennen. Der Pulver-
qualm erscheint dann durch nitrose Gase vielfach rotbraun gefärbt. Endlich treten nitrose Gase auch beim Schießen mit Platzpatronen auf. Zur
Vermeidung von Anfressungen im Rohr muß die Waffe besonders gründlich gereinigt werden. In Massen entweichen rotbraune Wolken von
nitrosen Gasen bei der Herstellung mancher Sprengstoffe. In den Spreng-
stoffabriken versucht man, die nitrosen Gase durch Berieselung mit
Wasser zu binden, sowohl zur Rückgewinnung der teuren Salpetersäure
als auch zur Verhütung von Vergiftungen.

Literatur. Freitag: Z. Schieß- und Sprengstoffwesen 1938, S. 15. — Kort-
schak: Z. VDI. 1940, S. 873 (Nitrose Gase bei Azetylenschweißung).

10. Rechengrundlagen der Verbrennungslehre.

Das Molekulargewicht. Die Grundlage für alle chemischen Rechnungen bilden die Atomgewichte. Als Verhältniszahlen können diese
mit einem beliebigen Gewichtsmaß versehen werden. Der Waffenfach-
mann rechnet meist in g, der Ingenieur in kg. Das Atomgewicht ausgedrückt in g heißt g-Atom. Z. B. ist 1 g-Atom Kohlenstoff (C) = 12,01 g
(Tab. 1). Umgekehrt enthält 1 kg Kohlenstoff 1000/12,01 = 83,2 g-
Atome Kohlenstoff. Bei chemischen Verbindungen wird entsprechend
mit dem Molekulargewicht gerechnet. Die Formel der Verbindung ergibt
das Molekulargewicht als Summe der Atomgewichte. Das Molekulargewicht, ausgedrückt in g, heißt 1 gmol, ausgedrückt in kg 1 Kilomol
(kmol). Es bedeutet also 1 gmol Sauerstoff (O_2) $2 \cdot 16 = 32$ g Sauerstoff,
1 gmol Kohlendioxyd (CO_2) $12 + 2 \cdot 16 = 44$ g Kohlendioxyd, 1 kmol

Benzol (C_6H_6) $6 \cdot 12 + 6 \cdot 1 = 78$ kg Benzol. Damit kann man jede chemische Gleichung gewichtsmäßig auswerten. Bei gegebener Brennstoffformel läßt sich z. B. die Gleichung für die vollständige Verbrennung leicht aufstellen. Vor und nach der Verbrennung müssen von jedem Element gleichviel Atome vorhanden sein. Z B. müssen die 6 C-Atome des Benzols (C_6H_6) 6 Mole CO_2 ergeben, die 6 H-Atome dagegen 3 Mole H_2O. Hierzu braucht man $6 \cdot 2 + 3 \cdot 1 = 15$ Atome bzw. 7,5 Mole Sauerstoff:

$$C_6H_6 + 7,5\,O_2 = 6\,CO_2 + 3\,H_2O$$

Zur vollständigen Verbrennung von 1 gmol Benzol $= 78$ g sind mindestens $7,5 \cdot 32 = 240$ g Sauerstoff erforderlich. Also ist der

Mindestsauerstoffbedarf: $O_{min} = 240/78 = 3,08$ g/g (kg/kg).

Das Gewichtsmaß ist für Gase unanschaulich. Man gibt Gasmengen besser im Raummaß (Nl bzw. Nm³) an. Hierzu braucht man die Wichte des Gases (Tab. 4). Man findet dann $O_{min} = 3,08 : 1,429 = 2,16$ Nm³/kg.

Das Molvolumen. Die bei Gasen auftretende Umrechnung vom Gewichtsmaß auf das Raummaß kann man ein für allemal vorausnehmen: Man berechnet das Volumen, das ein Mol eines Gases einnimmt: Vorausgesetzt werden gleicher Druck, gleiches Volumen und gleiche Temperatur. Nach Abschn. 3 ist $p \cdot V = n\,\mu\,c^2/3$, gleicher Druck und gleiches Volumen ergibt daher für 2 Gase: $n_1 \mu_1 c_1^2 = n_2 \mu_2 c_2^2$. Da ferner gleiche Temperatur gleiche Wucht der Gasmoleküle $\mu c^2/2$ bedeutet, ergibt sich sofort: $n_1 = n_2$. Das ist die Hypothese von A v o g a d r o: Bei gleichem Druck und gleicher Temperatur enthalten gleiche Volumina sämtlicher Gase gleich viel Moleküle. Infolgedessen müssen sich die Molekulargewichte zweier Gase verhalten wie ihre Litergewichte (Wichten γ):

$$m_1 : m_2 = \gamma_1 : \gamma_2.$$

Da aber aus der Wichte das spez. Volumen (kg-Volumen) v als Reziprokwert folgt: $v = 1/\gamma$, so erhält man sofort:

$$m_1 v_1 = m_2 v_2 = \text{const.}$$

Das Produkt m·v bedeutet dasjenige Volumen, das m kg eines Gases, d. h. 1 Mol einnimmt. Es wird kurz Molvolumen genannt. Es ergibt sich also:

Das Molvolumen sämtlicher Gase ist bei gleichem Druck und gleicher Temperatur gleich groß.

Der Zahlenwert wird meist für den Normzustand 0° 760 mm angegeben und kann z. B. aus dem Bruch m/γ_0 für Wasserstoff berechnet werden zu

$$\frac{m}{\gamma_0} = \frac{2,016}{0,0898} = 22,4 \text{ Nm}^3/\text{kmol.}$$

Das Molvolumen sämtlicher Gase beträgt 22,4 Nm³/kmol bzw. 22,4 Nl/gmol. Für feuerungstechnische Rechnungen bezieht man den Zahlenwert meist auf 1 at und 10° C und erhält dann mit Hilfe der Zustandsgleichung die glatte Zahl 24 nm³/kmol (1 nm³ = 1 m³ Gas bei 1 at u. 10° C).

Die molare Zustandsgleichung der Gase. Bezeichnet man das Molvolumen mit $\mathfrak{V}$, und setzt in die Zustandsgleichung (3) entsprechend das Molekulargewicht m ein, so erhält man $p \cdot \mathfrak{V} = m \cdot R \cdot T$. Da nun nach Abschn. 3, Beisp. 1 $R \cdot \gamma$ konstant ist, ist es wegen der Proportionalität von m und γ auch $R \cdot m$. Es ergibt sich damit die absolute oder allgemeine Gaskonstante, die für alle Gase gleich ist: $\mathfrak{R} = m \cdot R$. Der Wert dieser fundamentalen Naturkonstante errechnet sich z. B. mit den Zahlen für Wasserstoff zu: $\mathfrak{R} = 2,016 \cdot 420,6 = 848 \, \frac{\text{m kg}}{\text{kmol}^\circ \text{C}}$. Die Zustandsgleichung erhält dann die Form: Zustandsgleichung für 1 Mol : $p \cdot \mathfrak{V} = \mathfrak{R} \cdot T$ bzw. für ein beliebiges Gasquantum V, welches ν Mol enthält:

Zustandsgleichung für ν Mol : $p \cdot V = \nu \cdot \mathfrak{R} \cdot T$.

Literatur. Eggert: Lehrbuch der physikalischen Chemie 1937.

Vollständige Verbrennung formelmäßig gegebener Brennstoffe. Das Molvolumen im Betrage von 22,4 Nm^3 bzw. 24 nm^3/kmol bildet die Grundlage für alle Rechnungen, in denen Gase vorkommen. Enthält die Gleichung neben festen und flüssigen Stoffen, die nach wie vor in kg angegeben werden, noch Gase, so werden diese zweckmäßig in Nm^3 oder nm^3 ausgedrückt. Enthält die Gleichung nur Gase, so kann man den gemeinsamen Faktor 22,4 herausheben und kann dann jedes Gassymbol als beliebiges, innerhalb derselben Gleichung aber gleiches Volumen, z. B. 1 Nm^3 betrachten.

Bei der Verbrennung fester und flüssiger Brennstoffe wird die Rechnung bezogen auf 1 kg Brennstoff:

Stoff	Verbrennungsgleichung	O_2-Bedarf nm^3/kg	Rauchgase nm^3/kg			
			CO_2	H_2O	CO	SO_2
Kohlenstoff .	$C + O_2 = CO_2$	2	2	—	—	—
Kohlenstoff .	$2C + O_2 = 2CO$	1	—	—	2	—
Wasserstoff .	$2H_2 + O_2 = 2H_2O$	6	—	12	—	—
Schwefel . .	$S + O_2 = SO_2$	0,75	—	—	—	0,75
Benzol . . .	$2C_6H_6 + 15O_2 = 12CO_2 + 6H_2O$	2,31	1.85	0,92	—	—
Toluol . . .	$C_7H_8 + 9O_2 = 7CO_2 + 4H_2O$	2,35	1,83	1,04	—	—
Naphthalin .	$C_{10}H_8 + 12O_2 = 10CO_2 + 4H_2O$	2,25	1,88	0,75	—	—
Tetralin. . .	$C_{10}H_{12} + 13O_2 = 10CO_2 + 6H_2O$	2,36	1,82	1,09	—	—
Benzin (Mittel)	$C_7H_{16} + 11O_2 = 7CO_2 + 8H_2O$	2,64	1,68	1,92	—	—

Bei der Verbrennung gasförmiger Brennstoffe wird die Rechnung bezogen auf 1 nm^3 Brennstoff:

Stoff	Verbrennungsgleichung	O_2-Bedarf nm^3/nm^3 O_{min}	Rauchgase nm^3/nm^3		Kontraktion K H_2O_{fl}
			CO_2	H_2O	
Wasserstoff. .	$2H_2 + O_2 = 2H_2O$	0,5	—	1	$^3/_2 H_2$
Kohlenoxyd .	$2CO + O_2 = 2CO_2$	0,5	1	—	$^1/_2 CO$
Methan . . .	$CH_4 + 2O_2 = CO_2 + 2H_2O$	2	1	2	$2CH_4$
Äthylen . . .	$C_2H_4 + 3O_2 = 2CO_2 + 2H_2O$	3	2	2	$2C_2H_4$
Azetylen . . .	$2C_2H_2 + 5O_2 = 4CO_2 + 2H_2O$	2,5	2	1	$^3/_2 C_2H_2$

Hierin ist K die bei der Verbrennung auftretende Kontraktion als

Vielfaches des Volumens des Brennstoffs (11), das Volumen des Kondenswassers = 0 gesetzt.

Mindestsauerstoffbedarf bei gegebener Elementaranalyse. Bei Brennstoffen, deren chemischer Aufbau nicht bekannt ist, genügt die Kenntnis der Zusammensetzung auf Grund einer Elementaranalyse (14) zur Berechnung des für die vollkommene Verbrennung erforderlichen Mindestsauerstoffbedarfs O_{min} bzw. des Mindestluftbedarfs L_{min}. Bezeichnet man den Gehalt des Brennstoffes an Kohlenstoff, Wasserstoff, Sauerstoff und Schwefel mit c bzw. h, o und s, ausgedrückt in kg/kg, also in Gewichtsanteilen, so erhält man auf Grund der Verbrennungsgleichungen:

$$O_{min} = \frac{c}{12} + \frac{h}{4} + \frac{s}{32} - \frac{o}{32} \frac{kmol}{kg}$$

$$O_{min} = 24 \left(\frac{c}{12} + \frac{h}{4} + \frac{s}{32} - \frac{o}{32} \right) \frac{nm^3}{kg}$$

$$O_{min} = 2 \left[c + 3 \left(h - \frac{o - s}{8} \right) \right] \frac{nm^3}{kg}$$

$$O_{min} = 2\, c \left[1 + 3\, \frac{h - \dfrac{o - s}{8}}{c} \right] \frac{nm^3}{kg}$$

Der Klammerausdruck ist eine von der Zusammensetzung des Brennstoffes abhängige Kennziffer. Man bezeichnet sie in der Feuerungstechnik mit σ:

$$\sigma = 1 + 3\, \frac{h - \dfrac{o - s}{8}}{c}$$

σ hat für reinen Kohlenstoff den Wert 1, für technische Kohlen 1,1—1,2, für schwere Öle etwa 1,2, für leichte Öle bis 1,5. Es ist dann:

$$O_{min} = 2\, c\, \sigma\ nm^3/kg.$$

Da die Luft nur 21 Vol.% Sauerstoff enthält, ist ferner der Mindestluftbedarf:

$$L_{min} = \frac{1}{0,21}\, O_{min} = 9,6\, c\, \sigma\, \frac{nm^3}{kg}.$$

In der Kennziffer σ stellt der Ausdruck $h - \frac{o}{8}$ den freien (disponiblen) Wasserstoff dar, da man sich einen Teil des Wasserstoffgehaltes an den im Brennstoff vorhandenen Sauerstoff in Form von Wasser im Gewichtsverhältnis $h : o = 1 : 8$ gebunden denken kann.

Rauchgasvolumen bei gegebener Elementaranalyse. Bei vollkommener Verbrennung entstehen auf Grund der Verbrennungsgleichungen an CO_2, H_2O, SO_2 einschließlich des aus dem Wassergehalt w des Brennstoffes stammenden Wasserdampfes:

$$\left(\frac{c}{12} + \frac{h}{2} + \frac{w}{18} + \frac{s}{32} \right) \frac{kmol}{kg} = \left(2\, c + 12\, h + \frac{4}{3}\, w + \frac{3}{4}\, s \right) \frac{nm^3}{kg}.$$

Hierzu kommt die zugeführte Luftmenge L_{min} abzüglich O_{min}. Das ergibt das Rauchgasvolumen:

$$Vr_{min} = L_{min} + 6\,h + \frac{3}{4}\,o + \frac{4}{3}\,w\,\frac{nm^3}{kg}.$$

Die drei letzten Glieder stellen die Volumzunahme bei der Verbrennung dar, die also nur durch den Gehalt an Wasserstoff, Sauerstoff und Wasser bedingt wird.

Eine vollkommene Verbrennung ist technisch nur durch Luftüberschuß zu erreichen. Die zugeführte Luftmenge ist dann:

$$L = \lambda \cdot L_{min}.$$

Hierin ist λ die Luftüberschußzahl. Es ergibt sich dann das Rauchgasvolumen:

$$V_r = L + 6h + \frac{3}{4}\,o + \frac{4}{3}\,w\,\frac{nm^3}{kg}.$$

An dem überschüssigen Sauerstoff $(\lambda - 1)\,O_{min}$ und dem gesamten Stickstoff $0,79\,L$ wird bei der Verbrennung nichts geändert. Das Rauchgasvolumen wird bei der Bestimmung der Schornsteinverluste und der Verbrennungstemperatur herangezogen (13). Über unvollständige Verbrennung vgl. 11.

Literatur. S c h m i d t : Einführung in die technische Thermodynamik 1936. H ü t t e : Des Ingenieurs Taschenbuch Bd. 1, 1941.

Berechnung der Sauerstoffbilanz von Explosivstoffen. Im Gegensatz zu den Brennstoffen kann den Explosivstoffen der Verbrennungssauerstoff nicht von außen zugeführt werden, da diese in Geschossen oder Kartuschen eingeschlossen sind. Explosivstoffe müssen daher den zur Verbrennung nötigen Sauerstoff bereits enthalten. Man erreicht dies durch Zumischen von Sauerstoff (38), Sauerstoffträgern (30) oder durch chemische Anlagerung von Sauerstoff (33 bis 42). Ob der Explosivstoff zu seiner vollständigen Verbrennung eine ausreichende Menge Sauerstoff enthält, ergibt sich aus seiner Sauerstoffbilanz. Die Sauerstoffbilanz gibt die Menge Sauerstoff in g an, die bei 100 g des Explosivstoffes zur vollständigen Verbrennung fehlt oder bei der vollständigen Verbrennung überschüssig bleibt. Trinitrotoluol $C_7H_5(NO_2)_3$ (41) erfordert z. B. zur vollständigen Verbrennung $7 \cdot 2 + 2,5 = 16,5$ Atome Sauerstoff, es enthält aber nur 6 Atome Sauerstoff. Die Sauerstoffbilanz ist also mit 10,5 Atomen Sauerstoff bzw. mit $10,5 \cdot 16 = 168\,g$ Sauerstoff negativ für 1 gmol Trinitrotoluol im Betrage von 227 g. In 100 g Trinitrotoluol fehlen also $168 \cdot 100/227 = 74\,g$ Sauerstoff zur vollständigen Verbrennung. Die Sauerstoffbilanz des Trinitrotoluols beträgt -74%.

Bei ausgeglichener oder positiver Sauerstoffbilanz, also vollständiger Verbrennung, entstehen neben N_2, das wegen seiner Trägheit an der Verbrennung nicht teilnimmt, nur die ungiftigen Gase CO_2 und H_2O, gegebenenfalls O_2. (Von den militärisch weniger wichtigen Explosivstoffen, die andere Elemente als C, O, H, und N enthalten, wird hierbei abgesehen.) Bei negativer Sauerstoffbilanz entsteht außerdem als Produkt unvollständiger Verbrennung noch das giftige CO sowie H_2 und CH_4.

Die Aufstellung der Verbrennungsgleichung erfordert bei unvollständiger Verbrennung die Heranziehung des Wassergasgleichgewichtes (15). Bei vollständiger Verbrennung kann diese Gleichung sofort angegeben werden. Die Verbrennungsgleichung dient zur Berechnung der Pulverkonstanten, d. h. der Verbrennungswärme (13) und des spezifischen Gasvolumens. Von diesen Konstanten hängt die Treibkraft eines Pulvers und die Sprengkraft eines Sprengstoffs hauptsächlich ab (36, 39).

Berechnung des spezifischen Gasvolumens von Explosivstoffen. Das spezifische Gasvolumen gibt an, wieviel Nl Gas bei dem Zerfall von 1 kg Explosivstoff entstehen. Es läßt sich bei bekannter Verbrennungsgleichung leicht aus dieser berechnen. Als Beispiel diene das Nitroglyzerin (34). Die Formel des Nitroglyzerins heißt: $C_3H_5(NO_3)_3$; 1 Mol enthält 9 Atome Sauerstoff. Die vollständige Verbrennung würde ergeben: $3\,CO_2$ und $2,5\,H_2O$; hierzu wären 8,5 Atome Sauerstoff nötig. Da somit Sauerstoff im Überschuß vorhanden ist, entsteht kein Kohlenoxyd. Die Verbrennungsgleichung heißt also:

$$C_3H_5(NO_3)_3 = 3\,CO_2 + 2,5\,H_2O + 1,5\,N_2 + 0,25\,O_2$$

1 Mol Nitroglyzerin $= 3 \cdot 12 + 5 \cdot 1 + 3\,(14 + 3 \cdot 16) = 227$ g gibt:

$$3 + 2,5 + 1,5 + 0,25 = 7,25\ \text{gmol Gas} = 7,25 \cdot 22,4 = 162,5\ \text{Nl}.$$

1 kg Nitroglyzerin ergibt also: $(162,5 : 227) \cdot 1000 = 715\ \text{Nl}$. Das spez. Gasvolumen des Nitroglyzerins beträgt 715 Nl/kg. (Vgl. 15).

Literatur. Stettbacher: Schieß- und Sprengstoffe, 1933.

Berechnung des Kovolumens von Explosivstoffen. Mit dem spez. Gasvolumen der Explosivstoffe hängt die Größe des Kovolumens zusammen. Das spez. Gasvolumen dient zur Berechnung des Gasdruckes nach der Zustandsgleichung:

$$p \cdot V = G \cdot R \cdot T.$$

Diese Gleichung gilt aber nur, wenn der Druck nicht zu hoch ansteigt. Bei den hohen Drucken in der Waffe (Größenordnung 3000 at) oder gar bei Detonationen (Größenordnung 50000—100000 at) trifft die Gleichung nicht mehr zu. Von dem Volumen V ist in diesem Falle ein Betrag abzuziehen, der dem Eigenvolumen der Gasmoleküle proportional ist. Das Kovolumen a ist das „4fache" Eigenvolumen der Gasmoleküle/kg. Die Gleichung heißt dann in der verbesserten Form (vgl. auch 13):

$$p \cdot (V - G \cdot \alpha) = G \cdot R \cdot T.$$

In Ermangelung genauer Werte setzt man gewöhnlich:

$$\text{Kovolumen} = {}^1/_{1000} \cdot \text{spez. Gasvolumen}.$$

Genauer setzt man bei Gasen, die reich an CO und H_2 sind, $^1/_{1000}$, bei Gasen, die reich an CO_2 und H_2O sind, $^1/_{1080}$ des spez. Gasvolumens.

Literatur. Referat nach Muraour: Z. ges. Schieß- u. Sprengstoffwes., 1939, S. 51. — Schmidt: Z. ges. Schieß- u. Sprengstoffwes., 1936, S. 8. — Roth: Z. ges. Schieß- u. Sprengstoffwes., 1939, S. 193. — Poppenberg in Cranz: Lehrb. d. Ballistik, 1926, Bd. 2.

11. Analyse der Rauch- und Schußgase.

Die Analyse der Rauch- und Schußgase muß sich erstrecken auf die Bestimmung des Hauptverbrennungsproduktes CO_2, eines etwaigen Sauerstoffüberschusses O_2 und der bei unvollständiger Verbrennung auftretenden Gase CO, H_2 und CH_4. Der bei der Verbrennungstemperatur gasförmige Wasserdampf kondensiert vor der Messung. Die Analyse bezieht sich also immer auf die trockenen Rauchgase. Der aus der Verbrennungsluft bzw. aus dem Pulver stammende Stickstoff ist einer Messung wegen seiner Trägheit nicht zugänglich. Er wird als Differenz gegen 100% in Rechnung gesetzt. Die Messung erfolgt bei CO_2, O_2 und CO auf dem Wege der Absorption, bei H_2 und CH_4 dagegen durch Verbrennung.

Rauchgasanalyse. Bei der Analyse der Rauchgase in den Abzugskanälen der Feuerungen und im Auspuff der Motoren begnügt man sich gewöhnlich mit der Feststellung von CO_2, O_2 und CO. Diese Reihenfolge ist einzuhalten, weil die Absorptionsmittel für O_2 bzw. CO auch CO_2 bzw. O_2 absorbieren können.

a) Die Absorption von CO_2 erfolgt mit starker Kalilauge (33,3%):

$$2\,KOH + CO_2 = K_2CO_3 + H_2O.$$

1 cm³ Kalilauge absorbiert 40 cm³ CO_2. Die Absorption geht schnell und leicht vonstatten.

b) Die Absorption von Sauerstoff erfolgt mit gelbem Phosphor:

$$4\,P + 5\,O_2 = 2\,P_2O_5.$$

Das Pentoxyd, das zunächst als weißer Nebel auftritt, löst sich in Wasser zu Phosphorsäure. Die Absorption erfolgt sehr schnell. Bei tiefen Temperaturen tritt eine Verzögerung ein. Der Absorptionswert ist etwa 1000 cm³ O_2 pro Gramm Phosphor. Das Phosphorgefäß muß bei Nichtgebrauch im Dunkeln aufbewahrt werden, weil sonst der gelbe Phosphor in den unwirksamen roten übergeht. — Außer Phosphor wird elfach Pyrogallol verwendet (1 g Pyrogallol + 1,5 g Kaliumhydroxyd + 5 g Wasser). 1 cm³ absorbiert 13 cm³ Sauerstoff bei Temperaturen über 15° C. Die Absorption erfolgt weniger schnell.

c) Die Absorption von Kohlenoxyd erfolgt mit Kupferchlorürlösung (125 g Kupferchlorür + 265 g Ammoniumchlorid in 750 cm³ Wasser. Kupferspirale hineintauchen. Bei Luftabschluß muß die Lösung farblos werden.)

$$CuCl + CO = CuCl \cdot CO.$$

Die Bindung von CO ist träge und locker. Aus älteren Lösungen kann CO sogar wieder abgegeben werden. Es ist möglichst frische Lösung zu verwenden.

Die einzelnen Absorptionen werden im Orsatapparat durchgeführt. Arbeitsvorschrift: 1. Punktmarke des Dreiwegehahns nach rechts: durch Heben der Niveauflasche Gasreste hinausdrücken. 2. Punktmarke nach oben: durch Senken der Flasche Rauchgas einsaugen. 3. 1 und 2 mehrfach wiederholen, um Luftreste aus der Rauchgaszuleitung zu entfernen.

4. Im Meßrohr Wasserspiegel genau auf 0 einstellen. Dann Punktmarke nach links. 5. Hahn des CO_2-Gefäßes öffnen (nicht ziehen!). Durch Heben der Flasche Rauchgas hinüberdrücken. 6. Nach einigen Minuten zurücksaugen. 7. Absorbierte CO_2-Menge ablesen. Hierbei, wie bei jeder folgenden Ablesung, Wasserspiegel der Niveauflasche in Höhe des Wasserspiegels im Meßrohr stellen. Nochmals CO_2 absorbieren und ablesen. Absorption ist beendet, wenn Ablesung konstant bleibt. 9. In derselben Weise Sauerstoff und endlich Kohlenoxyd absorbieren. 10. Prozentgehalte als Differenzen der endgültigen Ablesungen berechnen.

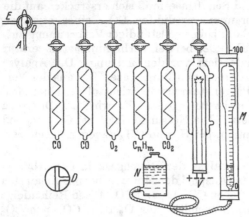

Abb. 20. Orsatapparat.

N = Niveaugefäß zum Einsaugen der Gasprobe (E), zum Einsaugen von Verbrennungsluft (A) und zum Hinausdrücken von Gasresten (A). D = Dreiwegehahn mit Punktmarke an der seitlichen Bohrung. V = Verbrennungspipette mit Kühlmantel und Platinspirale. M = Meßrohr mit Wassermantel (Wärmepuffer).

Literatur. Bayer: Gasanalyse, 1938. — Lunge - Berl: Chemisch-technische Untersuchungsmethoden, 1931, Bd. 1. — Schultes: Die Wärme, 1937, S. 199. — Müller-Neuglück: Die Wärme, 1938, S. 280. — Traustel: Feuerungstechn. 1939, S. 280 (Beschleunigte Orsatanalyse).

Überwachung der Feuerung mit dem Verbrennungsdreieck nach Ostwald. Die beste Rauchgasanalyse ist zwecklos, wenn' sie nicht zur Überwachung der Feuerung in bezug auf die Vollständigkeit der Verbrennung und auf den jeweiligen Luftüberschuß ausgewertet wird. Hinzu kommt die Unsicherheit in der Bestimmung des Kohlenoxyds, sodaß eine Überprüfung der Rauchgasanalyse selbst erwünscht ist. Das kann entweder rechnerisch oder wegen der Schwerfälligkeit der Formeln (vor allem bei unvollständiger Verbrennung) besser mit graphischen Mitteln geschehen. Vielfach wird das Verbrennungsdreieck nach Ostwald benutzt (Abb. 21).

Die Verbrennung möge mit der Luftüberschußzahl λ betrieben werden (10). Trotzdem braucht die Verbrennung nicht vollständig zu sein. Bei Motoren kann mangelhafte Vorwärmung oder schlechte Zündung, bei Feuerungen ungleichmäßige Berührung zwischen Luft und Brennstoff auf dem Rost oder schnelle Abkühlung der Flamme zu unvollständiger Verbrennung führen. Die Rauchgase enthalten dann neben CO_2 noch CO, O_2 und N_2. Von unverbranntem Kohlenstoff in Form von Ruß sei abgesehen, ebenso von H_2 und CH_4, die bei unvollständiger Verbrennung in kleiner Menge im Rauchgas auftreten (15). Ferner ist nach der Abkühlung das Rauchgas frei von H_2O, das kondensiert ist, und SO_2, das sich im Kondenswasser löst. Durch die Feuerung geht nun nach 10 an Stickstoff (bezogen auf 1 kg Brennstoff):

$$N_2 = 0{,}79/0{,}21 \, \lambda \cdot O_{min} \; kmol/kg.$$

An Sauerstoff enthalten die Rauchgase von 1 kg Brennstoff

$$O_2 = (\lambda - 1)\, O_{min} + 0{,}5\, CO \text{ kmol/kg.}$$

Hierin ist $(\lambda - 1)\, O_{min}$ der Sauerstoff, der selbst bei vollständiger Verbrennung nicht verbraucht wurde und $0{,}5\, CO$ die Sauerstoffmenge in kmol, die zu vollständiger Verbrennung des CO-Gehaltes der Rauchgase zu CO_2 gerade ausreichen würde (10). Ferner steht zur Verfügung der Ausdruck für O_{min}:

$$O_{min} = 2\, c\, \sigma \text{ nm}^3/\text{kg} = c\sigma/12 \text{ kmol/kg.}$$

c/12 ist die Anzahl der kg-Atome C in 1 kg Brennstoff. Da aus jedem kg-Atom C entweder 1 kmol CO oder 1 kmol CO_2 entsteht, ist c/12 = CO + CO_2 kmol/kg und

$$O_{min} = (CO + CO_2)\, \sigma \text{ kmol/kg.}$$

Setzt man O_{min} in die Formeln für O_2 und N_2 ein, so ergibt sich:

$$(1) \quad \frac{O_2 - 0{,}5\, CO}{CO_2 + CO} = (\lambda - 1)\sigma \quad \text{und} \quad (2) \quad \frac{N_2}{CO_2 + CO} = \frac{0{,}79}{0{,}21} \lambda\, \sigma.$$

In diesen Gleichungen kommen die kmol-Zahlen der Rauchgasbestandteile nur in gegenseitigem Verhältnis vor. Man kann diese daher statt in kmol in jedem anderen Raummaß einsetzen, insbesondere in Raumanteilen, d. h. als Bruchteile des gesamten, aus 1 kg Brennstoff entstehenden Rauchgases. Diese Raumanteile ergeben dann mit 100 multipliziert die Volumprozente im Rauchgas. Daher müssen die Raumanteile aller Rauchgasbestandteile zusammen = 1 bzw. 100% sein. Bezeichnet man die Raumanteile mit $[O_2]$, $[N_2]$, $[CO]$, $[CO_2]$ in nm^3/nm^3, so ist

$$(3) \qquad [O_2] + [N_2] + [CO] + [CO_2] = 1.$$

Zur graphischen Darstellung der Beziehungen der Rauchgasbestandteile untereinander benutzt das Ostwald-Dreieck ein rechtwinkliges Koordinatensystem ($CO_2 - O_2$). Drückt man nun $[CO_2]$ als Funktion von $[O_2]$ aus mit $[CO]$ als Parameter, so erhält man aus (1) bis (3) durch Eliminieren von λ und $[N_2]$:

$$(4) \qquad [CO_2] = -\frac{[O_2]}{0{,}21 + 0{,}79\,\sigma} + \frac{(0{,}185 - 0{,}79\,\sigma)\,[CO] + 0{,}21}{0{,}21 + 0{,}79\,\sigma}$$

Die Kurven $[CO]$ = const. bilden also eine Schar paralleler Geraden. Das Dreieck wird begrenzt durch BC mit $[CO]$ = 0. Auf dieser Strecke liegen also alle zusammengehörigen Werte $[CO_2]$ und $[O_2]$ bei vollständiger Verbrennung. Der maximale $[CO_2]$-Gehalt (Punkt C) tritt ein mit $[CO]$ = 0 und $[O_2]$ = 0 bei vollkommener Verbrennung mit theoretischer Luftmenge ($\lambda = 1$). Es ergibt sich:

$$(5) \qquad [CO_2]_{max} = \frac{0{,}21}{0{,}79\sigma + 0{,}21}.$$

Punkt B entspricht vollkommener Verbrennung mit unendlich großem Luftüberschuß ($\lambda = \infty$). Das Rauchgas ist dann reine Luft. $[CO_2]$ = $[CO]$ = 0 ergibt $[O_2]$ = 0,21. Von Interesse ist noch der Punkt D. Er entspricht einer Verbrennung mit theoretischer Luftmenge ($\lambda = 1$), welche aber so unvollständig ist, daß kein CO_2, sondern nur CO in maximaler Menge entsteht. Aus (1) ergibt sich mit $\lambda = 1$

$$(6) \qquad [O_2]_D = \frac{[CO]_{max}}{2}$$

und aus (4) mit $[CO_2] = 0$ und $[CO] = 2\,[O_2]$

$$(7) \qquad [CO]_{max} = \frac{0{,}21}{0{,}315 + 0{,}79\,\sigma}.$$

Die Strecke CD entspricht dem Wert $\lambda = $ const. $= 1$, also der Verbrennung mit theoretischer Luftmenge. Es bleibt noch zu prüfen, ob die Kurven $\lambda = $ const. ebenfalls Geraden sind. Durch Eliminieren von [CO] und $[N_2]$ aus (1) bis (3) ergibt sich:

$$(8) \qquad [CO_2] = -\,2\,\frac{k_1 + k_2}{k_2}\,[O_2] + 2\,\frac{k_1}{k_2}, \text{ wobei}$$

$k_1 = (\lambda - 1)\sigma + 0{,}5$ und $k_2 = (0{,}79 \cdot \lambda\sigma/0{,}21) + 1$ gesetzt ist.

Die Kurven (8) $\lambda = $ const. (λ als Parameter) ergeben eine Schar nicht paralleler Geraden, da der Richtungsfaktor von λ abhängt. Die Abweichung beträgt aber nur wenige Grade, wie man durch Einsetzen z. B. der Werte $\lambda = 1$ und $\lambda = \infty$ für einen Brennstoff mit mittlerer Kennziffer, etwa $\sigma = 1{,}2$ nachweist. Hierbei zeigt sich, daß man statt λ besser mit dem „Luftfaktor" $\eta = 1/\lambda$, also dem Reziprokwert von λ arbeitet. Das ermöglicht eine gleichmäßige Teilung der Strecke BC von $\eta = 0$ ($\lambda = \infty$)bis $\eta = 1$ ($\lambda = 1$).

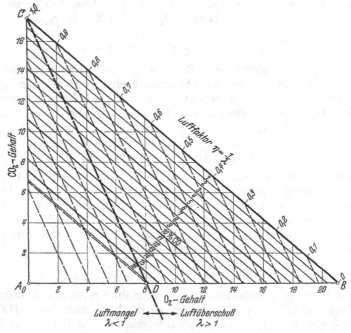

Abb. 21. Verbrennungsdreieck für Benzol nach Ostwald.

Das Diagramm ist dann für einen bestimmten Brennstoff mit gegebener Kennziffer σ schnell zu zeichnen. Man findet z. B. für Benzol C_6H_6:

$$c = 0{,}9225, \quad h = 0{,}0775, \quad \sigma = 1{,}252, \quad [CO_2]_{max} = 0{,}175, \quad [O_2]_D = 0{,}08,$$
$$[CO]_{max} = 0{,}161.$$

Damit hat man die Punkte B, C und D. Zur Zeichnung der Geraden [CO] = const. teilt man CD in 16,1 gleiche Teile und zieht durch die Teilpunkte die Parallelen zu BC ([CO] = 0). Die Luftfaktorlinien η = const. ergeben sich durch gleichmäßige Teilung der Strecke BC von 0 bis 1 angenähert als Parallelen durch die Teilpunkte zu CD.

Bei Benutzung des Dreiecks ist zu beachten: 1. Jeder Punkt außerhalb des Dreiecks bedeutet einen Fehler in der Analyse oder die Benutzung eines Dreiecks, welches nicht zu dem Brennstoff gehört. 2. Liegt der Punkt auf der Hypotenuse, ist die Verbrennung vollständig, im Innern des Dreiecks unvollständig. 3. Aus dem CO_2- und O_2-Gehalt der Analyse ergibt sich der CO-Gehalt. 4. Es ist sofort ersichtlich, ob dieses CO durch Luftmangel entstanden ist oder durch andere Ursachen bei sachgemäßer Luftzufuhr (bei Motoren mangelhafte Vorwärmung, schlechte Zündung, bei Feuerungen zu rasche Abkühlung der Flamme). 5. Der Luftüberschuß ist sofort abzulesen. Bei Verbrennungsmotoren ergeben 20% Luftüberschuß wirtschaftlichsten Betrieb und größte Betriebssicherheit, 10% Luftüberschuß Höchstleistungsbetrieb, weniger als 10% oder Luftmangel Absinken des Wirkungsgrades und Betriebsstörungen (Ölkohle und Störungen der Zündung).

Literatur. Ostwald: Beiträge zur graphischen Feuerungstechnik, 1920. — Motortechn. Z. 1940, S. 227 (DVL Abgasprüfer f. Verbrennungsmotoren).

Zur Überwachung der Feuerung werden vielfach auch selbsttätige chemische Meßmethoden für die Gaszusammensetzung sowie physikalische Methoden herangezogen. Letztere beruhen z. B. auf der Messung der Wärmeleitfähigkeit, der Wärmetönung, der Gasdichte und der Zähigkeit.

Literatur. Schultes: Die Wärme 1937, S. 199. — Wulff: Anwendung physikalischer Analysenverfahren in der Chemie 1936. — Weha: Die Wärme 1940, S. 98.

Schußgasanalyse. Es sind zunächst wieder CO_2, O_2 (kaum vorhanden) und CO zu absorbieren. Es sind dann noch H_2 und CH_4 durch Verbrennung zu bestimmen. Die Verbrennung erfolgt entweder in einem besonderen Gefäß des Orsatapparates an einem glühenden Platindraht oder in einer Explosionspipette durch Funkenzündung. Von dem nach den Absorptionen verbleibenden Gasrest R wird nur ein geringer Teil A zur Verbrennung gebracht. Dieser wird (nach dem Hinausdrücken von R—A) vor der Verbrennung mit einer überschüssigen Luftmenge durch Einsaugen gemischt. Bei der Verbrennung entsteht die Kontraktion K, die man im Meßrohr ermittelt. Ferner entsteht bei der Verbrennung wieder CO_2, dessen Menge durch Absorption mit Kalilauge bestimmt wird. K und $\overline{CO}_2$ genügen zur Berechnung des Wasserstoff- und Methangehaltes ($\overline{CO_2}$, $\overline{H_2}$, $\overline{CH_4}$ bedeuten die Gasmengen in cm³):

$$^3/_2\,\overline{H_2} + 2\,\overline{CH_4} = K \quad \text{und} \quad \overline{CH_4} = \overline{CO_2} \quad (10).$$

Für CH_4 eingesetzt ergibt sich insgesamt:

$$\overline{CH_4} = \overline{CO_2} \quad \text{und} \quad \overline{H_2} = {}^2/_3 (K - 2 \overline{CO_2}).$$

Diese Mengen sind in A enthalten. Sie sind noch umzurechnen auf den ganzen Gasrest R. Hinzu kommen die anfangs durch Absorption bestimmten Mengen CO_2, O_2 und CO. Der Rest (Differenz gegen 100%) ist Stickstoff. Für ein Nitrozellulosepulver ergab sich beispielsweise: $CO_2 = 18,9$; CO $= 44,3$; $H_2 = 15,3$; $CH_4 = 6,3$; $N_2 = 15,2$ Vol.%.

Die Analyse ergibt nur die Zusammensetzung der kalten Schußgase. Sie entspricht nicht der Zusammensetzung der Schußgase während der Verbrennung. Die nachträgliche Abkühlung ergibt überhaupt erst den Methangehalt und vermehrt die CO_2-Menge (s. 15). Die Zusammensetzung der kalten Schußgase ist von der Ladedichte $\triangle$ (Pulvergewicht in kg/Laderaum in Liter) abhängig, diejenige der Schußgase bei Verbrennungstemperatur dagegen nicht.

Literatur. Brunswig: Das rauchlose Pulver 1926 (Schußgase). — Haid und Schmidt: Z. ges. Schieß- u. Sprengstoffwes., 1939, S. 38 (Sprenggase). — Schmidt: desgl. 1940, S. 174 (Entnahme u. Analyse v. Sprenggasen).

12. Verbrennungsgeschwindigkeit.

Wärmeexplosion. Jeder Brennstoff ist in feiner Verteilung nach Durchmischung mit Sauerstoff oder Luft einer explosiven Verbrennung fähig. Solche Brennstoff-Luftgemische bilden sich häufig unbeabsichtigt. Darin liegen ihre Gefahren. Die wichtigsten sind:

Gas-Luft-Gemische . . Wasserstoff (Knallgas), Methan (schlagende Wetter), Kohlenoxyd, Leuchtgas, Azetylen, Schußgase (Mündungsfeuer, Nachflammer, 36).

Dampf-Luft-Gemische Benzin- und Benzoldampf, Dämpfe von Ölen, Äther, Spiritus, Lacken, Farben.

Staub-Luft-Gemische . Kohlenstaub, Mehlstaub, Korkstaub, Leichtmetallstaub.

Ist eine solche Mischung in einem Behälter eingeschlossen, so reagieren die Gase schon bei niedriger Temperatur miteinander. Die freiwerdende Wärme ist aber zunächst gering und wird leicht nach außen abgegeben. Eine Beschleunigung der Reaktion kann nur einsetzen, wenn die Reaktion dauernd mehr Wärme erzeugt als gleichzeitig durch Leitung abgeführt wird. In diesem Falle, der durch Erhitzen des Gefäßes oder Komprimieren der Mischung eingeleitet werden kann, führt der Wärmeüberschuß der Reaktion zur Erwärmung der Gasmischung. Bei Temperaturzunahme steigt aber die Reaktionsgeschwindigkeit und daher die in der Zeiteinheit entwickelte Wärme, die ihrerseits die Mischung weiter erhitzt usw. Schließlich tritt Selbstzündung ein, aus der anfänglich langsamen Reaktion hat sich die Wärmeexplosion entwickelt.

Eine Erklärung für den starken Anstieg der Reaktionsgeschwindigkeit mit der Temperatur gibt die kinetische Theorie der Gase (3). Für die chemische Umsetzung ist die Zertrümmerung der Moleküle beim Zusammenstoß der Partner erforderlich. Mit steigender Temperatur wächst zwar die mittlere Geschwindigkeit und die Zahl der Zusammenstöße, aber im Verhältnis zu dem tatsächlichen Anwachsen der Reaktionsgeschwindigkeit nur wenig. Bei 400° steigt z. B. bei Temperaturerhöhung um 20° die Stoßzahl nur um 2%, die Geschwindigkeit der Umsetzung dagegen um mehr als 100%. Die Annahme, daß die Reaktionsgeschwindigkeit allein durch die Zahl der Zusammenstöße bedingt wird, kann also nicht zutreffen. Maßgebend ist vielmehr die Zahl der „erfolgreichen" Zusammenstöße. Erfolgreich sind diejenigen Moleküle, die eine besonders hohe Energie besitzen (in Form von Wucht und Schwingungsenergie der Atome innerhalb des Moleküls). Außer der Hauptzahl der Moleküle, welche die der jeweiligen Temperatur entsprechende mittlere Geschwindigkeit besitzen, gibt es solche, deren Geschwindigkeit geringer ist (die hier also nicht in Frage kommen), und solche, deren Geschwindigkeit und damit deren Energie z. T. weit über dem Durchschnittswert liegen. Ein Bild über die Verteilung der Moleküle ergibt die Maxwellsche Verteilungskurve (Abb. 22). Wesentlich ist hierbei der starke Anstieg des Anteils

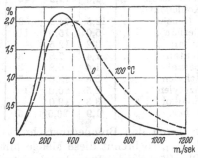

Abb. 22. Geschwindigkeitsverteilung der Gasmoleküle (Sauerstoff) nach Maxwell bei 0° und 100° C.

der Moleküle hoher Energie mit steigender Temperatur. Der Zusammenstoß solcher „aktivierten" energiereichen Moleküle der Partner führt zur Reaktion. Daraus erklärt sich die starke Zunahme der Reaktionsgeschwindigkeit mit der Temperatur. Mit steigender Temperatur wächst auch die Wucht der nicht erfolgreichen Moleküle und damit der Gasdruck.

Literatur. Bodenstein: Die Naturwissenschaften, 17. September 1937. — Eggert: Lehrbuch der physikalischen Chemie, 1937. — Jost: Explosions- und Verbrennungsvorgänge in Gasen 1939.

Fortpflanzung der Explosion. Wird das Gemisch nicht als Ganzes, sondern nur örtlich erhitzt, z. B. durch einen glühenden Draht oder einen Funken, so entwickelt sich die Wärmeexplosion zunächst nur innerhalb eines kleinen Volumens an der Zündstelle (Radius etwa 10⁻² cm). Das Temperaturgefälle und damit die Wärmeableitung ist daher besonders groß. Die Reaktionswärme, also die Reaktionsgeschwindigkeit muß entsprechend hoch sein, es ist also eine hohe Zündtemperatur erforderlich (Tab. 11). Sie liegt bei den meisten Gemischen zwischen 500 und 600° C. Es kommt nun darauf an, ob sich die damit eingeleitete Explosion weiter in das ganze Frischgas fortpflanzt. Die Rolle des Zündfunkens muß nun die brennende Schicht übernehmen. Sie muß also ihrerseits nicht nur die Wärmeverluste decken, sondern auch das Frischgas entsprechend erhitzen. Das geschieht durch Wärmeleitung, d. h. Übertragung der Stoßenergie der Moleküle der heißen Schwaden auf die Moleküle des Frischgases. Schaltet man jeden Druckeinfluß aus, z. B. indem man nicht die Flamme in einem Behälter fortlaufen läßt, sondern im Bunsenbrenner dafür das Frischgas der stationären Flamme entgegenführt, so erhält man die „normale Verbrennungsgeschwindigkeit" der Mischung Sie ist für ein bestimmtes Gemisch eine Konstante und wird am besten im Bunsenbrenner bestimmt. Strömt das Frischgas mit der Geschwindigkeit

Tab. 11. Zündgrenzen, Zündtemperaturen und Brenngeschwindigkeiten von Gas-Luftgemischen.

Brennstoff	Zündgrenze		Ge-misch	$(v_n)_{max}$	Zünd-tem-peratur	Gemisch	Detonations-geschwin-digkeit
	untere	obere					
	Vol.-% Brenngas		Vol.-%	cm/sec	°C		m/sec
Wasserstoff . .	4,0	74,2	42	267	470	$2 H_2 + O_2$	2821
Kohlenoxyd (feucht) . .	12,5	74,2	53	42	665	$2 CO + O_2$	1264
Methan	5,0	15,0	11	37	800	$CH_4 + 2 O_2$	2146
Äthan	3,2	12,5	—	—	540	$C_2H_6 + 3,5 O_2$	2363
Pentan	1,4	7,8	3	35	520	$C_5H_{12} + 8 O_2$	2371
Benzol	1,4	6,8	3	39	750	$C_6H_6 + 7,5 O_2$	2206
Äthylen . . .	2,8	28,6	7	63	600	$C_2H_4 + 3 O_2$	2209
Azetylen . . .	2,5	80,0	10	131	500	$C_2H_2 + 1,5 O_2$	2716
Alkohol . . .	3,3	19,0	—	—	—	$C_2H_5OH + 3 O_2$	2356
Äther	1,9	36,5	5	38	205	—	—

v_f durch den Brennerquerschnitt F_0, also in der Sekunde die Menge
$F_0 \cdot v_f$, so brennt diese Menge mit der Geschwindigkeit v_n normal zur
Oberfläche F des Brennkegels. Da die verbrannte Gasmenge $F \cdot v_n$ gleich
der zugeführten Frischgasmenge $F_0 \cdot v_f$ sein muß, ergibt sich

$$F_0 \cdot v_f = F \cdot v_n \quad \text{und} \quad v_n = v_f \cdot F_0/F .$$

(Über beschleunigt laufende Flammen vgl. Detonation.)

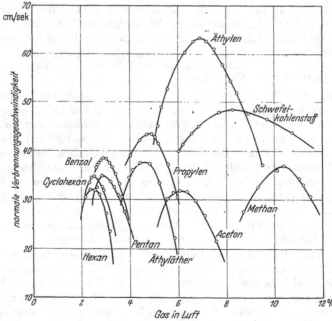

Abb. 23. Normale Verbrennungsgeschwindigkeit von Gas-Luftgemischen (aus Jost).

Zündgrenzen. Ändert man den Prozentgehalt des Brenngases in der
Mischung, so ergeben sich verschiedene Brenngeschwindigkeiten. Die ma-

ximale Brenngeschwindigkeit liegt stets auf seiten eines gewissen Brennstoffüberschusses. Wird der Brennstoffgehalt zu groß (Luftmangel) oder zu klein (Brennstoffmangel), so sinkt die Brenngeschwindigkeit auf Null, die Explosion bleibt aus. Die entsprechenden Brennstoffgehalte in % der Mischung heißen obere bzw. untere Zündgrenze. Wenn diese Zündgrenzen auch durch katalytische Einflüsse der Gefäßwand u. a. beeinflußt werden, so muß man sie doch zur Beurteilung der Explosionsfähigkeit von Gasgemischen ungefähr kennen. Die Zündgrenzen liegen z. B. bei leichten Gasen (H_2, C_2H_2) weit auseinander (Tab. 11), der Zündbereich ist hier also recht groß. Daher sind die meisten Knallgasgemische explosionsfähig (Vorsicht beim Laden von Akkumulatoren. Nicht rauchen, kein offenes Licht, keine Reparaturarbeiten beim Laden). Bei schweren Dämpfen (z. B. Benzol) ist der Zündbereich klein, dafür genügen aber wegen des großen Luftbedarfs (10) schon kleine Brennstoffgehalte zur Explosionsfähigkeit. (Auf Benzinreste, Ölreste im Kesselraum achten, Öllasten nur mit Sicherheitslampen betreten, bei Ölübernahme Rauchverbot und kein offenes Licht.) Regelmäßige Belehrung des Personals ist erforderlich.

Literatur. Langhans: Explosionen, die man nicht erwartet, 1930, Sonderbeilage. Z. ges. Schieß- u. Sprengstoffwes. — Beyling-Drekopf: Sprengst. u. Zündm., 1936. (Schlagwetter und Kohlenstaubexplosion).

Detonation. Besondere Erscheinungen treten bei schnellaufenden, insbesondere beschleunigten Flammen auf. Zündet man z. B. in einem (einseitig) geschlossenen Rohr an der geschlossenen Seite, so ergibt sich die Beschleunigung der Brennfront schon aus der Ausdehnung der heißen Schwaden. Das Vorrücken der Brennzone ist nach Becker vergleichbar mit der Bewegung eines absatzweise beschleunigten Stempels. Bei dem ersten Stoß geht von dem Stempel eine Verdichtungswelle mit etwa Schallgeschwindigkeit in das Frischgas. Jede folgende Verdichtungswelle läuft aber schneller als die vorangehende, weil sie in bereits strömendem Gas läuft, und ferner, weil in dem bereits verdichteten Gas die Temperatur und damit die Schallgeschwindigkeit höher ist als in dem nicht verdichteten. Daher müssen sich die einzelnen Verdichtungsstöße schließlich einholen und versteifen sich zu einer Stoßwelle oder Knallwelle mit unendlich steilem Wellenkopf. Diese Zone hohen Druckes grenzt unstetig an das nicht komprimierte Frischgas. Daher erhalten die Schwaden ein starkes Bewegungsmoment auf das Frischgas zu. Die Schwadengeschwindigkeit überlagert sich der rein thermischen Geschwindigkeit der Gasmoleküle. Beide liegen etwa in gleicher Größenordnung, so daß die Geschwindigkeit der auf die noch nicht zersetzte Schicht aufprallenden Moleküle etwa doppelt so groß ist wie die durch die Temperatur allein bedingte Geschwindigkeit. Das bedeutet aber die 4fache Energie. Daher führen nicht nur, wie bei der Wärmeexplosion, die energiereichsten Moleküle zur Reaktion, sondern es sind sämtliche Molekülstöße erfolgreich. Die chemische Reaktion ist mit der fortschreitenden Druckwelle gekoppelt. Da eine noch höhere Brenngeschwindigkeit nicht möglich ist, handelt es sich hier um ihren oberen Grenzzustand. Er wird als Detonation bezeichnet. Die

Detonationsgeschwindigkeit ist für jedes Gemisch eine Konstante. Sie liegt stets oberhalb 1000 m/sec und erreicht bei Gasen etwa 4 km/sec. Detonationen wirken infolge der Plötzlichkeit des Druckstoßes zertrümmernd. Bei motorischen Verbrennungen sind sie zu vermeiden.

Literatur. Becker, Z. Elektrochem. angew. phys. Chem. 1936, S. 457.

Spreng-, Treib- und Zündmittel. Wie ein Gasgemisch, so ist auch jeder Explosivstoff im allgemeinen einer explosiven Verbrennung oder auch einer Detonation fähig. Auch hier ist zum Fortschreiten der Reaktion die Zertrümmerung der an sich vielfach recht beständigen Explosivstoffmoleküle erforderlich. Die dazu nötige „Aktivierungsenergie" wird wie bei den Gasgemischen durch die heißen Schwaden geliefert. Die Größe der Verbrennungsgeschwindigkeit entscheidet über die praktische Verwendung der Explosivstoffe. Als Treibmittel (Pulver) sind nur Stoffe mit stark begrenzter Verbrennungsgeschwindigkeit v brauchbar. v steigt linear mit dem Druck:

$$v = a + bp \text{ mm/sec.}$$

Die Richtigkeit ist von Muraour bei den verschiedensten Pulvern nachgewiesen, z. B. für lösemittelfreie Nitroglyzerinpulver mit $a = 5{,}5$, $b = 0{,}0547$. Daraus ergibt sich für diese Pulver bei dem Höchstdruck in der Kartusche von etwa 3000 at nur eine Geschwindigkeit von 17 cm/sec. Als Sprengmittel kommen in Betracht zunächst solche mit zertrümmernder Wirkung (brisante Sprengladungen). Hier ist ordnungsgemäße Detonation zu fordern (Größenordnung > 1000, < 9000 m/s). Im Bergwerksbetrieb werden aber auch Sprengmittel mit mehr schiebender Wirkung gebraucht. Hierzu eignen sich Explosivstoffe, die im Zustand der Explosion zerfallen (Größenordnung einige 100 m/s). Beispiel: Schwarzpulver. Als Initialsprengmittel sind Stoffe geeignet, die selbst durch eine Flamme leicht entzündlich sind, die aber in kürzester Frist aus dem Zustand der explosiven Verbrennung in die Detonation übergehen. Sie sollen durch ihren Druckstoß bei Sprengladungen eine glatte Detonation herbeiführen. Der rasche Übergang in die Detonation ist thermisch allein kaum zu erklären. Nach Muraour sind hierbei Kettenreaktionen maßgebend beteiligt (44).

Kettenexplosion. Die Wärmeexplosion ist nicht die einzige Form einer explosiven Verbrennung. Eine Explosion ist auch unter solchen Bedingungen möglich, bei denen eine Anstauung der Reaktionswärme nicht in Betracht kommt. Das ist vor allem bei hochverdünnten Gasen und dementsprechend winzigen Wärmemengen nachgewiesen worden. Die Ursache ist in diesen Fällen eine „Kettenreaktion". Bei der Verbrennung des Wasserstoffs ist z. B. die Gleichung $2\,H_2 + O_2 = 2\,H_2O$ nur als summarische Beschreibung aufzufassen. In Wahrheit läuft die Reaktion in Form einer Kette ab, deren Träger neben freien Atomen und ebenso unbeständigen, aber chemisch aktiven ungesättigten „Radikalen" besonders energiereiche Moleküle sind. Für Wasserstoff ergibt sich das Schema:

1. $H_2 \rightarrow 2\,H$. 2. $H + O_2 \rightarrow OH + O$. 3. $OH + H_2 \rightarrow H_2O + H$.
4. $O + H_2 \rightarrow OH + H$ usw.

Das ist eine Kettenreaktion, weil für jedes eintretende aktive Teilchen immer ein neues wieder erscheint. Charakteristisch ist aber bei dieser Reaktion, daß bei den Gl. (2) und (4) an Stelle eines aktiven Teilchens deren zwei auftreten, wodurch neue Ketten gestartet werden. Diese Kettenverzweigung führt zu einem Anstieg der Reaktionsgeschwindigkeit trotz konstant bleibender Temperatur. Ob die Reaktion sich bis zur Explosion steigert, hängt davon ab, ob die Häufigkeit der Kettenverzweigungen diejenige der Kettenabbrüche übertrifft. Über die Ursache von Kettenabbrüchen wird im nächsten Absatz berichtet. Man kann heute sagen, daß die meisten Gasreaktionen solche Kettenreaktionen sind. Daher kann auch eine Wärmeexplosion als Kettenreaktion verlaufen, worüber aber noch wenig bekannt ist. Es kann ferner eine Kettenexplosion in eine Wärmeexplosion übergehen, sobald die entwickelten Wärmemengen groß genug sind. Wärmeexplosion und Kettenexplosion sind als Grenzfälle zu betrachten.

Literatur. Jost: Z. angew. Chem., 1938, S. 687. — Sachse: Z. angew. Chem. 1937, S. 847. (Freie Radikale bei Gasreaktionen.) — Jost, Explosions- und Verbrennungsvorgänge in Gasen 1939.

Kettenabbrüche. Das Klopfen der Motoren und Antiklopfmittel. Charakteristisch für Kettenreaktionen ist ihre Empfindlichkeit gegen geringe Zusätze. Ein Anfangsschritt ergibt eine große Zahl von Folgereaktionen. Beim Chlorknallgas $H_2 + Cl_2 \rightarrow 2\,HCl$ bzw. als Kette $Cl_2 = 2\,Cl$; $Cl + H_2 = HCl + H$; $H + Cl_2 = HCl + Cl$ ergeben sich z. B. bis zu 10^6 Folgereaktionen. Man kann daher durch Abfangen weniger aktiver Teilchen eine große Zahl von Folgereaktionen unterbinden. Kettenabbrechend wirken vielfach Verunreinigungen, welche aktive Teilchen binden, ferner die Gefäßwand durch Festhalten aktiver Atome, bis diese z. B. mit anderen aktiven Atomen nichtaktive Moleküle geben, oder durch Übernahme von deren Energie, endlich der Zusatz inerter Gase (N_2, Edelgase, H_2O, CO_2), welche die Energie aktivierter Moleküle übernehmen und verteilen. Inertgase können allerdings auch umgekehrt wirken, indem sie die Diffusion aktiver Teilchen zur Wand hemmen.

Das Klopfen der Motoren (7) beruht darauf, daß nach anfänglich normaler explosiver Verbrennung im unverbrannten Teil des Gemisches eine derartige Beschleunigung der Reaktion einsetzt, daß der Rest der Ladung im Zylinder fast augenblicklich abbrennt. Es dürfte sich hier um Verbrennungsgeschwindigkeiten von über 500 m/sec handeln, also Geschwindigkeiten, die dem Zustand einer Detonation nahekommen. Klopfende Kraftstoffe, wie n-Paraffine, neigen offenbar in weitaus höherem Maße zur Kettenverzweigung als klopffeste, wie Benzol, Alkohol oder verzweigte Paraffine. Es kommt nun darauf an, die Zahl der Kettenabbrüche der Zahl der Kettenverzweigungen anzunähern. Das geschieht durch spezifisch wirkende Antiklopfmittel, meist Bleitetraäthyl $Pb(C_2H_5)_4$, manchmal auch Eisenkarbonyl $Fe(CO)_5$. Die kettenabbrechende Wirkung beruht hauptsächlich darauf, daß diese Stoffe durch ihre Reaktionsfähigkeit mit Sauerstoff sauerstoffhaltige Kettenträger wegfangen. Ferner dürfte der abgeschiedene Metallstaub, von Blei oder Eisen als „Wand" großer Oberfläche kettenabbrechend wirken. Über die Giftwirkung der Antiklopfmittel vgl. 52.

Als „Wandwirkung" ist auch das Gesteinstaubverfahren anzusehen, mit dem man Schlagwetterexplosionen hemmt. Hierbei wird der Gesteinstaub, der auf loser Unterlage an der Decke des Stollens geschichtet ist, aufgewirbelt und kann sich als „Wand" großer Oberfläche betätigen. Ganz entsprechend kann das Mündungsfeuer rauchschwacher Pulver durch Zusatz von Kalisalzen bekämpft werden (36).

Literatur. Bodenstein: Naturw., September 1937. — Szczepanski: Reichsarb.-Bl. 1939, Nr. 17 (Bleitetraäthyl). — Heyer: Z. ges. Schieß- u. Sprengstoffwes. 1926, S. 22 (Gesteinstaubverfahren). — Marine-Verordnungsbl. 1939, S. 788.

13. Verbrennungswärme.

Wärmetönung. Alle Verbrennungen haben den Zweck, Wärme zu erzeugen. Jede chemische Umsetzung ist mit einer Wärmeentwicklung oder einem Wärmeverbrauch verbunden. Man kann diese Wärmetönung zahlenmäßig erfassen, wenn man die „Bildungswärmen" der beteiligten Verbindungen kennt. Die Bildungswärme einer Verbindung gibt an, wieviel Kalorien[1] an Wärme beim Aufbau von 1 Mol der Verbindung aus den Elementen entwickelt oder verbraucht werden. Die Bildungswärmen sind heute für alle in Betracht kommenden Verbindungen bekannt (14). Bei weitem die wichtigsten sind die Bildungswärmen der immer wieder auftretenden Verbrennungsgase:

Gas	CO_2	CO	H_2O_{Gas}	H_2O_{fl}	SO_2	NO	bei konstantem Volumen: $v =$ konst. in kcal/gmol.
Bildungswärme	94,5	26,4	57,7	67,5	69,3	—21,6	

Außerdem braucht man die Bildungswärmen der wichtigsten Brennstoffe und Explosivstoffe (Tab. 12). Die Grundlage der Rechnung ist die Verbrennungsgleichung. Man denkt sich zunächst die Brennstoffe in ihre Elemente aufgespalten. Hierzu ist die Bildungswärme des Brennstoffs aufzuwenden. Die Elemente treten dann zu den Verbrennungsgasen zusammen. Dabei wird deren Bildungswärme gewonnen. Es ergibt sich allgemein:

Wärmetönung = Summe der Bildungswärmen der Verbrennungsprodukte vermindert um die Bildungswärme des Brennstoffs.

Ist die Wärmetönung positiv, wird also Wärme entwickelt, so heißt die Reaktion exotherm, wird bei negativer Wärmetönung Wärme verbraucht, so heißt sie endotherm.

Exotherm ist die Verbrennung des Kohlenstoffs:

$$C + O_2 = CO_2 + 94,5 \text{ kcal}$$

Endotherm ist die Verbrennung des Stickstoffs:

$$N_2 + O_2 = 2 NO - 2 \cdot 21,6 \text{ kcal}.$$

[1] Als gesetzliche Wärmeeinheit (7. 8. 1924) gilt die Kilokalorie (kcal), d. h. die Wärmemenge, welche bei Atmosphärendruck 1 kg Wasser von 14,5° auf 15,5° C erwärmt.

Zur Verbrennung des Stickstoffs ist also Wärme aufzuwenden. Ist die Bildungswärme des Brennstoffs selbst negativ, so ergeben sich meist große Wärmetönungen (Beisp. 1). Der Wert der Wärmetönung hängt nur von dem Anfangs- und Endzustand ab, von dem etwaigen Zwischenwege ist er unabhängig (Gesetz von Hess 1840). Bezüglich der Wärmetönung ist es z. B. gleichgültig, ob der Wasserstoff nach der summarischen Gleichung $2H_2 + O_2 = 2H_2O$ oder in Form einer Kettenreaktion verbrennt (12). Der Grund hierfür ist der 1. Hauptsatz der Wärmelehre, das Gesetz von der Erhaltung der Energie. Man müßte andernfalls auf verschiedenen Wegen im ganzen Energie gewinnen oder verlieren, was dem Energiesatz widerspricht. Bei genauer Betrachtung ist noch zu beachten, daß die Wärmetönung von der Anfangstemperatur des Brennstoffes abhängt. Bei den Schwankungen der Umgebungstemperatur kann dieser Einfluß aber außer Betracht bleiben. Von geringem Einfluß auf die Wärmetönung ist es auch, ob die Reaktion unter konstantem Druck oder konstantem Volumen verläuft. Bei konstantem Druck ist noch die Ausdehnungsarbeit der Gase zu leisten. Die Arbeit $A = $ Kraft · Weg (kg·m) ist als Gasarbeit besser zu schreiben $A = $ Druck · Volumzuwachs $= p\,(v_2 - v_1)\,(kg/m^2 \cdot m^3 = kg \cdot m)$. Ist anfangs kein Gas vorhanden, so ist also $A = p \cdot V$ oder nach $10 : A = v \cdot \Re \cdot T$. Daraus folgt:

$$W_v = W_p + v \cdot \Re \cdot T.$$

Hierin ist v die Anzahl der entwickelten Gasmoleküle, $\Re$ die allgemeine molare Gaskonstante (10), deren Wert 848 mkg/kmol °C durch Division mit 427, dem bekannten Wärmeäquivalent, noch in das Wärmemaß umzurechnen ist und dann 1,986 kcal/kmol °C ergibt. Daraus folgt:

$$W_v = W_p + v \cdot 1,986 \cdot T.$$

Der Unterschied $W_v - W_p$ beträgt z.B. für 1 Mol Nitroglyzerin nach 10 mit $v = 7,25$ Mol Gas bei 15° C nur: 4,1 kcal/gmol.

Literatur. Eggert: Lehrbuch der physikalischen Chemie 1937, S. 372. — Schmidt: Einführung in die technische Thermodynamik 1936, S. 247.

Tab. 12. Bildungswärmen einiger Brennstoffe und Explosivstoffe.

	kcal/gmol	kcal/kg		kcal/gmol	kcal/kg
Methan	18,4	1150	Nitropenta . . .	123	390
Äthan	22,2	740	Hexogen	—21,3	—96
Äthylen	—15,1	—539	Pikrinsäure. .	53,5	230
Azetylen . . .	—58,1	—2235	Trinitrotoluol. .	13	59
Benzol	—13	—166	Tetryl	—9,3	—32,4
Toluol	—8	—90	Hexamin	—19,6	—44,6
Phenol.	35	372	Bleiazid	—107	—364
Glyzerin	157	1700	Knallquecksilber	—65,4	—230
Erythrit	211	1730	Kaliumnitrat . .	119,5	1182
Zellulose	—	1400	Ammoniumnitrat	88,1	1101
Holz (Buche). .	—	4802	Aluminiumoxyd.	392	3849
Nitroglyzerin . .	82,7	364	Magnesiumoxyd.	145,8	3616

Weitere Zahlen: Landolt-Börnstein: Phys.-chem.Tab.u.Ergänzungsbände.

Heizwert. Der Heizwert gibt an, wieviel kcal bei der Verbrennung von 1 kg Brennstoff entstehen[1]. Während der Verbrennung ist das Verbrennungswasser gasförmig. Setzt man also für H_2O 57,7 kcal/gmol, so erhält man den „unteren" Heizwert (H_u). Wartet man dagegen die nachträgliche Kondensation des Wasserdampfes ab (z. B. im Kalorimeter), so wird die Verdampfungswärme[2] frei $= 585$ kcal/kg, und man hat für H_2O zu setzen 67,5 kcal/gmol. Es ergibt sich dann der „obere" Heizwert (H_o). Mit Rücksicht auf die praktische Bedeutung werden hier nur untere Heizwerte berechnet.

Beispiel 1. Heizwert von Benzol (V = const):

$$2 C_6H_6 + 15 O_2 = 12 CO_2 + 6 H_2O.$$

Bildungswärme der Verbrennungsgase. $12 \cdot 94,5 + 6 \cdot 57,7 = 1479$ kcal $\left.\vphantom{\begin{matrix}a\\b\end{matrix}}\right\}$
Bildungswärme von 2 Mol Benzol . . $-2 \cdot 13 \quad\quad = -26$ „

Wärmetönung . . . .   1505 kcal

2 Mol Benzol $= 2 \cdot 78 = 156$ g liefern 1505 kcal
1000 g liefern $(1505 : 156) \cdot 1000 = 9660$ kcal
unterer Heizwert: $H_u = 9660$ kcal/kg

Beispiel 2. Heizwert von Methan (V = const):

$$CH_4 + 2 O_2 = CO_2 + 2 H_2O.$$

Bildungswärme der Verbrennungsgase . $1 \cdot 94,5 + 2 \cdot 57,7 = 209,9$ kcal $\left.\vphantom{\begin{matrix}a\\b\end{matrix}}\right\}$
Bildungswärme von 1 Mol Methan. . . $+ 18,4$ „

Wärmetönung . . . .   191,5 kcal

1 Mol Methan $= 24$ nl ergeben 191,5 kcal.
1 nm³ Methan ergibt $(191,5 : 24) \cdot 1000 = 8000$ kcal.
unterer Heizwert: $H_u = 8000$ kcal/nm³.

Beispiel 3. Heizwert fester Brennstoffe: Kohle. Kohle enthält Kohlenstoff, Wasserstoff, Sauerstoff, Schwefel in unbekannter Bindung. Die Bildungswärme der Kohlen ist nicht bekannt. Sie ist aber so klein, daß man sie vernachlässigen kann. Es ergibt sich dann mit abgerundeten Zahlen die „Verbandsformel":

unterer Heizwert $= 8100 c + 29000 (h - o/8) + 2500 s - 600 w$ kcal/kg.

Hierin bedeuten c, h, o, s, w den Gehalt an Kohlenstoff, Wasserstoff, Sauerstoff, Schwefel und Wasser in kg/kg. Bei jungen Brennstoffen, Holz, Torf, ergibt die Formel falsche Werte. Die Bildungswärme dieser Stoffe läßt sich nicht vernachlässigen.

Verbrennungstemperatur. Mit Hilfe des Heizwertes kann man die Verbrennungstemperatur berechnen. Die vom Brennstoff abgegebene Wärme findet man als Wärmeinhalt des Rauchgases wieder. Der Wärmeinhalt für jeden Normkubikmeter des Rauchgases sei bezeichnet mit i kcal/Nm³. Er ist definiert als diejenige Wärmemenge, die man aufwenden muß, um 1 Nm³ des Rauchgases bei konstantem Druck von 0° C

---

[1] Vorausgesetzt vollständige Verbrennung, Temperatur des Brennstoffs vor der Verbrennung und der Verbrennungsprodukte nach der Verbrennung $= 20°$ C (Bezogen auf Anfangs- und Endtemperatur $0°$ C ergibt sich nur eine unwesentliche Änderung).

[2] Verdampfungswärme des Wassers bei $20°$ C $= 585$ kcal/kg, bei $0°$ C $= 597$ kcal/kg.

auf die Temperatur t zu erwärmen. Da bei der Verbrennung von 1 kg
Brennstoff nach 10 an Rauchgas $V_{r_{min}} + (\lambda - 1) L_{min}$ Nm³ entstehen, ist:

$$i = \frac{H_u}{V_{r_{min}} + (\lambda - 1) L_{min}} \frac{kcal}{Nm^3}$$

Wenn man nun den Wärmeinhalt des Rauchgases als Funktion der Temperatur berechnet, ergibt sich aus i sofort die Verbrennungstemperatur t.
Die Beziehung zwischen i und t wird durch das Wärmefassungsvermögen
(die spez. Wärme Cp kcal/Nm³ °C) eines jeden Normkubikmeters Rauchgas vermittelt durch die Gleichung:

$$i = Cp \cdot t \text{ (bei konstantem Cp)},$$
$$i = \int Cp\,dt \text{ (bei veränderlichem Cp)}.$$

Bei konstantem Cp muß i als Funktion von t eine Gerade ergeben.
Da aber Cp selbst mit der Temperatur ansteigt (15), ergibt sich ein
angenähert parabolischer Verlauf (Abb. 24). Genau genommen erhält
man für jedes Rauchgas einen anderen Kurvenverlauf, da Cp von der
Zusammensetzung des Rauchgases abhängt. Nach den Arbeiten von
Schüle sowie Fehling und Rosin kann jedoch für alle Rauchgase ein
gemeinsamer Durchschnittswert mit genügender Genauigkeit genommen
werden. Dieser ergibt sich, da alle Brennstoffe im wesentlichen aus C
und H bestehen, als Mittelwert der spez. Wärme des Kohlenstoff- und des

Wasserstoffrauchgases,
mit Hilfe der spez. Wärme
von CO_2, H_2O und N_2 aus
den Zahlen Tab. 15. Auf
diese Weise entsteht das
i-, t-Diagramm der Ver-
brennung. Bei Betrieb
mit Luftüberschuß wird
der Kurvenbereich be-
grenzt durch die Wärme-
inhaltskurve der reinen
Luft. Die zu verschie-
denen Werten von λ gehörigen Kurven ergeben
sich durch Berechnung des
Luftgehaltes l des Rauch-
gases:

$$l = \frac{(\lambda - 1) L_{min}}{V_{r_{min}} + (\lambda - 1) L_{min}}$$

Für die praktische Benut-
zung des Diagramms ist
zunächst L_{min} und $V_{r_{min}}$

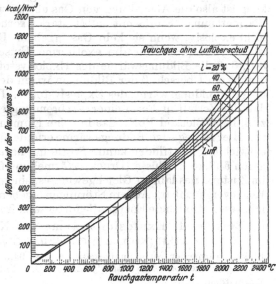

Abb. 24. Das i-, t-Diagramm der Verbrennung nach Rosin
und Fehling (aus Schmidt).

nach 10 zu berechnen. Hierbei sind die dortigen nm³ in Nm³ umzurechnen nach der Zustandsgleichung (3):

$$1 \text{ Nm}^3 = 1{,}071 \text{ nm}^3 \text{ bzw. } 1 \text{ nm}^3 = 0{,}934 \text{ Nm}^3.$$

Ferner berechnet man damit i und l. Dann geht man mit i in das Diagramm ein und findet mit Hilfe der entsprechenden l-Kurve die

Verbrennungstemperatur t. Im Diagramm ist bereits die Dissoziation der Rauchgase bei Temperaturen über 1500° C berücksichtigt. Die Berechnung von L_{min} und $V_{r_{min}}$, welche die Kenntnis der Brennstoffzusammensetzung voraussetzt, kann man nach Fehling und Rosin auch noch umgehen, wenn man die von ihnen berechneten Beziehungen zwischen L_{min} und $V_{r_{min}}$ einerseits und H_u andererseits benutzt. Die ermittelte Verbrennungstemperatur ist als Höchsttemperatur anzusehen, da stets Wärmeverluste eintreten, die in den Rauchgasen nicht fühlbar werden.

Literatur. Schüle: Techn. Thermodyn., 1930. — Schmidt: Einführung in die technische Thermodynamik, 1937, S. 251. — Rosin und Fehling: Das i-, t-Diagramm der Verbrennung, 1929. — Breinl-Lenz: Z. VDI. 1941, S. 259.

Explosionswärme. Die Bildungswärmen ermöglichen ferner die Berechnung der Explosionswärme. Die Explosionswärme gibt an, wieviel kcal beim Zerfall von 1 kg Pulver oder Sprengstoff entstehen. Zugrundegelegt wird hier durchweg gasförmiges Wasser. Explosiv kann ein Stoff nur wirken, wenn die Wärmetönung seines Zerfalls positiv ist, wenn also bei der Umsetzung Wärme frei wird. Diese Wärme ist zur Erhitzung der gleichzeitig abgespaltenen Gase erforderlich. Da die Reaktion sich in konstantem Volumen abspielt, geraten die Gase hierbei unter Druck, der dann die Spreng- oder Treibwirkung ergibt. Für die Explosivstoffwirkung ist also die Abspaltung von Gas ebenso wesentlich wie die positive Wärmetönung. Stoffe mit selbst stark exothermer Umsetzung wirken nicht explosiv, wenn sie kein Gas ergeben. Das Musterbeispiel hierfür ist Thermit (28). Für die exotherme Umsetzung ist nicht erforderlich, daß die Bildungswärme des Explosivstoffes selbst negativ ist. Es genügt ein Überschuß der Bildungswärmen der Schuß- oder Sprenggase über die Bildungswärme des Explosivstoffes. Das setzt allerdings voraus, daß der Zerfall in Form einer Verbrennung erfolgt. In einigen Fällen, z. B. beim Bleiazid PbN_6, das in seine Elemente zerfällt, trifft das nicht zu. Hier ist negative Bildungswärme erforderlich, da sonst keine Wärmeentwicklung stattfinden kann. Stoffe mit negativer Bildungswärme sind gegen äußere Einflüsse (Druck, Wärme) empfindlich. Sie befinden sich im Zustand des labilen Gleichgewichtes, einem auf der Spitze stehenden Kegel vergleichbar. Äußere Störungen ergeben einen beschleunigten Zerfall, dessen treibende Energie die fortgesetzt freiwerdende Wärme ist (34):

Beispiel 4. Explosionswärme von Nitroglyzerin.

$$4\,C_3H_5(NO_3)_3 = 12\,CO_2 + 10\,H_2O + 6\,N_2 + O_2.$$

Bildungswärme der Verbrennungsgase . . $\quad 12 \cdot 94{,}5 + 10 \cdot 57{,}7 = 1709$ kcal
Bildungswärme von 4 Mol Nitroglyzerin . $\quad 4 \cdot 82{,}7 \qquad\quad + 331$ „
Wärmetönung . . . . $\qquad\qquad 1378$ kcal

4 Mol Nitroglyzerin = $4 \cdot 227\,g = 908\,g$ ergeben 1378 kcal.
1 kg Nitroglyzerin ergibt: $(1378:908) \cdot 1000 = 1518$ kcal.
Explosionswärme: $Q = 1518$ kcal/kg.

Für sauerstoffarme Sprengstoffe und Pulver verläuft die Rechnung ebenso. Allerdings ist wegen des auftretenden Kohlenoxyds eine zutreffende Gleichung schwieriger zu finden (15). Auffällig ist die geringe Explosionswärme von rd. 1500 kcal/kg für Nitroglyzerin, das zu

den kräftigsten Sprengstoffen zählt, im Vergleich zur Kohle mit rd.
8000 kcal/kg oder Benzol mit rd. 10000 kcal/kg. Der Grund liegt darin,
daß bei dem Bezugskilogramm der Explosivstoffe der Sauerstoff mitgerechnet ist, bei den Brennstoffen aber nicht. Rechnet man auch bei
den Brennstoffen den Sauerstoff hinzu, etwa nach der Gleichung $C + O_2$
$= CO_2 + 94{,}5$ kcal, so ergibt sich als Verbrennungswärme $(94{,}5 : 44) \cdot 1000$
$= 2150$ kcal/kg Mischung. Die Zahlen gleichen sich somit an. Jedenfalls
zeichnen sich Explosivstoffe den Brennstoffen gegenüber nicht durch
eine besonders hohe Energie aus. Ihren Wert hat man in der schnellen Auslösbarkeit der Energie und ihrer Unabhängigkeit vom Luftsauerstoff zu suchen. Unter ,,Energie'' versteht man die Arbeitsfähigkeit
eines Explosivstoffes. Wenn es möglich wäre, die ganze Explosionswärme in mechanische Arbeit umzuwandeln, so müßte bekanntlich jede
kcal 427 mkg Arbeit ergeben. Bei der Waffe besteht die nutzbare Arbeit
in der Bewegungsenergie des Geschosses. Diese beträgt infolge verschiedener Verluste nur etwa 30—40% der Pulverenergie. Der Wirkungsgrad
des Geschützes als Wärmekraftmaschine entspricht etwa dem thermischen Wirkungsgrad von Explosivmotoren, während man bei der
Dampfmaschine nur 10—20% erreicht.

Literatur. Brunswig: Explosivstoffe, 1923, S. 1. — Schmidt: Energie von
Explosivstoffen bei der Detonation. Z. ges. Schieß- u. Sprengstoffwes 1935, S. 33.
— de Pauw: Verbrennungswärme des rauchlosen Pulvers. Desgl. 1937, S. 10.

Explosionstemperatur s. 15.

Explosionsdruck. Mit Hilfe der absoluten Explosionstemperatur
$T = t + 273$ kann man den maximalen Gasdruck errechnen. Hierzu dient
die Zustandsgleichung der Gase. Diese heißt bei Berücksichtigung des
Kovolumens (10):

$$\frac{p\,(V - G\alpha)}{T} = \frac{p_0 \cdot G \cdot v_0}{T_0}$$

$$p = \frac{p_0 \cdot v_0}{T_0} \cdot T \frac{G}{V - G \cdot \alpha}$$

$$p = \frac{p_0 \cdot v_0}{T_0} \cdot T \frac{\triangle}{1 - \alpha \cdot \triangle}$$

p	= Explosionsdruck in at.
p_0	= Atmosphärischer Druck = 1,033 at.
T_0	= Normaltemperatur = 273° abs.
T	= Abs. Explosionstemperatur.
$G \{$	= Gewicht des Pulvers in kg.
	= Gewicht der Schußgase in kg.
V	= Laderaum in Litern.
$\triangle$	= Ladedichte = G/V.
v_0	= Spez. Gasvolumen in Nl/kg.
α	= Kovolumen in Nl/kg.

Zur weiteren Abkürzung setzt man: $\frac{p_0 \cdot v_0}{T_0}\,T = f$. f heißt spez. Energie des
Explosivstoffes. f ist eine Arbeitsgröße. Setzt man p_0 in at, v_0 in Nl/kg
ein, so ist die Dimension von f: litat/kg. Die Literatmosphäre kann
leicht in das übliche Arbeitsmaß umgerechnet werden:

$$1\ \text{lit at} = \left[\frac{m^3}{1000} \cdot 10000\,\frac{kg}{m^2}\right] = 10\ \text{mkg}$$

Dann kommt:

$$\text{maximaler Gasdruck:}\ p_{max} = f \cdot \frac{\triangle}{1 - \alpha \triangle}\ \text{(Abelsche Gleichung).}$$

f ist danach zahlenmäßig gleich demjenigen Druck, der bei der Ladedichte 1 bei Vernachlässigung des Kovolumens erreicht werden würde.

Beispiel 5. Berechnung der spez. Energie und des maximalen Gasdruckes für Nitroglyzerin:

$$v_0 = 714 \, \text{Nl/kg}; \quad p_0 \, (760 \, \text{mm}) = 1{,}033 \, \text{at}; \quad T_0 = 273° \, \text{abs.};$$
$$T = 4250 + 273 = 4523° \, \text{abs.}$$
$$f = \frac{1{,}033}{273} \cdot 714 \cdot 4523 = 12300 \, \frac{\text{lit at}}{\text{kg}} = 123\,000 \, \frac{\text{mkg}}{\text{kg}}.$$

Für die Ladedichte 0,2 kg/Liter ergibt sich mit $\alpha = 0{,}714$:

$$p_{max} = 12300 \cdot \frac{0{,}2}{1 - 0{,}2 \cdot 0{,}714} = 12300 \cdot 0{,}233 = 2870 \, \text{at}.$$

Für sehr hohe Drucke wird die Rechnung unbrauchbar, weil der Wert des Kovolumens dann nicht mehr bekannt ist. Die notwendige Ergänzung zu der Berechnung von p bildet die experimentelle Prüfung des Druckes. Hierüber 39 und einige Literaturnachweise:

Literatur. Cranz: Lehrb. d. Ballistik 1927, Bd. 2 u. 3. — Joachim u. Illgen: Gasdruckmessung mit dem Piezoindikator. Z. ges. Schieß- u. Sprengstoffw. 1932, S. 76. — Schwinning: Gasdruckmessung mit Kupferzylindern. desgl. 1934, S. 5. — Hackemannn-Küsters: desgl. 1941, S. 187 (piezoelektr. Druckmessung).

14. Heizwertbestimmung.

Heizwert flüssiger und gasförmiger Brennstoffe. Man arbeitet mit dem Kalorimeter von Junkers. Die vom Brennstoff abgegebene Wärme wird von dem durchströmenden Kühlwasser aufgenommen. Dieses wird während des Versuchs aufgefangen und dann gewogen $= W$. Die Eintrittstemperatur t_e und die Austrittstemperatur t_a werden jede Minute gemessen. Ihre Mittelwerte ergeben die Temperatursteigerung $\triangle t$. Ist die verbrannte Brennstoffmenge $= B$, so ist der obere Heizwert:

$$H_0 = W \cdot \triangle t / B \, \text{kcal/kg}.$$

Zur Umrechnung auf den unteren Heizwert wird noch die Menge K des kondensierten Verbrennungswassers gemessen. Somit ist der untere Heizwert (13):

$$H_u = H_0 - 585 \cdot K / B \, \text{kcal/kg}.$$

Arbeitsvorschrift für flüssige Brennstoffe. 1. Gefäße für Kühl- und Kondenswasser wägen. 2. Kühlwasser anstellen. 3. Brennstoffbehälter der Lampe bis zur Hälfte füllen. 4. Auf der Lampenschale Spiritus abbrennen. 5. Bei glühendem Brennerkopf Luft in den Brennstoffbehälter pumpen auf 200—300 mm Hg. 6. Lampe an die Waage hängen und Brenner in das Kalorimeter einführen. 7. Wasserstrom so regulieren, daß $\triangle t$ etwa 10—12° wird. 8. Brenner ½ Stunde brennen lassen, bis Kondenswasser regelmäßig tropft. 9. Lampe mit einigen Gramm ins Übergewicht bringen. 10. Wenn Zeiger der Waage durch O geht, Versuchsbeginn: Schwenkhahn über Kühlwassergefäß drehen, Kondenswassergefäß untersetzen. 11. Die Lampe mit $B = 10$ oder 20 g übertarieren. 12. Jede Minute t_e und t_a notieren. 13. Wenn Zeiger der Waage wieder durch O geht, Versuch beendigt: Schwenkhahn vom Kühlwassergefäß wegdrehen, Kondenswassergefäß wegnehmen. 14. Beide Gefäße wägen, Anfangsgewichte abziehen. Ergibt W und K. 15. Temperaturen t_e und t_a mitteln. Daraus

Δt berechnen. 16. H_0 und H_u berechnen. 17. Nach Abschluß Druckluft aus der Lampe lassen. Brennstoffbehälter mit Benzin reinigen. Bei der Heizwertbestimmung gasförmiger Brennstoffe tritt an die Stelle der Lampe ein Bunsenbrenner. Die verbrannte Gasmenge wird mit einer Gasuhr gemessen.

Literatur. Lunge-Berl: Chem.-techn. Untersuchungsmeth. 1931.

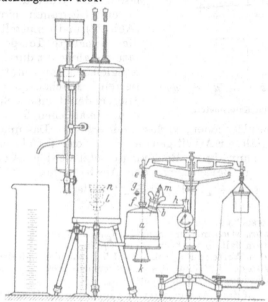

Abb. 25. Kalorimeter nach Junkers.
a = Brennstoffbehälter, n = Brennerkopf, k = Schale für Brennstoffgewicht, m = Ventil zum Einpumpen der Druckluft.

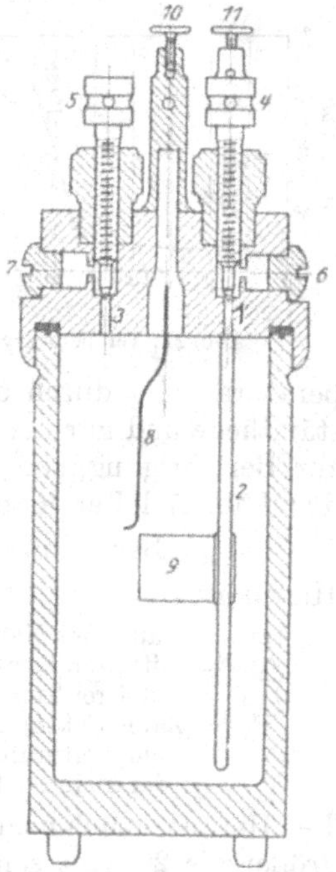

Abb. 26. Kalorimeterbombe nach Kröker.

Heizwert fester und flüssiger Brennstoffe. Hier arbeitet man mit der Krökerschen Bombe. In der Bombe wird eine Brennstoffprobe vom Gewicht G kg in reinem Sauerstoff mittels elektrischer Glühzündung verbrannt. Die Verbrennungswärme wird von dem Wasserinhalt W kg des isolierten Mantelgefäßes aufgenommen. Außerdem nimmt die Bombe, das Mantelgefäß samt Rührer und Thermometer Wärme auf. Diese wird als „Wasserwert" W_w berücksichtigt. W_w ist die Wärme, welche die genannten Teile bei der Temperatursteigerung um 1° C aufnehmen. Da 1 kg Wasser pro Grad gerade 1 kcal aufnimmt, würden W_w kcal gerade von W_w kg Wasser aufgenommen werden. Man kann also den Wasserinhalt W einfach um W_w vermehren. Gefäße und Wasser nehmen dann bei Erwärmung um Δt° auf: $(W + W_w) \cdot \Delta$t kcal. Davon ist in Abzug zu bringen die kleine Verbrennungswärme des Zünddrahtes $H_z \cdot G_z$. Bei Eisendraht ist H_z = 1600 kcal/kg.

Da die vom Brennstoff abgegebene Wärme = $H_0 \cdot G$ ist, ist der Heizwert zu berechnen aus:

$$H_0 \cdot G = (W + W_w) \, \Delta\, t - H_z \cdot G_z.$$

$\triangle$t wird nur erreicht, wenn jede Wärmeabgabe nach außen unterbleibt. Das ist auch bei isolierten Kalorimetern nicht der Fall. Der gemessene Wert $\triangle$t′ ist also zu berichtigen. Zu diesem Zweck werden von Minute zu Minute 5 min vor Beginn des Versuchs, jede Minute während des Versuchs und jede Minute nach Durchlaufen der Höchsttemperatur die Temperaturen abge-

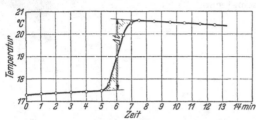

lesen. Man trägt diese in ein Diagramm ein (Abb. 27) und ermittelt die berichtigte Temperaturzunahme $\triangle$t durch Ausgleichen der schraffierten Flächenzipfel. Hierbei denkt man sich den allmählichen Tem-

Abb. 27. Temperaturgang im Kalorimeter.

peraturanstieg durch einen plötzlichen, verlustlosen ersetzt. Das umständliche und nur bei sorgfältiger Arbeit genaue graphische Verfahren zur Berichtigung von $\triangle$t′ kann durch Rechnung ersetzt werden. Aus der Abb. 27 leitet man für die Berichtigung den Ausdruck her:

$$\text{Ber.} = m\triangle_n - (\triangle_n + \triangle_v)\, F; \quad \triangle t = \triangle t' + \text{Ber.}$$

Hierin ist:

m   = Dauer des Hauptversuchs in min.
$\triangle$v = mittlerer Temperaturanstieg im Vorversuch in °C/min.
$\triangle$n = mittlerer Temperaturabfall im Nachversuch in °C/min.
F   = Zahlenfaktor mit den Werten: F = 1,0, 1,25, 1,5 je nachdem, ob der Temperaturanstieg in der 1. Minute des Hauptversuchs größer, gleich oder kleiner ist als derjenige in der 2. Minute.

Der Hauptversuch beginnt mit dem Anlegen der Zündspannung, die nicht größer als 20 Volt sein soll, der Hauptversuch ist beendigt, wenn die Temperatur wieder gleichmäßig fällt. Das Ende des Hauptversuchs fällt i. a. mit dem Temperaturhöchstwert nicht zusammen.

Bestimmung von H_o (für Kohle). 1. W_w bestimmen. Das geschieht durch Verbrennen einer Eichsubstanz (Salizylsäure) mit genau bekanntem Heizwert. 2. Probekohle nach mehrfachem Mischen und Zerkleinern entnehmen. 3. 50 g Kohle mahlen. Die Kohle nochmals sehr sorgfältig mischen. 4. Zünddraht wägen. 5. Diesen in etwa 1 g Kohlepulver mit der Presse zum Brikett pressen. Brikettgewicht — G_z = Kohlengewicht G. 6. Kalorimeter mit gewogener Wassermenge W füllen. 7. Am Deckel der Bombe Brikett befestigen. 8. Deckel fest aufschrauben. 9. Sauerstoffflasche anschließen. 10. Bombe mit Sauerstoff langsam durchspülen. 11. Bombe auf 25 atü Sauerstoffdruck bringen. 12. Ventil schließen. 13. Bombe in das Kalorimeterwasser setzen. 14. Leitungsdrähte anschließen. 15. Temperatur 5 min notieren. 16. Zünden. Temperatur jede min notieren. 17. Temperatur nach erreichter Höchsttemperatur noch 5 min notieren. 18. $\triangle$t′ berichtigen. 19. H_o berechnen.

H_o enthält noch eine kleine Fehlerquelle. Aus dem Schwefelgehalt des Brennstoffes entsteht etwas Schwefelsäure, aus dem Stickstoffgehalt Salpetersäure. Wünscht man diese zu erfassen, so bringt man vor der Verbrennung 5 cm³ destilliertes Wasser in die Bombe. Die Säuremengen werden nach dem Versuch durch Titrieren bestimmt (20). Für 1 mg Salpetersäure sind 0,23 cal, für 1 mg Schwefelsäure 0,73 cal abzuziehen. Diese Abzüge werden am besten zusammen mit $G_z H_z$ für den verbrannten Zünddraht zusammengefaßt.

Literatur. Normblatt DIN DVM 3716, 1938. — Müller-Neuglück: Fehlerquellen. Die Wärme 1937, S. 607. — Niezoldi: Fehlerquellen. Die Wärme 1939, S. 31.

Bestimmung von H_u. Für die Bestimmung des unteren Heizwertes H_u ist die Kenntnis des Wasserstoff- und des Wassergehaltes des Brennstoffes erforderlich. Beide findet man in Form des Verbrennungswassers. Dieses kann man dadurch ermitteln, daß man die Bombe in ein Ölbad von 105° setzt und nach Öffnen der seitlichen Anschlußstutzen einen vorher getrockneten Luftstrom durchleitet, der allmählich das gesamte Verbrennungswasser aufnimmt. Hierzu muß die Bombe vorher trocken gewesen sein. Das Verbrennungswasser wird dann in einem vorher gewogenen Rohr, das mit Calziumchlorid beschickt ist, aufgefangen. Die Gewichtszunahme entspricht dem Verbrennungswasser w. Dieses (umgerechnet auf 1 kg Brennstoff $= w'$) ergibt den unteren Heizwert nach der Formel:

$$H_u = H_o - 585 w'.$$

Elementaranalyse. Zieht man von dem gesamten Verbrennungswasser w den Wassergehalt des Brennstoffes selbst ab, der nach 5 ermittelt wird, so stellt dieser Rest w'' das Verbrennungsprodukt des Wasserstoffgehaltes dar. Nach der Gleichung:

$$2H_2 + O_2 = 2H_2O$$

entstehen aus 2,016 g Wasserstoff 18,016 g Wasser. Umgekehrt stammen w'' g Wasser aus $(2{,}016/18{,}016) \cdot w''$ g Wasserstoff. Da diese w'' g Wasser aus G g Substanz entstanden sind, enthalten 100 g Substanz an Wasserstoff:

$$\text{Wasserstoffgehalt} = \frac{w''}{G} \cdot \frac{2{,}016}{18{,}016} \cdot 100\%.$$

Mit der Bestimmung des Wasserstoffs kann man die Bestimmung des Kohlenstoffgehaltes verbinden. Hierzu wird der aus der Bombe kommende Luftstrom nach dem Durchlaufen des Chlorkalziumrohres noch durch einen Kaliapparat, d. h. ein kleines, mit starker Kalilauge beschicktes Glasgefäß, geleitet. Die Kalilauge bindet das aus der Verbrennung des Kohlenstoffs stammende CO_2 nach der Gleichung:

$$2KOH + CO_2 = K_2CO_3 + H_2O.$$

Die Gewichtszunahme des Kaliapparates ergibt also sofort den CO_2-Gehalt. In entsprechender Rechnung wie bei Wasserstoff erhält man:

$$\text{Kohlenstoffgehalt} = \frac{CO_2}{G} \cdot \frac{3}{11} \cdot 100\%.$$

Endlich kann man noch den Gehalt des Brennstoffes an verbrennlichem Schwefel bestimmen. Hierzu wird zunächst die Menge der aus der Verbrennung des Schwefels stammenden Schwefelsäure titrimetrisch ermittelt (s. oben). Nach der Formel H_2SO_4 stecken in 98,04 g Schwefelsäure 32,06 g Schwefel. Daraus folgt:

$$\text{Schwefelgehalt} = \frac{H_2SO_4}{G} \cdot \frac{32,06}{98,08} \cdot 100 \%$$

Enthält der Brennstoff noch Sauerstoff und Stickstoff (Explosivstoffe), so muß letzterer für sich bestimmt werden (33 u. 37). Der Sauerstoff wird dann als Rest in Rechnung gestellt. Für wissenschaftliche Zwecke genügt die Genauigkeit dieser mit technischen Mitteln durchgeführten Elementaranalyse vielfach nicht. Man muß dann nach der im Laboratorium üblichen Methode der Verbrennung im Verbrennungsrohr arbeiten.

Literatur. Dittrich: Schwefelbestimmung in der Bombe. Brennstoff-Chem. 1939, S. 348. — Lambris: Z. angew. Chem. 1935 S. 679 (H-Bestimmung in der Bombe). — Gattermann: Die Praxis des organischen Chemikers, 1939. — Dennstedt: Anleitung zur vereinfachten Elementaranalyse, 1906.

Bestimmung der Explosionswärme s. 37.

Bestimmung der Bildungswärme. Ist die Formel eines Brennstoffes oder Explosivstoffes bekannt, so läßt sich aus der Verbrennungswärme (H_0) die Bildungswärme berechnen (auch Explosivstoffe werden hierzu ebenso wie für ihre Elementaranalyse mit 20—30 at Sauerstoffdruck verbrannt). Es ist nur noch die Gleichung für die vollständige Verbrennung aufzustellen und auf die Bildungswärmen der Verbrennungsprodukte zurückzugreifen (13). Beispielsweise ergibt sich für Nitropenta (40):

$$C(CH_2NO_3)_4 + O_2 = 5 CO_2 + 4 H_2O + 2 N_2 + 620 \text{ kcal}$$

Bildungswärme der Verbrennungsgase $= 5 \cdot 94,5 + 4 \cdot 67,5 = 742,5$ kcal
Verbrennungswärme $=$ <u>620 „</u>
Bildungswärme des Nitropenta $=$ 122,5 kcal/kmol

Literatur. Schmidt: Z. ges. Schieß- u. Sprengstoffw. 1934 S. 261. — Burlot u. Mitarbeiter: Chem. Ztrlbl. 1940 S. 1682.

15. Unvollständige Verbrennung.

Wassergasgleichgewicht. Die bisherigen Berechnungen bezogen sich im wesentlichen auf die vollständige Verbrennung. Bei dem Ostwaldschen Verbrennungsdreieck, das eine Übersicht über die unvollständige Verbrennung gab, wurde vereinfachend angenommen, daß der Wasserstoff vollständig verbrennt (11). Diese Vereinfachung wird nun aufgehoben. Bei unvollständiger Verbrennung wird man also außer mit CO_2 und H_2O noch mit CO und H_2 (sowie N_2) in den Rauch- und Schußgasen zu rechnen haben. Ausgeschlossen sei hier der Fall der stark negativen Sauerstoffbilanz, welcher eine Abscheidung von C in Form von Ruß ergibt. Der Sauerstoff soll also wenigstens zur vollständigen Vergasung ausreichen. Die Bestimmung der vier Unbekannten CO_2, H_2O, CO, H_2 erfordert vier Gleichungen. Drei Gleichungen liefern die Atombilanzen für C, H_2 und O_2. Die vierte Gleichung liefert das „Wassergasgleichgewicht". Die Wassergasbestandteile CO_2, H_2O, CO und H_2 (N_2 spielt als träges Gas keine Rolle, es ergibt sich sofort aus der N-Bilanz) wirken gegenseitig aufeinander ein:

$$CO + H_2O \rightleftarrows CO_2 + H_2 + 10,4 \text{ kcal}.$$

Der Doppelpfeil bedeutet, daß die Reaktion sowohl von links nach rechts als auch umgekehrt abläuft und einem Gleichgewichtszustand zustrebt. Im Falle des Gleichgewichts werden beide Reaktionsgeschwindigkeiten gleich. Das Gleichgewicht wird festgelegt durch das Massenwirkungsgesetz: Die Geschwindigkeit jeder Reaktion ist proportional der Konzentration jedes reagierenden Stoffes. Deutet man die Konzentration, ausgedrückt in gmol/l, durch eckige Klammern an, so ist also:

$$\underset{\rightarrow}{v_1} = k_1\,[CO]\cdot[H_2O] \quad \text{und} \quad \underset{\leftarrow}{v_2} = k_2\,[CO_2]\cdot[H_2]\,.$$

Im Falle des Gleichgewichts ist $v_1 = v_2$ und man erhält die Konstante des Wassergasgleichgewichtes:

$$K = \frac{k_2}{k_1} = \frac{[CO]\cdot[H_2O]}{[CO_2]\cdot[H_2]} = \frac{x\cdot u}{y\cdot z}\,.$$

Hierin bedeuten x, u, y und z die Molzahlen von CO, H_2O, CO_2 und H_2 in einem beliebigen Volumen V, so daß [CO] = x/V usw. Wie ersichtlich, hebt sich V heraus. Der Zahlenwert der Gleichgewichtskonstanten K ist vom Druck unabhängig, da die Reaktion ohne Änderung der Molzahl verläuft. Dagegen ist der Wert von K von der Temperatur abhängig, wenn auch wegen der geringen Wärmetönung der Reaktion nicht sehr stark. Roth hat vor kurzem die neuesten Zahlenwerte von K angegeben:

Tab. 13. Zahlenwert der Konstante des Wassergasgleichgewichtes.

T =	1000	1500	2000	2500	3000	3500	4000	4500	5000	°abs.
K =	1,42	2,57	4,4	5,86	6,96	8,02	8,15	8,2	8,7	

Bei Temperaturzunahme verschiebt sich das Gleichgewicht daher in Richtung auf CO und H_2O, bei Abkühlung in Richtung auf CO_2 und H_2. Das Wassergasgleichgewicht ermöglicht als vierte Gleichung mit den drei Gleichungen der Atombilanzen zusammen die Aufstellung der Verbrennungsgleichung. Für das Einsetzen von K muß die Verbrennungstemperatur zunächst geschätzt werden. Sie muß sich dann im Verlauf der Rechnung wenigstens annähernd bestätigen (Beisp. 2).

Literatur. Schmidt: Z. ges. Schieß- u. Sprengstoffw. 1934, S. 259. — Roth: desgl. 1940, S. 194.

Tab. 14.
Bildungswärmen und Zusammensetzung einiger Pulverbestandteile

Substanz	Zusammensetzung (g-Atome je 1000 g)				Bildungswärme	
	C	H	O	N	kcal/kg	kcal/gmol
Nitroglyzerin	13,2	22,0	39,7	13,2	364	82,7
Nitrozellulose 11,05% N . . .	23,9	31,9	35,7	7,88	754	—
Nitrozellulose 11,64%	23,2	30,3	35,9	8,33	699	—
Nitrozellulose 12,20%	22,5	28,7	36,2	8,71	664	—
Nitrozellulose 12,81%	21,8	27,2	36,5	9,14	605	—
Nitrozellulose 13,45%	21,0	25,4	36,7	9,57	558	—
Nitrozellulose 14,12%	20,2	23,6	37,0	10,09	500	—
Harnstoff	16,6	66,6	16,6	33,3	1287	77,3
Akardit	61,3	56,6	4,72	29,44	5	1
Zentralit	63,4	74,6	3,73	7,46	— 13	—4
Diphenylamin	71,0	65,0	—	5,91	—185	—31
Kampfer	65,7	105,2	6,57	—	492	74,9

Beispiel 1. Die Verbrennungsgleichung des Maxim-Geschützpulvers. Mit Hilfe der Tab. 14 ergibt sich:

Zusammensetzung	C	H	O	N	Bildungs-wärme
858 g Schießwolle 12,81% N . . .	18,7	23,4	31,3	7,84	520
112 g Nitroglyzerin	1,48	2,48	4,44	1,48	40,8
20 g Harnstoff	0,33	1,32	0,33	0,66	25,7
10 g Wasser	—	1,11	0,56	—	37,5
1 kg Pulver	20,51	28,3	36,6	10,0	624,0

Die Verbrennungsgleichung sei:

$$1 \text{ kg Pulver} = x \, CO + y \, CO_2 + z \, H_2 + u \, H_2O + 5 \, N_2 \,.$$

Das ergibt den Ansatz:

C-Bilanz: $x + y = 20,5$ O-Bilanz: $x + 2y + u = 36,6$
H-Bilanz: $z + u = 14,1$ Wassergasgleichgewicht: $x \cdot u = K \cdot y \cdot z$.

Man drückt nun y, u und z durch x aus:

$$y = 20,5 - x; \quad u = x - 4,4; \quad z = 18,5 - x \,.$$

Das ergibt eingesetzt mit einer zu 3000° abs. geschätzten Temperatur, also mit $K = 6,96$:

$$x \, (x - 4,4) = 6,96 \, (20,5 - x) \, (18,5 - x) \,.$$

Die Auflösung dieser quadratischen Gleichung ergibt $x = 14,8$, also weiter $y = 5,7; u = 10,4; z = 3,7$. Die gesuchte Verbrennungsgleichung lautet also:

$$1 \text{ kg Pulver} = 14,8 \, CO + 5,7 \, CO_2 + 3,7 \, H_2 + 10,4 \, H_2O + 5 \, N_2 \,.$$

Auf Grund dieser Gleichung lassen sich nun die Pulverkonstanten berechnen, das spez. Gasvolumen, die Verbrennungswärme, die spez. Energie (und der maximale Gasdruck) (Beisp. 2). Für die Berechnung der Verbrennungstemperatur müssen noch Angaben über die spez. Wärme der Schußgase vorausgeschickt werden.

Molekularwärmen. Zur Berechnung der Verbrennungstemperatur ist die Kenntnis der spez. Wärmen der Rauch- und Schußgase erforderlich. Sie werden für die Auswertung der Verbrennungsgleichung am besten auf 1 Mol des Gases bezogen und heißen dann Molekularwärmen. Die wahre Molekularwärme bei der Temperatur $t°$ C gibt an, wieviel kcal aufzuwenden sind, um 1 Mol des Gases bei der Temperatur t um 1° C zu erwärmen. Dieser Wärmeaufwand ist also von der bereits erreichten Temperaturhöhe abhängig. Mit steigender Temperatur wächst die wahre Molekularwärme. Infolge dieser Veränderlichkeit ist das Rechnen mit den wahren Molekularwärmen schwierig. Es wird erheblich erleichtert durch die Angabe, wieviel kcal durchschnittlich erforderlich sind, um 1 kmol zwischen 0° und $t°$ um 1° zu erwärmen. Diese „mittlere Molekularwärme" zwischen 0 und $t°$ ist in diesem Bereich natürlich eine Konstante. 1 kmol Gas hat dann bei Erwärmung von 0° auf $t°$ die Wärme aufgenommen:

$$Q = C_m \cdot t \; \text{kcal/kmol} \,.$$

Tab. 15. Mittlere Molekularwärmen von Gasen bei konstantem Volumen. $\left(\dfrac{kcal}{kmol\ °C} = \dfrac{cal}{gmol°\ C}\right)$

°C	400°	800°	1000°	1200°	1400°	1600°	1800°	2000°	2200°	2400°	2600°	2800°	3000°	3500°+	4000°+	4500°+
H_2	4,99	5,07	5,13	5,21	5,29	5,37	5,46	5,54	5,63	5,71	5,79	5,86	5,93	6,09	6,24	6,38
N_2	5,10	5,36	5,50	5,63	5,74	5,83	5,92	5,99	6,06	6,11	6,18	6,23	6,27	6,39	6,51	6,63
CO	5,13	5,44	5,58	5,71	5,82	5,91	5,99	6,06	6,13	6,19	6,25	6,29	6,33	6,45	6,57	6,69
O_2	5,39	5,78	5,93	6,05	6,17	6,25	6,34	6,43	6,49	6,57	6,64	6,69	6,77	6,90	7,01	7,09
H_2O	6,35	6,90	7,19	7,46	7,73	7,97	8,21	8,42	8,62	8,80	8,97	9,12	9,24	9,50	9,66	9,76
CO_2	8,41	9,51	9,89	10,20	10,46	10,67	10,85	11,00	11,14	11,25	11,35	11,44	11,53	11,71	11,87	12,01
SO_2	8,85	9,73	10,02	10,24	10,42	10,56	10,68	10,78	10,86	10,94	11,00	11,05	11,11	—	—	—

+ Extrapoliert, daher unsicher.

Der Wert der Molekularwärme ist noch davon abhängig, ob die Erwärmung bei konstantem Druck, wie bei technischen Feuerungen, oder bei konstantem Volumen erfolgt, wie bei Explosionen. Bei konstantem Druck wird ein Teil der zugeführten Wärme verbraucht, um die Ausdehnungsarbeit für 1 Mol Gas und 1° C zu bestreiten. Diese beträgt nach 13

$$\Re = 848 \frac{mkg}{kmol\ °C} = \frac{848}{427} \frac{kcal}{kmol\ °C} = 1,986 \frac{kcal}{kmol\ °C}. \quad \text{Also ist}$$

$$C_{pm} - C_{vm} = \Re = 1,986 \frac{kcal}{kmol\ °C}.$$

Die z. Zt. besten, aus spektroskopischen Beobachtungen gewonnenen Werte von C_{vm} gibt Tab. 15. Daraus folgen sofort die Werte von C_{pm} durch Addition von 1,986. Aus der mittleren Molekularwärme erhält man weiter je nach Wunsch durch Division mit dem Molekulargewicht die mittlere spez. Wärme in kcal/kg °C oder durch Division mit 22,4, dem Molvolumen, die mittlere spez. Wärme in kcal/Nm³ °C.

Literatur. Justi: Arch. Wärmewirtsch. 1935, S. 323.

Beispiel 2. Die Pulverkonstanten des Maxim-Geschützpulvers. Auf Grund der im Beisp. 1 ermittelten Verbrennungsgleichung ergibt sich nach 13 für die Verbrennungswärme Q:

$\sum$ Bildungswärmen der Schußgase = 14,8 · 26,4 + 5,7 · 94,5
$\qquad\qquad\qquad\qquad\qquad\qquad\qquad + 10,4 · 57,7 = 1529$ kcal
Davon ist abzuziehen die Bildungswärme des Pulvers (Beispiel 1) = 624 „
Also ist die Verbrennungswärme des Pulvers $\qquad\qquad$ Q = 905 kcal/kg

Zur Berechnung der Verbrennungstemperatur sind die Molekularwärmen der Schußgase mit den Molzahlen zu multiplizieren und die Produkte zu summieren:

$\sum C_m = 14,8 · 6,27 + 5,7 · 11,4 + 3,7 · 5.83 + 10,4 · 9,04 + 5 · 6,2 = 302,6$ cal
Daraus folgt die Verbrennungstemperatur $t = Q/\sum C_m = 905\,000/302,6 = 2990°C$.

Geschätzt war (Beisp. 1) 3000° abs. bzw. 2727° C; Mittel: $t = 2859°$ C.

Die Rechnung wäre nun mit der neu geschätzten Temperatur $T = 2859 + 273 \sim 3100°$ abs. zu wiederholen bis zur völligen Übereinstimmung. Bei nicht zu großen Unterschieden wird man davon absehen können, da die Temperaturabhängigkeit von K nicht sehr groß ist.

Für das spez. Gasvolumen des Pulvers folgt nach 10:

$$v_0 = (14,8 + 5,7 + 3,7 + 10,4 + 5) · 22,4 = 886 \text{ Nl/kg}.$$

Somit wird die spez. Energie und der maximale Gasdruck mit der Ladedichte $\Delta = 0{,}3\,\text{kg/l}$ (13):

$$f = \frac{1{,}033}{273} \cdot 886 \cdot 3132 = 10\,520\,\text{lit at/kg}; \quad p_{max} = 10\,520\,\frac{0{,}3}{0{,}734} = 4300\,\text{at}.$$

Diese Konstanten sind als obere Grenzwerte zu betrachten. Sie werden in der Waffe nicht erreicht. Die Berechnung setzt die Verbrennung in konstantem Raum und die Vermeidung jedes Wärmeverlustes voraus.

Da das Wassergasgleichgewicht unabhängig vom Druck ist, sind die Explosivstoffkonstanten Q, t, v_0 und f unabhängig von der Ladedichte. Voraussetzung ist, daß der Sauerstoffgehalt genügt, um den Explosivstoff vollständig zu vergasen. Er darf also keinen Kohlenstoff in Form von Ruß abspalten. Bei den heutigen Pulvern sind diese Bedingungen erfüllt. Die Militärsprengstoffe spalten aber Ruß ab. Als fünfte Unbekannte tritt neben den Bestandteilen des Wassergases noch C auf. Die notwendige fünfte Gleichung liefert das „Hochofengleichgewicht":

$$2\,CO \rightleftarrows CO_2 + C.$$

Da diese Reaktion aber unter Änderung der Molzahl verläuft, ist das Gleichgewicht außer von der Temperatur auch noch vom Druck abhängig. Die Rechnung wird dadurch schwieriger. Sie ist bei Roth zu finden.

Literatur. Poppenberg in Cranz: Lehrb. d. Ballistik, Bd. 2. — Schmidt: Z. ges. Schieß- u. Sprengstoffw. 1934, S. 259. — Roth: desgl. 1940, S. 193 ff.

Unterschied zwischen Rechenwert und Experimentalwert der Pulverkonstanten. Der errechnete Wert der Pulverkonstanten stimmt nicht mit dem experimentell gefundenen überein. Die Ursache hierfür besteht einmal in der nachträglichen Bildung von Methan bei der Abkühlung in der Kalorimeterbombe und ferner in der Verschiebung des Wassergasgleichgewichtes bei der Abkühlung in Richtung auf CO_2 und H_2. Nach Poppenberg kann man durch Zurückrechnen dieser Reaktionen den Experimentalbefund, der vom Druck in der Bombe und somit der Ladedichte abhängt, in Übereinstimmung bringen mit dem Rechenergebnis, das vom Druck unabhängig ist.

Bei dem spez. Gasvolumen, das nach 37 bestimmt wird, kommt eine Korrektur durch Verschiebung des Wassergasgleichgewichtes nicht in Betracht, da diese ohne Änderung der Molzahl verläuft. Dagegen ist die Methanbildung rückgängig zu machen. Nach der Gleichung:

$$CO + 3\,H_2 = CH_4 + H_2O + 50{,}6\,\text{kcal}$$

hat man, wenn n Mol Methan gemessen sind, das gemessene CO um n, das gemessene H_2 um 3 n zu vermehren, dagegen das gefundene H_2O um n zu vermindern. Ist z. B. das Meßergebnis:

$$CO_2 = 10{,}61; \quad H_2 = 3{,}84; \quad CO = 8{,}44; \quad H_2O = 6{,}07; \quad CH_4 = 3{,}37\,\text{Mol/kg},$$

so ergibt die Ausschaltung des Methans:

$$CO_2 = 10{,}61; \quad H_2 = 13{,}94; \quad CO = 11{,}81; \quad H_2O = 2{,}70; \quad CH_4 = 0\,\text{Mol/kg}.$$

Im ganzen entstehen bei der Ausschaltung von jedem Mol Methan zwei neue Mol Gas. Das gesamte spez. Gasvolumen ist also um den pro kg Pulver gefundenen doppelten Methangehalt zu vermehren (jedes Mol Methan = 22,4 Nl).

Bei der Explosionswärme ist zunächst wieder die Methanbildung rückgängig zu machen. Für jedes Mol Methan/kg Pulver sind 50,6 kcal von der im Kalorimeter gefundenen Explosionswärme abzuziehen. Ferner ist noch die Verschiebung des Wassergasgleichgewichtes rückgängig zu machen. Hat man nach der Methanausschaltung A Mol CO_2, B Mol H_2, C Mol CO und D Mol H_2O erhalten, so müssen sich, wenn bei der Abkühlung x Mol CO_2 nachträglich gebildet sind, diese Gase bei Explosionstemperatur in dem durch K gegebenen Gleichgewicht befinden. Es muß also sein:

$$\frac{(C + x)\,(D + x)}{(A - x)\,(B - x)} = K.$$

Setzt man für K den zur Explosionstemperatur gehörigen Wert ein, so erhält man x. In dem oben angeführten Beispiel wird mit K = 6,6 entsprechend T $\sim 2800°$ abs x = 6,8. Es haben sich also 6,8 Mol CO_2 nachträglich gebildet. Die Zusammensetzung der Schußgase bei Verbrennungstemperatur ist also:

$$CO_2 = 3,81; \quad H_2 = 7,14; \quad CO = 18,61; \quad H_2O = 9,50; \quad CH_4 = 0 \text{ Mol/kg}.$$

Da die Wärmetönung der Wassergasreaktion = 10,4 kcal ist, sind nachträglich 6,8 · 10,4 kcal frei geworden. Diese sind von der experimentell gemessenen Wärme in Abzug zu bringen. Nach der Ausschaltung der Methanbildung und der Verschiebung des Wassergasgleichgewichtes ergeben sich zwischen Experiment und Rechnung übereinstimmende Werte.

Literatur. Poppenberg in Cranz: Lehrb. d. Ballistik 1927, Bd. 2.

Wäßrige Lösungen.
16. Technische Basen und Säuren.

Wasser als Lösungsmittel. Waren die in den Abschn. 4—15 behandelten Stoffe hauptsächlich Vertreter der Atombindung, so handelt es sich bei den wäßrigen Lösungen um Stoffe, die in entgegengesetzt geladene Ionen zerfallen können (2). Hierzu müssen die Kräfte, mit denen sich die Ionenpartner gegenseitig binden, überwunden werden. Die stärkste dissoziierende Kraft unter allen Lösungsmitteln hat das Wasser. Der Grund hierfür ist zunächst die außerordentlich hohe Dielektrizitätskonstante D des Wassers. Ziehen sich zwei elektrisch geladene Körper im Vakuum oder, was praktisch nahezu auf dasselbe hinausläuft, in Luft mit einer Kraft K an, so beträgt diese Kraft bei einem anderen Medium nur noch K/D. Da D für Wasser den hohen Wert 81 hat, im Vergleich z.B. mit Benzol D = 2,3 oder Äthylalkohol D = 26, so hebt das Wasser die gegenseitige Anziehung der Ionenpartner mindestens zum Teil auf und hemmt die Wiedervereinigung bereits gespaltener Ionen. Daher können im Wasser überaus zahlreiche Ionen trotz ihrer gegensätzlichen elektrischen Ladung frei beständig sein. Außerdem wirkt das Wasser aber noch auf chemischem Wege. Das Wassermolekül $O = {}^{H+}_{H+}$ kann sich trotz seiner scheinbaren inneren Absättigung nach außen elektrisch betätigen, weil der Schwerpunkt der beiden positiven Ladungen nicht mit demjenigen der negativen Sauerstoffladungen zusammenfällt. Das Wasser kann als „Dipol" wirken. Das Wasser wirkt also dadurch als Lösemittel, daß es die Ionen des zu lösenden Stoffes an sich kettet, soweit dieser Stoff eben zum Zerfall in Ionen befähigt ist. Es entstehen dabei die hydratisierten Ionen, wie z. B. das Ion H_3O^+ aus H_2O und H^+. Die Hydratisierung der Ionen soll hier nur zur Erklärung der Wasserlöslichkeit dienen, in der Folge wird sie wegen der Schwerfälligkeit der Formeln nicht berücksichtigt.

Hydroxyde. Von besonderer Bedeutung in der Wasserchemie sind die Ionen, die aus den Hydroxyden entstehen. Sie entscheiden über den Base- oder Säurecharakter der Lösung. Daß ein Hydroxyd als Base, ein anderes dagegen als Säure wirkt, kann man mit Hilfe des periodischen Systems erklären (1). Die mit Na beginnende Periode liefert z. B. die Oxyde:

$$Na_2O, \quad MgO, \quad Al_2O_3, \quad SiO_2, \quad P_2O_5, \quad SO_3, \quad Cl_2O_7$$

entsprechend der Wertigkeit 1—7 der zugehörigen Grundstoffe. Durch Bindung von einem oder mehreren Mol Wasser entstehen die Hydroxyde:

$$NaOH, \quad Mg(OH)_2, \quad Al(OH)_3, \quad Si(OH)_4, \quad PO(OH)_3, \quad SO_2(OH)_2, \quad ClO_3OH \, .$$

Es kommt nun darauf an, ob die OH-Gruppe als Ganzes, als basisches Hydroxylion OH^-, oder ob der Wasserstoff allein als saures Wasserstoffion H^+ abgespalten wird. Die Haftfestigkeit des Sauerstoffs an dem Zentralion (Na bis Cl) nimmt mit dessen positivem Ladungsüberschuß zu (1—7), während das Wasserstoffion von diesem Zentralion entsprechend immer stärker abgestoßen wird (gleiche Ladung). Andererseits haftet das Sauerstoffion besonders fest an dem H-Ion, weil dieses einen verschwindend kleinen Durchmesser hat und seine Ladung also auf kürzeste Entfernung betätigt. Bei NaOH überwiegt die starke Bindung OH diejenige des Sauerstoffs an das Zentralion, weil letzteres nur eine positive Ladung und überdies einen relativ großen Ionenradius hat. NaOH spaltet das Hydroxylion OH^- ab, entsprechend verhält sich, wenn auch weniger ausgeprägt, $Mg(OH)_2$. Bei $Al(OH)_3$ sind die Kräfte zwischen Al^{3+} und $O^=$ einerseits und $O^=$ und H^+ andererseits etwa gleich groß. Das Aluminiumhydroxyd verhält sich „amphoter", es ist sowohl Basespaltung in Al^{3+} und OH^- möglich, als auch Säurespaltung in $AlO_3H_2^-$ und H^+. Von $Si(OH)_4$ an überwiegt zunehmend die Säurespaltung, es überwiegt also z. B. die Bindung zwischen S^{6+} und $O^=$ wegen der starken Ladung des Zentralatoms bei weitem diejenige zwischen $O^=$ und H^+. Es ergibt sich die bekannte Schwefelsäurespaltung in $SO_4^=$ und $2 H^+$. Im folgenden werden nun die technisch wichtigsten Lieferanten der OH^- bzw. H^+ Ionen einzeln besprochen.

Literatur. Hofmann: Anorg. Chem. 1939.

Ätznatron und Ätzkali, NaOH und KOH. Natrium- und Kaliumhydroxyd sind entsprechend ihrer Stellung in der gleichen Spalte des periodischen Systems einander chemisch sehr ähnlich. Ätznatron wird zu $^1/_3$ durch Chloralkalielektrolyse, zu $^2/_3$ aus Soda erhalten. Bei der Elektrolyse wird ein Strom durch eine Kochsalzlösung (NaCl) geleitet. Die Natriumionen Na^+ wandern zur Kathode, die Chlorionen Cl^- zur Anode. An der Kathode entladen sich aber nicht die Na^+-Ionen, sondern die H^+-Ionen des Wassers, die ein geringeres Abscheidungspotential haben. Es wird also Wasserstoff frei, während die OH^--Ionen des Wassers ($H_2O \rightarrow H^+ + OH^-$) mit den zuwandernden Na^+-Ionen Natronlauge bilden. Die Schwierigkeit besteht in der Trennung des Chlors im Anodenraum von der Natronlauge im Kathodenraum. Man verwendet daher Zellen mit Diaphragmen. Besonders reine Lauge erhält man, wenn mit Hilfe einer Quecksilberkathode das Alkalimetall als Amalgam, d.h. als Legierung, gebunden und dann mit Wasser unter Abspaltung von Wasserstoff in die Lauge verwandelt wird. Die Gewinnung von Ätznatron aus Soda erfolgt mit Ätzkalk $Ca(OH)_2$ bzw. CaO, den man in die kochende Lauge einbringt:

$$Na_2CO_3 + Ca(OH)_2 = 2\,NaOH + CaCO_3.$$

Dieses Verfahren heißt Kaustizierung der Soda, das Ätznatron wird daher als „kaustische Soda" oder „kaustisches Alkali" bezeichnet. Die wäßrigen Lösungen heißen Natronlauge (Kalilauge). Sie kommen in wasserfreier Form als weiße, stark hygroskopische Stangen oder Stücke in den Handel. Man bezeichnet sie dann als Ätznatron (Ätzkali). Dieser Name deutet bereits ihre zerstörende Wirkung auf die Haut wie auf alle tierischen und pflanzlichen Stoffe an. Ätznatron wird für den alkalischen Kesselbetrieb in eisernen Fässern an Bord geliefert. Bei der Entleerung sind Lederhandschuhe zu tragen. Restbestände sind sorgfältig zu verschließen. Die Lösung erfolgt bei starker Erwärmung durch Umrühren in Holzgefäßen. Gegen Spritzer in die Augen schützt eine Brille. Solche Spritzer sind sofort abzutupfen und mit viel Wasser auszuspülen. Bei Verwendung großer Mengen wählt man wegen des geringeren Preises Ätznatron. Für analytische Zwecke, z. B. bei der Rauchgasuntersuchung, zieht man Kalilauge vor, weil sie die Glasgefäße weniger stark angreift. Ätzkali bildet den Inhalt der Kalipatronen (55). Kalilauge dient mit dem spez. Gewicht 1,23 zur Füllung von Stahlakkumulatoren.

Ätzkalk, Calciumhydroxyd, $Ca(OH)_2$, spielt neben diesen starken Basen eine geringere Rolle. Es entsteht durch „Löschen" des gebrannten Kalks, der seinerseits aus Kalkstein $CaCO_3$ durch Brennen gewonnen wird:

$$CaCO_3 = CaO + CO_2 \uparrow \qquad CaO + H_2O = Ca(OH)_2$$

Es ist im Wasser wenig löslich. Die Lösung heißt „Kalkwasser". Sie wirkt mäßig stark basisch (21).

Ammoniak, NH_3. Durch die im Weltkriege berühmt gewordene Synthese von Haber-Bosch wird dieses Gas als kriegsentscheidender Rohstoff für die Fabrikation von Pulvern und Sprengstoffen aus dem Luftstickstoff gewonnen. Die Vereinigung von Stickstoff und Wasserstoff erfolgt bei 200 at und 500° erst bei Verwendung eines Katalysators, der die Trägheit des Stickstoffs überwinden soll. Das Gleichgewicht der Reaktion

$$N_2 + 3\,H_2 \rightleftarrows 2\,NH_3$$

liegt um so mehr auf seiten des Ammoniaks, je höher der Druck und je tiefer die Temperatur ist. Da aber genügende Reaktionsgeschwindigkeit hohe Temperatur erfordert, wird die Umsetzung durch Eisenoxyd als Katalysator beschleunigt. Die wissenschaftliche Vorarbeit leistete Haber seit 1903, die Schwierigkeiten der Hochdrucktechnik überwand Bosch (Badische Anilin- und Sodafabrik seit 1910). Die erforderliche große Menge Wasserstoff wird nach dem Wassergasverfahren, durch Tief- kühlung von Kokereigas oder durch Elektrolyse des Wassers gewonnen (sämtliche Verfahren 4), Stickstoff aus Generatorgas oder durch Ver- flüssigung der Luft (4, 3). Die Gewinnung von Ammoniak aus dem Stickstoff der Kohle in Form des Gaswassers (6) ist von geringem Aus- maß. Das zu Tränen reizende Gas wird in großen Mengen weiter auf Salpetersäure und dann auf Explosivstoffe verarbeitet. Nach deutschem Muster ist die Stickstoffindustrie in der ganzen Welt in schnellem Ausbau begriffen. Das Gas läßt sich leicht verflüssigen. Beim Wiederverdampfen entzieht es der Umgebung Wärme (Kompressionskältemaschinen). Über- dies löst es sich äußerst leicht in Wasser. Es entsteht der Salmiakgeist des Handels. Aus der Lösung kann man das Ammoniak durch Erwärmen wieder austreiben (Absorptionskältemaschinen). Die Lösung des Am- moniaks in Wasser ergibt das basisch reagierende Ammoniumhydroxyd:

$$NH_3 + H_2O = NH_4OH.$$

Die Notwendigkeit, die Formel des Ammoniumhydroxyds in dieser Form zu schreiben, ergibt sich durch Vergleich mit anderen Basen. Alle Basen sind Verbindungen eines Metalls mit der „Hydroxylgruppe" OH. Dem- zufolge spielt die „Ammoniumgruppe" NH_4 die Rolle eines einwertigen Metalls. Das Ammoniumhydroxyd ist eine schwache Base.

Salpetersäure, HNO_3, wird heute im wesentlichen aus der Luft gewonnen. Der Weg führt über die Synthese des Ammoniaks, die Am- moniakoxydation zu den nitrosen Gasen NO und NO_2. Diese geben in Wasser gelöst Salpetersäure:

$$3 NO_2 + H_2O = 2 HNO_3 + NO.$$

Die Oxydation des Ammoniaks nach Ostwald wird seit 1908 mit Platinblechen als Katalysator betrieben, später führten Frank und Caro die wesentlich wirksameren Platinnetze ein. Man arbeitet mit kurzer Berührungszeit bei etwa 900° C:

$$4 NH_3 + 5 O_2 = 4 NO + 6 H_2O; \qquad 2 NO + O_2 \rightarrow 2 NO_2.$$

Bei langsamerem Durchstreichen der Gase würde man schon bei niederer Temperatur völlige Oxydation des Ammoniaks erhalten nach:

$$4 NH_3 + 3 O_2 = 2 N_2 + 6 H_2O.$$

Die konzentrierte Salpetersäure gehört zu den stärksten Säuren und be- sitzt stark ätzende Wirkung. Ihre Haupteigenschaft ist jedoch ihr Sauerstoffreichtum. Die reine Säure enthält nicht weniger als 75% Sauerstoff. Mit ihrer Hilfe kann man brennbaren Stoffen, z. B. Benzol oder Toluol, soviel Sauerstoff anlagern, daß diese dann unabhängig vom Luftsauerstoff allein mit Hilfe ihres inneren Sauerstoffs verbrennen können. Die Salpetersäure dient also als „Nitriersäure" zur Herstellung fast aller Explosivstoffe (33—42). Infolge ihres Sauerstoffreichtums wirkt die Salpetersäure stark oxydierend. Brennbare Verpackung gerät durch starke Salpetersäure in Brand. Beim Arbeiten mit Salpetersäure ist größte Vorsicht geboten. Abgesehen von ihrer ätzenden Wirkung besteht immer die Gefahr der Entwicklung nitroser Gase, besonders bei ihrer Einwirkung auf Metalle, Holz, Öl, Stroh usw.:

$$4\,HNO_3 = 4\,NO_2 + 2\,H_2O + O_2.$$

Als Reinigungsmittel sollte sie nicht verwendet werden. Gefährlich ist das Zerbrechen von Gefäßen mit Salpetersäure. Die Säure ist durch Wasser wegzuspülen. Aufnehmen der Säure mit Sägemehl ist mit Lebensgefahr verbunden.

Schwefelsäure, H_2SO_4, wird nur ausnahmsweise aus dem Schwefel selbst gewonnen. Das Ausgangsmaterial ist meist Schwefelkies FeS_2, daneben Zinkblende ZnS, Kupferkies FeS_2Cu und Bleiglanz PbS. Schwefelkies wird in Deutschland bei Meggen in Westfalen gefördert, ferner erhält man ihn als Begleiter der Steinkohle durch deren Aufbereitung als Kohlenkies. Die Einfuhr von Schwefelkies stammt aus Spanien-Portugal und aus Skandinavien. Von Bedeutung ist ferner die Gasreinigungsmasse, in welcher der größte Teil des Schwefels der verkokten Kohle gebunden ist. Durch Abrösten der Erze erhält man Schwefeldioxyd:

$$4\,FeS_2 + 11\,O_2 = 2\,Fe_2O_3 + 8\,SO_2.$$

Das Schwefeldioxyd liefert in Wasser geleitet die weniger wichtige schweflige Säure H_2SO_3. Viel wichtiger ist die katalytische Oxydation von SO_2 zu SO_3 mit Platinasbest oder platiniertem Kieselgel als Katalysator:

$$2\,SO_2 + O_2 = 2\,SO_3 + 45{,}6\ kcal.$$

Dieses von Winkler 1875 eingeführte, später von Knietsch (1891) verbesserte „Kontaktverfahren" arbeitet bei 400° und ergibt mit Luftüberschuß die beste Ausbeute. Das Trioxyd wird aus den Gasen durch 98proz. Schwefelsäure absorbiert. Während das Kontaktverfahren hochkonzentrierte Säure liefert, ergibt das daneben noch übliche „Bleikammerverfahren" weniger reine und verdünntere Säure von etwa 78% H_2SO_4. Reines Schwefeltrioxyd ist eine kristallinische, asbestähnliche, an Luft rauchende Masse, die bei 18° schmilzt und dann eine farblose Flüssigkeit darstellt. Sie löst sich äußerst heftig in Wasser zu Schwefelsäure:

$$SO_3 + H_2O = H_2SO_4.$$

SO_3 in konzentrierter Schwefelsäure gelöst ergibt die „rauchende Schwefelsäure" (Oleum). Die Rauchbildung beruht auf der Bildung feiner Schwefelsäuretröpfchen in der Luft (SO_3 spielt daher bei der Erzeugung künstlicher Nebel eine bedeutende Rolle) (27). Beim Umgang mit Schwefeltrioxyd und konzentrierter Schwefelsäure ist größte Vorsicht geboten. Die Gefahr besteht im Verhalten der Schwefelsäure gegen Wasser. Beim Zugießen von Wasser erhitzt sie sich derart, daß das Wasser plötzlich verdampft und die Säure explosionsartig verspritzt. Beim Verdünnen konzentrierter Schwefelsäure, etwa zur Herstellung von Akkumulatorensäure, ist stets die Säure in dünnem Strahl in das Wasser zu geben, niemals umgekehrt. Spritzer konzentrierter Säure, wie sie auch in der Nähe nebelnder Geräte auftreten können, sind äußerst unangenehm. Die Säure zieht derartig begierig Wasser an, daß sie sogar chemisch gebundenes Wasser an sich reißt. Uniformstoffe werden dadurch sofort zerstört. Auf der Haut ruft die Säure Ätzwunden hervor, die der Gefährlichkeit der Brandwunden in nichts nachstehen. Besonders schlimm sind Spritzer ins Auge. In jedem Falle sind die Säurespritzer zunächst trocken vorsichtig abzutupfen. Dann ist mit viel Wasser nachzuspülen. Die durch wenig Wasser entstehende Hitze verschlimmert die Ätzwirkung der Säure. Säurereste werden dann mit ganz schwachen Alkalien (5proz. Natriumbikarbonatlösung) neutralisiert. Die wasserbindende Wirkung der Schwefelsäure benutzt man bei der Mischsäure (Nitriersäure), d. h. einem Gemisch von Salpetersäure und Schwefelsäure, zur Herstellung von Pulvern und Sprengstoffen (33—42). In verdünnter Form (spez. Gewicht 1,18) findet die Säure Anwendung als Akkumulatorensäure. Hier kommt es auf einen hohen Reinheitsgrad an. Da aber die Säure entsprechend der oben geschilderten Herstellung vielfach Verunreinigungen enthält (Arsen, Eisen, Blei), ist sie zweckmäßig vor ihrer Verwendung zu untersuchen (19). Beim Arbeiten an Akkumulatoren sind die vorgeschriebenen Anzüge anzulegen. Verschüttete Säure ist sofort aufzunehmen (Sägemehl). Der Schutzbelag des Fußbodens ist in Ordnung zu halten. Der säurebeständige Anstrich aller Metallteile und Isolatoren ist von Zeit zu Zeit zu reinigen und auszubessern.

Tab. 16. Wichte und Prozentgehalt von Säuren und Basen bei 15° C.

Wichte kg/l	1,05	1,10	1,15	1,20	1,30	1,40	1,50	1,52	1,60	1,70	1,80	1,84
Salzsäure % .	10,17	20,01	29,59	39,11	—	—	—	—	—	—	—	—
Salpetersäure	8,99	17,11	24,84	32,36	47,49	65,30	94,1	99,7	—	—	—	—
Schwefelsäure	7,25	14,35	20,45	27,32	39,19	50,11	59,70	61,59	68,70	77,17	86,92	99,12
Natronlauge .	4,30	8,78	13,34	17,81	26,87	36,66	46,94	49,04	—	—	—	—
Kalilauge . .	6,2	12,0	17,4	22,4	31,0	39,1	47,3	48,7	54,7	—	—	—

Salzsäure, HCl, ist die Lösung von Chlorwasserstoffgas in Wasser. Bei der technischen Gewinnung wird zunächst Chlorwasserstoffgas erzeugt. Das kann synthetisch erfolgen:

$$H_2 + Cl_2 = 2 \, HCl.$$

Die als „Chlorknallgas" bekannte Reaktion muß technisch gefahrlos gestaltet werden. Das gelingt durch zwei konzentrische Quarzrohre, von denen das Innenrohr Chlor, das Mantelrohr Wasserstoff zuführt. Das Chlor brennt ruhig im Wasserstoff. Ferner wird HCl aus Kochsalz und Schwefelsäure gewonnen:

$$2 \, NaCl + H_2SO_4 = Na_2SO_4 + 2 \, HCl.$$

Das Chlorwasserstoffgas wird dann in Steinzeugtürmen mit Wasser absorbiert. Reine Salzsäure ist farblos, rohe Salzsäure durch Eisengehalt gelb gefärbt. Die Salzsäure ist die billigste Säure. Sie findet daher weitgehende Verwendung zum Reinigen verschmutzter Geräte. Die hierzu bereitgestellte Salzsäure darf niemals in Trinkgefäßen aufbewahrt werden. HCl hat militärische Bedeutung im Kesselbetrieb (21).

Phosphorsäure, H_3PO_4, ist die wäßrige Lösung des Phosphorpentoxyds:

$$2\,P + 2{,}5\,O_2 = P_2O_5; \quad P_2O_5 + 3\,H_2O = 2\,H_3PO_4.$$

Das schneeartige Pentoxyd zieht begierig Wasser an. Die entstandene Phosphorsäure gehört zu den mittelstarken Säuren. Sie spielt eine Rolle bei den künstlichen Nebeln (27).

Kohlensäure, H_2CO_3, findet man in kleinen Mengen in der wäßrigen Lösung von CO_2:

$$CO_2 + H_2O = H_2CO_3.$$

Sie spielt nur in ihren Salzen und in natürlichen Wässern eine Rolle, die das Kohlendioxyd aus der Luft lösen (22).

Die aus Nichtmetalloxyden und Wasser entstandenen Säuren (H_2SO_4, HNO_3, H_3PO_4, H_2CO_3) heißen Sauerstoffsäuren im Gegensatz zu den sauerstoffreien Halogensäuren (HCl). Sie werden sämtlich als Mineralsäuren bezeichnet im Gegensatz zu organischen Säuren (z. B. Essigsäure, 32). Starke Mineralsäuren sind HNO_3, H_2SO_4 und HCl, mittelstark ist H_3PO_4, eine schwache Mineralsäure ist H_2CO_3.

Literatur. Neumann: Lehrbuch der chemischen Technologie 1939.

17. Der pH-Wert.

Elektrolytische Dissoziation. Die elektrische Leitfähigkeit beweist die Existenz freier Ionen in wäßrigen Lösungen von Säuren und Basen (2). Bekanntlich scheiden sich unter dem Einfluß des elektrischen Feldes an der Kathode grundsätzlich Wasserstoff und Metalle ab. (Von etwaigen Folgereaktionen „sekundärer" Art kann hier abgesehen werden.) Die Lösungen enthalten also Wasserstoff- bzw. Metallionen, sie sind in folgender Art elektrolytisch dissoziiert:

Dissoziation von Säuren: $\quad HR \rightleftarrows H^+ + R^- \quad \left[\begin{array}{l} R = \text{Säurerest} \\ M = \text{Metall} \end{array}\right.$

„   „   Basen: $MOH \rightleftarrows M^+ + OH^-$

Beispiele: $\quad HCl \rightleftarrows H^+ + Cl^-; \quad HNO_3 \rightleftarrows H^+ + NO_3^-$

$H_2CO_3 \rightleftarrows H^+ + HCO_3^-$ (1. Stufe); $\quad HCO_3^- \rightleftarrows H^+ + CO_3^=$ (2. Stufe)

$NaOH \rightleftarrows Na^+ + OH^-; \quad NH_4OH \rightleftarrows NH_4^+ + OH^-.$

Elektrolyte, die vollständig dissoziiert sind, heißen starke Elektrolyte. In schwachen Elektrolyten besteht ein Gleichgewicht zwischen den ungespaltenen Molekülen und ihren Ionen. Das Gleichgewicht wird durch einen Doppelpfeil angedeutet. Da eine Lösung sich offenbar um so stärker als Säure (bzw. Base) betätigen kann, je mehr H^+- (bzw. OH^-)-Ionen sie im Liter enthält, ist es praktisch wichtig, Aussagen über die Lage dieses Gleichgewichts bzw. über den Dissoziationsgrad zu machen.

Ionengleichgewicht. Das chemische Gleichgewicht wird mit Hilfe des Massenwirkungsgesetzes berechnet. Das Massenwirkungsgesetz besagt, daß die Geschwindigkeit einer Reaktion proportional ist der Konzentration der reagierenden Stoffe. Konzentrationen werden angegeben in Mol/l und in eckigen Klammern geschrieben. Zerfällt also ein Elektrolyt AB in seine beiden Ionen A^+ und B^-, so ist nach der Gleichung

$$AB \rightleftarrows A^+ + B^-$$

die Zerfallsgeschwindigkeit v_1 von AB proportional der Konzentration des nicht dissoziierten molekularen Anteils AB, also proportional [AB], entsprechend die Rückbildungsgeschwindigkeit v_2 proportional sowohl zu [A$^+$] als auch zu [B$^-$]. Sind die Proportionalitätsfaktoren k_1 und k_2, so ist

$$v_1 = k_1 [AB] \text{ und } v_2 = k_2 [A^+] [B^-]$$

lm Falle des Gleichgewichts ist $v_1 = v_2$ und damit

$$\frac{[A^+][B^-]}{[AB]} = \frac{k_1}{k_2} = K.$$

Die Dissoziationskonstante K hängt von der Art des gelösten Stoffes ab, sie ist für eine Säure $= K_S$ und für eine Base $= K_B$ (Tab. 17).

Tab. 17. Dissoziationskonstanten einiger Säuren und Basen bei 20° C.
Säuren:

Stoff	K_S	$p_S = -\log K_S$	Stoff	K_S	$p_S = -\log K_S$
Ameisensäure. .	$2 \cdot 10^{-4}$	3,70	Phosphorsäure .	$8 \cdot 10^{-3}$	2,10
Borsäure. . . .	$6 \cdot 10^{-10}$	9,22	2. Stufe	$7,5 \cdot 10^{-8}$	7,13
Blausäure . . .	$7 \cdot 10^{-10}$	9,14	3. Stufe	$5 \cdot 10^{-13}$	12,30
Citronensäure. .	$8 \cdot 10^{-4}$	3,10	Pikrinsäure. . .	$1,6 \cdot 10^{-1}$	0,80
2. Stufe	$1,77 \cdot 10^{-5}$	4,75	Salicylsäure . .	$1,06 \cdot 10^{-3}$	2,97
3. Stufe	$3,9 \cdot 10^{-7}$	6,41	Schwefelsäure .	—	—
Essigsäure . . .	$1,86 \cdot 10^{-5}$	4,73	2. Stufe	$1,6 \cdot 10^{-2}$	1,8
Kohlensäure . .	$3 \cdot 10^{-7}$	6,52	Schweflige Säure	$1,7 \cdot 10^{-2}$	1,8
2. Stufe	$4,5 \cdot 10^{-11}$	10,35	2. Stufe	$5 \cdot 10^{-6}$	5,3
Oxalsäure . . .	$5,7 \cdot 10^{-2}$	1,24	Schwefelwasserstoff	$6,3 \cdot 10^{-8}$	7,20
2. Stufe	$6,1 \cdot 10^{-5}$	4,21	Weinsäure . . .	$9,7 \cdot 10^{-4}$	3,01
Phenol.	$1,3 \cdot 10^{-10}$	9,89	2. Stufe	$2,8 \cdot 10^{-5}$	4,55

Basen:

Stoff	K_B	$p_B = -\log K_B$	Stoff	K_B	$p_B = -\log K_B$
Ammoniak . . .	$1,75 \cdot 10^{-5}$	4,76	Methylamin . .	$5,0 \cdot 10^{-4}$	3,30
Anilin	$4,60 \cdot 10^{-10}$	9,34	Hydrazin . . .	$3 \cdot 10^{-6}$	5,52

Die Konzentrationen [A$^+$], [B$^-$] und [AB] im einzelnen ergeben sich aus der Gesamtkonzentration c des Stoffes. Da nämlich [A$^+$] = [B$^-$] und ferner die Konzentration des nicht dissoziierten Anteils [AB] = c — [A$^+$] ist, so folgt

$$\frac{[A^+]^2}{c - [A^+]} = K \quad \text{und} \quad [A^+] = \frac{1}{2} \left(-K + \sqrt{K^2 + 4 K c} \right).$$

Der Dissoziationsgrad α ist dann mit $\alpha = [A^+]/c$:

$$\alpha = \frac{1}{2} \left(-\frac{K}{c} + \sqrt{\frac{K^2}{c^2} + 4\frac{K}{c}} \right).$$

Je kleiner also die Konzentration c, je verdünnter also der Stoff ist, desto vollständiger ist die Dissoziation. Für eine Säure ergibt sich:

$$[H^+] = \frac{1}{2} \left(-K_S + \sqrt{K_S^2 + 4 K_S \cdot c} \right)$$

Bei sehr schwacher Dissoziation ist $[A^+]$ bzw. bei Säure $[H^+]$ bzw. bei Basen $[OH^-]$ klein gegen c und man erhält die Näherungsformel $[A^+]^2/c = K$, insbesondere für Säuren bzw. Basen:

$$[H^+] \approx \sqrt{K_S \cdot c} \text{ gmol/l (g/l)}; \quad [OH^-] \approx \sqrt{K_B \cdot c} \text{ gmol/l }.$$

Beispiel:

Essigsäure mit $c = 0,1$ gmol/l: $[H^+] = 1,36 \cdot 10^{-3}$ g/l;

$$\alpha = 1,36 \cdot 10^{-2} \text{ bzw. } 1,36\%.$$

Salzsäure mit $c = 0,1$ gmol/l: $[H^+] = 0,1$ g/l; $\alpha = 1$ bzw. 100%.

Dissoziiert eine Säure in mehreren Stufen (z. B. H_2CO_3), so kann die 2. Stufe vernachlässigt werden, wenn K_S (2. Stufe) klein genug gegen K_S (1. Stufe) ist.

Literatur. Kolthoff: Die kolorimetrische und potentiometrische pH-Bestimmung 1932.

pH-Wert. Die Kenntnis der H^+ bzw. OH^--Konzentration ist praktisch von hervorragender Bedeutung, da der dissoziierte Teil der Säure oder Base die treibende Kraft der Säure- oder Basereaktion darstellt, während der nicht dissoziierte Teil zunächst unwirksam ist. Dieser ist als Säure- bzw. Basevorrat anzusehen, der H^+-bzw. OH^--Ionen zur Wiederherstellung des Gleichgewichtes in dem Maße nachliefert, als diese Ionen bei der Reaktion verbraucht werden. Der dissoziierte Anteil ist der kinetische, der nicht dissoziierte der potentielle Teil. Die Gesamtwirkung der Säure, z. B. die Auflösung einer bestimmten Metallmenge, ist allein durch den Gesamtgehalt an Säure bedingt, die Geschwindigkeit der Reaktion aber durch den dissoziierten Anteil. Man kann nun zwar die H^+-bzw. OH^--Konzentration einer Lösung nach dem letzten Absatz berechnen, dazu muß man aber wissen, um welche Säure es sich handelt und in welcher Konzentration sie vorliegt. Praktisch wird das vielfach nicht der Fall sein. Es empfiehlt sich, den Säurecharakter einer Lösung einfach nach der Menge der vorhandenen Wasserstoffionen zu bemessen. Die Menge der in einem Liter Lösung befindlichen Wasserstoffionen heißt „Wasserstoffionenkonzentration". Sie wird mit dem Symbol $[H^+]$ bezeichnet und ausgedrückt in g/l. Da es sich hier meist um kleine Zahlen handelt, z. B. $0{,}0001 = 10^{-4}$, rechnet man einfach mit dem Exponenten 4 (ohne Vorzeichen) und nennt diesen Exponenten den pH-Wert. Es bedeutet also pH = 2,5 die Wasserstoffionenkonzentration $[H^+] = 10^{-2,5} = 1 : 10^{2,5} = 1 : 316 = 0,00316$ g/l. Umgekehrt ergibt z. B. die Wasserstoffionenkonzentration $[H^+] = 0,034$ den pH-Wert, der aus der Gleichung $10^{-pH} = 0,034$ folgt zu pH $= -\log 0,034 = -(0,53 - 2) = 1,47$. Der pH-Wert ist somit der negative Logarithmus der Wasserstoffionenkonzentration:

$$pH = -\log [H^+]; \quad [H^+] = 10^{-pH}.$$

Das gilt zunächst nur für eine Säurelösung. Bei einer Base müßte man entsprechend mit der $[OH^-]$ Konzentration arbeiten. Das ist aber nicht nötig. In beiden Fällen hat man Wasser als Lösungsmittel. Nun ist das Wasser, wenn auch in geringem Maße, ebenfalls dissoziiert:

$$H_2O \rightleftarrows H^+ + OH^-.$$

Es sind also in Säure- und in Baselösungen sowohl H^+ als auch OH^- Ionen vorhanden. Über das Mengenverhältnis dieser Ionen in jeder wäßrigen Lösung entscheidet das Gleichgewicht:

$$\frac{[H^+] \cdot [OH^-]}{[H_2O]} = K.$$

Da die Dissoziation des Wassers verschwindend klein ist und somit die Gesamtkonzentration $[H_2O]$ dadurch keine nennenswerte Änderung erleidet, kann $[H_2O]$ als konstant angesehen und in den Wert von K mit einbezogen werden:

$$[H^+] \cdot [OH^-] = K_w.$$

Der Wert der Dissoziationskonstante K_w des Wassers ist bei $22°$ $C = 10^{-14}$, bei anderen Temperaturen ergeben sich folgende Werte:

Temperatur .	$0°$	$10°$	$15°$	$20°$	$25°$	$50°$	$70°$	$100°$	$200°$	°C
$K_w =$	0,12	0,38	0,58	0,85	1,30	5,66	21,25	48	460	$\cdot 10^{-14}$

Daraus folgt für $22°$:

1. Reines Wasser, neutral: $[H^+] = [OH^-]$; $[H^+] = 10^{-7}$; $p_H = 7$
2. Saure Lösungen: $[H^+] > [OH^-]$; $[H^+] > 10^{-7}$; $p_H < 7$
3. Basische Lösungen: $[H^+] < [OH^-]$; $[H^+] < 10^{-7}$; $p_H > 7$

Bei Basen wird also genau so mit der H^+ Konzentration gearbeitet wie bei Säuren. Wenn es gewünscht wird, kann die OH^- Konzentration mit Hilfe von K_w berechnet werden. Es sei noch folgende Übersicht gegeben:

Reaktion	stark sauer	schwach sauer	neutral	schwach basisch	stark basisch
$[H^+] =$	$10°$ bis 10^{-3} 1 bis 10^{-3}	10^{-4} bis 10^{-6}	10^{-7}	10^{-8} bis 10^{-10}	10^{-11} bis 10^{-14}
$[OH^-] =$	10^{-14} bis 10^{-11}	10^{-10} bis 10^{-8}	10^{-7}	10^{-6} bis 10^{-4}	10^{-3} bis 1
$p_H =$	0 bis 3	4 bis 6	7	8 bis 10	11 bis 14

Im letzten Absatz war für die Berechnung von $[H^+]$ die Näherungsformel gegeben:

$$[H^+] \approx \sqrt{K_s \cdot c}$$

Das ergibt logarithmiert:

$$\log [H^+] \approx \frac{1}{2} \log K_s + \frac{1}{2} \log c \text{ oder } -\log [H^+] \approx -\frac{1}{2} \log K_s - \frac{1}{2} \log c.$$

Da $-\log [H^+] = p_H$ ist, so folgt mit $-\log K_s = p_s$ (Tab. 17):

$$p_H \approx \frac{1}{2} p_s - \frac{1}{2} \log c.$$

Die Errechnung des p_H-Wertes wird dadurch erleichtert.

Beispiel: Essigsäure; $c = \frac{1}{10} \frac{Mol}{1}$; $p_H = \frac{1}{2} \cdot 4{,}73 - \frac{1}{2} \log 0{,}1 = 2{,}87$.

Literatur. Kordatzki: Taschenbuch der praktischen p_H-Messung, 1938.

18. Messung von p_H-Werten.

Kolorimetrische p_H-Messung. Die Messung des p_H-Wertes erfolgt in einfacher Weise mit Hilfe von Farbstoffen (Indikatoren), die bei bestimmten p_H-Werten unter Abspaltung gefärbter Ionen zerfallen. Umgekehrt kann man aus der auftretenden Farbe auf den p_H-Wert schließen. Die wichtigsten dieser Farbstoffe sind mit ihren Umschlagsintervallen in der Tab. 18 zusammengestellt.

Tab. 18. Farbindikatoren zur Messung von p_H-Werten für das saure Gebiet:

Indikator $p_H =$	0	1	2	3	4	5	6	7
Methylviolett: 0,1% in Wasser . .	gelb	grün	blau	violett	—	—	—	—
Methylrot: 0,1% in Wasser . .	—	—	—	—	rot	orange	gelb	—
Universalindikator .	—	—	—	dunkel-rot	rot	orange-rot	orange-gelb	grün-gelb

für das basische Gebiet:

Indikator $p_H =$	8	9	10	11	12	13	14
Phenolphthalein: 0,1% in 70proz.Alkoh.	farb-los	schwach-rosa	rot	—	—	—	—
Indigolösung von Kahlbaum	—	—	—	—	blau	grün	gelb
Universalindikator . .	grün	grünblau	violett	tiefrot-violett	—	—	—

Der Universalindikator wird entweder in Form einer Lösung benutzt oder in Form von getränktem Reagenspapier. Da eine Farbvergleichstafel mitgeliefert wird, ist die Messung ebenso einfach wie früher die Säure-Lauge-Prüfung mit Lackmuspapier, man erhält aber gleichzeitig Aufschluß über den Säure- bzw. Laugegrad. Die Messung kann verfeinert werden durch Anwendung eines ganzen Indikatorsatzes mit entsprechender Abstufung der Umschlagsintervalle. Auch hierfür gibt es neuerdings Indikatorpapier im Handel (Lyphan). Die Meßgenauigkeit erreicht dann etwa 0,1 p_H, bei Lyphan 0,2—0,3 p_H-Einheiten.

Literatur. Kolthoff: Die kolorimetrische und potentiometrische p_H-Bestimmung, 1932.

Potentiometrische p_H-Messung. Ist eine größere Genauigkeit, etwa 0,01 p_H, erforderlich, so arbeitet man potentiometrisch. Taucht ein Metall M in die Lösung eines seiner Salze, so besteht zwischen dem Metall und den Ionen M^+ der Lösung eine Potentialdifferenz (23). Diese ist abhängig von der Konzentration der Metallionen M^+. Verwendet man an Stelle einer Metallelektrode eine „Wasserstoffelektrode", d. h. einen von Wasserstoff umspülten Platindraht (Abb. 28, K), so tritt entsprechend ein Potentialunterschied zwischen H_2 und den H^+-Ionen der Lösung auf, der von der $[H^+]$-Konzentration bzw. von dem p_H-Wert der zu untersuchenden Lösung abhängt. Diese Lösung wird in das mit Thermometer G versehene Meßgefäß E gefüllt. Es ist nun nicht möglich, diese Potentialdifferenz ohne weiteres zu messen, weil zur Stromentnahme noch eine zweite Elektrode erforderlich ist. Hierzu verwendet man die Vergleichselektrode B, die immer die gleiche ist und ihrerseits ein konstantes Potential hat. Meist handelt es sich um eine Kalomelelektrode, deren Bau im einzelnen nicht beschrieben zu werden braucht, weil sie am besten meßfertig von der Fabrik bezogen wird. Die Elektroden sind durch die Brücke D verbunden, die mit gesättigter Kaliumchloridlösung gefüllt wird. Um eine Vermischung der einzelnen Lösungen zu ver-

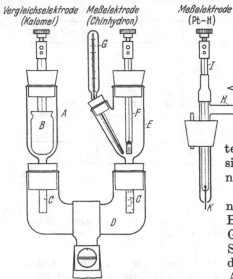

Verg*leichselektrode* *Meßelektrode* *Meßelektrode*
(*Kalomel*) (*Chinhydron*) (*Pt-H*)

hindern und doch Stromdurchgang zu erhalten, verwendet man Tonstifte C, die sich vollsaugen. Bei dieser Anordnung hängt der ganze Potentialunterschied x zwischen den Elektroden nur noch von dem p_H-Wert der Meßlösung in E ab, da die Potentiale zwischen den einzelnen Flüssigkeiten vernachlässigt werden können.

Es kommt nun darauf an, die Spannung x der Elektrodenkette zu messen. Hierzu kompensiert man x durch eine Gegenspannung PS, die mit Hilfe des Schleifkontaktes S von dem Schleifdraht M abgegriffen wird. Die genaue Abgleichung erkennt man daran, daß das empfindliche Galvanometer G

Abb. 28. Elektrodenkette (nach Hartmann und Braun).

stromlos wird (Nullinstrument im Stromkreis II). Um die abgegriffene Spannung PS zahlenmäßig anzugeben, muß man die Gesamtspannung P Q an den Enden des Schleifdrahtes M genau kennen. Diese Spannung wird einreguliert im Stromkreis I mit Hilfe eines Normalelementes N von 1018,7 mV Spannung. Man kompensiert die Spannung von N durch die Akkumulatorenspannung A, von der man mit Hilfe des Regelwiderstandes R einen entsprechenden Teil an P Q legt, bis G wieder stromlos ist. Ist die Meßbrücke M nun in genau 1018,7 gleiche Teile geteilt, so steht bekanntlich die gesuchte Spannung PS zu der Gesamtspannung der Meßbrücke P Q im Verhältnis der Strecken PS und P Q. Jeder mm der Meßbrücke zeigt 1 mV an. Die Messung ist praktisch strom-

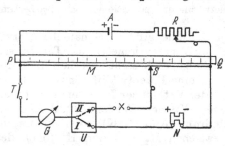

Abb. 29. Kompensationsschaltung.

los, da zur Abgleichung nur kurz der Taster T betätigt wird. Ist die gefundene Spannung E mV, so läßt sich, wie hier nicht bewiesen werden soll, p_H berechnen nach:

$$p_H = \frac{E - 250{,}3 + 0{,}71\,(t - 18°)}{57{,}7 + 0{,}2\,(t - 18°)}$$ (Wasserstoffelektrode gegen gesättigte Kalomelelektrode).

Praktisch ist diese Berechnung überflüssig, weil die Skala der Instrumente gleich in p_H geteilt ist. Zur Ablesung ist nur noch die Temperaturberichtigung hinzuzufügen. Die Wasserstoffelektrode ist in der Handhabung noch zu umständlich, ist empfindlich gegen fremde Gase, wie z. B. CO_2, ihr Potential hängt vom Wasserstoffdruck ab. Sie ermöglicht aber p_H-Messungen von 0—14. Wesentlich einfacher ist die Benutzung einer Chinhydronelektrode (Abb. 28), mit der man allerdings nur von 0—8 zuverlässig messen kann. Die Chinhydronelektrode F besteht einfach aus einem blanken Platinblech; der zu messenden Lösung wird eine Messerspitze Chinhydron zugefügt. Das Chinhydron wirkt reduzierend auf H^+ Ionen und ergibt eine Sättigung mit Wasserstoff, die einem Wasserstoffdruck von 10^{-24} Atm. entspricht. Das Platinblech betätigt sich als Wasserstoffelektrode bei diesem geringen Druck. Das Potential der Chinhydronelektrode ändert sich mit dem p_H-Wert der Lösung genau so wie dasjenige der Wasserstoffelektrode. Die Berechnung erfolgt nach:

$$p_H = \frac{454,4 - 0,1\,(t - 18°) - E}{57,7 + 0,2(\,t - 18°)} \quad \text{(Chinhydronelektrode gegen gesättigte Kalomelelektrode).}$$

Einzelheiten der potentiometrischen p_H-Messung ergibt die Literatur.

Literatur. Kufferath: Arch. Wärmewirtsch., 1936, S. 307. Weitere Literatur am Ende des Abschnitts. — Kuntze: Z. VDI. 1940, S. 755 (Selbsttätige Aufzeichnung von p_H-Werten). — Linneweg: Elektrometrische p_H-Messungen i. d. Technik, 1940.

Puffergemische. Als Vergleichslösungen für die kolorimetrische und als Eichlösungen für die potentiometrische Methode braucht man Lösungen genau bekannten p_H-Wertes:

Die Dissoziationskonstante einer schwachen Säure HR ist:

$$K_s = \frac{[H^+] \cdot [R^-]}{[HR]} \quad \text{nach der Gleichung: } HR = H^+ + R^-.$$

Setzt man dieser Säure nun eines ihrer Salze zu, z. B. Natriumazetat zu Essigsäure, so ist das Salz als starker Elektrolyt vollständig gespalten. Der „gleichionige" Zusatz der Restionen R^- (im Beisp. Essigsäure $CH_3COO — H$, Natriumazetat $CH_3COO — Na$, also R ⁻gleich CH_3COO^-) drängt nach 19 die Dissoziation der schwachen Säure zurück. Da nun die Konzentration dieses Restes $[R^-]$ gleich der Salzkonzentration $[MR]$ ist, wobei M wieder das Metall bezeichnet, so folgt:

$$K_s = \frac{[H^+] \cdot [MR]}{[HR]} \quad \text{oder} \quad [H^+] = \frac{[HR]}{[MR]} \cdot K_s = \frac{[\text{Säure}]}{[\text{Salz}]} \cdot K_s .$$

logarithmiert: $p_H = p_s - \log[\text{Säure}] + \log[\text{Salz}].$

Solche Gemische aus schwacher Säure und einem ihrer Salze (entsprechend schwacher Base und einem ihrer Salze) sind durch folgende Eigenschaften ausgezeichnet:

1. Sie erlauben die Herstellung von Lösungen beliebigen p_H-Wertes. Säure und Salz gleicher Konzentration ergeben $p_H = p_s$ (Tab. 17).

Beispiel: Essigsäure und Natriumazetat gleicher Konzentration: $p_H = 4,73$ bei 22°. Essigsäure 0,1 Mol/l, Natriumazetat 0,4 Mol/l: $p_H = 4,73 - \log 0,1 + \log 0,4 = 5,33.$

2. Der p_H-Wert ist von der Verdünnung weitgehend unabhängig, da es nur auf das Konzentrationsverhältnis Säure : Salz ankommt.

3. Der p_H-Wert ist auch von zufälligen Verunreinigungen, z. B. durch CO_2-Aufnahme aus der Luft oder durch Lösung von Alkali aus dem Glasgefäß wenig abhängig. Da nämlich die Konzentration von Salz und Säure selbst für p_H-Werte in der Nähe von 7 beliebig groß gewählt werden kann, sofern nur ihr Verhältnis richtig ist, können solche Einflüsse keine Rolle spielen.

Beispiel: Reines Wasser sollte den p_H-Wert 7 haben, infolge CO_2-Aufnahme aus der Luft liegt der p_H-Wert jedoch gewöhnlich bei p_H = 5 bis 6. Eine Lösung vom beständigen p_H-Wert 7 erhält man durch ein entsprechendes Säure-Salzgemisch (z. B. NaH_2PO_4 und Na_2HPO_4 1:2).

Wegen der praktisch großen Widerstandsfähigkeit solcher Gemische gegen Änderung ihres p_H-Wertes durch äußere Einflüsse bezeichnet man sie als Puffergemische. Sätze von Pufferlösungen für die ganze Reihe der p_H-Werte hat Sörensen angegeben.

Literatur. Eggert: Lehrbuch der physikalischen Chemie, 1937. — Kordatzki: Taschenbuch der praktischen p_H-Messung, 1938. — Kolthoff: Die kolorimetrische und potentiometrische p_H-Bestimmung, 1932.

19. Neutralisation und Hydrolyse.

Neutralisation. Die praktische Bedeutung der Basen liegt hauptsächlich darin, daß man mit ihrer Hilfe Säuren vernichten kann. Diese Aufgabe entsteht z. B. bei der Beseitigung saurer und säureabspaltender Kampfstoffe (54) sowie bei der Forderung, den Kessel vor den Einflüssen gelöster Säuren zu schützen (24). Man bezeichnet die Vernichtung einer Säure durch Base oder die Vernichtung einer Base durch

Tab. 19. Namen und Löslichkeit von Salzen.

Säuren	Salze	Beispiel	Trivialnamen	Löslichkeit in Wasser	Ausnahmen
HCl $HClO_3$	Chloride Chlorate	NaCl NH_4Cl HgCl	Kochsalz Salmiak Kalomel	i. a. leichtlöslich	unlöslich: AgCl, $PbCl_2$, HgCl
HNO_3 HNO_2	Nitrate Nitrite	$NaNO_3$ KNO_3 $Ca(NO_3)_2$ $AgNO_3$	Natronsalpeter (Kali) Salpeter Kalksalpeter Höllenstein	leichtlöslich	—
H_2SO_4 H_2SO_3 H_2S	Sulfate Sulfite Sulfide	Na_2SO_4 $MgSO_4$ $CaSO_4$ $CuSO_4$	Glaubersalz Bittersalz Gips Kupfervitriol	i. a. löslich	unlöslich: $BaSO_4$, $PbSO_4$ schwer löslich: $CaSO_4$
H_2CO_3	Karbonate	Na_2CO_3 K_2CO_3 $CaCO_3$	Soda Pottasche Kalkstein	i. a. unlöslich	löslich: Karbonate von Na, K, NH_4
H_3PO_4	Phosphate	Na_3PO_4		i. a. unlöslich	Phosphate von Na, K, NH_4

Anm.: Saure Salze sind i.a. leichter löslich als Neutralsalze, basische Salze schwerer löslich.

Säure als „Neutralisation". Das Wesen der Neutralisation besteht in dem Zusammentreten der H^+-Ionen der Säure mit den OH^--Ionen der Base zu dem nur wenig dissoziierten Wasser:

$$\text{Neutralisation: } H^+ + OH^- = H_2O + 13,7 \text{ kcal.}$$

Der Vorgang des Neutralisierens ist also von der besonderen Art der Säure und der Base unabhängig. Einige Beispiele:

Natronlauge und Salzsäure: $Na^+ + OH^- + H^+ + Cl^- = Na^+ + Cl^- + H_2O$;

Kalilauge und Kohlensäure: $2K^+ + 2OH^- + 2H^+ + CO_3^= = 2K^+ + CO_3^= + 2H_2O$.

Die in der Lösung verbleibenden Restionen der Säure und der Base bilden eine Salzlösung. Aus dieser erhält man das Salz durch Eindampfen. Die Salze leiten ihren Namen von der verwendeten Säure ab (Tab. 19).

Saure und basische Salze. Nicht immer ist die Neutralisation vollständig. Z. B. können Säuren mit mehreren H-Atomen im Molekül (mehrbasische Säuren) saure Salze bilden:

$$H_2CO_3 + NaOH = NaHCO_3 + H_2O.$$

Bei sauren Salzen ist also nur ein Teil des Säurewasserstoffs durch Metall ersetzt. Saure Salze werden vielfach mit dem Vorwort „bi" bezeichnet. Die praktisch weitaus wichtigsten sind das Natriumbikarbonat $NaHCO_3$ sowie das Calcium- und Magnesiumbikarbonat $Ca(HCO_3)_2$ bzw. $Mg(HCO_3)_2$. Die dreibasischen Säuren bilden drei Reihen von Salzen, z. B. die Phosphorsäure das Mononatriumphosphat NaH_2PO_4, das Dinatriumphosphat Na_2HPO_4 und das Trinatriumphosphat Na_3PO_4. Das Gegenstück zu den sauren Salzen bilden die basischen Salze. Bei mehrsäurigen Basen, d. h. Basen mit mehr als einer OH-Gruppe im Molekül, kann nur ein Teil der OH-Gruppen durch einen Säurerest ersetzt sein. Als Beispiel sei das basische Kupferkarbonat genannt:

$$2 Cu(OH)_2 + H_2CO_3 = Cu_2(OH)_2CO_3 + 2 H_2O.$$

Nach Werner sind die basischen Salze als Einlagerungsverbindungen aufzufassen. Analog den Hydraten $MR \cdot n \; H_2O$ bzw. $[M (n \; H_2O)] R$, wobei M = Metall, R = Säurerest, gilt für die basischen Salze $MR \cdot n \; MO$ bzw. $[M(n \; MO)] R$.

Literatur. Hofmann: Anorganische Chemie, 1939.

Löslichkeitsprodukt. Für die Löslichkeit lassen sich einige Regeln angeben, die in der beigefügten Tab. 19 zusammengestellt sind. Im allgemeinen wächst die Löslichkeit beim Erwärmen. Umgekehrt verhält sich das für den Kesselbetrieb wichtige Calciumsulfat $CaSO_4$ (Gips). Jedes Salz löst sich nur bis zu einer gewissen Grenzmenge. Die Lösung ist dann „gesättigt". Darüber hinausgehende Salzmengen setzen sich als Bodensatz ab. Beim Abkühlen einer heiß gesättigten Salzlösung scheidet sich das Salz in Kristallform ab. Hierbei lagert es vielfach eine ganz bestimmte Menge Wasser, das „Kristallwasser", an. Als Beispiel sei das für den alkalischen Kesselbetrieb gebrauchte Trinatriumphosphat genannt mit der Formel: $Na_3PO_4 \cdot 10 \; H_2O$. Einige Salze ziehen schon aus der Luft Feuchtigkeit an und zerfließen dann. Diese Eigenschaft ist höchst unerwünscht bei den in der Explosivstoffwirtschaft verwendeten leicht löslichen Nitraten. Andererseits nutzt man das überaus hygros-kopische Verhalten des Calciumchlorids $CaCl_2$ aus zur Bindung uner-wünschter Feuchtigkeit. Es dient als Trockenmittel (14).

Bei starken Elektrolyten, zu denen die meisten Salze zu rechnen sind, ist vollständige Dissoziation anzunehmen. Spaltet sich das Salz nach der Gleichung:

$$MR \rightleftarrows M^+ + R^- \; (M = \text{Metall, R} = \text{Säurerest}),$$

so ergibt das Massenwirkungsgesetz:

$$\frac{[M^+] \cdot [R^-]}{[MR]} = K.$$

In einer gesättigten Lösung muß nun die Konzentration des undisso-ziierten Salzes [MR] konstant sein, da es im Gleichgewicht mit dem Bodenkörper steht. Bezieht man also [MR] in die Konstante K mit ein, so erhält man:

$$[M^+] \cdot [R^-] = L.$$

Das Ionenprodukt L nennt man das Löslichkeitsprodukt. Ist das Produkt der beiden Ionenkonzentrationen $< L$, so ist die Lösung ungesättigt, ist es $> L$, so ist die Lösung übersättigt und es fällt ein Teil des Salzes aus. Schwerlösliche Salze haben einen kleinen Wert von L. Man kann die Löslichkeit eines Salzes wesentlich beeinflussen:

1. Wird ein gleichioniger Stoff zu einer gesättigten Lösung zugesetzt, so muß, da L konstant ist, die Konzentration des anderen Ions ver-mindert werden. Das kann nur durch Ausfällen einer entsprechenden Salzmenge geschehen. Man kann z. B. völlig reines Kochsalz NaCl durch Zusatz von rauchender Salzsäure ausfällen oder man kann Chloride aus wäßrigen Lösungen durch Zusatz von Kochsalz „aussalzen". Entspre-chend kann man Nitrate durch Salpetersäure, Sulfate durch Schwefel-säure fällen. Natriumsalze werden durch Zusatz von Natronlauge schwerer löslich. Allgemein sind also Salze in Lösungen, die bereits einen gleichionigen Zusatz haben, schwerer löslich. Vorausgesetzt wird dabei, daß keine neuen Salze entstehen.

2. Wird ein fremdioniger Stoff zugesetzt, so wird die Konzentration der zur Sättigung gelösten Ionen vermindert. Daher löst sich ein Teil des Bodenkörpers auf. Fremdionige Zusätze wirken lösend.

Literatur. Treadwell: Lehrbuch der analytischen Chemie, 1. Bd., 1939.

Fällungsreaktionen. Treffen die Ionen einer Salzlösung mit anderen Ionen zusammen, so bilden sie mit diesen vielfach unlösliche Salze. Diese fallen dann als Niederschlag aus. Sie dienen zum Nachweis der einen Ionenart mit Hilfe der anderen. Die wichtigsten sind der Nachweis von Cl^--Ionen mit Silbernitrat und der Nachweis der $SO_4^=$ Ionen mit Bariumchlorid:

$$Ag^+ + Cl^- = AgCl \downarrow \qquad Ba^{++} + SO_4^= = BaSO_4 \downarrow$$

AgCl fällt als weißer käsiger Niederschlag, löslich in Ammoniak, $BaSO_4$ als weißer feinkörniger Niederschlag. Der Chloridnachweis ist marine-technisch von besonderer Bedeutung zum Nachweis des (kochsalzhalti-gen) Seewassers im Speisewasser (26), im Öl, in der Akkumulatoren-säure usw.

Andere Fällungen spielen bei der Enthärtung des Rohwassers für Kesselspeisezwecke eine große Rolle (21). Die systematische Ausnutzung solcher Fällungsreaktionen ermöglicht den Ausbau eines ganzen Analysenganges zum Nachweis von Metallen und Säuren.

Näheres in Treadwell: Lehrbuch der analytischen Chemie, 1. Bd., 1939.

Beispiel 1. Prüfung der Akkumulatorensäure auf Chloride. Benutzt wird der Batteriereagenskasten. In Frage kommt die Untersuchung der Nachfüllsäure und des Nachfüllwassers auf ihren Cl^--Gehalt. Schon ein ganz geringer Gehalt an Cl^- ist von äußerst schädlicher Wirkung, weil er das Blei angreift. Jede Verunreinigung mit Seewasser ist streng zu vermeiden. Es genügt ein qualitativer Nachweis mit Silbernitrat. Arbeitsvorschrift: 1. Ein sauberes Probierglas mit dem Nachfüllwasser bzw. der Nachfüllsäure gründlich ausspülen. 2. Probierglas zu $^1/_4$ füllen. 3. Aus der Tropfflasche 2—3 Tropfen Silbernitrat zusetzen. 4. Probierglas schütteln, aber nicht mit dem Daumen verschließen. 5. Fünf Minuten stehen lassen. — Wird das Wasser trübe, ist es unbrauchbar. Wird die Säure schwach trübe, Prüfung wiederholen. Wird sie wieder trübe, Säure an ein Laboratorium einsenden.

Zusatz für Säure: Tritt bei Zusatz von $AgNO_3$ Braunfärbung ein, frische Probe 2—3 Minuten kochen, einige Tropfen Salpetersäure aus der farblosen Flasche zusetzen, aufkochen und erst nach Abkühlung mit $AgNO_3$ versetzen.

Beispiel 2. Bestimmung des Seewassers in Öl. Vorbereitung: 50 cm³ Öl und 50 cm³ heißes destilliertes Wasser (Kondensat) im Scheidetrichter (Schüttelzylinder) zusammengießen und gut durchschütteln. Nach Absitzen Wasser in Erlenmeyerkolben filtrieren. Silbernitrat zusetzen. Weißer, käsiger Niederschlag zeigt salzhaltiges Seewasser an. Quantitative Bestimmung durch Salzmessung (26).

Quantitative Gewichtsanalyse. Bei der Gewichtsanalyse wird der zu bestimmende Stoff in die Form einer möglichst schwerlöslichen Verbindung gebracht. Das Löslichkeitsprodukt derartiger Stoffe liegt in der Größenordnung 10^{-10}. Der noch in Ionenform in der Lösung verbleibende lösliche Rest wird größtenteils auch noch gefällt, wenn man das jeweilige Reagens im Überschuß zusetzt (Löslichkeitsverminderung durch gleichionigen Zusatz). Der gefällte Stoff wird gewogen und aus dem Gewicht auf den zu bestimmenden Stoff zurückgerechnet. Die Anwendung der Methode außerhalb des Laboratoriums ist kaum möglich, da man an eine Analysenwaage gebunden ist. Die wichtigste Analyse ist praktisch die Bestimmung der Schwefelsäure.

Beispiel. Bestimmung des verbrennlichen Schwefels von Brennstoffen (DIN DVM 3721). Der Brennstoff wird nach 14 in der kalorimetrischen Bombe verbrannt, in die zuvor 5 cm³ destilliertes Wasser gebracht sind. Nach der Verbrennung und Abkühlung leitet man das Gas aus der Bombe durch eine Vorlage mit Wasserstoffsuperoxyd, um etwa noch vorhandenes SO_2 zu oxydieren. Das Wasser aus der Bombe und das Wasserstoffsuperoxyd wird vollständig in ein Becherglas gespült. Man säuert mit verdünnter Salzsäure an und erhitzt zum

Sieden. In die siedende Flüssigkeit gibt man tropfenweise Bariumchlorid (nicht in einem Guß, weil sonst $BaCl_2$ mit in den Niederschlag geht) und fällt so den Schwefel als $BaSO_4$. Den Niederschlag läßt man absitzen, filtriert und wäscht mit destilliertem Wasser nach. Das Filter wird naß im Platintiegel verbrannt, der Rückstand mäßig geglüht und gewogen. Gefunden seien p g $BaSO_4$; dann ist:

$$H_2SO_4 + BaCl_2 = BaSO_4 + 2\,HCl$$
$$1\ Mol\ BaSO_4\ entsteht\ aus\ 1\ Mol\ H_2SO_4$$
$$233{,}46\ g\ BaSO_4\ entsprechen\ also\ 98{,}08\ g\ H_2SO_4$$

$$p\,g\ BaSO_4\ entsprechen\ \frac{98{,}08\cdot p}{233{,}46}\ g\ H_2SO_4.$$

Aus H_2SO_4 berechnet man S nach 14 (Elementaranalyse).

Hydrolyse. Eine Salzlösung sollte entsprechend der Entstehung des Salzes durch Neutralisation neutrale Reaktion zeigen. Bei der Beurteilung sind jedoch nicht nur die Ionen des gelösten Stoffes, sondern auch die Ionen des Lösungsmittels heranzuziehen. Da das Wasser, wenn auch in geringem Maße, nach 17 in der Form dissoziiert:

$$H_2O \rightleftarrows H^+ + OH^-,$$

ein Vorgang, der also den Umkehrvorgang der Neutralisation darstellt, können diese Ionen mit den Ionen des Salzes wenigstens teilweise zu nicht dissoziierten Säure-(Base-)molekülen zusammentreten. In der Lösung verbleibt dann ein Überschuß an OH^-- bzw. H^+-Ionen, so daß die Lösung entsprechend basische (saure) Reaktion zeigt:

$$\text{Salz:}\quad 2\,Na^+ \quad CO_3^{=}\ \Big\}\ H_2CO_3;\qquad Cl^- \quad NH_4^+\ \Big\}\ NH_4OH$$
$$\text{Wasser:}\quad 2\,OH^- \quad 2\,H^+ \qquad\qquad\qquad H^+ \quad OH^-$$

Lösungen von Salzen, die aus starker (schwacher) Base und schwacher (starker) Säure entstanden sind, reagieren basisch (z. B. Na_2CO_3) bzw. sauer (z. B. NH_4Cl). Salze aus starker Säure und starker Base, z. B. NaCl oder Na_2SO_4, haben neutrale Reaktion. Unter Hydrolyse von Salzen versteht man demnach die Abspaltung freier Säure bzw. freier Base unter dem Einfluß des Wassers. Die Hydrolyse wird praktisch nutzbar gemacht, um Säure- oder Basewirkung durch Salzzusatz zu erzielen. Man vermeidet so die Ätzgefahr der Säure oder Base und die Bruchgefahr von Glasgefäßen. Kesselwasser kann z. B. durch Soda alkalisch gemacht werden, bei Feuerlöschern wird die Säure durch Aluminiumsulfat ersetzt (29).

p_H-Wert von Salzlösungen. Man kann den Vorgang der Hydrolyse eines Salzes aus schwacher Base und starker Säure in der Gleichung zusammenfassen:

(1) $$M^+ + H_2O \rightleftarrows MOH + H^+ \qquad\qquad (M = Metall)$$

Das Massenwirkungsgesetz ergibt, da die H_2O-konzentration als konstant angesehen werden kann:

(2) $$\frac{[MOH]\cdot[H^+]}{[M^+]} = K_{hydr}.$$

oder nach Erweiterung mit $[OH^-]$:

(3) $$\frac{[MOH]\cdot[H^+]\cdot[OH^-]}{[M^+]\cdot[OH^-]} = K_{hydr}.$$

Hierin ist $[H^+] \cdot [OH^-]$ nach 17 die Konstante des Ionengleichgewichtes des Wassers $= K_w$ und

$$(4) \qquad \frac{[M^+] [OH^-]}{[MOH]} = K_B$$

die Konstante des Basegleichgewichtes: $MOH \rightleftarrows M^+ + OH^-$. Also ist nach Gl. (3)

$$K_{hydr.} = \frac{K_w}{K_B}$$

Nach Gl. (1) ist $[MOH] = [H^+]$, ferner ist $[M^+]$ gleich der Gesamtkonzentration c des Salzes, da dieses als starker Elektrolyt vollständig dissoziiert. Damit ergibt sich aus Gl. (2):

$$\frac{[H^+]^2}{c} = K_{hydr.} = \frac{K_w}{K_B} \quad \text{oder:} \quad [H^+] = \sqrt{\frac{K_w}{K_B} \cdot c}.$$

Nach Logarithmieren erhält man die bequemere Schreibweise:

$$p_H = 7 - \frac{1}{2} p_B - \frac{1}{2} \log c \quad \text{(schwache Base, starke Säure)}$$

Entsprechend erhält man:

$$p_H = 7 + \frac{1}{2} p_S + \frac{1}{2} \log c \quad \text{(schwache Säure, starke Base)}$$

$$p_H = 7 + \frac{1}{2} p_S - \frac{1}{2} p_B \quad \text{(schwache Säure, schwache Base)}$$

Beispiel (Tab. 17):

$$\text{Ammoniumchlorid} \quad \frac{1}{10} \frac{\text{Mol}}{l} : \quad p_H = 7 - \frac{1}{2} \cdot 4{,}76 - \frac{1}{2} \log \frac{1}{10} = 5{,}12$$

$$\text{Soda} \quad \frac{1}{10} \frac{\text{Mol}}{l} : \quad p_H = 7 + \frac{1}{2} \cdot 6{,}52 + \frac{1}{2} \log \frac{1}{10} = 9{,}76$$

$$\text{Ammoniumkarbonat} \frac{1}{10} \frac{\text{Mol}}{l} : \quad p_H = 7 + \frac{1}{2} \cdot 6{,}52 - \frac{1}{2} \cdot 4{,}76 = 7{,}88.$$

Literatur. Kolthoff: Die kolorimetrische und potentiometrische p_H-Bestimmung. 1932.

20. Maßanalyse.

Die Bestimmung des Säure-(Base)gehaltes einer vorgelegten Lösung ist die wichtigste Aufgabe der Maßanalyse. Man bezeichnet sie als Azidimetrie bzw. Alkalimetrie. Andere maßanalytische Bestimmungsarten sind die Jodometrie (26, Sauerstoffbestimmung) und die Fällungsmethoden (26, Chloridmessung). Azidimetrie und Alkalimetrie sind Neutralisationsmethoden, d. h. die vorgelegte Lösung unbekannten Säure-(Base)gehaltes wird solange aus einer in $^1/_{10}$ cm^3 geteilten Bürette mit einer Base (Säure) genau bekannten Gehaltes versetzt, bis Neutralisation eintritt. Das Überschreiten des Neutralpunktes erkennt man an dem Farbumschlag eines geeignet ausgewählten Farbindikators. Aus dem Verbrauch an Base (Säure) läßt sich der Gehalt an Säure (Base) der vorgelegten Lösung berechnen. Die Methode ergibt den Gesamtgehalt an Säure (Base), nicht etwa nur den dissoziierten Anteil, der durch den p_H-Wert ausgedrückt wird. Es wird nach und nach der gesamte Gehalt an Säure (Base) dissoziiert in dem Maße, in dem die H^+- bzw. OH^--Ionen aus der Lösung verschwinden.

Normallösungen. Um eine Lösung genau bekannten Gehaltes zu erhalten, ist daher nur eine bestimmte Konzentration an Säure oder Base erforderlich; deren p_H-Wert ist hierbei nebensächlich. Man löst bei jedem Stoff das „Äquivalentgewicht" in Wasser und füllt zum Liter auf. Äquivalente (gleichwertige) Säuremengen sind solche, welche die gleiche Menge Säurewasserstoff im Liter enthalten. Löst man z. B. 1 Mol HCl zum Liter, so enthält der Liter 1 g-Atom Säurewasserstoff, d. h. 1,008 g. Von der Schwefelsäure H_2SO_4 muß man dagegen ½ Mol zum Liter lösen, um wieder denselben Gehalt an Säurewasserstoff im Liter zu erhalten. Für Basen gilt die analoge Betrachtung. An die Stelle von 1 g-Atom H tritt 1 g-Mol OH. Allgemein gilt:

$$\text{Äquivalentgew.} = \text{Molekulargew.} \cdot \frac{\text{Anzahl der Säurewasserstoffatome}}{\text{Anzahl der Hydroxylgruppen}} \text{ im Molekül}$$

Eine Lösung, welche 1 g-Äquivalent der Säure oder Base im Liter gelöst enthält, heißt eine Normalsäure (Normallauge). Es enthält demnach:

$$\text{n-Salzsäure 1 Mol HCl} = 36,45 \frac{g}{l}, \quad \text{n-Schwefelsäure } \frac{1}{2} \text{ Mol } H_2SO_4 = 49,03 \frac{g}{l}$$

$$\text{n-Natronlauge 1 Mol NaOH} = 40,01 \frac{g}{l}, \quad \text{n-Sodalösung} \frac{1}{2} \text{ Mol } Na_2CO_3 = 53,05 \frac{g}{l}.$$

An Stelle der n-Lösungen wird meist mit n/10-Lösungen gearbeitet. Ein kleiner Unterschied in der Ablesung würde bei n-Lösungen einen erheblichen Fehler bedeuten, bei n/10-Lösungen dagegen nur den 10. Teil davon. Die Selbstherstellung von genauen Normallösungen ist außerhalb des chemischen Laboratoriums nicht möglich. Sie werden am besten fertig bezogen. Hierfür gibt es zugeschmolzene Glasampullen, die genau 1 g-Äquivalent oder $^1/_{10}$ g-Äquivalent enthalten (Fixanalsubstanzen). Diese werden eingestoßen und der Inhalt in einen Literkolben gespült, der dann genau auf die Litermarke aufgefüllt wird. Nach der Neutralisationsgleichung (19) entsprechen sich nun gleiche Mengen n-Säure und n-Lauge, es werden also z. B. 15 cm³ n/10-Säure genau durch 15 cm³ n/10-Lauge neutralisiert.

Farbindikatoren sind Stoffe, welche beim Übergang in den dissoziierten Zustand einen Farbumschlag zeigen. Die weitaus wichtigsten sind Phenolphthalein und Methylrot (bzw. Methylorange). Phenolphthalein ist selbst eine sehr schwache Säure. Der geringste gleichionige Zusatz (19), z. B. die H^+-Ionen des Wassers oder einer Säure, drängen die Dissoziation des Phenolphthaleins vollständig zurück, das Phenolphthalein ist farblos. Dagegen geht es durch Zusatz von OH^--Ionen, welche die H^+-Ionen binden, in den roten, dissoziierten Zustand über. Der Umschlag liegt etwa bei $p_H = 9$. Es ist daher zum Titrieren sehr schwacher Basen (z. B. $p_H = 8$) nicht brauchbar, da es hierbei bereits die saure Farbe zeigt. Methylrot (Methylorange) ist von Natur eine wesentlich stärkere Säure. Sein Ion ist gelb gefärbt und erscheint bereits bei schwach sauren Lösungen, während die Dissoziation des Methylrots erst durch stärkere Säure genügend zurückgedrängt wird und dann die typische saure Farbe rot ergibt. Der Umschlag liegt etwa bei $p_H = 5$. Methylrot ist daher unbrauchbar zum Titrieren schwacher Säure (z. B. $p_H = 6$), weil es hierbei bereits die basische Farbe zeigt. Das Ergebnis lautet:

Starke Basen [NaOH, KOH, Ca(OH)$_2$, Ba(OH)$_2$] Indikator: Phenolphthalein[1],

Schwache Basen [Bikarbonate, NH$_3$, Sulfide] Indikator: Methylrot,

Schwache Säuren [H$_2$S, H$_2$CO$_3$, organische Säuren] Indikator: Phenolphthalein,

Starke Säuren [H$_2$SO$_4$, H$_2$SO$_3$, HNO$_3$, HCl, H$_3$PO$_4$] Indikator: Methylrot[2].

Von den Indikatoren soll nicht mehr zugesetzt werden, als zur Erkennung der Farbe eben erforderlich ist.

Literatur. Treadwell: Lehrbuch der analytischen Chemie, Bd. II, 1937.

Berechnung. Die Berechnung verläuft folgendermaßen: Vorgelegt seien a cm^3 verdünnter Säure (Base) unbekannten Gehalts. Bis zum Farbumschlag seien verbraucht b cm^3 n/10 Lauge (Säure).

1 g-Äquivalent Lauge (Säure) zeigt 1 g-Äquivalent Säure (Base) an.
1 l n-Lauge (Säure) zeigt 1 g-Äquivalent Säure (Base) an.
1 cm^3 n/10 Lauge (Säure) zeigt $\dfrac{1}{10\,000}$ g-Äquivalente Säure (Base) an.
b cm^3 n/10 Lauge (Säure) zeigen $\dfrac{b}{10\,000}$ g-Äquivalente Säure (Base) an.

Vorgelegt waren a cm^3 Säure (Base), also enthält 1 l:

$$\text{Säure(Base)gehalt} = \frac{1}{10}\frac{b}{a}\cdot\frac{\text{g-Äquivalente}}{1}\ \text{Säure (Base)}.$$

Ist etwa der Gehalt an Schwefelsäure zu bestimmen und ist a = 20 cm^3, b = 35 cm^3 n/10 NaOH, so ergibt sich mit dem Äquivalentgewicht 49,03 g/l für Schwefelsäure:

$$\text{Schwefelsäuregehalt} = \frac{35}{20}\cdot\frac{1}{10}\cdot 49{,}03 = 8{,}58\ \frac{g}{1}.$$

Der Säurewert von Leichtkraftstoffen gibt an, wieviel mg KOH zur Neutralisation der in 100 cm^3 Kraftstoff enthaltenen Säuren (Mineralsäure und organische Säure) erforderlich sind. Freie Säure, insbesondere Mineralsäure, z. B. aus der Raffination stammende H$_2$SO$_4$, greift Metallteile an. In einem enghalsigen Erlenmeyerkolben 200 DENOG 11 mit Rückflußkühler läßt man 50 cm^3 Kraftstoff, bei 20° eingefüllt, auf einem Wasserbad 15 min sieden. Nach dem Abkühlen gibt man 1 Tropfen Phenolphthalein zu und titriert mit n/10 alkoholischer KOH. Sind b cm^3 n/10 KOH verbraucht, so folgt, da 1 l n-KOH 1 gmol = 56,11 g KOH enthält:

$$\text{Säurewert} = 2\,b\cdot 5{,}611\ \text{mg KOH/100 cm}^3.$$

Literatur. Normblatt DIN DVM 3678, 1939.

Die Neutralisationszahl von Schmierölen gibt an, wieviel mg KOH zur Neutralisation der in 1 g Öl enthaltenen freien Säuren erforderlich sind. Der qualitative Nachweis von Säure in Öl ist einfach: 1. Alkohol

---

[1] In Gegenwart von Kohlensäure Methylrot.
[2] Auch in Gegenwart von Kohlensäure.

mit 1 Tropfen n/10 KOH und Phenolphthalein versetzen. 2. Mit dieser Lösung die Ölprobe schütteln. 3. Verschwinden der Rotfärbung zeigt Säuregehalt an. — Quantitative Bestimmung: Als Indikator statt Phenolphthalein besonders bei dunklen Ölen besser Alkaliblau 6 B verwenden (bei saurer Lösung blau, in alkalischer rot). Statt gewöhnlichen Erlenmeyerkolbens besser Baaderkolben mit seitlichem Zweigrohr nehmen. In diesem Farbumschlag im durchfallenden Lichte beobachten. Arbeitsvorschrift: 1. Herstellung eines Gemisches zur Lösung des Öls: 1 l Reinbenzol mit 1,5 l 99proz. vergälltem Alkohol mischen. Darin 1,2 g Alkaliblau 6 B lösen, absitzen lassen und filtrieren. 2. Öl-

Abb. 30. Titrationskolben nach Baader.

probe = a ≈ 10 g in Baaderkolben einwägen. 3. Öl in 40 cm³ des Lösungsgemisches lösen. 4. n/10 alkohol. KOH tropfenweise zugeben bis zum Farbumschlag auf schwach rosa. 5. Verbrauch an n/10 KOH notieren = b′ cm³. 6. Da die Alkohol-Benzol-Mischung selbst Säure enthält, deren Säuregehalt genau so (ohne Ölzusatz) ermitteln. Verbrauch = b″. 7. Verbrauch an n/10 KOH für die Ölprobe selbst b = b′ — b″ ansetzen. — Da 1 l n-KOH 1 Mol = 56,108 g enthält, ergibt 1 cm³ n/10 KOH 5,611 mg Ätzkali. Also: Neutralisationszahl: NZ = 5,611 · b/a in mg KOH/g Öl.

Literatur. Normblatt DIN DVM 3658, 1936.

Bordmethode zur Bestimmung des Säuregehalts in Öl. Die eben beschriebene Methode wird für Bordzwecke folgendermaßen vereinfacht: 1. In den Mischzylinder 38 cm³ (vergällten) Alkohol und 2 cm³ Alkaliblau 6 B geben. 2. Tropfenweise n/10 alkoholische KOH zusetzen, bis blaue Farbe eben in rot umschlägt. Hierbei von Zeit zu Zeit Stopfen aufsetzen und Inhalt des Zylinders durchmischen. 3. 22 cm³ Öl zugeben bis zum 62 cm³-Strich. 4. ½ min kräftig durchschütteln. Farbe schlägt wieder in blau um, da der Alkohol die Säure aus dem Öl löst. 5. Stehenlassen bei geschlossenem Zylinder, bis Öl und Alkohol sich getrennt haben. 6. 20 cm³ (also die Hälfte) des Alkohols in einen sauberen Erlenmeyerkolben pipettieren. 7. Tropfenweise n/10 alkoh. KOH zugeben, bis Farbe eben in rot umschlägt. Hierbei Kolben mäßig schwenken.

Berechnung: Die oben angegebene Formel für NZ muß zunächst mit 2 multipliziert werden, da nur die Hälfte des säurehaltigen Alkohols vorgelegt wurde, ferner mit 1,25, da der Alkohol nur etwa 80% der Säure aus dem Öl löst. Ist wieder b der Verbrauch an n/10 KOH in cm³ und a die untersuchte Ölmenge (22 cm³ entsprechend etwa 20 g), so erhält man:

$$NZ = \frac{5,611 \cdot b \cdot 2 \cdot 1,25}{20} = 0,7 \cdot b \text{ mg KOH/g Öl.}$$

Die Verseifungszahl gibt an, wieviel mg KOH erforderlich sind, um die in 1 g Öl vorhandenen Säuren zu neutralisieren und die vorhandenen Ester zu verseifen (Begriff 32). 10 g Öl, im Baaderkolben eingewogen, werden mit 75 cm³ des zur Bestimmung der NZ benutzten Lösungsgemisches (s. o.) gelöst. Nach Zusatz von 25 cm³ n/10 alkohol. Kalilauge wird ½ Std. am Rückflußkühler erhitzt. Hierbei wird ein Teil der KOH zur Neutralisation und Verseifung verbraucht. Der Rest wird nun noch heiß mit n/10 HCl „zurücktitriert", kenntlich am Farbumschlag von Rot in Blau. Ist der Verbrauch an n/10 HCl = s', so sind zur Neutralisation und Verseifung (25 — s') cm³ n/10 KOH benötigt worden. Der Säure-gehalt des Lösungsgemisches wird im Blindversuch mit 75 cm³ Gemisch und 25 cm n/10 KOH entsprechend nach Kuchen am Rückflußkühler durch Zurücktitrieren mit n/10 HCl festgestellt. Der Verbrauch s'' cm³ n/10 HCl zeigt (25 — s'') cm³ n/10 KOH an, die zur Neutralisation er-forderlich waren. Beträgt die Öleinwaage wieder a g, so folgt als

$$\text{Verseifungszahl} = \frac{(25-s')-(25-s'')}{a} \cdot 5,611 = \frac{s''-s'}{a} \cdot 5,611 \text{ mg KOH/gÖl.}$$

Die Verseifungszahl (VZ) ist ein Maß für die Ölalterung (7) und er-möglicht die Berechnung des Gehaltes an fettem Öl (32) in Compound-ölen (7). Hat das zugesetzte fette Öl selbst die Verseifungszahl VZ', so ergibt sich der Gehalt an fettem Öl in Compoundölen zu VZ/VZ' · 100. Ist VZ' nicht bekannt, wird als Mittelwert VZ' = 190 gesetzt.

Literatur. Normblatt DIN DVM 3659, 1936.

Schwefelsäure und Salpetersäure in der kalorimetrischen Bombe. Nach 14 bilden sich bei der Verbrennung in der Bombe Schwefelsäure und Salpetersäure, deren Wärmetönung den Heizwert beeinflußt. Man gibt vor der Verbrennung 5 cm³ destilliertes Wasser in die Bombe. Nach der Verbrennung läßt man die Verbrennungsgase langsam durch eine Vorlage mit neutraler Wasserstoffsuperoxydlösung entweichen, um die Verbrennungsprodukte vollständig zu oxydieren und spült diese Lösung sowie das Wasser aus der Bombe in ein Becherglas. Der in der Lösung befindliche Gesamtgehalt an Schwefelsäure und Salpetersäure wird nach Zusatz von 1 Tropfen Methylorange mit Hilfe von n/10 Ba(OH)$_2$ er-mittelt. Hierbei fällt die Schwefelsäure als BaSO$_4$. Das noch in der Lösung verbliebene Ba(NO$_3$)$_2$ wird nun mit 20 cm³ n/10 Na$_2$CO$_3$ ver-setzt und aufgekocht. Hierbei wird das Nitrat in die äquivalente Menge des unlöslichen Karbonats verwandelt, da aber Na$_2$CO$_3$ im Überschuß zugesetzt wurde, ist die nicht zur Umsetzung verbrauchte Menge Na$_2$CO$_3$ „zurückzutitrieren". Hierzu wird nach dem Abkühlen auf 250 cm³ aufgefüllt und filtriert. Von dem Filtrat werden 200 cm³ mit n/10 HCl und Methylorange titriert. Dieser Verbrauch an n/10 HCl ist mit 1,25 zu multiplizieren, um auf die ganze Menge von 250 cm³ zu kommen, und dann von den 20 cm³ n/10 Soda zu subtrahieren. Das Ergebnis zeigt die Anzahl der cm³ n/10 HNO$_3$ an, die Differenz gegen den Verbrauch an n/10 Ba(OH)$_2$ die Anzahl cm³ n/10 H$_2$SO$_4$. Jeder cm³ n/10 HNO$_3$ ergibt 6,304 mg HNO$_3$, jeder cm³ n/10 H$_2$SO$_4$ ergibt 4,903 mg H$_2$SO$_4$. Damit ist der Heizwert nach 14 zu berichtigen, gegebenenfalls auch aus H$_2$SO$_4$ der Gehalt des Brennstoffs an freiem Schwefel zu bestimmen (14, Elementaranalyse).

Literatur. Normblatt DIN DVM 3721, 1934.

Speisewasserpflege.
21. Enthärtung und Entsalzung des Rohwassers.

Entstehung der Härte. Das natürliche Wasser kommt mit dem Erdboden in Berührung. Hierbei hat es Gelegenheit, Salze der Erdalkalimetalle Ca und Mg in sich aufzunehmen. Dieser Salzgehalt verleiht dem Wasser seine „Härte". Kohlensaure Erdalkalisalze ergeben die „Karbonathärte", sonstige Erdalkalisalze die „Nichtkarbonathärte". Fast immer überwiegt bei weitem die Karbonathärte. Der Grund dafür ist in dem massenhaften Vorkommen des Kalksteins $CaCO_3$ im Boden zu suchen. Sein häufiger Begleiter ist das Magnesiumkarbonat $MgCO_3$ als Magnesit und Dolomit. Beide sind an sich in Wasser nahezu unlöslich. Das Wasser enthält aber regelmäßig Kohlensäure. Diese verwandelt die Karbonate in die löslichen Bikarbonate: $CO_3^= + H^+ = HCO_3^-$. In eisenhaltigen Böden kommt das Eisenbikarbonat hinzu. Die Nichtkarbonathärte entsteht durch einfache Lösung der Sulfate und Chloride des Calciums, Magnesiums und auch des Aluminiums. Hier überwiegt gewöhnlich das Calciumsulfat, der Gips $CaSO_4$. In geringer Menge kommt hinzu die weit verbreitete, aber schwer lösliche Kieselsäure H_2SiO_3 bzw. ihre Salze, die Silikate.

Maßzahl für die Härte. Der größte Teil der Härtebildner enthält Calcium. Dieses ist aber an verschiedene Säuren gebunden: $Ca(HCO_3)_2$; $CaSO_4$. Man gibt die diesen Salzen äquivalenten Mengen an CaO an und setzt:

10 mg CaO im Liter ergeben einen deutschen Härtegrad. Z. B. entspricht 1 Mol $CaSO_4 = 136,1$ g einem Mol CaO $= 56,1$ g; daher ergeben z. B. 10 mg/l $CaSO_4$ $56,1 \cdot 10/136,1 = 4,1$ mg CaO oder $0,41°$ d. H.

Bei den Magnesiumsalzen wird entsprechend der Gehalt an MgO angegeben. Dieser wird der Einheitlichkeit wegen noch auf CaO umgerechnet: 1 Mol CaO $= 56$ g entspricht 1 Mol MgO $= 40,3$ g. Also entsprechen 10 mg CaO $= 1°$ deutscher Härte $403 : 56,1 = 7,19$ mg MgO im Liter. — Ein französischer Härtegrad ist 10 mg $CaCO_3$ im Liter, ein englischer Härtegrad ist 10 mg $CaCO_3$ in 0,7 Liter. Es ergibt sich daraus:

1 dtsch. Härtegrad = 1,25 englische = 1,79 franzöz. Härtegrade.

Rohwässer können je nach der Beschaffenheit des Bodens verschiedene Härten aufweisen. Nach Winkler führen Wässer mit verschiedenen d. Härtegraden folgende Bezeichnungen: bis $5°$: sehr weich; $5—10°$: weich; $10—20°$: mittelhart; $20—30°$: hart; über $30°$: sehr hart.

Literatur. Normblatt DIN 8103, 1936.

Hartes Wasser im Kessel. Der Salzgehalt ist bei der Verwendung als Kesselspeisewasser höchst unerwünscht. In der Siedehitze des Kessels werden die Bikarbonate in die Karbonate zurückverwandelt:

$$HCO_3^- = CO_3^= + H^+.$$

Es entsteht das unlösliche $CaCO_3$ und entsprechend das leichter lösliche $MgCO_3$. Dieses gibt auch den Rest seiner Kohlensäure noch durch Hydrolyse ab:

$$Mg^{++} + 2\,H_2O = Mg(OH)_2\downarrow + 2\,H^+$$

Die unlöslichen Stoffe $CaCO_3$ und $Mg(OH)_2$ scheiden sich ab. Ferner gelangen die H^+-Ionen der Kohlensäure in das Kesselwasser. Das Kesselwasser wird sauer.

Die Salze der Nichtkarbonathärte machen im Kessel solche Umwandlungen nicht durch. Bei der Dauerverdampfung im Kessel reichern sie sich vielmehr immer mehr an, bis das Wasser mit ihnen gesättigt ist. Bei weiterer Verdampfung scheiden sich dann immer größere Mengen als Bodensatz aus. Zuerst fällt hierbei der schwerlösliche Gips aus, der an sich schon in heißem Wasser weniger löslich ist als in kaltem.

Der Kesselstein. Die abgeschiedenen Salze setzen sich an den Kesselwandungen als mehr oder weniger fester Kesselstein an. Die auskristallisierenden Stoffe reißen Verunreinigungen des Wassers, z. B. Schwebstoffe, Silikate, mit, die sich dann im Kesselstein wiederfinden. Die Karbonate fallen im wallenden Wasser unter $100°$ als Stein, oberhalb $100°$ schlammartig aus. Gips macht den Kesselstein hart und befördert das Festhalten an der Kesselwand. Da die Löslichkeit von Gips mit der Temperatur abnimmt, scheidet dieser sich vorzugsweise an der beheizten Fläche ab. Größere Mengen Silikate verleihen dem Kesselstein eine außerordentliche, porzellanartige Härte. Die Nachteile des Kesselsteins sind bekannt:

1. Der Kesselstein wirkt als Wärmeisolator. Er hat erhöhten Brennstoffverbrauch zur Folge. Dieser Verbrauch hängt nicht allein von der Dicke, sondern auch von der Zusammensetzung des Steins ab. Besonders Öl, Fett oder Kieselsäure wirkt wärmestauend.

2. Die Kesselbleche werden überhitzt. Ihre Festigkeit leidet. Sie beulen sich aus. Unter dem Steinbelag treten Rostanfressungen auf. Das Durchrosten kann zu plötzlichem Bruch führen.

3. Die Entfernung des Kesselsteins kostet Arbeit und Geld. Das Abklopfen erschüttert das Kristallgefüge des Eisens. Die Bleche werden beschädigt. Die Betriebssicherheit von Hochdruckanlagen wird selbst durch dünne Schichten von Kesselstein in Frage gestellt.

Kalk-Soda-Enthärtung. (Aufbereitung von Hafenwässern). Hartes Wasser darf also zur Kesselspeisung nicht benutzt werden. Das Rohwasser muß enthärtet werden. Im Landbetrieb werden die Härtebildner im allgemeinen auf chemischem Wege entfernt. Das billigste und meist benutzte Verfahren ist das Kalk-Soda-Verfahren.

Die Zusätze sind Kalkmilch $Ca(OH)_2$ und Soda Na_2CO_3. Erstere wirkt durch ihre OH^--Ionen, letztere durch ihre $CO_3^=$-Ionen in folgender Weise:

1. Beseitigung der Karbonathärte durch Kalkmilch:
$$HCO_3{-} + OH{-} = CO_3^= \downarrow + H_2O.$$
Es fallen wegen ihrer Unlöslichkeit $CaCO_3$ bzw. $Mg(OH)_2$. Letzteres entsteht durch Hydrolyse des $MgCO_3$. Hierbei wird Kohlensäure frei.

2. Entsäuerung mit Kalkmilch: $H^+ + OH^- = H_2O.$

3. Beseitigung der Nichtkarbonathärte durch Soda:
$$\begin{matrix} Ca^{++} \\ Mg^{++} \end{matrix} + CO_3^= = \begin{matrix} Ca \\ Mg \end{matrix} CO_3 \downarrow.$$

Hierbei bleiben die Restionen Na^+, $SO_4^=$ und Cl^- in Form löslicher Salze im Wasser zurück. Es sind die Neutralsalze $NaCl$ und Na_2SO_4. Eine völlige Enthärtung gelingt auf diesem Wege nicht, weil auch $CaCO_3$ noch etwas löslich ist. Man könnte die verbleibende Resthärte höchstens durch große Chemikalienüberschüsse herabdrücken. Abgesehen von den Kosten sammeln sich dann zuviel lösliche Salze im Wasser an. Das Kalksodaverfahren liefert bei zweistündiger Einwirkung bei 70° 2° d. H., bei 80° 0,8° d. H., bei 90° 0,5° d. H. und bei 100° 0,3° d. H. Besser ist die Beseitigung der Resthärte mit Trinatriumphosphat als Nachenthärtung. Diese führt infolge der Unlöslichkeit der entstehenden Calcium- und Magnesiumphosphate zu praktisch nahezu völliger Enthärtung ($\sim 0,1°$ d. H.). Diese Nachenthärtung mit Phosphat wird in zunehmendem Maße bei den Hafenwässern durchgeführt. Außerdem arbeitet man mit ihr an Bord im Kessel selbst (24). Die zulässige Größenordnung der Resthärte ist zur Speisung von Wasserrohrkesseln etwa: bis 15 at: $< 1°$ d. H., bis 25 at: $< 0,3°$ d. H., bis 50 at: $< 0,2°$ d. H., bis 100 at: $< 0,1°$ d. H.

Literatur. Köpfel: Die Wärme 1934, S. 630 (Phosphatenthärtung).

Enthärtung und Entsalzung durch Ionenaustausch. Nach der Enthärtung enthält das Weichwasser außer seiner Resthärte und Überschüssen der Enthärtungsmittel erhebliche Mengen an Neutralsalzen wie $NaCl$, Na_2SO_4 sowie gegebenenfalls $NaHCO_3$. Diese Salze reichern sich beim Verdampfen im Kessel an. Hoher Salzgehalt kann zum Überkochen des Kessels, zur Versalzung des Dampfes, Verstopfung der Überhitzer, der Dampfventile und zur Versalzung der Turbinen führen (25). Bei Hochleistungskesseln ist die Salzanreicherung infolge der besonders schnellen Verdampfung und des verhältnismäßig kleinen Wasserraumes besonders groß.

Für Hochdruckkessel lautet die Forderung heute daher nicht mehr allein, das Speisewasser möglichst zu enthärten, sondern darüber hinaus, es möglichst salzfrei zu machen. In neuester Zeit sind von der I. G. Kunstharze großer innerer Oberfläche unter dem Namen Wofatit herausgebracht worden, die den Bakeliten und Aminoplasten zugehören. Man kann ihnen stark saure oder basische Komponenten anlagern, sodaß die entstehenden Mischharze als Wasserstoff- oder Hydroxylaustauscher wirken. Der H_2-Austauscher bindet das Kation des Salzes, dafür ergibt sein H-Ion mit dem Anion des Salzes freie Säure. Das H-Ion dieser Säure ergibt dann mit dem OH-Ion des Hydroxylaustauschers Wasser, während das Säurerestion von diesem Austauscher gebunden wird. Damit ist das Wasser salzfrei. Für die Vollentsalzung ist also ein zweistufiges Austauschverfahren brauchbar:

(W = Wofatit = Kunstharzaustauscher)

1. Kationenaustausch: $CaSO_4 + H_2W = H_2SO_4 + CaW$ ⎰ regeneriert
   (1. Filter) $2 NaCl + H_2W = 2 HCl + Na_2W$ ⎱ mit HCl

2. Anionenaustausch: $H_2SO_4 + (OH)_2W = 2 H_2O + SO_4W$ ⎰ regeneriert
   (2. Filter) $2 HCl + (OH)_2W = 2 H_2O + Cl_2W$ ⎱ mit NaOH

Die zweiwertigen $SO_4^=$-Ionen werden leicht ausgetauscht, die einwertigen Ionen Cl^- etwas schwerer. Das Filter 2 wird dadurch entlastet, daß die aus Bikarbonaten im Filter 1 entstehende Kohlensäure im Filter 2 praktisch nicht eingetauscht wird. Sie ist durch thermische Entgasung des entsalzten Wassers zu entfernen (22). Bei Erschöpfung des Filters 2 ist mit dem Durchbruch freier Säure zu rechnen. Dadurch wird der p_H-Wert schnell nach der sauren Seite verschoben, da das entsalzte Wasser keinerlei Pufferschutz hat (18). Man leitet dieses daher noch durch ein Pufferfilter, das durch Kationenaustausch die freie Säure in ein Neutralsalz überführt:

$$Na_2W + 2\,HCl = 2\,NaCl + H_2W.$$

Ein Kondensat mit 4% Nordseewasser ergab z. B. nach doppelter Entsalzung: 14,0 (0,03)° d.H., 1400 (13) mg/l Salz. — Verzichtet man auf die Vollentsalzung und begnügt man sich mit der Enthärtung, so genügt ein einstufiges Austauschverfahren. Es handelt sich dann um den Neutralaustausch der Ca(Mg)-Ionen des Wassers gegen die Na-Ionen des Austauschers. Als Austauscher wird das Natriumwofatit Na_2W benutzt oder das schon länger bekannte und bewährte Natriumpermutit Na_2P, ein natürliches oder künstlich hergestelltes Natrium-Tonerdesilikat, das also ein mineralischer Austauscher ist:

$$Ca\,\genfrac{}{}{0pt}{}{SO_4}{(HCO_3)_2} + Na_2\,\genfrac{}{}{0pt}{}{W}{P} = \genfrac{}{}{0pt}{}{Na_2SO_4}{2\,NaHCO_3} + Ca\,\genfrac{}{}{0pt}{}{W}{P}.$$

Das Na_2W hat eine höhere Austauschleistung und ist bis 80° brauchbar, das Permutit dagegen nur bis 40°, da es bei höherer Temperatur zerfällt. Das Weichwasser ist bei diesem Neutralaustausch praktisch härtefrei, enthält jedoch die Neutralsalze Na_2SO_4 und NaCl (aus $CaCl_2$) sowie $NaHCO_3$. Lästig ist besonders das $NaHCO_3$, da es im Kessel durch Hydrolyse eine zu hohe Alkalität ergibt (24). Bei hoher Karbonathärte des Rohwassers wird diese daher vor dem Permutieren durch Kalkung (s. o.) beseitigt, das Wasser wird „entkarbonisiert". Hierzu ist auch eine „Impfung" mit HCl brauchbar, die das Bikarbonat in das leichtlösliche $CaCl_2$ umwandelt. Zur Beseitigung der Bikarbonate kann auch ein Wasserstoffaustauscher dienen, H_2W oder H_2P. Die freiwerdende Kohlensäure wird dann durch Entgasung entfernt.

Literatur. Griessbach: Z. angew. Chem. 1939, S. 215. — Richter: Z. angew. Chem. 1939, S. 679. — Splittgerber: Kesselspeisewasserpflege, 1940. — VDI., Eignung von Speisewasseraufbereitungsanlagen im Dampfkesselbetrieb, 1940. — Schubert: Arch. Wärmewirtsch. 1938, S. 129. (Wasserstoffpermutit).

Vollentsalzung durch Verdampfer (Aufbereitung von Seewasser). Die Vollentsalzung durch Ionenaustauscher ist bei Wässern mit besonders hohem Salzgehalt nicht mehr brauchbar, weil die Filter zu schnell erschöpft werden. Der wichtigste Fall dieser Art ist das Seewasser, das im Durchschnitt folgende Salze im Liter enthält: 29 g NaCl, 3 g $MgCl_2$, 0,4 g $MgBr_2$, 1,8 g $MgSO_4$, 1,6 g $CaSO_4$. Die Härte besteht fast ausschließlich aus Nichtkarbonathärte, vorzugsweise Magnesiahärte, und beträgt nach Splittgerber 300° d.H. Die Beseitigung der Härte allein ist zwecklos, weil dann das Weichwasser immer noch rd. 30000 mg/l NaCl enthält. Für die Aufbereitung des Seewassers kommt nur die Vollentsalzung durch Destillieren im Verdampfer in Betracht. Der Verdampfer kann im Vakuum oder mit Überdruck arbeiten. Im Vakuumverdampfer ist die Siedetemperatur des Wassers wesentlich kleiner als 100°, im Hochdruckverdampfer wesentlich größer als 100°. Steigende Temperatur begünstigt den Steinansatz aus Gips und die hydrolytische Spaltung der Magnesiumsalze $MgCl_2$ und $MgSO_4$. Die Löslichkeit von $CaSO_4$ nimmt oberhalb von 60° sehr stark ab.

Löslichkeit von $CaSO_4 \cdot 2\,H_2O$.

t =	0°	40°	60°	100°	150°	200°	°C
L =	1,76	2,11	2,00	0,65	0,23	0,08	g/l

Es bildet sich also vor allem im Hochdruckverdampfer ein Steinbelag, der hauptsächlich aus Gips besteht. Diese Steinbildung wird allerdings erheblich dadurch vermindert, daß die Cl^--Ionen des NaCl und $MgCl_2$ als „fremdioniger Zusatz" (19) die Löslichkeit von $CaSO_4$ beträchtlich erhöhen (bei 100° in 3,5% Kochsalzlösung sind 4,9 g/l $CaSO_4$ löslich). Die Gipsabscheidung findet daher hauptsächlich bei bereits eingedickter Lauge statt. Im Hochdruckverdampfer werden außerdem die Magnesiumsalze durch Hydrolyse zersetzt und zwar oberhalb 106° vollständig:

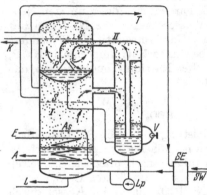

Abb. 31. Seewasser-Doppelverdampfer (schematisch).

SW = Seewasser, SE = Seewasserentgaser (22), I = Erstverdampfer, II = Zweitverdampfer, E (A) = Heizdampfeintritt (austritt), L = Ablauge (nach See), As = Abschreckleitung (Seewasser), S = Prallsieb zum Abfangen von Flüssigkeitstropfen, V = Ventil, Lp = Laugepumpe, P = Prallkegel, K = zum Kondensator (Vakuum!), T = zum Trink- und Waschwasserkondensator. Druck in I ≈ 0,6, in II ≈ 0,3 ata.

$$MgCl_2 + 2\,H_2O \rightarrow Mg(OH)_2 + 2\,HCl.$$

Die flüchtige Salzsäure bildet für den Kessel und die ganze Maschinenanlage die schwerste Korrosionsgefahr, wenn sie nicht beseitigt wird (24). Es setzt sich bald ein Salzgemisch ab, das reich ist an $MgCl_2$. In diesem staut sich die aus dem Heizdampf stammende Wärme. Die rasch ansteigende Temperatur begünstigt die Zersetzung der Magnesiumsalze. Auch die Sole in der Nähe dieser Salzschicht wird noch stark erhitzt und spaltet Salzsäure ab. Der Vakuumverdampfer ist also dem Hochdruckverdampfer durch geringere Gipssteinbildung und geringere Spaltung der Magnesiumsalze überlegen. Die Reinheit des gewonnenen Verdampferkondensats wird laufend durch Messung des restlichen NaCl-Gehaltes überprüft (26). Die Reinheit wird gefährdet durch Überkochen bei eingedickter Lauge. Das Kondensat soll nicht mehr als 60 mg/l Salz enthalten, für Hochdruckheißdampfkessel höchstens 6 mg/l.

Literatur. Splittgerber: Kesselspeisewasserpflege, 1937. — Eignung von Speisewasseraufbereitungsanlagen im Dampfkesselbetrieb. VDI 1940. — Biersack: Arch. Wärmewirtsch. 1936, S. 40.

22. Entölung und Entgasung von Kondensat und Destillat.

Ölgehalt des Kondensats. In neuzeitlichen Dampfkraftanlagen dient das chemisch aufbereitete Wasser oder das Verdampferkondensat nur als Zusatzwasser. Man führt das Kondenswasser der Turbinen oder der Kolbendampfmaschinen möglichst vollständig in den Speisewasserkreislauf zurück. Voraussetzung für eine Wiederverwendung des Kondensats als Speisewasser ist genügende Salzfreiheit, die durch undichte Kondensatoren sowie durch Mitreißen von Salz aus dem Kessel in Frage gestellt sein kann, sowie eine ausreichende Beseitigung des von der Maschine mitgeführten Schmieröls. Der Gehalt an Öl darf höchstens 5 mg/l betragen. Höherer Ölgehalt, wie er vor allem bei dem Kondensat von Kolbendampfmaschinen zu erwarten ist, ist mit Rücksicht auf die Bildung von ölhaltigem Kesselstein, der besonders stark isolierend wirkt, zu vermeiden, ferner aber auch mit Rücksicht auf Anfressungen durch ölhaltiges Kondensat. Einwandfreies Mineralöl gibt Korrosionen nur in Gegenwart von Sauerstoff. Der Ölfilm begünstigt das Anhaften der beim Erhitzen ausgetriebenen Luftbläschen an der Kesselwand, ferner wird das Öl durch Sauerstoff zu Fettsäuren oxydiert, beschleunigt durch Überhitzung infolge der Wärmestauung des Ölfilms. Besteht das Öl aber ganz oder z. T. aus fettem Öl bzw. Compoundöl, so entsteht die freie Säure durch Hydrolyse. In alkalischem Wasser gibt die Fettsäure Seife (32), welche das Schäumen begünstigt.

Entölung. Die Abscheidung des Öls kann bis auf 5 mg/l durch Absitzbecken und Ölabscheider geschehen. Bei Hochdruckkesseln dient dieses mechanische Verfahren nur zur Vorentölung. Eine Ölbeseitigung bis auf 0,5 mg/l wird durch chemische Entölung erreicht. Das Öl wird durch Stoffe mitgerissen, die im Wasser in großen Flocken ausfallen und dann über Kies abfiltriert werden. Geeignet hierfür ist Aluminiumhydroxyd $Al(OH)_3$, ein amphoterer Stoff (16), der von der sauren Seite her aus $Al_2(SO_4)_3$ bzw. $AlCl_3$ oder von der basischen Seite aus Natriumaluminat Na_3AlO_3 erzeugt werden kann. Nachteilig ist die dabei stattfindende Salzbildung.

$$Al_2(SO_4)_3 + 6 NaOH \rightarrow 2 Al(OH)_3 + 3 Na_2SO_4.$$

An die Stelle der Aluminium,,flockung'' kann das Ausflocken mit Eisenhydroxyd $Fe(OH)_3$ treten. Ferner ist eine Entölung auch durch elektrolytische Abscheidung möglich. Das an einer Eisenanode erzeugte Eisensalz (23) wird durch gelösten Sauerstoff zu $Fe(OH)_3$ oxydiert, das die Öltröpfchen abfängt und als Schlamm niederschlägt. Der Ölgehalt wird kleiner als 1 mg/l. Gut brauchbar zur Entölung ist auch aktive Kohle (Hydraffin), die bis zu 20% des Eigengewichtes an Öl aufnimmt, aber nicht regeneriert werden kann. Die Ölabscheidung erfolgt bis auf 1 mg/l.

Literatur. Splittgerber: Kesselspeisewasserpflege, 1937. — Hönnicke: Die Wärme 1937, S. 319. — Referat: Arch. Wärmewirtsch. 1938, S. 241. — Bailleul: Aktive Kohle 1937 (Hydraffin). — Vereinigung d. Großkesselbesitzer, Richtlinien f. Wasseraufbereitungsanlagen, 1940.

Kolloidale Fremdstoffe. Der Ölgehalt gehört zu den ,,kolloidalen'' Verunreinigungen des Wassers. Kolloide sind Stoffe mit einer Teilchengröße von etwa 1 nm bis 500 nm (1 nm = 1 ,,Nanometer'' = 10^{-9} m), die

durch ein gewöhnliches Papierfilter hindurchgehen, aber durch Ultrafilter,
z. B. dünne Membranen von Kollodium, zurückgehalten werden. In den
kolloidalen Zustand können grundsätzlich alle Stoffe gebracht werden.
Den Kolloidzustand durchlaufen z. B. sämtliche Salze, die bei der Enthärtung ausfallen, von Natur sind kolloidal verteilt Öle als Emulsionen,
die Humusstoffe als pflanzliche Überreste und die Kieselsäure $(SiO_2)x$ als
mineralisches Kolloid. Die Kolloide sind die Hauptursache des Schäu-
mens der Kessel (25). Die Kolloide werden wie das Öl durch Aluminium-
flockung entfernt. Die Kieselsäure wird hierbei aber nur z. T. aus-
geschieden, weil sie zum anderen Teil als echte Lösung vorliegt. Besser
scheint das Magnesiumhydroxyd als Flockungsmittel zu wirken. Für
Schiffskessel ist die Kieselsäurefrage nicht besonders wichtig, weil das
Seewasser nur ganz geringe Mengen SiO_2 enthält. Bezüglich der Kieselsäurefrage sei daher auf die Literatur verwiesen:

Literatur. Splittgerber: Jahrb. „Vom Wasser" 1939/40 (XIV), S. 271. —
Wesly: desgl. S. 333.

Gasgehalt des Wassers. Ungleich wichtiger ist ein Gehalt des Speisewassers an gelösten Gasen. Es kommen vor allem gelöster Sauerstoff und
gelöste Kohlensäure in Betracht, während der in Lösung befindliche Luftstickstoff als träges Gas keine Rolle spielt. Diese Gase sind erheblich an
der Korrosion des Kesselblechs beteiligt (23). Für die Löslichkeit maßgebend ist der Absorptionskoeffizient α. Er gibt an, wieviel Nl Gas bei
einer bestimmten Temperatur von 1 l Wasser gelöst werden. α nimmt
mit steigender Temperatur stark ab (Tab. 20). Ist γ_0 die Wichte des
Gases in g/Nl (Tab. 4), so ist die bei dem Normaldruck 760 Torr
gelöste Gasmenge $= \alpha \cdot \gamma_0$ g/l. Bei gleicher Temperatur werden bei
einem anderen Druck p aber $\alpha \cdot \gamma_0 \cdot p/760$ g/l gelöst, da das gelöste Gas-
gewicht dem Druck proportional ist:

$$G = \alpha \cdot \gamma_0 \cdot p/760 \text{ g/l}.$$

Unter p ist hier der Partialdruck[1] des Gases zu verstehen. Erfolgt die
Lösung bei 760 Torr, so ist dieser Partialdruck $= 760 - p_s$, wobei p_s der Sättigungsdruck des Wasserdampfes bei der gegebenen Temperatur ist (Tab. 20). Besteht das Gas aus einer Mischung, z. B. Luft,
so ist $760 - p_s$ der Partialdruck der Luft. Der Luftsauerstoff löst sich
dann (nach Dalton unabhängig von den anderen Gasen) seinem Partialdruck entsprechend, der gemäß der Zusammensetzung der Luft $= 0,21$
$(760 - p_s)$ ist. Z. B. ist bei $80° p_s = 355$ Torr, also $760 - p_s = 405$ Torr.
Ist das Gas reiner Sauerstoff, so wird gelöst $G_1 = 0,0176 \cdot 1,429 \cdot 405/760$
$= 0,0134$ g/l $= 13,4$ mg/l. Liegt der Sauerstoff aber in Form von Luft
vor, so ist $760 - p_s = 405$ Torr der Partialdruck der Luft, somit der
Partialdruck des Luftsauerstoffs $= 0,21 \cdot 405$ Torr. Also wird bei

---

[1] Der Gesamtdruck p einer Gasmischung setzt sich additiv aus den Par-
tial(Teil)drücken p_i der einzelnen Gase zusammen: $p = \Sigma p_i$ $(i = 1, 2, 3 \ldots)$.
Der Partialdruck jedes einzelnen Gases ist gleich dem Produkt aus dem Gesamtdruck p und seinem Volumanteil v_i: $p_i = p \cdot v_i \cdot$ (Volumanteil in
Nl/Nl $=$ Vol $°/_0/100$). Jedes Gas löst sich seinem Partialdruck entsprechend
unabhängig von den anderen Gasen.

Berührung mit Luft an Sauerstoff gelöst $G_2 = 0,21 \cdot G_1$ mg/l. Entsprechend ist an Luftkohlensäure (0,03 Vol.-% in der Luft) gelöst: $G_2 = G_1 (CO_2) \cdot 0,003$ mg/l.

Tab. 20. Absorptionskoeffizient und Löslichkeit von O_2 und CO_2

	t	0°	20°	40°	60°	80°	100°	°C
H_2O	ps	4,6	17,5	55,3	149,2	355	760	Torr
O_2	α	0,049	0,031	0,023	0,019	0,0176	0,017	Nl/l
	G_1	69,5	43,2	30,7	22,4	13,4	0	mg/l
	G_2	14,6	9,1	6,5	4,7	2,8	0	mg/l
CO_2	α	1,713	0,878	0,530	0,359	—	—	Nl/l
	G_1	3346	1685	968	572	—	0	mg/l
	G_2	1,01	0,51	0,29	0,18	—	0	mg/l

G_1 = Löslichkeit des reinen Sauerstoffs: $p_{O_2} + p_s = 760$ mm $\}$ entsprechend
G_2 = Löslichkeit des Luftsauerstoffs: $p_{Luft} + p_s = 760$ mm $\}$ für CO_2.
Literatur. Schüle: Techn. Thermodynamik, 1923. — Landolt-Börnstein: Phys.-Chem. Tabellen.

Im Seewasser ist die Löslichkeit des Sauerstoffs etwas geringer. Der Sauerstoff führt in jeder Menge zu Anfressungen (23). Die Gefahr ist um so größer, je mehr Sauerstoff vorhanden ist, je höher der Kesseldruck bzw. die Kesseltemperatur und je reiner die Heizflächen sind. Für Wasserrohrkessel wird verlangt: bis 15 at: $O_2 < 0,5$; bis 25 at: $O_2 < 0,1$; bis 100 at: $O_2 < 0,05$, möglichst 0,02 mg/l, für Bensonkessel $< 0,02$ mg/l. Der Sauerstoffgehalt wird nach (26) laufend gemessen.

Entgasung. Die Entgaser arbeiten nach dem physikalisch-thermischen Verfahren, das auf der Löslichkeitsverminderung der Gase bei steigenden Temperaturen beruht. Der Partialdruck der entweichenden Luft muß so weit wie möglich herabgesetzt werden. Das geschieht grundsätzlich durch Erhitzen des Wassers bis zum Siedepunkt, und zwar entweder bei Unterdruck oder Überdruck. In jedem Falle ist der im Wasser zurückbleibende Sauerstoff gegeben durch die Differenz des Entgaserdruckes und des Sättigungsdruckes des Wassers. Vakuumentgaser arbeiten thermisch günstiger, erfordern aber eine Luftpumpe (Kondensator) und Vermeidung jeder Undichtigkeit. Die Entgasung ist bis auf weniger als 0,05 mg/l O_2 möglich. Für Bensonkessel muß der Sauerstoffgehalt noch weiter verringert werden. Das geschieht auf chemischem Wege durch Zusatz von Natriumsulfit Na_2SO_3:

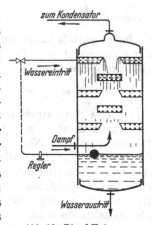

Abb. 32. Riesel-Entgaser.

$$2 Na_2SO_3 + O_2 = 2 Na_2SO_4.$$

Der Sauerstoffrest wird um so schneller gebunden, je höher der Sulfitüberschuß, je höher die Temperatur und je salzärmer das Wasser ist. Das entstehende Sulfat bedeutet eine Salzanreicherung des Speisewassers.

Der Zusatz von Sulfit ist praktisch gleich dem 12fachen Wert des Restsauerstoffgehaltes, also bei Entgasung bis auf 0,1 mg/l O_2 1,2 mg/l Na_2SO_3. Denselben Dienst wie Natriumsulfit leistet die Einleitung von Schwefeldioxyd in das Speisewasser. Die hierbei entstehende Schwefelsäure muß durch alkalische Zusätze neutralisiert werden.

Literatur. VDI, Eignung von Speisewasseraufbereitungsanlagen im Dampfkesselbetrieb, 1940. — Wissell: Arch. Wärmewirtsch. 1935, S. 178.

23. Korrosionen im Dampfkessel.

Der Beginn jeder Korrosion ist auf elektrochemische Vorgänge zurückzuführen. Der Werkstoff wird entweder auf seiner ganzen Oberfläche oder nur an begrenzten Stellen angegriffen. In jedem Falle führt die Korrosion zu einem mehr oder weniger großen Verlust an Metall.

Die Spannungsreihe der Metalle. Jede Korrosion beginnt unter Mitwirkung des Wassers. Beim Eintauchen eines unedlen Metalls in Wasser

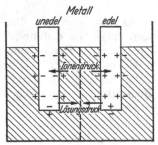

Abb. 33.
Potentialsprung Metall-Lösung.

spielen sich folgende Vorgänge ab: Jedes Metallatom besteht aus dem positiv geladenen Metallion und den locker gebundenen negativ geladenen Außenelektronen. Eingetaucht treibt das Metall einige seiner Ionen in das Wasser. Jedes Metall zeigt hierbei einen ihm eigentümlichen „Lösungsdruck". Die Lösung lädt sich somit positiv auf, das Metall selbst infolge der·zurückgebliebenen Elektronen negativ. Es entsteht eine elektrische Doppelschicht (Abb. 33) und damit ein Potentialsprung Metall-Lösung (M/M^+, M = Metall). Die Größe dieses Elektrodenpotentials hängt von der Art des eintauchenden Metalls und von der Konzentration c der Metallionen ab (c ausgedrückt in g-Ion/l). Es gilt die Nernstsche Formel, die im nächsten Absatz abgeleitet wird:

$$E_c = E_0 + \frac{0,058}{n} \log c \ [n = \text{Wertigkeit des Ions}].$$

E_0 ist das Normalpotential des Metalls, das sich in einer Lösung der Ionenkonzentration c = 1 (also log c = 0) einstellt. Ordnet man die Metalle nach ihren Normalpotentialen, so ergibt sich die Spannungsreihe der Metalle (Tab. 21). Diese Zahlen stellen keine absoluten Werte dar, da es nicht möglich ist, ein Einzelpotential zu messen. Es muß noch eine zweite Elektrode benutzt und die Potentialdifferenz dieser Elektrodenkette gemessen werden (18). Setzt man das Potential der Vergleichselektrode willkürlich = 0, so ist diese Potentialdifferenz gleich dem gesuchten Potential der Elektrode. (Den Potentialsprung zwischen den in Lösung befindlichen Ionen des 1. und des 2. Metalls kann man vernachlässigen.) Als Vergleichselektrode nimmt man eine Normalwasserstoffelektrode (18), also ein von Wasserstoff umspültes Platinblech, das in eine Säure der H-Ionenkonzentration c = 1 taucht (z. B. 2 n-Schwefelsäure). Der Potentialsprung $H_2/2\,H^+$ wird dann = 0e g-

Tab. 21. Spannungsreihe der Metalle (Normalpotentiale in Volt).

Li/Li+	—3,02	Zn/Zn++	—0,76	H₂/2 H+	0,00
K/K+	—2,92	Fe/Fe++	—0,43	As/As+++	+0,3
Ba/Ba++	—2,8	Cd/Cd++	—0,40	Cu/Cu++	+0,34
Na/Na+	—2,71	Co/Co++	—0,29	Cu/Cu+	+0,52
Ca/Ca++	—2,5	Ni/Ni++	—0,22	Ag/Ag+	+0,80
Mg/Mg++	—1,55	Pb/Pb++	—0,12	Hg/Hg++	+0,86
Al/Al+++	—1,28	Sn/Sn++	—0,10	Pt/Pt+	+0,86
Mn/Mn++	—1,0	Fe/Fe+++	—0,04	Au/Au+++	+1,3

setzt. Unterhalb des Wasserstoffs stehen die unedlen Metalle, die um so stärkere Neigung zeigen, in ihren Ionenzustand überzugehen, sich also zu lösen, je negativer, also unedler ihr Potential ist. Oberhalb des Wasserstoffs stehen die Edelmetalle, die umgekehrt die Neigung zeigen, aus ihrem Ionenzustand (in Form ihrer Salzlösung) in den Atomzustand überzugehen. Ihre Ionen schlagen sich auf dem Metall nieder und laden dieses positiv auf, während die benachbarte Lösungsschicht negativ geladen zurückbleibt. Nach der Nernstschen Formel ist das Potential eines Metalls aber nicht nur von der Art des Metalls, sondern auch von der Konzentration seiner Ionen abhängig. Das Elektrodenpotential E_c kann daher erheblich von dem Normalpotential abweichen, z. B. ist das Potential der Eisenelektrode in m/1000 $FeSO_4$ mit $[Fe^{++}] = 10^{-3}$; n = 2:

$$E_c = -0,43 - 3/2 \cdot 0,058 = -0,527 \text{ Volt.}$$

Das Potential der unedlen Metalle wird also mit sinkender Ionenkonzentration immer unedler.

Ableitung der Nernstschen Formel. Aus der Größe der Elektrodenpotentiale geht hervor, daß beim Übergang der Metalle in den Ionenzustand beträchtliche elektrische Ladungen auftreten. Durch messende Versuche kann die Ladungsgröße bestimmt werden. Hierzu scheidet man Metalle aus ihrer Ionenlösung kathodisch ab und bestimmt Stromstärke, Zeit und abgeschiedene Metallmenge. Das Ergebnis lautet:

96 500 Coulombs (Amp. sec) scheiden 1 g-Äquivalent Metall ab.

Beispiel: 96 500 Coul. scheiden 108 g Silber bzw. 1/2 · 63,6 = 31,8 g Kupfer ab. 1 Coul. = 1 Amp. in der sec scheidet $\frac{108\,000}{96\,500} = 1,118$ mg Silber bzw. $\frac{31\,800}{96\,500} = 0,329$ mg Kupfer ab.

In anderer Ausdrucksweise ist 1 g-Äquivalent eines Ions Träger von 96 500 Coul., 1 gmol Ionen der Träger von n · F Coul., wobei n die Wertigkeit und F die „Faradaysche" Konstante 96 500 Coul. ist. Geht nun von der Elektrode 1 gmol Ionen in die Lösung, so werden n F Coul. umgesetzt. Die entstehende Potentialdifferenz sei = d E, die Änderung des Ionendruckes (der bestrebt ist, die Ionen wieder aus der Lösung zu entfernen) = dp. Die elektrische Arbeit ist dann nF · dE Watt sec (1 Watt = 1 Volt · 1 Amp.), die mechanische Arbeit = V · d p. Auf die Beziehung zwischen Druck und Volumen V der Ionen kann man die molare Zustandsgleichung der Gase anwenden: $p \cdot \mathfrak{V} = \mathfrak{R} \cdot T$ (10). Da die elektrische Arbeit gleich der von der Lösung aufgenommenen mechanischen Arbeit sein muß, folgt:

$$n\,F \cdot d\,E = \mathfrak{B}\,d\,p.$$

Da nach der Zustandsgleichung $\mathfrak{B} = \mathfrak{R} \cdot T/p$ ist, ergibt sich:

$$n\,F \cdot d\,E = \mathfrak{R} \cdot T \cdot dp/p.$$

Der Ionendruck p ist nun proportional der Konzentration c der Ionen:

$$n\,F \cdot dE = \mathfrak{R} \cdot T \cdot dc/c.$$

Das ergibt logarithmisch integriert:

$$n\,F\,(E_c - E_{c_0}) = \mathfrak{R}\,T \cdot \ln c/c_0.$$

Ist $c_0 = 1$ g-Ion/l, so ist $E_{c_0} = $ dem Normalpotential E_0 der Elektrode. Daher ergibt sich die von Nernst aufgestellte Formel:

$$E_c = E_0 + \frac{\mathfrak{R}\,T}{n\,F} \cdot \ln c.$$

Es seien noch die Zahlenwerte eingesetzt:

$$\mathfrak{R} = 848\,\frac{mkg}{kmol\,°C} = 0{,}848\,\frac{mkg}{gmol\,°C} = 1{,}986\,\frac{cal}{gmol\,°C} = 8{,}31\,\frac{Watt\,sec}{gmol\,°C}$$

[es sind 427 mkg $= 1000$ cal; 1 cal $= 4{,}18$ Watt sec]; T sei $= 291°$ abs. ($18°$ C); $F = 96\,500$. Der natürliche Logarithmus ln c ist $= 2{,}303 \cdot \log c$ (Briggscher Logarithmus); also ergibt sich:

$$E_c = E_0 + \frac{0{,}058}{n}\,\log c.$$

Literatur. Bauer-Kröhnke-Masing: Die Korrosion metallischer Werkstoffe, Bd. 1, 1936.

Korrosion durch Lokalelemente. Taucht man zwei verschiedene Metalle in ihre Salzlösungen, so erhält man ein galvanisches Element. Das bekannteste ist das Daniell-Element $Zn/ZnSO_4 — CuSO_4/Cu$. Seine elektromotorische Kraft ist nahezu gleich der Differenz seiner Normalpotentiale $+0{,}34 — (—0{,}76) = 1{,}10$ Volt. Sobald die Metalle durch einen Schließungsdraht verbunden werden, liefert das Element Strom. Dieser besteht aus den aus dem Zink abwandernden Elektronen. Dadurch wird das in der elektrischen Doppelschicht herrschende Gleichgewicht gestört. Neue Zinkionen gehen in Lösung. Die Elektronen ergeben mit den auf dem Kupfer niedergeschlagenen Cu^{++}-Ionen metallisches Kupfer. Auch auf der Kupferseite wird das Gleichgewicht gestört. Es schlagen sich fortgesetzt neue Cu^{++}-Ionen auf dem Kupfer nieder. Der Gesamtvorgang besteht in einer fortgesetzten Auflösung des Zinks, allgemein des unedlen Metalls. Galvanische Elemente entstehen immer bei Berührung verschieden edler Stoffe.

Jeder im Kessel befindliche Fremdkörper (Kohlestücke, Schlacke) ergibt mit dem Eisen ein galvanisches Element. Das Eisen ist hierbei fast immer der unedle Teil und wird gelöst. Es entstehen dann tiefe örtliche Anfressungen. Auch der Kesselstein bildet mit dem Eisen ein solches Element. Die entstehenden Anfressungen sind besonders schwer, wenn der Kesselstein Rost enthält. Besonders starke Elemente entstehen bei Berührung des Eisens mit Kesselarmaturen aus Kupfer, Bronze oder Messing.

Endlich entstehen Korrosionsströme durch Verschiedenheiten im Gefüge des Eisens. Diese können durch die Herstellung oder nachträgliche Beanspruchung hervorgerufen sein. Dazu gehören Beimengungen im Stahl, wie Kohlenstoff, Schwefel, Schlacken, gelöste Gase, Zunder, ferner grobes und ungleichmäßiges Korn sowie Spannungen im Werkstoff.

Korrosion durch Salzsäure. Besonders wichtig ist das aus einem Metall M und Wasserstoff gebildete Element $M/M^+ - 2\,H^+/H_2$. Es entsteht beim Eintauchen des Metalls in eine Säure. Ist das Metallpotential niedriger als das Wasserstoffpotential, so wird das Metall von der Säure unter Wasserstoffentwicklung gelöst. Der Vorgang kann z. B. für Eisen in der Gleichung zusammengefaßt werden:

$$Fe + 2\,H^+ = Fe^{++} + H_2.$$

Da zunächst keine Eisenionen in der Lösung sind, ist das Eisenpotential nach der Nernstschen Formel sehr unedel, während bei starken Säuren, z. B. HCl, das Wasserstoffpotential je nach der Konzentration der H^+-Ionen nicht weit unter dem Normalpotential, also nicht viel unter 0 liegt. Der Angriff starker Säure führt also wegen der großen Potentialdifferenz zu einer schnellen Lösung des Eisens. Freie Salzsäure gelangt dann in den Kessel, wenn das Speisewasser aus dem Seewasserverdampfer stammt. Das Destillat des Verdampfers enthält geringe Mengen von mitgerissenen Salzen, die sich im Kessel anreichern. Das schädlichste dieser Salze ist das Magnesiumchlorid. Durch dessen hydrolytische Spaltung (21) tritt freie Salzsäure im Kessel auf. Mit dem Speisewasser kann auch die bereits im Seewasserverdampfer entstandene Salzsäure (21) in den Kessel eingeschleppt werden. Dringt endlich Seewasser durch undichte Stellen in das Speisewasser, so gibt das gesamte Magnesiumchlorid im Kessel durch Spaltung Salzsäure ab. Die leicht flüchtige Salzsäure wird aus dem Kessel weiter in die Maschinen, Hilfsmaschinen und in den Kondensator geschleppt und ruft dort weitere Zerstörungen hervor. Sie ist der größte Feind des Kessels.

Korrosion durch Kohlensäure. Der Angriff des Eisens durch eine schwache Säure ist naturgemäß geringer. Wird z. B. Speisewasser verwendet, das durch Berührung mit Luft an CO_2 gesättigt ist, so enthält 1 l Wasser nach (22) 1,009 mg/l = $2,3 \cdot 10^{-5}$ gmol/l CO_2 (bei 0° C). Nach der Formel $[H^+] = \sqrt{K_S \cdot c}$ (17) ist die $[H^+]$ solchen Wassers mit $K_S = 3 \cdot 10^{-7}$ für Kohlensäure (Tab. 17):

$$[H^+] = \sqrt{3 \cdot 10^{-7} \cdot 2,3 \cdot 10^{-5}} = 2,62 \cdot 10^{-6}\,g/l\,.$$

Daher ist der p_H-Wert = 5,58. Rechnet man rd. mit $[H^+] = 10^{-6}$, so liegt das Wasserstoffpotential um $6 \cdot 0,058 = 0,348$ V unter dem Normalpotential 0. Die Spanne dem Eisenpotential gegenüber ist zwar kleiner als bei starken Säuren, genügt aber doch zu einer langsamen Lösung des Eisens. Aber das CO_2 entsteht auch im Kessel selbst, wenn das Speisewasser noch einen Rest an $Ca(HCO_3)_2$ oder $Mg(HCO_3)_2$ hat, durch deren thermische Zersetzung (21). Im Seewasserkondensat kommen diese Stoffe allerdings kaum vor, da das Seewasser selbst kaum Karbonathärte hat (21). Bei Zusatzwasser von Land, das mit Permutit enthärtet ist, entsteht Kohlensäure durch Spaltung des Natriumbikarbonats (21). Der künstliche Zusatz von Soda Na_2CO_3 zur Erzielung einer alkalischen Reaktion (24) empfiehlt sich zumindest für Hochdruckkessel nicht, da die Soda oberhalb 50 at nahezu vollständig unter Abgabe ihrer Kohlensäure zerfällt.

Korrosion durch reines Wasser. Wenn also säurehaltiges Wasser für den Kessel ungeeignet ist, so wäre als besonders brauchbar destilliertes Wasser anzunehmen. Eisen löst sich aber selbst im reinsten Wasser unter Entwicklung von Wasserstoff. Wasser hat bei 22° den p_H-Wert 7, d. h. $[H^+] = 10^{-7}$. Nach der Nernstschen Formel ist also das Potential des Wasserstoffs um $7 \cdot 0,058 = 0,406$ V unedler als das Normalpotential für $[H^+] = 1$. Es beträgt also $-0,406$ V und liegt damit zwischen den Normalpotentialen von Eisen und Cadmium (Tab. 21). Eisen und alle noch unedleren Metalle lösen sich also in Wasser. Bei Zimmertemperatur ist die Lösung unmerklich. Bei 100° ist der p_H-Wert reinsten Wassers jedoch bereits nahezu 6. Das Wasserstoffpotential ist also um 0,058 V höher und die Spanne dem Eisen gegenüber wird größer. Bei 200° ist der p_H-Wert sogar 5,69 ($[H^+] = 20,5 \cdot 10^{-7} = \sqrt{K_w} = \sqrt{460} \cdot 10^{-7}$). Im Hochdruckkessel verhält sich reines Wasser wie eine schwache Säure. Die Lösung des Eisens im reinen Wasser wird jedoch bald verzögert. Mit der Anreicherung der Fe^{++}-Ionen wird das Eisenpotential edler. Gleichzeitig wird das Wasser immer mehr alkalisch unter dem Einfluß des entstehenden Eisen(2)hydroxyds, das in geringer Menge löslich ist:

$$Fe + 2 H_2O = Fe(OH)_2 + H_2.$$

Dadurch steigt der p_H-Wert, das Wasserstoffpotential wird unedler. Die Lösung hört auf, sobald das steigende Eisenpotential das fallende Wasserstoffpotential erreicht hat. Dieser Fall tritt ein bei Erreichung des p_H-Wertes 9,6.

Korrosion durch Sauerstoff. Zusammenfassend ist festzustellen, daß die Lösung des Eisens in Säure oder Wasser durch den Unterschied zwischen dem Eisenpotential und dem Wasserstoffpotential bestimmt ist. Das gilt jedoch nur, wenn das Wasser frei von gelöstem Sauerstoff ist. Sobald das Wasser aber Sauerstoff enthält (22), beherrscht dieser das Bild der Korrosion des Eisens. Der Angriff hängt nunmehr von der Differenz zwischen dem Eisenpotential und dem Sauerstoffpotential ab, das wesentlich edler als das Wasserstoffpotential ist. Das Sauerstoffpotential stellt sich in reinster Form an einer Sauerstoffelektrode ein, d. h. einem von Sauerstoff umspülten Platinblech. An dieser Elektrode wird der Sauerstoff zu Hydroxylionen reduziert (und umgekehrt die OH^--Ionen zu O_2 oxydiert):

$$O_2 + 2 H_2O \rightleftarrows 4 OH^-$$

Die negativen Ladungen werden der Elektrode entnommen, die ihrerseits positiv aufgeladen wird. Für das Elektrodenpotential gilt, wie ohne Beweis angegeben sei, die Formel:

$$E = E_0 + \frac{0,058}{4} \log \frac{[O_2]}{[OH^-]^4}.$$

Das Sauerstoffpotential steigt also mit zunehmender Sauerstoffkonzentration und zunehmendem Säuregrad, also abnehmender $[OH^-]$ (17). Das Normalpotential E_0 mit $[O_2] = 1$ und $[OH^-] = 1$ bzw. $[H^+] = 10^{-14}$ oder $p_H = 14$ beträgt $+ 0,41$ V, für $p_H = 7$ folgt dann $E = + 0,82$ V und für $p_H = 0$ $E = + 1,23$ V.

Der Sauerstoff des Kesselwassers schlägt nun auf dem Kesselblech rein chemisch eine Oxydschicht nieder, die einer Belegung des Blechs mit Sauerstoff entspricht. Da hiermit eine Sauerstoffelektrode entsteht, ist das Potential dieser Schicht bedeutend edler als das stark negative Potential des reinen Eisens. Je nach dem Grade der Oxydbelegung stellen sich in neutralem Wasser Potentiale zwischen 0 und $+0,82$ V ein. Wenn diese Oxydschicht lückenlos wäre, müßte sich das oxydbedeckte Eisen wie ein Edelmetall verhalten. Leider entstehen in dieser Schicht aber fortgesetzt neue Risse. Dadurch bilden sich starke Lokalelemente zwischen den edlen Oxydschichten und dem blanken unedlen Eisen. Daher löst sich das reine Eisen in diesen Rissen und es kommt zu dem gefürchteten „Lochfraß". Es kommt noch hinzu, daß in die entstandenen Vertiefungen im Eisen der Sauerstoff schlecht eindringen kann und die Entstehung edlerer Oxydschichten dadurch erschwert wird. Das Eisen ist also nicht an den am meisten „belüfteten" Stellen der stärksten Korrosion ausgesetzt, sondern gerade an den „unbelüfteten", da nach obiger Formel das Potential der belüfteten Stellen edler ist als dasjenige der unbelüfteten. Die durch Lösung des Eisens entstehenden Fe^{++}-Ionen werden durch den Sauerstoff ganz oder teilweise zu Fe^{+++}-Ionen oxydiert:

$$4\ Fe^{++} + O_2 + 2\ H_2O = 4\ Fe^{+++} + 4\ OH^-.$$

Es bilden sich je nach dem Grade der Oxydation verschiedene Oxyde oder Oxydhydrate: bei hoher Sauerstoffkonzentration hauptsächlich das gelbbraune $Fe_2O_3 \cdot H_2O$, bei niedriger Sauerstoffkonzentration außerdem das schwarze $FeO \cdot Fe_2O_3$ (bzw. Fe_3O_4) oder das grüne $FeO \cdot Fe_2O_3 \cdot H_2O$, im sauerstofffreien Wasser bildet sich nur das weiße $Fe(OH)_2$.

Literatur. Bauer-Kröhnke-Masing: Die Korrosion der metallischen Werkstoffe Bd. 1, 1936.

24. Der alkalische Kesselschutz.

Es hat sich gezeigt, daß der Kessel mancherlei Gefahren durch Kesselstein und Korrosion ausgesetzt ist. Der hochwertige Baustoff muß dagegen geschützt werden. Seit einigen Jahren ist in der Kriegsmarine das alkalische Kesselschutzverfahren mit bestem Erfolge im Gebrauch. Dem Kesselwasser werden Ätznatron (NaOH) und Trinatriumphosphat ($Na_3PO_4 \cdot 10\ H_2O$) zugesetzt.

Schutzwirkung des Ätznatrons. Die Natronlauge neutralisiert die in den Kessel eingeschleppten oder im Kessel entstandenen Säuren (HCl, H_2CO_3) (23). Es bilden sich die Salze $NaCl$ und Na_2CO_3. Darüber hinaus ergibt sie aber vor allem einen wirksamen Schutz gegen Korrosion durch Sauerstoff, und zwar durch „Passivierung" des Kesselblechs. Unter Passivierung versteht man eine Veredelung des Eisenpotentials in dem

Maße, daß dieses gegen den Angriff des Sauerstoffs geschützt ist. Diese Veredelung des Eisenpotentials wird durch gut haftende und zusammenhängende Oxydschichten bewirkt (23). Die OH^--Ionen des alkalischen Wassers bilden mit den Fe^{++}-Ionen des sich anfangs lösenden Eisens $Fe(OH)_2$. Dieses ist aber sehr empfindlich gegen Sauerstoff und wird daher mehr oder weniger zu Fe_2O_3 oxydiert, das mit FeO zusammen das Zwischenoxyd $FeO \cdot Fe_2O_3 = Fe_3O_4$ ergibt. Dieses in

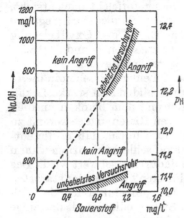

nicht zu starker Natronlauge unlösliche Oxyd schirmt als samtschwarzer Niederschlag das Eisen ab. Die mit zunehmender Alkalität immer lückenloser werdende Oxydschicht bewirkt eine immer stärker werdende Veredelung des Eisenpotentials (23). Die Schutzwirkung beginnt mit 100 mg/l NaOH und steigt bis 1000 mg/l NaOH. Bei diesem Alkaligehalt, dem „Schwellenwert", hört der Angriff praktisch auf: Je größer daher der NaOH-Gehalt, desto größer darf der noch zulässige Sauerstoffgehalt des Wassers sein (Abb. 34). — Soweit das Speisewasser noch

Abb. 34. Der Angriff von Sauerstoff bei verschiedenen Alkaligehalten (nach Splittgerber).

einen Rest von Härtebildnern mitbringt, wird dieser durch NaOH gefällt. NaOH wirkt ähnlich wie die Kalkmilch der Kalk-Sodaenthärtung. Die bei dieser Enthärtung entstehende Soda beseitigt die Nichtkarbonathärte:

$$Ca(HCO_3)_2 + 2\,NaOH = CaCO_3\!\downarrow + Na_2CO_3 + 2\,H_2O$$
$$CaSO_4 + Na_2CO_3 = CaCO_3\!\downarrow + Na_2SO_4.$$

Laugenbrüchigkeit. Zur Erzielung einer genügenden Schutzwirkung ist anfänglich mit hohen Ätznatronzusätzen gearbeitet worden (1200 mg/l NaOH). Dadurch wurde das Schäumen der Kessel einschließlich der damit verbundenen Folgeerscheinungen begünstigt (25). Ferner kann ein hoher Ätznatrongehalt unter Umständen bei Eindickung des Wassers im Kessel zu unzulässig hohen Werten der Alkalität führen. Eine solche Anreicherung von NaOH kann z. B. in Nietspalten eintreten, durch welche das Wasser verdampft. Wird der Werkstoff gleichzeitig mechanisch beansprucht, so können bei mehr als 300 g/l NaOH Nietlochrisse eintreten. Diese als „Laugenbrüchigkeit" bezeichnete Erscheinung erklärt man durch ein erhebliches Absinken des Eisenpotentials nach der unedlen Seite. Oberhalb des Schwellenwertes 1000 mg/l NaOH sinkt das Potential zunächst langsam, dann von etwa 40 g/l NaOH an steil ab und erreicht z. B. bei 630 g/l NaOH den Wert —0,864 V. Bei derartigen Konzentrationen geht das Eisen als Ferration in Lösung:

$$2\,Fe(OH)_3 = 2\,H^+ + Fe_2O_4^= + 2\,H_2O.$$

Das $Fe(OH)_3$ betätigt sich hier als schwache Säure, es ist ein amphoterer Stoff, ähnlich wie $Al(OH)_3$ (16). Das entstehende Natriumferrat $Na_2Fe_2O_4$, also ein Salz des 6wertigen Eisens, bildet rote Schlieren, es zersetzt sich jedoch bald unter Sauerstoffentwicklung. An der Bruchstelle findet man das schwarze Magnetit Fe_3O_4. Die Laugenbrüchigkeit findet man besonders bei permutiertem Speisewasser (21), dessen $NaHCO_3$-Gehalt im Kessel in Soda übergeht, die ihrerseits bei höherem Kesseldruck hydrolytisch in NaOH und CO_2 zerfällt:

$$2\,NaHCO_3 = Na_2CO_3 + H_2O + CO_2;\ Na_2CO_3 + 2\,H_2O = 2\,NaOH + H_2O + CO_2.$$

Abhilfe gegen Laugenbrüchigkeit schafft man durch Schutzsalze, z. B. Trinatriumphosphat.

Literatur. Bauer-Kröhnke-Masing: Die Korrosion der metallischen Werkstoffe Bd. 1, 1936.

Schutzwirkung des Trinatriumphosphats. Das Trinatriumphosphat wirkt durch Hydrolyse ebenfalls alkalisch, wenn auch schwächer als NaOH. Ein Gehalt von 100 mg/l $Na_3PO_4 \cdot 10\,H_2O$ ergibt z. B. den p_H-Wert 9,8 (100 mg/l NaOH ergeben $p_H = 11,5$). Daraus folgt bereits seine passivierende Wirkung auf das Kesselblech (s. NaOH). Maßgeblich ist hieran aber eine auf dem Eisen entstehende Schicht von Eisenphosphat beteiligt. Es sei in diesem Zusammenhang auf die Passivierung von Eisengegenständen durch Phosphatierung hingewiesen, das „Parker"-Verfahren (s. Literatur). Es ist also möglich, einen Kessel ohne Zusatz von NaOH allein mit Trinatriumphosphat zu fahren. Das geschieht z. B. bei dem gegen Salzanreicherung besonders empfindlichen Bensonkessel. Das Speisewasser erhält hier einen Zusatz von nur 2 mg/l $Na_3PO_4 \cdot 10\,H_2O$. Die daraus folgende geringe Alkalität von $p_H = 7,9$ erfordert eine besonders weitgehende Entfernung des Sauerstoffs. Man erreicht das durch Zusatz von wenig Na_2SO_3 (22). Im allgemeinen wird aber außer Trinatriumphosphat noch Ätznatron herangezogen. Eine etwa durch NaOH entstehende Gefahr der Laugenbrüchigkeit wird durch die Phosphatschicht, die sich selbst in engen Spalten bildet, behoben. Bei Verwendung von Phosphat kann der Zusatz von Ätznatron beträchtlich herabgesetzt werden.

Ferner beseitigt das Phosphat schneller und gründlicher als Ätznatron die unangenehme, zur Versteinung der Rohre führende Resthärte. Der Grund ist die viel höhere Unlöslichkeit des entstehenden Calcium- bzw. Magnesiumphosphats:

$$3\,Ca^{++} + 2\,PO_4^{\equiv} = Ca_3(PO_4)_2 \downarrow.$$

Das neutrale Ca- bzw. Mg-Phosphat bildet sich vorzugsweise in neutralem oder schwach alkalischem Wasser. Bei stärkerer Alkalität bildet sich eine basische Verbindung (Hydroxylapatit), z. B. $Ca(OH)_2 \cdot 3\,Ca_3(PO_4)_2$. Das Phosphat beseitigt die Resthärte nahezu vollständig. Das Kalkphosphat fällt in großen Flocken. Diese reißen die Verunreinigungen des Wassers mit. Sie brennen nicht fest und machen damit die Resthärte gefahrlos. Das Phosphat gibt auch mit Kieselsäure keinen festen Kesselstein. Der Schlamm kann einfach aus dem Kessel gedrückt werden. Es hat sich weiter herausgestellt, daß das Phosphat sogar Kesselstein, der sich z. B. bei vorübergehender Verwendung schlechten Speisewassers bilden kann,

wieder löst. Bei der Ausfällung der Härtebildner bleiben im Wasser gelöst Na^+, Cl^-, $SO_4^=$, $CO_3^=$, also die Salze $NaCl$, Na_2SO_4 und Na_2CO_3.
Literatur. Ammer: Die Wärme 1938, S. 188. — Hofer: Arch. Wärmewirtsch. 1935, S. 289. — Hofer: Die Wärme 1934, S. 241. — Machia: Der Phosphatrostschutz, 1940.

Natronzahl und Phosphatzahl. Die praktische Durchführung des alkalischen Kesselbetriebes erfordert eine genaue Maßzahl für den jeweiligen Gehalt des Kesselwassers an Ätznatron und Trinatriumphosphat. Beide müssen stets in einem gewissen Überschuß vorhanden sein. Man gibt den Gehalt an NaOH in mg/l an. Dazu kommt aber noch die alkalische Wirkung der sich im Kessel bildenden Soda (s. NaOH u. Na_3PO_4). Naturgemäß ist die alkalische Wirkung der Soda derjenigen des Ätznatrons nicht gleichzusetzen, weil sie nur z. T. durch Hydrolyse NaOH abspaltet. Man rechnet mit dem 4,5. Teil der Schutzwirkung. Es ergibt sich dann die Natronzahl:

$$NaZ = mg/l \, NaOH + mg/l \, Na_2CO_3/4{,}5.$$

Für Hochleistungskessel wird in Abwesenheit von Phosphat mit NaZ zwischen 200 und 1000, bei Anwesenheit von Phosphat bei Kesseldrucken $<$ 50 at mit 100 — 400, bei $>$ 50 at mit 50 — 100 mg/l gerechnet. Voraussetzung für kleine Natronzahl ist also genügender Phosphatgehalt. Es empfiehlt sich, für die Angabe des Phosphatgehalts nicht den ganzen Betrag $Na_3PO_4 \cdot 10 \, H_2O$ in Rechnung zu setzen, sondern nur den darin steckenden wirksamen Anteil P_2O_5 entsprechend:

$$2 \, Na_3PO_4 = 3 \, Na_2O + P_2O_5.$$
$$\text{Phosphatzahl PZ} = mg/l \, P_2O_5.$$

Zwischen der Angabe von P_2O_5 und derjenigen von $Na_3PO_4 \cdot 10 \, H_2O$ besteht ein einfacher Zusammenhang. Das Mol-Gewicht von P_2O_5 ist $= 142$, von $2 \, Na_3PO_4 \cdot 10 \, H_2O = 688$. Es entspricht also $1 \, mg/l \, P_2O_5$ rund $5 \, mg/l = 5 \, g/m^3$ Phosphat. **Der Phosphatgehalt von Hochdruckkesseln ist auf etwa $10 \, mg/l \, P_2O_5$ zu halten, von Wasserrohrkesseln bis 20 at auf etwa 20 mg/l.** Der Phosphatverbrauch wächst mit der Härte des benutzten Speisewassers und der Menge des durch Undichtigkeiten des Kondensators eindringenden Seewassers.

Die Alkalitätszahl. Der Begriff der Natronzahl weist verschiedene Mängel auf. Sofern mit Trinatriumphosphat gearbeitet wird und etwa noch mit Natriumsulfit Na_2SO_3 zur Bindung restlichen Sauerstoffs, muß infolge Hydrolyse dieser Salze unter Abspaltung von NaOH genauer gesetzt werden:

$$NaZ = NaOH + \frac{Na_2CO_3}{4{,}5} + \frac{Na_2SO_3}{4{,}5} + \frac{Na_3PO_4 \cdot 10 \, H_2O}{1{,}5}.$$

Die Bestimmung der Natronzahl erfordert dann noch die Einzelbestimmung von Na_2SO_3 und $Na_3PO_4 \cdot 10 \, H_2O$. Das Verfahren wird damit umständlich. Ferner liegt eine gewisse Unsicherheit in den Bewertungszahlen 4,5 bzw. 1,5 der einzelnen Salze. Die Zahl 4,5 für Soda stammt aus Versuchen bei 100° und Normaldruck, die Zahlen 4,5 für Na_2SO_3 und 1,5 für $Na_3PO_4 \cdot 10 \, H_2O$ aus Versuchen bei Zimmertemperatur und Normaldruck. Ihre Übertragung auf den Kesselbetrieb kann nur als

Näherung angesehen werden. Wenn man nun berücksichtigt, daß für die Natronzahl ein gewisser Spielraum gegeben ist, erscheint es vorteilhafter, im Interesse der Vereinfachung der Methode und der dadurch ermöglichten häufigeren Messung von der Einzelbestimmung der Salze abzusehen. Nach dem Vorbild der I. G. gibt man dann nur die Alkalität als Alkalitätszahl AZ an. Sie wird durch Titrieren mit Phenolphthalein als Indikator bestimmt. Da Phenolphthalein bei $p_H = 8$ umgeschlagen ist, handelt es sich also um den Überschuß der Alkalität über diesen Wert. Die Alkalitätszahl wird in mg/l NaOH angegeben (26):

$$AZ = mg/l \, NaOH.$$

Die Berechtigung, die Alkalität als NaOH zu berechnen, ergibt sich daraus, daß Soda in Hochdruckkesseln infolge vollständiger Spaltung ohnehin nicht mehr vorhanden ist.

Literatur. Seyb: Arch. Wärmewirtsch. 1937, S. 209.

25. Die Versalzung des Dampfes.

Der Schutz des Kessels kann durch den alkalischen Kesselbetrieb als zufriedenstellend gelöst angesehen werden. Dagegen ergeben sich neue Schwierigkeiten durch die in den Dampf übergehenden Teile der im Kesselwasser gelösten Salze.

Dichteverhältnis des Kesselwassers. Den größten Teil dieser Salze bringt das Speisewasser mit. Bei Verwendung enthärteten Wassers handelt es sich neben der Resthärte und Überschüssen der Enthärtungsmittel bei dem Kalk-Sodaverfahren um die Neutralsalze NaCl und Na_2SO_4, bei dem Permutitverfahren außerdem noch um $NaHCO_3$, bei dem Phosphatverfahren noch um Na_2CO_3. Wesentlich kleiner ist der Salzgehalt des Speisewassers bei dem Verdampferkondensat und bei dem mit Wofatit behandelten Wasser (21). Aber auch salzarmes Speisewasser kann im Schiffsbetrieb durch Eindringen von Seewasser, z. B. durch Überkochen der Verdampfer, durch undichte Kondensatoren, Speisewasserzellen, Rohrleitungen schnell versalzt werden. Dazu kommen die im Kesselbetrieb zugesetzten Stoffe NaOH, Na_3PO_4, gegebenenfalls auch Na_2SO_3, und die daraus entstehenden Salze (NaCl, Na_2CO_3, Na_2SO_4) (24). Alle diese Salze reichern sich bei der Dauerverdampfung im Kessel an, das Kesselwasser wird immer mehr eingedickt. Der Gesamtsalzgehalt wird angegeben in mg/l oder durch das Dichteverhältnis des Kesselwassers (bezogen auf Wasser = l), das man in Baumé-Graden ausdrückt. Die Bé-Skala ist eine vielfach gebrauchte Angabe für den Gehalt wäßriger Lösungen. Sie ist festgelegt durch reines Wasser mit 0° Bé und 10proz. Kochsalzlösung vom spez. Gewicht 1,075 mit 10° Bé. Die Bé-Grade ergeben somit verzehnfacht den Salzgehalt in g/l, wenn man zur Vereinfachung den Gesamtsalzgehalt als NaCl betrachtet. Das Meßgerät ist eine Aräometerspindel. Diese wird in einen mit Wasser gefüllten Standzylinder getaucht. Sie muß frei schwimmen. Luftblasen sind durch kleine Bewegungen zu entfernen. Bei Hochdruckkesseln erfolgt die Prüfung etwa alle 6 Std. Als Anhaltswerte für den höchstzulässigen Salzgehalt des Kesselwassers von Wasserrohrkesseln können gelten: 1—15 at: $< 2°$ Bé, 15—25 at: $< 1°$ Bé, 25—50 at: $< 0,5°$ Bé, 50—100 at: $< 0,3°$ Bé, für Marine-hochdruckheißdampfkessel $< 0,15°$ Bé $= 1500$ mg/l Salz, für Benson-trommelkessel < 800 mg/l. Bei Hochleistungskesseln ist die Salzanreicherung infolge der außerordentlich schnellen Verdampfung und des verhältnismäßig kleinen Wasserraumes besonders groß. Werden die genannten Werte im Laufe des Betriebes überschritten, so muß eine entsprechende Menge des Kesselwassers abgelassen werden. Der Kesselinhalt wird „entsalzt". Das bedeutet Absalzverluste bis zu 20 % des verdampften Speisewassers.

Literatur. Wesly: Die Wärme 1938, S. 75 (Eindickung von Kesselwässern). — Splittgerber: Arch. Wärmewirtsch. 1935, S. 61 (Gesamtsalzgehalt und Neutralsalze).

Das Schäumen der Kessel. Das Absalzen ist erforderlich, um das Mitreißen größerer Salzmengen in den Dampf zu verhindern. Der vom Kessel erzeugte Sattdampf führt als Dampfnässe eine gewisse Zahl im Dampf schwebender Flüssigkeitströpfchen und somit deren Salzgehalt mit. Dieser Feuchtigkeitsgehalt des Dampfes bleibt jedoch auch bei hohem Druck unter 1 %. Größere Dampffeuchtigkeit wird gewöhnlich durch das Schäumen der Kessel verursacht. Es bilden sich hierbei von einer Wasserhaut umgebene Dampfblasen. Werden größere geschlossene Wassermengen mitgerissen, so „spuckt" der Kessel, z. B. wenn die in beheizten Wasserrohren befindlichen Dampf- und Wasserkolben in die Sattdampfleitung gelangen. Die Trennung von Wasser und Dampf kann durch entsprechende Kesselkonstruktion erleichtert werden. Während das Spucken der Wasserrohrkessel dadurch heute praktisch bei Wasserrohrkesseln beseitigt ist, genügt richtige Kesselkonstruktion und auch die Einhaltung eines bestimmten oberen Salzgehaltes im Kessel nicht, um das Schäumen zu vermeiden. Das Schäumen ist nicht allein von der Salzmenge, sondern auch von der Zusammensetzung des Salzgemisches abhängig. Schaumförderer sind vor allem organische Schwebstoffe, ausgefällte Härtebildner und das Ätznatron.

Die im Dampf vorhandenen Salze scheiden sich zum größten Teil schon an der Innenwand der Überhitzerrohre ab, sodaß diese leicht durchbrennen. Ein Teil gelangt in die Rohrleitungen und bewirkt dort ein Klemmen der Ventile. Endlich lagert sich Salz auf den Schaufeln der Turbinen ab (s. u.).

Löslichkeit von Salzen im Hochdruckdampf. Bei hohem Kesseldruck (> 80 atü) gelangen die Salze nicht mehr allein durch mitgerissenes Wasser in den Dampf. Nach Spillner hat der hochgespannte Dampf, der sich längst nicht mehr im idealen Gaszustand befindet, ein beträchtliches Lösevermögen für Salze. Die Löslichkeit steigt stark mit dem Druck, nimmt aber bei gleichem Druck mit steigender Temperatur (Überhitzung) ab. Daher scheiden sich die im Dampf gelösten Salze z. T. im Überhitzer ab, der größte Teil jedoch infolge Entspannung des Dampfes in der Turbine. Infolge der verschiedenen Löslichkeit der einzelnen Salze ($NaCl$ und $NaOH$ gut löslich, Na_2SO_4 dagegen auffallend wenig) hat das ausgeschiedene Salzgemisch eine ganz andere Zusammensetzung als das Salzgemisch im Kesselwasser. Für die Löslichkeit seien folgende Zahlen angegeben:

Tab. 22. Löslichkeit von Salzen im Hochdruckdampf.

| $p =$ | 80 | 100 | 125 | 150 | 220 | 220 | ata |
$t =$	294	310	325	341	370	407	° C
NaCl	3,0	5,5	14,0	34,0	440	260	mg/kg
NaOH	—	2,5	5,5	14,0	150	—	mg/kg
Na_2SO_4	—	—	—	—	3,0	—	mg/kg

Literatur. Spillner: Diss. Darmstadt 1939; Chem. Fabrik 1940, Nr. 22.

Versalzung der Turbinen. Auf den Schaufeln der Turbinen findet man Salzablagerungen, welche die Leistung der Turbinen herabsetzen und zu Erschütterungen und unruhigem Gang führen. Der aus mitgerissenem Wasser stammende oder der aus dem Dampf infolge Übersättigung ausgeschiedene trockene Salzstaub (etwa 2—4 mg/l) würde sich in der Turbine nicht festsetzen. Sobald aber NaOH zugegen ist, das einen Schmelzpunkt von nur 318° hat, haftet dieses als zähe, klebrige Paste, die ihrerseits als Bindemittel für den trockenen Salzstaub dient. Ablagerungen enthalten 8—70% NaOH. Salze, deren Schmelzpunkt unterhalb der Dampftemperatur liegt, kleben. In den ersten Schaufelreihen von Hochdruckturbinen findet man viel NaCl, in den letzten Schaufelreihen viel SiO_2.

Hierbei ist zu bemerken, daß die Salze miteinander besonders leicht schmelzende „eutektische" Gemische bilden können. Der Begriff des Eutektikums sei kurz erläutert. Chemisch reine Stoffe, z. B. Salze, schmelzen und erstarren bei einer ganz bestimmten Temperatur. Durch Zusatz fremder Stoffe sinkt der Schmelzpunkt (Salz-

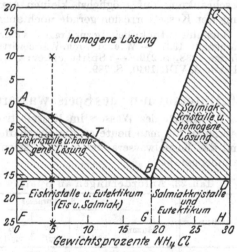

Abb. 35. Zustandsschaubild Wasser-Salmiak. (aus: Eucken, Lehrbuch der chemischen Physik).

lösungen, Legierungen). Der Erstarrungsvorgang sei beschrieben an dem übersichtlichen Beispiel Wasser—Salmiak. Reines Wasser gefriert bei 0°. Beim Abkühlen einer verdünnten Salmiaklösung (5%) beginnt bei —3° die Abscheidung von reinem Eis. Die Lösung wird dadurch an Salmiak angereichert. Der Gefrierpunkt sinkt und die Erstarrung erfolgt entlang der Kurve AB. In B ist die Lösung mit Salmiak gesättigt. Bei weiterem Ausfrieren scheiden sich nebeneinander Eis- und Salmiakkristalle in feiner Verteilung aus. Eine Lösung von der Zusammensetzung B (18% Salmiak) muß bei —16° einheitlich erstarren, ohne vorher Eis- oder

Salmiakkristalle auszuscheiden. Umgekehrt muß dann die erstarrte Masse beim Erwärmen besonders gut schmelzen. Man bezeichnet sie daher als „eutektische Mischung" oder Eutektikum ($\varepsilon\check{v}\tau\varepsilon\varkappa\tau o\varsigma$ = gut schmelzend). In C liegt eine bei 20° gesättigte Salmiaklösung vor. Beim Abkühlen scheiden sich jetzt längs CB Salmiakkristalle aus und bei B wieder das Eutektikum.

Bei der großen Zahl der im Kessel befindlichen Salze können sich viele eutektische Gemische bilden mit teilweise besonders niedrigen Schmelzpunkten. Das Eutektikum aus 83 % NaOH (318°) und 17 % Na_2CO_3 (854°) schmilzt bereits bei 280°. Eine systematische Untersuchung des Schmelzverhaltens von Salzgemischen steht noch aus. — Der Salzbelag läßt sich durch Auswaschen mit warmem Wasser oder Sattdampf, bei unlöslichem Belag, der SiO_2 enthält, durch Natronlauge entfernen. Im Schiffsbetrieb spielt der SiO_2-Belag keine Rolle, da das Speisewasser kaum Kieselsäure enthält. Wird der Betrieb der Turbine häufig unterbrochen, so wird der Schaufelbelag von selbst weggewaschen. Als Gegenmittel gegen Versalzung von Überhitzern und Turbinen kommen vor allem in Frage Verwendung möglichst salzarmen Speisewassers, so geringe Kesselwasserdichte, wie sie wirtschaftlich noch tragbar ist, endlich Beschränkung auf möglichst kleinen Ätznatrongehalt, der zur Verhü-. tung der Kesselkorrosion gerade noch ausreicht.

Literatur. Stock: Beitrag zur Frage des Salzmitführens im Kesseldampf, Diss. Darmstadt 1937. — Wiese: Arch. Wärmewirtsch 1937, S. 109. — Koch: Die Wärme 1938, S. 219. — Splittgerber: Jb. „Vom Wasser" 1937, S. 366. — Cleve: Z. VDI. 1940, S. 789.

26. Untersuchung des Speisewassers und des Kesselwassers.

Richtwerte des Wassers im Kesselbetrieb. Die mannigfachen Anforderungen, die man heute an die Beschaffenheit des Kesselspeisewassers und des Kesselwassers stellen muß, seien noch einmal tabellarisch zusammengefaßt:

Tab. 23. Anforderungen an Speisewasser und Kesselwasser.

Kesseltyp	Ergänzung	Speisewasser					Kesselwasser		
		Härte °d. H.	Salz [1] mg/l	O_2 mg/l	Na_2SO_3 mg/l	Na_3PO_4 . $10H_2O$ mg/l	NaZ	PZ	Gesamt-salzgehalt mg/l
Wasserrohrkessel bis 20 at .	Destillat oder enthärtetes Zusatzwasser	— <2	<60 <150	— —	— —	— —	300 300	20 20	<15 000 <15 000
Hochdruckheißdampfkessel	nur Destillat	—	<6	<0,05	—	—	60 bis 150	5 bis 15	<1500
Bensonkessel .	nur Destillat	—	6—8	0,02	1,2	2	PH >7,8	—	<800

[1] Ausgedrückt als NaCl. Dividiert durch 1,65 ergeben die Zahlen den Chloridwert in mg/l Cl⁻, also der Reihe nach rd. < 35; 90; 4 mg/l Cl⁻.

Die Zahlen sollen als Höchstwerte oder als anzustrebende Richtwerte für den Betrieb gelten. Ihre sachgemäße Anwendung erfordert die Beherrschung der entsprechenden Untersuchungsverfahren. Alle für die Prüfung des Wassers erforderlichen Geräte und Chemikalien befinden sich in dem „Untersuchungsgerät für alkalischen Kesselbetrieb", in dem Salzmeßkasten und in den Kästen zur P_2O_5- und O_2-Bestimmung.

Allgemeines über p- und m-Werte. Der p- bzw. m-Wert gibt Aufschluß über den Grad der Alkalität eines Wassers. Die Alkalität wird verursacht durch freie Hydroxyde, z. B. NaOH oder $Ca(OH)_2$, sowie durch Salze, deren Lösungen durch Hydrolyse mehr oder weniger stark basisch reagieren. Hierher gehören z.B. Na_2CO_3, Na_3PO_4, Na_2SO_3. Ferner kommen in Betracht Erdalkalibikarbonate und $NaHCO_3$. Diese Salze sind entweder schon im Rohwasser enthalten oder werden bei der Aufbereitung und bei der Durchführung des alkalischen Kesselbetriebes zugesetzt. Ihre Anwesenheit erkennt man an dem Verhalten des Wassers gegen Phenolphthalein bzw. Methylrot. Der Umschlagspunkt der Farbe des Phenolphtaleins liegt im basischen Gebiet bei $p_H = 9$. Phenolphthalein färbt sich daher nur rot bei Wasser mit OH-Ionen oder Na_2CO_3, Na_3PO_4, Na_2SO_3 infolge Hydrolyse: p-Alkalität. Es färbt sich nicht durch die Bikarbonate der Härtebildner $\frac{Ca}{Mg}$ $(HCO_3)_2$ oder des Natriumbikarbonats $NaHCO_3$. Die Bikarbonate reagieren aber basisch gegen Methylrot als Indikator, das den Umschlagspunkt $p_H = 5$ hat. Natürlich verhalten sich auch die Salze der p-Alkalität basisch gegen Methylrot. Die m-Alkalität ist also ein Maß für die Gesamtalkalität, die durch die Salze der p-Alkalität und durch Bikarbonate hervorgerufen wird. Die Alkalität wird bestimmt durch Titration mit n/10 HCl. Vorgelegt werden 100 cm³ Wasser. Der Verbrauch an n/10 HCl, ausgedrückt in cm³, ergibt den p- bzw. m-Wert als Maß für die p- bzw. m-Alkalität des Wassers. Es ist also

$$\left.\begin{array}{c}\text{p-Wert} \\ \text{m-Wert}\end{array}\right\} = \begin{array}{c}\text{Verbrauch in cm}^3\text{ n/10 HCl} \\ \text{auf 100 cm}^3\text{ Wasser}\end{array} \left.\right\} \text{ bei Anwendung von } \begin{array}{c}\text{Phenolphthalein} \\ \text{Methylrot}\end{array}$$

Literatur. Normblatt DIN 8103, 1936.

m-Wert des nicht aufbereiteten Wassers. (Karbonathärte.) Nun haben natürliche Wässer i. a. keine p-Alkalität. Färbt sich ein Speisewasser daher beim Zusatz von Phenolphthalein rot, so ist es aufbereitet. Dagegen färben die Bikarbonate des Rohwassers Methylrot zitronengelb; denn der Umschlagspunkt des Methylrots liegt bei $p_H = 5$, also bereits im schwach sauren Gebiet. Die Menge des Bikarbonats wird durch Titration mit n/10-Salzsäure bestimmt. Zu 100 cm³ Wasser gibt man 2 Tropfen Methylrot und setzt tropfenweise n/10 HCl zu, bis die gelbe Farbe eben in schwach rot umschlägt. Die Anzahl der verbrauchten cm³ n/10 HCl ergibt den m-Wert. Da das HCO_3^--Ion die Karbonathärte ausmacht, ist diese damit ermittelt ($NaHCO_3$ ist im Rohwasser nicht enthalten). Nach

$$\begin{array}{c}Ca(HCO_3)_2 \\ CaO\end{array} + 2\ HCl = CaCl_2 + \begin{array}{c}2\ H_2O + 2\ CO_2 \\ H_2O\end{array}$$

zeigt nämlich 1 l n-Salzsäure ½ Mol CaO = 28 g CaO an, somit 1 cm³ n/10 HCl 2,8 mg CaO. Da 100 cm³ vorgelegt waren, zeigt 1 cm³ verbrauchte n/10 HCl 28 mg CaO im Liter an, d. h. 2,8 Härtegrade:

$$\text{Karbonathärte} = m \cdot 2,8° \text{ d. H.}$$

Bestimmt man außerdem noch die Gesamthärte des nicht enthärteten Wassers mit Seife, so erhält man aus der Differenz auch die Nichtkarbonathärte. Im aufbereiteten Wasser ist diese Bestimmung der Karbonathärte nicht anwendbar, da beim Titrieren außer den Erdalkalibikarbonaten auch $NaHCO_3$ und alle Salze der p-Alkalität erfaßt werden.

Tab. 24. Seifenverbrauch und Härtegrade.

Seifen-lösung	Härte-grade	Seifen-lösung	Härte-grade	Seifen-lösung	Härte-grade	Seifen-lösung	Härte-grade
1,4	0	13	2,94	25	6,15	37	9,57
2	0,15	14	3,20	26	6,43	38	9,87
3	0,40	15	3,46	27	6,71	39	10,17
4	0,65	16	3,72	28	6,99	40	10,47
5	0,90	17	3,98	29	7,27	41	10,77
6	1,15	18	4,25	30	7,55	42	11,07
7	1,40	19	4,52	31	7,83	43	11,38
8	1,65	20	4,79	32	8,12	44	11,69
9	1,90	21	5,06	33	8,41	45	12,00
10	2,16	22	5,33	34	8,70	—	—
11	2,42	23	5,60	35	8,99	—	—
12	2,68	24	5,87	36	9,28	—	—

Bestimmung der Gesamthärte. Es ist bekannt, daß Seife in hartem Wasser nicht schäumt. Der Grund ist die Bildung von unlöslicher Kalkseife. Hierbei trübt sich das Wasser. Schaum kann also erst dann entstehen, wenn alle Calcium- und Magnesiumsalze ausgefällt sind. Darauf beruht die Bestimmung der Härte. Arbeitsweise: 1. Stöpselzylinder bis 100 cm³ mit Wasser füllen. 2. 3 Tropfen Phenolphthalein zugeben. 3. n/10 HCl zusetzen, bis Rotfärbung fast vollständig verschwindet. 4. Clarksche Seifenlösung cm³-weise zugeben. 5. Jedesmal Probe kräftig schütteln. 6. Auf Zäherwerden des Schaums achten. 7. Versuch beendigt, wenn Schaum mindestens 5 min nahezu unverändert bleibt. 8. Härtegrade der Tabelle entnehmen (Tab. 24).

Literatur. Normblatt DIN 8104, 1936. — Verein D. Chemiker, Einheitsverfahren der Wasseruntersuchung, 1936.

p-Wert des Kesselwassers. (Alkalitätszahl.) Zu 100 cm³ Wasser werden 3 Tropfen Phenolphthalein gegeben. Das Wasser färbt sich rot. Aus der Bürette gibt man tropfenweise n/10 HCl zu bis zur Entfärbung. Der Verbrauch an n/10 HCl in cm³ ist der p-Wert. Hieraus kann die Alkalitätszahl (24) als der Gehalt an NaOH in mg/l berechnet werden. 1 l n-HCl zeigt 1 Mol NaOH = 40 g an, 1 cm³ n/10 HCl zeigt 4 mg NaOH an. Vorgelegt waren 100 cm³, also findet man im Liter 40 mg NaOH für jeden cm³ n/10 HCl; daher:

$$\text{Alkalitätszahl} = p \cdot 40 \text{ mg/l.}$$

p- und m-Wert im aufbereiteten Wasser und Kesselwasser. In diesen Wässern können sämtliche Salze der p- und m-Alkalität enthalten sein.

Es wird zunächst vorausgesetzt, daß das Wasser frei ist von Na_3PO_4, Na_2SO_3 und Na_2SiO_3 (s. u.). Es können dann noch freie Hydroxyde, lösliche Karbonate (Soda) und Bikarbonate[1] vorkommen. Sind nun Hydroxyde und Karbonatioe nebeneinander durch Titration mit n/10-Salzsäure zu bestimmen, so wird die Soda in 2 Stufen neutralisiert:

I. Neutralisation der Hydroxyde . . . $OH^- + H^+ = H_2O$ ⎫
II. ,, der Soda, 1. Stufe $CO_3^= + H^+ = HCO_3^-$ ⎬ p ⎫ m
III. ,, der Soda, 2. Stufe $HCO_3^- + H^+ = CO_2 + H_2O$ ⎭

Somit ergibt sich der Arbeitsgang: 1. 100 cm³ Wasser mit der Pipette in einen Erlenmeyerkolben geben. 2. 3 Tropfen Phenolphthalein zusetzen. Wasser wird rot. 3. Unter Umschwenken n/10 HCl aus der Bürette tropfenweise zusetzen. 4. Wird Wasser farblos, die verbrauchten cm³ n/10 HCl als p-Wert notieren. 5. Dasselbe Wasser mit 2 Tropfen Methylrot gelb färben. 6. Wieder n/10 HCl zusetzen. 7. Wird Wasser schwachrot, Gesamtverbrauch an n/10 HCl als m-Wert notieren. — Vorgang III = m — p ergibt den halben Karbonatgehalt. Der Rest ist der Hydroxydgehalt (ausgedrückt in cm³ n/10 HCl):

Karbonatgehalt = 2 (m — p); Hydroxydgehalt = 2 p — m.

Ist in einem Wasser p = m, so enthält das Wasser nur Hydroxyde. Ist 2 p > m, so enthält das Wasser Karbonate (Soda) und Hydroxyde. Ist dagegen 2 p < m, so fehlen die Hydroxyde ganz. Dafür sind neben dem Karbonatgehalt 2p Bikarbonate im Betrage m — 2p vorhanden:[2]

Karbonatgehalt = 2 p; Bikarbonatgehalt = m — 2 p.

Ist endlich m = 2p, so enthält das Wasser nur Soda. Ist p = 0, so enthält das Wasser nur Bikarbonate im Betrage m.

Literatur. Fokkema: Die Wärme 1938, S. 369.

Berechnung der Natronzahl aus m und p. Aus den Werten p und m ergibt sich die Natronzahl wie folgt: 1 l n-HCl zeigt an 1 Mol NaOH = 40 g bzw. ½ Mol Na_2CO_3 = 106/2 g. 1 cm³ n/10 HCl zeigt demnach 4 mg NaOH bzw. 10,6/2 mg Na_2CO_3 an. Vorgelegt waren 100 cm³. Also ergibt 1 cm³ n/10 HCl 40 mg/l NaOH bzw. 106/2 mg/l Na_2CO_3. Daraus (25):

Natronzahl: NaZ = (2 p — m) · 40 + (m — p) · 106 : 4,5 = 56,4 p — 16,4 m.

Das heiß aus dem Kessel entnommene Probewasser verdunstet z. T. Das Kesselwasser selbst ist also etwas weniger konzentriert. Daher ist bei Annahme von 10% Verlust:

wahre Natronzahl: NaZ_w = 0,9 · NaZ.

Die Berechnung der NaZ aus m und p ist nur einwandfrei bei Abwesenheit von Trinatriumphosphat, Natriumsulfit und Natriumsilikat. Sind

---

[1] Bikarbonate und Hydroxyde schließen sich gegenseitig aus: $HCO_3^- + OH^- \rightarrow CO_3^= + H_2O$. Das Wasser kann also Hydroxyde und Karbonate oder Karbonate und Bikarbonate enthalten.

[2] Es ist nämlich p = dem halben Karbonatgehalt, m—p = dem halben Karbonatgehalt + dem Bikarbonatgehalt.

auch diese Salze noch enthalten, so wird deren Gehalt an NaOH bei der
p- und m-Messung miterfaßt. Genau genommen ist dann eine Korrektur
nötig. Darüber:

Literatur. Splittgerber: Kesselspeisewasserpflege, 1937.

Allgemeines über Chloridmessung. Der Chloridwert mg/l Cl⁻ mißt den
Gehalt des Wassers an Chloriden, meist (Koch) Salz NaCl. Die Messung
wird zur laufenden Betriebskontrolle der Frischwassererzeuger mit dem
Salzmeßkasten, für genauere Messung mit dem Untersuchungsgerät für
den alkalischen Kesselbetrieb durchgeführt. Die chemische Grundlage
ist in beiden Fällen die gleiche. Die Chlorionen Cl⁻ des Kochsalzes, aber
auch sonstiger Chloride, z.B. $MgCl_2$, werden durch Silbernitrat, $AgNO_3$,
als unlösliches Chlorsilber gefällt. Hierdurch wird das Wasser trübe:

$$Ag^+ + Cl^- = AgCl.$$

Die Beendigung der Reaktion ist zunächst nur erkennbar, wenn man das
Absitzen des Niederschlages abwartet und prüft, ob ein weiterer Tropfen
Silbernitrat noch eine Trübung hervorruft. Das dauert zu lange. Man
nimmt als Indikator ein Salz, das erst gefällt wird, wenn das Chlor vollständig niedergeschlagen ist. Diese Eigenschaft hat das rotbraune Silber-
chromat Ag_2CrO_4, das aus dem gelben Kaliumchromat K_2CrO_4 durch
Zusatz von Silbernitrat entsteht: $CrO_4^- + 2 Ag^+ = Ag_2CrO_4$. Hieraus
ergeben sich folgende Arbeitsvorschriften:

Chloridmessung mit dem Salzmeßkasten. 1. Meßglas bis zur 50cm³-
Marke mit Wasser füllen. 2. 10 Tropfen Kaliumchromat zugeben: Wasser
wird gelb. 3. n/10-Silbernitratlösung zugeben unter Umschütteln, bis die
ganze Flüssigkeit schwachrot erscheint. Beim Arbeiten mit der Pipette
ergibt sich der Verbrauch an n/10 $AgNO_3$ in cm³, beim Arbeiten mit der
Tropfflasche werden die Tropfen gezählt. Auf jeden cm³ entfallen etwa
17 Tropfen. Die Berechnung ist einfach: 1 l n-$AgNO_3$-Lösung zeigt 1 g-Ion
Cl⁻ = 35,5 g an. 1 cm³ n/10 $AgNO_3$ ergibt also 0,00355 g Cl⁻. Vorgelegt
waren 50 cm³. Also zeigt 1 cm³ n/10 $AgNO_3$ 0,071 g Cl⁻ im Liter
oder 71 mg/l Cl⁻ an. Also:

Chloridwert mg/l = cm³ n/10 $AgNO_3 \cdot 71$ = Tropfen n/10 $AgNO_3 \cdot 4$.

Bei Frischwasser wird die obere Grenze von 35 mg/l Cl⁻ angezeigt
durch 0,51 cm³ = 9 Tropfen $AgNO_3$, bei Speisewasser im Kreislauf die
obere Grenze von 55 mg/l Cl⁻ durch 0,77 cm³ = 13 Tropfen, bei Ergän-
zungswasser bei Übernahme die obere Grenze von 90 mg/l Cl⁻ durch
1,28 cm³ = 21 Tropfen $AgNO_3$.

Chloridmessung mit dem Untersuchungsgerät. Zur Beseitigung von Störungen wird das alkalische Kesselwasser zunächst neutralisiert[1]. Außerdem wird mit einer schwächeren Silbernitratlösung gearbeitet. Vorschrift:
1. Bei Speisewasser 100 cm³, bei Kesselwasser 20 cm³ mit Pipette in Porzellanschale geben. 2. 3 Tropfen Phenolphthalein zusetzen: Wasser wird
rot. 3. Verdünnte Salpetersäure tropfenweise zugeben: Wasser wird farblos. Bei Rohwässern mit p = 0 ist 2. und 3. überflüssig. 4. 10 Tropfen

---

[1] In alkalischem Wasser fällt braunes Silberoxyd: $2 Ag^+ + 2 OH^- \rightarrow$
$Ag_2O + H_2O$.

Kaliumchromatlösung zusetzen: Wasser wird gelb. 5. Unter Umrühren tropfenweise $AgNO_3$-Lösung zugeben. 6. Wird ganzes Wasser schwach braunrot, Versuch beendigt. — Berechnung: Die Silbernitratlösung enthält 4,79 g $AgNO_3$ im Liter. Da 1 Mol = 170 g $AgNO_3$ 1 g-Ion Cl^- = 35,5 g anzeigt, ergeben 4,79 g $AgNO_3$ gerade 1 g Cl^-. Also zeigt 1 cm³ dieser Lösung 1 mg Cl^- an. Somit, da 100 bzw. 20 cm³ vorgelegt waren:

Chloridwert des Speisewassers in mg/l = Anzahl der verbrauchten cm³ Silbernitratlösung · 10.

Chloridwert des Kesselwassers in mg/l = Anzahl der verbrauchten cm³ Silbernitratlösung · 50.

Der Chloridwert kann noch auf mg/l Salz umgerechnet werden. Da 35,5 g Cl^- in 1 Mol $NaCl$ = 58,5 g enthalten sind, ist 1 mg Cl^- im Liter = 1,65 mg $NaCl$ im Liter. Also:

$$\text{Salzgehalt in mg/l (Kochsalz)} = \text{Chloridwert} \cdot 1{,}65.$$

Literatur. Schuh: Arch. Wärmewirtsch. 1938, S. 95 (elektrische Salzmessung).

Phosphatbestimmung mit dem P_2O_5-Gerät. Es wird die Zinnfolienmethode verwendet. Bei Zugabe von Sulfatmolybdänlösung $(NH_4)_2\,MoO_4$ + H_2SO_4 entsteht im Wasser durch Reduktion mit einer Zinnfolie bei Anwesenheit von Phosphat eine Blaufärbung von Phosphormolybdänblau $(MoO_2 \cdot 4\,MoO_3)_2 \cdot H_3PO_4 \cdot 4\,H_2O$. Die Färbung ist vom Phosphatgehalt abhängig und wird im Kolorimeter gemessen. In alkalischer Lösung entsteht kein Phosphormolybdänblau. Das Kesselwasser ist daher zunächst zu neutralisieren. Arbeitsvorschrift: 1. Kesselwasser in ein Meßglas bis zur unteren Ringmarke einfüllen, Meniskus aufsitzend. 2. 1 Tropfen Phenolphthalein zugeben: Wasser wird rot. 3. n/10 HCl zusetzen, bis Rotfärbung verschwindet. 4. Mit destilliertem Wasser bis zur oberen Ringmarke auffüllen. 5. 1 Kochsalztablette zusetzen. 6. 4 Tropfen Sulfatmolybdänlösung zufügen. 7. 1 Zinnfolie zugeben. 8. 20 Minuten stehen lassen. Dann umschütteln. 9. Zinnfolie herausnehmen. 10. Meßglas in das Kolorimeter setzen. 11. Farbton im durchfallenden Lichte feststellen: Die Felder ergeben 5, 10, 15, 20 und 25 mg P_2O_5 im Liter. — Ist der gefundene Phosphatgehalt kleiner als. 20, so ist er bei nächster Gelegenheit auf 25 mg/l zu bringen. Sind z. B. 10 mg/l gefunden, so sind 15 mg/l P_2O_5 zuzusetzen. Auf jeden m³ Kesselwasser sind also 5 · 15 = 75 g Trinatriumphosphat zu nehmen (24).

Literatur. Ohle: Z. angew. Chem. 1938, S. 906 (Fehlerquellen).

Sauerstoffbestimmung. Die Bestimmung des im Wasser gelösten Sauerstoffs beruht auf folgenden chemischen Vorgängen: Beim Zusammengießen von Manganchlorürlösung $MnCl_2$ und Natronlauge $NaOH$ entsteht das weiße Mangan(2)hydroxyd $Mn(OH)_2$. Sobald das Wasser Sauerstoff enthält, oxydiert dieser das $Mn(OH)_2$ zu brauner manganiger Säure:

$$Mn(OH)_2 + O = H_2MnO_3.$$

Es fällt ein weißer bis brauner Niederschlag. Man löst ihn durch Zusatz von Salzsäure, wobei Chlor frei wird:

$$H_2MnO_3 + 4\,HCl = MnCl_2 + 3\,H_2O + Cl_2.$$

9*

Bei Zusatz von Kaliumjodid KJ macht das Chlor Jod frei:

$$Cl_2 + 2\,KJ = 2\,KCl + J_2.$$

Das freiwerdende Jod färbt zugesetzte Stärkelösung blau. Die Menge des freigewordenen Jods bestimmt man durch Titrieren mit n/10- oder n/100-Natriumthiosulfatlösung $Na_2S_2O_3$. Diese bringt das Jod wieder in Ionenform unter Bildung von Natriumtetrathionat $Na_2S_4O_6$:

$$2\,Na_2S_2O_3 + J_2 = Na_2S_4O_6 + 2\,NaJ.$$

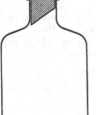

Abb. 36. Flasche zur Bestimmung des Sauerstoffs im Wasser.

Bei Beendigung der Reaktion ist die Blaufärbung verschwunden. Arbeitsvorschrift:

1. Geeichte Sauerstoffbestimmungsflasche mit einem bis auf den Boden reichenden Schlauch langsam auffüllen und 1 min überlaufen lassen. Berührung mit Luft vermeiden. 2. Schlauch vorsichtig herausziehen und Stopfen aufsetzen. 3. Im Laboratorium Flasche öffnen und möglichst rasch aus bereitgestellten Pipetten je 3 cm³ Manganchlorürlösung und jodkaliumhaltige Natronlauge zusetzen (Reihenfolge beachten, da O_2 in NaOH weniger löslich ist und ausgetrieben werden kann). Überlaufendes Wasser wird nicht beachtet. 4. Flasche schließen. Dabei austretendes Wasser nicht beachten. Inhalt durch Drehen mischen. Niederschlag ist bei Abwesenheit von O_2 weiß, bei Anwesenheit von O_2 schwach gelb bis braun. 5. Niederschlag absitzen lassen. Dann 5 cm³ Salzsäure zusetzen, ohne den Niederschlag aufzurühren und ohne das überlaufende Wasser zu beachten. 6. Flasche schließen, Inhalt durch Drehen mischen. 7. Nach Auflösung des Niederschlages Inhalt der Flasche verlustlos mit destilliertem Wasser in einen Erlenmeyerkolben spülen. 8. Tropfenweise Jodzinkstärkelösung zusetzen, bis Blaufärbung auftritt. 9. Mit n/100 Natriumthiosulfatlösung titrieren bis zum Verschwinden der Blaufärbung.

Berechnung: 1 l n-Thiosulfatlösung enthält 1 Mol $Na_2S_2O_3 \cdot 5\,H_2O$ und zeigt 1 Grammatom Jod bzw. ½ Grammatom Sauerstoff an (Gleichungen rückwärts verfolgen). Also zeigt 1 cm³ n/100-Thiosulfatlösung 1/200 000 Grammatom Sauerstoff = 0,08 mg an. Da ein Grammatom Sauerstoff 11,2 Nl entspricht, ist $^1/_{200\,000}$ Grammatom = 0,056 Ncm³.

1 cm³ n/100-Thiosulfatlösung = 0,08 mg = 0,056 Ncm³ Sauerstoff. Die gefundene Menge war in der geeichten Flasche enthalten. Umrechnung vom Eichinhalt auf 1 l Wasser ergibt den Sauerstoffgehalt pro Liter. Hierbei ist vom Eichinhalt 6 cm³ abzuziehen, da die 6 cm³ Reagentien eine entsprechende Menge Wasser verdrängen. Sind n cm³ n/100 Thiosulfat verbraucht, so ist:

$$O_2 = \frac{80 \cdot n}{V-6}\,\frac{mg}{l}.$$

Diese Winklersche Methode der O_2-Messung wird durch Anwesenheit von Natriumsulfit gestört, da dieses die manganige Säure reduziert. Ferner wird das Sulfit durch Jod zu Sulfat oxydiert. Aus beiden Gründen wird der Sauerstoffgehalt zu klein gefunden.

Literatur. Ohle: Z. angew. Chem., 1936, S. 778 (Fehlerquellen). — Petersen: Arch. f. Wärmewirtsch. 1937, S. 165. — Verein D. Chemiker, Einheitsverfahren der Wasseruntersuchung, 1936. — Siegert: Z. angew. Chem., 1940, S. 235. (Methode ohne Jodverwendung).

Bestimmung der freien Kohlensäure im Wasser. Mit Hilfe eines Gummischlauches wird ein Mischzylinder mit dem zu untersuchenden Wasser gefüllt. Man läßt 10 min überlaufen, um das Wasser zu verdrängen, das mit Luft in Berührung war, und saugt dann bis auf 100 cm^3 ab. Als Indikator wird 0,1 cm^3 Phenolphthalein zugefügt. Titriert wird mit n/50 NaOH, nach jedem Zusatz wird der Zylinder mit Glasstöpsel geschlossen und langsam gekippt (nicht geschüttelt). Das Verfahren wird fortgesetzt, bis eine schwache rosenrote Farbe auftritt, die auch nach 5 min langem Stehen nicht verschwindet. Bei eisenhaltigem oder sehr hartem Wasser wird vor der Bestimmung 1 cm^3 gesättigte Seignettesalzlösung zugesetzt. Genauer wird die Bestimmung bei einem zweiten Versuch, wenn man fast die ganze Menge n/50 NaOH auf einmal zugibt und dann erst fertig titriert. Dann kann weniger CO_2 aus der Luft aufgenommen werden. Da das Phenolphthalein bereits umschlägt, wenn die Kohlensäure als Natriumbikarbonat $NaHCO_3$ gebunden ist, entspricht der Verbrauch von 1 Mol NaOH (1 l n-NaOH) der Anwesenheit von 1 Mol $CO_2 = 44$ g. Daraus folgt:

Jeder cm^3 n/50 NaOH zeigt 0,88 mg CO_2 an, bei Vorlage von 100 cm^3 Wasser 8,8 mg/l CO_2.

Literatur. Normblatt DIN 8105, 1936. — Verein D. Chemiker: Einheitsverfahren der Wasseruntersuchung, 1936.

Säuren und Salze als Kampfmittel.
27. Künstliche Nebel.

Der taktische Wert künstlicher Nebel wurde bereits vor dem Weltkriege in der deutschen Kriegsmarine erkannt. Im Weltkriege gingen auch die Landheere zur Verwendung künstlicher Nebel vor allem für Angriffszwecke über. Auf ihre heutige Höhe wurde die Nebelwaffe erst in der Nachkriegszeit gebracht.

Literatur. v. Tempelhoff in Hanslian: Der chemische Krieg, Bd. 1, 1937. — Schweninger: Gasschutz und Luftschutz, 1939, S. 17 (Technik und Taktik der Nebelwaffe). — Referat, Neue französische Nebelvorschrift, Gasschutz und Luftschutz, 1938. S. 49. — Mielenz: desgl. 1937 S. 328 (Künstliche Nebel im Luftschutz). — Pochhammer: Z. ges. Schieß- u. Sprengstoffwes. 1933, S. 130, (Künstliche Nebel im Seekrieg).

Schwebstoffe. Unter Nebeln versteht man Trübungen der Luft, die durch Schwebstoffe hervorgerufen werden. Der Begriff „Schwebstoffe in Gasen" oder „Aerosole" umfaßt feste oder flüssige Stoffe, die in kolloidaler Verteilung in einem Gas verteilt sind. Ist der verteilte Stoff flüssig, so liegt ein Nebel vor, ist er fest, so spricht man von Staub, während flüssige oder feste Verbrennungserzeugnisse als Rauch bezeichnet werden. Zu der kolloidalen Größenordnung (22) gelangt man auf zwei Wegen, durch Dispersion und durch Kondensation. Bei der Dispersion handelt es sich um

Zerstäubung von Flüssigkeiten oder von gelösten bzw. geschmolzenen, auch fein pulverisierten Stoffen durch Düsen verschiedener Konstruktion. Diese Kolloide sind sehr ungleicher Größe. Das trifft in noch höherem Grade auf die Zerstäubung durch die Sprengladung einer Granate zu. Die Kondensation ergibt gleichmäßigere Schwebstoffe. Hierher gehört die Kondensation eines Dampfes durch rasche Abkühlung infolge Übersättigung. Da hierbei der Dampf im Gleichgewicht steht mit den Tröpfchen, und da deren Dampfdruck mit zunehmender Größe kleiner wird, gehört zu jeder Übersättigung eine bestimmte Teilchengröße. Hoch übersättigt sind Stoffe, die bei Normaltemperatur kleinen Dampfdruck (hohen Siedepunkt) haben, sie ergeben daher besonders feine Schwebstoffe. Die Kondensation kann gelegentlich trotz Übersättigung verzögert werden, ähnlich wie gesättigte Lösungen „unterkühlt" werden können. Es entstehen dann bei plötzlicher Kondensation grobe Tropfen. Gewöhnlich tritt dieser Fall aber nicht ein, weil die Luft genügend Kondensationskerne besitzt, z. B. Staub oder durch Höhenstrahlen entstandene Gasionen. Die Entstehung von Schwebstoffen kann auch durch Kondensation auf chemischem Wege erfolgen. Hierher gehört die Kondensation von NH_3 und HCl zu NH_4Cl, das einen erheblich kleineren Dampfdruck hat als die beiden Gase und sich daher infolge Übersättigung abscheidet.

Literatur. Haul: Z. ges. Schieß- u. Sprengstoffwes., S. 184, 1939. — Mielenz in Hanslian: Der chemische Krieg, 1937.

Tarnkraft. Das Deckvermögen künstlicher Nebel kann durch ihr Absorptionsvermögen gemessen werden. Hierzu läßt Ficai ein Lichtbündel durch die in einem Kasten verdampfte Nebelsubstanz gehen und mißt die Ausschläge eines Galvanometers, das mit einer Photozelle verbunden ist. Die Tarnkraft wächst mit steigender Konzentration des Nebelstoffes. Außerdem steigert die Luftfeuchtigkeit das Deckvermögen, da die Nebelstoffe meist mit dem Wassergehalt der feuchten Luft reagieren (s. u.). Die Geschwindigkeit, mit der die Teilchen zu Boden sinken, hängt von ihrem Durchmesser ab. Bei 10^{-5} cm Durchmesser beträgt die Sinkgeschwindigkeit 0,1 cm/Std., bei 10^{-4} cm Durchmesser dagegen schon 11 cm/Std. Die Beständigkeit des Nebels ist also um so größer, je kleiner die Teilchen sind, und wie oben gezeigt, je kleiner ihr Dampfdruck, also ihre Neigung zur Verdampfung ist.

Literatur. Müller: Die chemische Waffe, 1935. — Ficai: Chem. Zbl. 1940, II S. 2421.

Ölnebel. Schiffe mit Ölfeuerung sind in der Lage, durch Erhöhung des Luftüberschusses **weiß** oder durch Verminderung der Luftzufuhr **schwarz zu qualmen.** Besondere Nebelgeräte sind also nicht erforderlich. Beim Schwarzqualmen scheidet sich infolge unvollständiger Verbrennung Ruß ab. Die Tarnkraft derartiger schwarzer Qualmwolken ist schlecht. Die Teilchen haben eine beträchtliche Größe. Der Qualm neigt daher zur Lückenbildung und sinkt schnell zu Boden. Beim Weißqualmen wird überschüssiges Öl verdampft und kondensiert zu feinen Öltröpfchen. Diese lösen sich aber infolge ihres Dampfdruckes ziemlich schnell auf. Der Nebel verschwindet. Der Feuerungseffekt ist in beiden Fällen gleich schlecht. Da das im Gefecht entscheidend sein kann, sind die Ölnebel als Notbehelf zu betrachten.

Phosphorsäurenebel. Der einfachste eigentliche Nebelerzeuger ist der Phosphor. Er verbrennt mit dichtem, weißem Rauch zu P_2O_5, das als äußerst hygroskopische Substanz mit der Luftfeuchtigkeit Tröpfchen von Phosphorsäure bildet. 1 kg Phosphor liefert über 3 kg Nebel. Damit steht der Phosphor bezüglich der Nebelausbeute an der Spitze, nicht aber bezüglich der Beständigkeit der Nebel. Die große Wasseranziehungskraft führt zu einem allzu schnellen Wachstum der Tröpfchen, das mit dem Feuchtigkeitsgehalt der Luft zunimmt. Die Phosphorsäurenebel sinken dann ziemlich schnell zu Boden. Das ist nicht der einzige Nachteil dieser Nebel. Der Phosphor verbrennt mit helleuchtender Flamme und verrät damit die Nebelquelle. Ferner kann der Nebel giftige Bestandteile enthalten, die von einer unvollständigen Verbrennung des Phosphors herrühren. Die Phosphorsäuretröpfchen selbst können als harmlos angesehen werden, obwohl sie stark zum Husten reizen. Endlich ist das Arbeiten mit Phosphor stets bedenklich. Über diese Gefahren s. 28. In Deutschland kommen Rohstofffragen hinzu. Der Phosphor wird daher bei uns nur zu Sonderzwecken verwendet, z. B. als Zusatz in Geschossen zum Einschießen. Die Sprengwolke wird dadurch besser sichtbar. Hierzu genügt roter Phosphor (B—Phosphor, Griesheim). Rauchspurgeschosse dienen zur Verfolgung der Flugbahn. Andere Staaten verwenden Phosphor zur Füllung von Nebelgranaten und Nebelhandgranaten. Gelegentlich wird in Deutschland mit dem Phoda-(Phosphordampf-)Gebläse gearbeitet. Hier wird der Phosphor durch Wasserdampf geschmolzen und dann aus Düsen zerstäubt. Das Verfahren ist von einer Dampfleitung abhängig. Alles in allem dürften die Nachteile die Vorteile der Verwendung von Phosphor aufheben.

Schwefelsäurenebel. Bedeutend wichtiger als Phosphor ist für uns als Nebelerzeuger das bei 46° siedende, höchst hygroskopische Schwefeltrioxyd (16). Im Dampfzustand ergibt es mit der Luftfeuchtigkeit feine Tröpfchen von Schwefelsäure. Infolge der geringeren Wasseranziehungskraft wachsen die Tropfen weniger stark als bei den Phosphorsäurenebeln. Der Schwefelsäurenebel ist beständiger. Allerdings wirken die Schwefelsäurenebel wesentlich stärker ätzend auf die Atemwege und stärker korrodierend auf die Waffe. Die Tropfen bestehen aus Schwefelsäure verschiedener Konzentration. Im Felde führt der Nebel bei nicht zu langem Aufenthalt in der Nebelwolke zu keinen Gesundheitsschäden. Ein Taschentuch hält die Tröpfchen größtenteils zurück. Gefährlich ist weniger der Aufenthalt in der Nebelwolke, als vielmehr die Berührung mit der unvernebelten Säure (16), insbesondere das Herantreten an sprühende Nebelgeräte. Die Tarnkraft kann man, je nach der Luftfeuchtigkeit, mit etwa 60—75% derjenigen des Phosphorsäurenebels annehmen. Nach Toblacher ermöglichen 10 mg/m³ eine Sicht auf 20 m, 30 mg/m³ nur noch auf 5—6 m.

a) Nebelgeschosse enthalten im Unterteil mit Bleiblechauskleidung reines Schwefeltrioxyd. Die Granate hat dann noch eine beträchtliche

Splitterwirkung. Infolge der Hitze wird das Trioxyd bei der Explosion verdampft und damit zur Nebelbildung befähigt.

b) **Kalknebelgeräte (Nebeltrommeln)** erzeugen die zum Verdampfen notwendige Hitze durch Auslaufen der Nebelsäure auf gebrannten Kalk. Der Kalk gerät hierbei in Rotglut. Unter **Nebelsäure** versteht man die Auflösung von SO_3 in konzentrierter Schwefelsäure, die rauchende Schwefelsäure, oder auch die Lösung von SO_3 in Chlorsulfonsäure $Cl-S\diagup\overset{OH}{\underset{O}{}}$ (41). Letztere entsteht aus Schwefeltrioxyd und Chlorwasserstoff und ist eine farblose Flüssigkeit. Sie zerfällt durch Feuchtigkeit sofort in HCl und SO_3, sodaß derartige Nebel außer Schwefelsäure auch noch Salzsäure enthalten. Da die Nebelsäure billig ist, werden die Kalknebelgeräte in verbesserter Form für Luftschutzzwecke viel verwendet. An die Stelle von $ClSO_2OH$ kann auch die Fluorsulfonsäure FSO_2OH treten, eine oleumähnliche Flüssigkeit.

c) **Auspuffnebel** werden durch Einspritzen von Nebelsäure in den Auspuff von Motoren erzeugt. Obwohl das Verfahren nach englischen Angaben sehr wirkungsvoll sein soll, versagt es, wenn der Motor ausfällt, also gerade dann, wenn das Einnebeln am wichtigsten ist.

d) **Zerstäubergeräte (Druckgeräte)** ·verzichten auf die durch Hitze erzwungene Verdampfung des Schwefeltrioxyds. Bei ihnen wird mit Hilfe von Preßluft oder CO_2 die Nebelsäure durch Düsen versprüht. Der Nebelstrom kann in diesen Geräten je nach Wunsch geregelt werden. Sie eignen sich ganz besonders zur Verwendung auf Schiffen. Man kann den nötigen Druck auch unter Verzicht auf das komprimierte Druckgas im Gerät selbst erzeugen. Hierzu läßt man in das Gerät Ameisensäure $HCOOH$ (32) eintreten, der durch das äußerst hygroskopische Trioxyd Wasser entzogen wird. Dabei wird Kohlenoxyd entwickelt, welches nun die Nebelsäure hinaustreibt. Zur Erzeugung einer Nebelgardine vom Flugzeug aus treibt man die Nebelsäure in dickem Strahl aus, der sich beim Fall in kleine Tröpfchen zerteilt. — Nach **Stoltzenberg** (DRP) kann zur Erzeugung eines SO_3 Nebels hoher Dichte angewärmte und angefeuchtete Luft durch gelochte Platten von festem SO_3 getrieben werden. Dem Luftstrom kann man NH_3 (s. u.) oder andere Basen zusetzen. Die Platten befinden sich in einem Gefäß nach Art eines Gasfilters (Höhe 4—6 cm) und werden in eine entsprechende Luftleitung eingeschraubt.

Literatur. Toblacher: Protar 1940, S. 17. — Stoltzenberg: Chem. Zbl. 1941, I, S. 2075.

Chloridnebel. Für die Ausrüstung der kämpfenden Truppe sind weder Phosphor noch Schwefelsäure geeignet. Sie sind in der Handhabung zu gefährlich. Für diese Zwecke sind die Chloridnebel von größtem Wert. Der flüssige Tetrachlorkohlenstoff CCl_4 ergibt in der Hitze mit Zinkstaub Zinkchlorid:

$$2\,Zn + CCl_4 = 2\,ZnCl_2 + C\,.$$

Das verdampfte Zinkchlorid ist stark hygroskopisch und ergibt einen dichten Nebel von feinst verteilter Zinkchloridlösung. Der abgeschiedene

Kohlenstoff macht den Nebel graustichig. Die Umsetzung läuft nach einmaliger Zündung unter starkem Glühen selbst weiter. Die Mischung ergibt eine Paste, wenn man das Kohlenstofftetrachlorid in einem geeigneten Saugmaterial wie Zinkoxyd oder Kieselgur aufnimmt. Solche Mischungen heißen „Bergermischungen". Sie bilden den Inhalt der Rauchkerzen. Die Mischung selbst ist ungefährlich, solange sie fest verschlossen ist. Infolge Undichtigkeit kann das Kohlenstofftetrachlorid beim Verdampfen Betäubungen hervorrufen (52). Beim Abbrennen selbst ist die Feuersgefahr zu beachten. Die Nebel sind als harmlos zu bezeichnen. Über das Auftreten von Phosgen $COCl_2$ in Bergernebel s. 28.

Die dem CCl_4 chemisch verwandten, ebenfalls flüssigen Stoffe Siliziumtetrachlorid $SiCl_4$ und das teuere Titantetrachlorid $TiCl_4$ zerfallen unter Nebelbildung bereits durch Luftfeuchtigkeit hydrolytisch:

$$SiCl_4 + 4 H_2O = H_4SiO_4 + 4 HCl.$$

Der Nebel besteht aus fester Kieselsäure und Salzsäuretröpfchen. Die hydrolytische Aufspaltung wird durch Zusatz von Ammoniak verbessert. Ammoniak liefert mit Salzsäure dichte Nebel von Ammoniumchlorid NH_4Cl. Diese Nebel sind völlig unschädlich. Die Nebelausbeute ist gut. Die Zufuhr von Ammoniak ist aber umständlich. Es kommt nur für Sonderzwecke in Frage. Trägt man in flüssige Metallchloride ($TiCl_4$, $SnCl_4$) Schwefel ein und behandelt mit Chlor, so bilden sich Schwefelchloride, welche der Nebelmasse nach Wunsch schlammige bis feste Beschaffenheit geben und die Regelung der Dichte des Nebels sowie seiner Wirkungsdauer gestatten. Bläst man Ammoniak in die Nebelwolke der Zerstäubergeräte, welche Chlorsulfonsäure enthalten, so erhält man eine Verstärkung der Nebelwand infolge der Entstehung von Ammonchloridnebeln. Ammonchloridnebel erhält man auch durch Verdampfung dieses Salzes (s. u.).

Literatur. Esser: Gasschutz und Luftschutz, 1938, S. 266. — USA.-Patent, Chem. Zbl. 1940, I, S. 1943.

Farbiger Rauch. Bei einem Farbnebel wird die Färbung durch beigemischte Farben erzeugt, welche durch einen Brandsatz verdampft werden, ohne sich dabei zu zersetzen. Als Brandsatz dient nach amerikanischen Angaben ein Gemisch aus Kaliumchlorat und Milchzucker. Als Farbstoffe dienen z. B. für rot: Paranitranilinrot, für blau: synth. Indigo. Nach neueren Angaben von Stoltzenberg soll ein brauchbares Gemisch zur Schwelung von Farbstoffen folgende Bestandteile enthalten: 1. Einen brennbaren Stoff, meist Kolophonium oder Milchzucker, ferner Metallpulver, Holzschliff, Harze oder Wachse. 2. Einen Sauerstoffträger (30), meist Kaliumchlorat, Kaliumbichromat oder Braunstein. 3. Ein Auflockerungsmittel, das den Abzug der Gase sichern und die Verbrennungstemperatur mindern soll, meist Kieselgur oder Bimspulver. 4. Ein Dämpfungsmittel, das Gase wie CO_2, N_2 oder H_2O abspaltet und sowohl die Entzündung des Farbstoffes verhindern als auch das Volumen des Farbnebels vermehren soll, z. B. Ammoniumkarbonat, Ammoniumoxalat oder Oxalsäure sowie Harnstoff (32). 5. Einen Volumvermehrer der bunten Rauchwolke, der aus leicht sublimierbaren Salzen wie NH_4Cl

besteht. 6. Den Farbstoff, der möglichst wenig zersetzlich sein soll. Als Beispiel für schwarzen Rauch wird angegeben: Naphtalin 6 g, Oxalsäure 10 g, Kieselgur 8 g, Milchzucker 1,5 g, Kaliumchlorat 10 g. Für weißen Rauch ist brauchbar: 30% Kaliumchlorat, 45% NH_4Cl, 25% Milchzucker. Schwarzer Rauch kann trotz seiner Unvollkommenheit (s. o.) wertvoll sein, weil er sich vom Boden weniger abhebt als weißer Nebel. Farbnebel kann man heranziehen beim Einschießen einzelner Geschütze in stark beschossenem Gelände oder zu Signalzwecken.

Literatur. Mielenz in Hanslian: Der chemische Krieg, 1937. — Müller: Die chemische Waffe, 1935. — Stoltzenberg: Z. angew. Chem., 1936, S. 826. — Referat, Z. ges. Schieß- u. Sprengstoffwes., 1938, S. 358.

28. Brandkampfstoffe.

Das Feuer hat als Kampfmittel schon im Altertum eine erhebliche Bedeutung gehabt. Mit Hilfe von Brandpfeilen und Brandkugeln suchte man zu Lande, mit Hilfe von Feuertöpfen in der Seeschlacht dem Gegner beizukommen.

Öl. Im Weltkriege ist der Flammenwerfer zu einer wirksamen Nahkampfwaffe geworden. Nach Reddemann wurde mit Stickstoff als Treibgas bei Kesseln von 100 l Inhalt ein brennender Ölstrahl von 45 m, bei Rückenapparaten von 25 m Reichweite erzielt. Die Wirkung richtet sich auf den Gegner, nicht gegen das Material. Das Öl soll leicht zünden, darf aber nicht zerstäuben und nicht zu schnell verbrennen. Es kommen etwa Mischungen schwerer Petrolöle mit Methanol oder Äther in Betracht. Die Zündung erfolgt durch elektrische oder Reibungszünder oder durch Wasserstoffsparflamme. In den Brandbomben der ersten Weltkriegsjahre findet man Benzol, zähe Kohlenwasserstofföle und Harze, Mischungen von Benzin mit Paraffin u. ä. Die Zündung erfolgte durch einen Thermitsatz (s. u.). Die Brandwirkung war unzuverlässig. Eine neuzeitliche Brandbombenfüllung besteht nach Passuello z. B. aus 66,7% Petroleum, 16,7% Benzin, 11,1% Benzol, 5,6% Alkohol und mehr oder weniger Kolophonium, je nach der gewünschten Verbrennungsdauer.

Literatur. v. Schwartz: Handbuch der Feuer- und Explosionsgefahr, 1936. — Reddemann: Wehrtechn. Monatshefte, 1940, S.132 (Flammenwerfer). — Olbrich: Wehrtechn. Monatshefte, 1939, S. 241 (Flammenwerfer in Panzerkampfwagen). — Passuello: Chem. Zbl. 1940, II, S. 292.

Phosphor wird aus phosphorhaltigen Mineralien gewonnen (Florida, Nordafrika). Deutschland verfügt über kleinere Vorkommen im Lahntal, bei Harzburg und in Lothringen (faseriger bis erdiger Phosphorit mit etwa 30% $Ca_3(PO_4)_2$). Aus diesem Rohphosphat wird der Phosphor durch Erhitzen mit Sand und Koks abdestilliert:

$$2 Ca_3(PO_4)_2 + 6 SiO_2 + 10 C = 6 CaSiO_3 + 10 CO + P_4.$$

Das Arbeiten mit Phosphor ist außerordentlich gefährlich. Gelber Phosphor ist stets unter Wasser aufzubewahren und darf nie mit den Händen berührt werden. Der wachsartige gelbe Phosphor entflammt bei 60°, beim Liegen an der Luft fängt er besonders in feiner Verteilung von selbst Feuer und verbrennt dann mit dichtem weißem Rauch. Phosphor ist daher ein vorzügliches Mittel zur Erzeugung von Bränden. Beim Platzen von Phosphorbrandbomben spritzt der Phosphor schirmartig umher. Er erzeugt viele kleine Brandherde. Die Wirkung des Phosphors richtet sich nicht allein gegen brennbares Material, sondern auch auf den Menschen. Phosphor hat daher nicht nur eine tatsächliche, sondern auch eine große moralische Wirkung. Auf die Haut spritzende Phosphorteilchen fressen sich in kurzer Zeit tief ein und verursachen schwer heilende Wunden. Hinzu kommen Verätzungen durch die entstehende Phosphorsäure. In Brandgeschossen wird der Phosphor auch gelöst in Benzin, Benzol oder Schwefelkohlenstoff verwendet. Nach dem Verdunsten des Lösungsmittels fängt der fein verteilte Phosphor leicht Feuer und setzt die Reste des Lösungsmittels in Brand. Das verdampfte Lösungsmittel ergibt in geschlossenen Räumen mit der Luft ein explosionsfähiges Gemisch (12). Enthält die Phosphorlösung noch schwer entzündliche Stoffe, z. B. eine Kautschuklösung, so enthält die nach Abdunsten des Benzins zurückbleibende gallertartige Masse noch fein verteilten Phosphor und kann noch später bei Erwärmung (Sonnenbestrahlung) entflammen. Spritzer von Phosphorlösungen können Uniformstücke durchtränken und auf der Haut schwelen. In diesem Falle sind die Kleidungsstücke sofort zu beseitigen. Die Wunden sind nach Ausspülen mit lauwarmer Natriumbikarbonatlösung wie andere Brandwunden zu behandeln. Unverbrannter, verdampfter Phosphor führt beim Einatmen zu schweren Vergiftungen besonders der Leber. Der gelbe Phosphor geht beim Erhitzen unter Luftabschluß in den ungiftigen roten Phosphor über. Dieser braucht nicht wie der gelbe unter Wasser aufbewahrt zu werden. Er entzündet sich erst bei 260°, ist also viel gefahrloser zu handhaben. Aber diese schwere Entzündlichkeit beeinträchtigt auch seine militärische Verwendbarkeit. Er wird vielfach in Mischung mit dem gelben Phosphor verwendet.

Bei schwer entzündlichen Stoffen versagt der Phosphor. Das unbrennbare und damit feuerfeste Phosphorpentoxyd wirkt als Feuerschutz und erschwert die weitere Verbrennung. Zur Verstärkung der Brandwirkung wird der Phosphor daher häufig zusammen mit leicht brennbaren Stoffen, z. B. Zelluloid, eingesetzt. Bei der deutschen Brandgranate 16 waren z. B. festgepackte Zelluloidkörper in Phosphor eingebettet. Bei den englischen Phosphorbrandplättchen dient etwa 0,3 g gelber Phosphor zur Entzündung der Zelluloidplatte. Sie werden nach Bode in feuchter Luft nach längstens drei Monaten infolge langsamer Oxydation unwirksam. Von größter Wirkung sind Phosphorgeschosse gegen Luftschiffe und Ballons mit Wasserstoffüllung und auch gegen die Benzintanks von Flugzeugen. Im Weltkriege sind 15 deutsche Luftschiffe der Phosphorbrandmunition der englischen Jagdflieger zum Opfer gefallen.

Literatur. Graf: Gasschutz u. Luftschutz, 1939, S. 314. — Bode: desgl. 1941, S. 93. — Marine-Verordnungsblatt, 1. Mai 1939.

Thermit wurde bereits im Weltkriege bevorzugt verwendet. Unter Thermit versteht man ein Gemisch von Eisenoxyd und Aluminiumpulver. Es läßt sich nur schwer zünden, brennt dann aber im

Bruchteil einer Minute unter starker Wärmeentwicklung ab. Die chemische Umsetzung ist einfach:

$$2 \, Al + Fe_2O_3 = Al_2O_3 + 2 \, Fe + 200 \, kcal.$$

An sich ist die Verbrennungswärme des Thermits mit 936 kcal/kg nicht besonders groß. Entscheidend ist hier, daß bei dieser Verbrennung keine Gase entstehen. Daraus folgt zunächst, daß die Thermitreaktion nicht explosiv ist (13). Da ferner die gesamte Wärme im Brandherd bleibt, steigt dessen Temperatur bis zu der Temperatur des elektrischen Lichtbogens (etwa 2500 bis 3000°). Das herausgeschmolzene Eisen entflammt in seinem weißglühenden Zustande auch schwer entzündliches Material wie Holz und frißt sich sogar durch Eisenplatten und Stahl hindurch. Als Bindemittel für das Thermitgemisch dient Wasserglas (Na_2SiO_3) oder auch Pech, Paraffin u. ä. Das Paraffin hat dabei noch einen weiteren Zweck zu erfüllen. Die Brandwirkung des Thermits ist örtlich begrenzt. Zusätze leicht brennender Stoffe sollen dann die Verbrennung weiterführen. Hierzu ist in Amerika ein festes Öl (solid oil) entwickelt worden. Eine Brandbombenfüllung, die Stichflammen erzeugt, besteht nach Sonntag z. B. aus einem metallthermischen Gemisch aus Aluminium mit Salzen, die viel Kristallwasser enthalten, z. B. Alaunen (Doppelsalzen, etwa $K_2SO_4 \cdot Al_2(SO_4)_3 \cdot 24 \, H_2O$). Das Gemisch wird mit Harzen, festen Kohlenwasserstoffen oder Zelluloseestern (33) verfestigt. Außerdem können kleine Behälter mit leicht verdampfbaren Kohlenwasserstoffen beigegeben werden. Die Entzündung des Thermitsatzes ist schwierig. Als Anfeuerung dient z. B. ein Gemisch aus Magnesiumpulver und dem sauerstoffabspaltenden Bariumsuperoxyd (Zündkirschensatz). Nach dem Urteil der meisten Sachverständigen ist das Thermit dem Phosphor überlegen.

Literatur. Sonntag: Chem. Ztbl. 1940, II, S. 292.

Elektronmetall. Den entscheidenden Fortschritt brachte die Elektronbrandbombe. Sie war bei uns 1918 in großen Mengen verwendungsbereit, wurde aber nicht mehr eingesetzt, weil sie nicht als kriegsentscheidend gewertet wurde. Unter Elektron versteht man eine Leichtmetallegierung aus Aluminium und etwa 90% Magnesium. Die Wichte beträgt nur 1,8 gegenüber 7,6 g/cm³ für Stahl. Bei Erhitzung auf 650° schmilzt das Metall und verbrennt dann mit blendendem Glanz unter beträchtlicher Hitzeentwicklung. Das Elektronmetall dient als Bombenhülle, die Füllung besteht aus Thermit. Damit hat die Elektronbrandbombe nahezu überhaupt kein totes Gewicht. Sie ist außerordentlich leicht und eignet sich vorzüglich zum Masseneinsatz. Die Durchschlagskraft kleiner Brandbomben ist gering, kann aber durch Anbringen schwerer Führungsklötze aus Eisen verbessert werden. Die Löscharbeiten (29) werden erschwert, wenn durch Schwarzpulverladungen der Thermitsatz während des Abbrennens zersprengt wird.

Alkalimetalle. Natrium und Kalium kommen gelegentlich als Bombenfüllungen vor in der Absicht, sie mit Wasser explosionsartig unter Abspaltung von Wasserstoff reagieren zu lassen:

$$2 \, Na + 2 \, H_2O = 2 \, NaOH + H_2.$$

Der Wasserstoff entzündet sich. Die Wirkung ist gering, weil die Schlacke den Brandherd von der Luft absperrt. Der Zweck des Einsatzes ist die Beunruhigung der Löschmannschaft.

Literatur. Rumpf: Brandbomben, 1932.

29. Feuerlöschmittel.

Die Bekämpfung eines Brandes muß zum Ziel haben, entweder den Brandherd von der Luft abzusperren oder die Temperatur durch Kühlung unter die Zündtemperatur zu erniedrigen. In den meisten Fällen üben die Feuerlöschmittel beide Wirkungen gleichzeitig aus. An Bord von Schiffen kommen je nach der Größe und Art des Brandes folgende Feuerlöschmittel zur Anwendung:

1. Wasserlöscheinrichtungen.
2. Fluteinrichtungen zum Fluten der Räume für Munition, feuergefährliche Farben, Spiritus.
3. Dampflöschanlagen.
4. Schaumlöschanlagen.
5. Gaslöschanlagen (Ardexin).
6. Handfeuerlöscher.

Schaumlöscher benutzen die Fähigkeit einiger Stoffe, wie Seife in Wasser unter Schaumbildung löslich zu sein. Dazu gehören die Saponine, die aus der Quillajarinde oder der Roßkastanie gewonnen werden. Andere Schaummittel werden synthetisch hergestellt. Der Schaum wird aufgetrieben durch Gase und zwar meist durch CO_2. Dieses wird aus einem pulverigen Gemisch von Aluminiumsulfat und Natriumbikarbonat durch Lösen in Wasser entwickelt. Das Sulfat hydrolysiert zu $Al(OH)_3$ und Schwefelsäure (19). Die Wasserstoffionen der Schwefelsäure liefern mit dem Bikarbonat Kohlensäure:

$$H^+ + HCO_3^- = H_2O + CO_2.$$

Das Aluminiumhydroxyd macht den Schaum zäh. Der Schaumfilm kühlt, verhindert eine Verdampfung bei Ölbränden und sperrt den Brand von der Luft ab. Das Gemisch aus Schaummittel, Bikarbonat und Aluminiumsulfat wird im Bedarfsfalle in Behälter gefüllt und an die Wasserleitung angeschlossen. Die Leistung von Schaumgeneratoren beträgt bis zu 6000 l Schaum pro Minute. An Stelle von CO_2 arbeitet man auch mit Wasserstoff. Hierbei drücken die kleinen Knallgasexplosionen der Schaumblasen das Feuer aus. — Bei den Hand-Schaumlöschern (Perkeo) sind saure Lösung, z. B. Alaun $(K_2SO_4 \cdot Al_2(SO_4)_3 \cdot 24\,H_2O)$, sowie Karbonatlösung und Schaummittel getrennt untergebracht. Durch einfaches Umstürzen tritt das Gerät in Tätigkeit. Der Schaum braucht nicht durch chemisch entwickelte Gase hochgetrieben zu werden. Nach neuen Verfahren arbeitet man mit Druckluft, also mechanisch. Dieser mechanische Luftschaum ist dem chemischen Luftschaum dadurch überlegen, daß er weder saure noch basische Bestandteile enthält. Er ist allerdings nicht so haltbar wie chemischer Schaum (Tutogen der I. G.).

Naßlöscher enthalten meist eine Lösung von Bikarbonat, der ein Frostschutzmittel, z. B. Glyzerin, beigegeben ist. Die Lösung wird

vielfach durch den Druck einer beigegebenen Kohlensäureflasche hinaus-
gedrückt. Der Betriebsdruck kann aber auch im Gerät selbst erzeugt
werden. Hierzu wird eine in der Karbonatlösung befindliche Flasche mit
Salzsäure von außen durch einen Bolzen zertrümmert. Es wird CO_2 nach

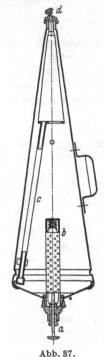

der oben angegebenen Gleichung entwickelt, welches
nun die Lösung hinaustreibt. Diese Naßlöscher werden bei Materialbränden, z. B. Holz, eingesetzt. Für
Ölbrände, Karbidbrände u. dgl. sind sie nicht
zu verwenden. Auch bei Bränden in elektrischen Anlagen sind Naßlöscher sowie auch
Schaumlöscher nicht am Platze.

Tetralöscher enthalten das unbrennbare, flüssige
Kohlenstofftetrachlorid CCl_4, das in der Hitze leicht
verdampft und die Luft vom Brandherd absperrt. Es
wird wie bei den Naßlöschern mit Druckluft oder
Kohlensäure hinausgetrieben. Infolge der betäuben-
den Wirkung des Tetrachlorkohlenstoff-Dampfes
dürfen Tetralöscher in schlecht belüfteten Räumen,
z. B. in Kellern, nicht gebraucht werden oder höchstens
bei Benutzung einer Gasmaske. Letztere empfiehlt
sich schon deshalb, weil sich immer mehr oder weniger große Mengen Phosgen $COCl_2$ bilden. Phosgen
ist ein gefährliches Lungengift (50). Überdies kann
sich noch Chlor sowie Chlorwasserstoff entwickeln.
Es kommen z. B. folgende Umsetzungen in Betracht:

$$2\ CCl_4 + O_2 = 2\ COCl_2 + 2\ Cl_2$$
$$CCl_4 + H_2O = COCl_2 + 2\ HCl$$
$$COCl_2 = CO + Cl_2\ \text{(oberhalb 500°)}$$

Abb. 37.
Minimax-Naßlöscher
a Schlagknopf.
b mit Säure gefüllte
   Glastube.
c Steigrohr für die
   Löschflüssigkeit.
d Düse zum Austritt
   der Löschflüssigkeit
   (nach Kausch).

Ardexlöscher enthalten als Löschmittel ebenfalls
chlorierte Kohlenwasserstoffe. So enthält z. B. das
Ardexin Methylbromid CH_3Br und Äthylenbromid
$C_2H_4Br_2$. Die Löschwirkung ist noch größer als bei dem
Tetralöscher. Dagegen sind die Dämpfe der Flüssigkeit giftiger als diejenigen von CCl_4 (52). Beim Löschen
können außer unzersetzten Dämpfen als Spaltprodukte
freies Brom und Bromwasserstoff auftreten. Es besteht wie bei den
Tetralöschern die Gefahr tödlicher Vergiftungen. Derart vergaste Räume
dürfen nur mit der Gasmaske oder mit Sauerstoffgeräten betreten werden, die Räume sind gut zu lüften und die Flächen müssen mit Wasser
gespült werden.

Literatur. v. Schwartz: Handbuch der Feuer- u. Explosionsgefahr, 1936. —
Kausch: Z. VDI, 1939, S. 1200. — Kausch: Das chemische Feuerlöschwesen,
1939.

Trockenlöscher enthalten Natriumbikarbonatpulver. Das Bikarbonat wird mit Kieselgur gemischt, damit es nicht zusammenbackt.
Das Pulver wird mit Hilfe einer Kohlensäureflasche auf den Brandherd
gedrückt. Es zerfällt dort in Soda und Kohlensäure:

$$2\ NaHCO_3 = Na_2CO_3 + CO_2 + H_2O.$$

Die Soda überzieht die brennenden Stoffe, das Kohlendioxyd hält die Luft fern. Trockenlöscher gibt es in allen Größen von 1 kg für Vergaserbrände an bis zu 600 kg in stationären Anlagen. **Schneelöscher** enthalten flüssiges Kohlendioxyd. Beim Ausströmen sinkt die Temperatur derart, daß fester Kohlensäureschnee entsteht. Dieser bewirkt eine beträchtliche Abkühlung des Brandherdes, beim Verdampfen verdrängt er die Luft (Polar-Totallöscher). Man verwendet die Schneelöscher zur Bekämpfung von Tank- und Ölschalterbränden.

Tab. 25. Handfeuerlöscher.

Typen	Normal-füllung	Verwendung
Naßlöscher	10 l	Für Lagerhäuser und Bürogebäude. Für Brände von festen Gegenständen (Holz, Papier und Stoffe). Stromleitend. Nicht für elektrische Anlagen.
Schaumlöscher. . .	10 l	Für Kraftfahrzeughallen. Für Öl-, Benzin- und Petroleumbrände, für Fett- und Lackbrände. Stromleitend. Nicht für elektrische Anlagen.
Tetralöscher. . . .	2 l	Als Fahrzeuglöscher. Nicht stromleitend. Für Petroleum-, Benzol- und Naphtalinbrände, Stark- und Schwachstromanlagen. Nicht geeignet zum Gebrauch an Bord von Kriegsschiffen. Vorsicht bei Gebrauch in geschlossenen Räumen. Schädliche Gase. Nach Gebrauch Raum sofort verlassen.
Ardexlöscher . . .	2 kg	Für elektrische Anlagen. Absoluter Nichtstromleiter. Besonders für die empfindlichen elektrischen Anlagen der F. T. und Artillerie geeignet. Löschwirkung schlagartig. Schädliche Gase. Nach Gebrauch Raum sofort verlassen.
CO_2-Schneelöscher .	6 kg	Nichtstromleiter. Für elektrische Anlagen besonders geeignet. Für Ölschalter, Motoren, Kabelleitungen, Fernsprechämter, Pech- und Asphaltkochereien.
Tornisterlöscher . .	12 kg	Für den Feuerschutz an Bord geeignet. Stromleiter. Kann als Naß- und als Schaumlöscher gefüllt werden.

Literatur. Marineverordnungsblatt, 1936, S. 44.

Sand, bereitgestellt in trockenem und gesiebtem Zustande, dient zur Niederhaltung kleiner Brände im Ölkesselraum, an Transformatoren, Ölschaltern und Ölanlassern. Bei Maschinen darf Sand nicht benutzt werden wegen seiner Schmirgelwirkung bzw. wegen der Notwendigkeit einer mühsamen Reinigung.

Die bisher beschriebenen Verfahren beziehen sich nur auf die Bekämpfung gewöhnlicher Brände. Die Möglichkeit, Brandbomben zu löschen, ist anders zu beurteilen.

Löschmittel für Brandbomben. Falls es nicht gelingt, die Brandbombe zu entfernen, muß unverzüglich mit Löschversuchen begonnen werden. Die Verwendung von Sonderlöschmitteln, z. B. einer von russischer Seite empfohlenen Mischung von 50% Wasser und 50% technischem Ammoniumphosphat zur Löschung brennenden Thermits, Elektrons, Natriums und Kaliums (Chem. Zbl. 1940, I, S. 3215), erscheint in der Hand von Ungeübten nicht zweckmäßig. Hier kommen nur Massenmittel in Frage: trockener Sand und Wasser. Thermit brennt zwar auch unter Sand weiter, da er ja seinen Verbrennungssauerstoff in sich trägt, und Phosphorflammen können sogar durch dicke Sandschichten hindurchschlagen, vielfach wird der Brand aber doch durch die Kühlwirkung erstickt oder gedämpft, sodaß die Brandmasse mit Schaufeln entfernt werden kann. Kommt man mit Sand nicht zum Ziele, so ist Wasser anzuwenden. Unzweckmäßig ist die Verwendung eines Wasserstrahls, da brennendes Thermit oder geschmolzener Phosphor dann umherspritzt, die Löschmannschaft gefährdet und den Brandherd verbreitet. Ferner reagieren die Leichtmetalle Na, K und auch Elektron sowie glühendes Eisen mit Wasser unter Abspaltung von Wasserstoff:

$$2\,M + 2\,H_2O = 2\,MOH + H_2\,(M = Metall).$$

Der Wasserstoff kann mit der Luft Knallgas bilden (12). Wasser ist daher als feiner Sprühregen zu verwenden, möglichst aus einer Deckung heraus. Ähnlich wie mit Wasser kann man mit Naßlöschern und Schaumlöschern arbeiten, zu warnen ist jedoch vor der Verwendung von Tetra- oder Ardexlöschern wegen der Entstehung giftiger Gase (s. o.). Gelingt der Löschversuch auch mit Wasser nicht, so muß die Brandbombe ausbrennen. Man hält dann die Umgebung möglichst naß und bekämpft nunmehr den etwa entstehenden Sekundärbrand durch die üblichen Mittel. Nach dem Löschen ist die Brandstelle auf verspritzte Brandsatzteile abzusuchen, da Phosphorteile sich noch später entzünden können, wenn die bedeckende Wasserhaut verdunstet ist.

Literatur. Lindner: Gasschutz und Luftschutz, 1938, Oktober-Sonderheft. — Peill: Gasschutz und Luftschutz, 1939, S. 267 (Menschenrettung aus Brandgefahr). — Lindner: Gasschutz und Luftschutz, 1937, S. 185. — Rumpf: Brandbomben, 1932. — Marine-Verordnungsblatt, 1. Mai 1939 (Phosphor).

Vorbeugender Brandschutz. Die Wirkung einer Brandbombe ist umso geringer, je weniger brennbare Stoffe vorhanden sind. Insbesondere müssen die Hausböden entrümpelt werden. Der Wert der Entrümpelung besteht neben der Beseitigung leicht brennbaren Materials vor allem in der Beseitigung jeder Wärmestauung. Selbst Elektronbomben zünden schwer, wenn keine Gelegenheit zur Anstauung der Wärme vorhanden ist. Die übrigbleibende Holzkonstruktion ist an sich schwer entflammbar und zwar um so mehr, je glatter das Holz ist. Man kann das Holz zwar nicht gegen die unmittelbare Wirkung der Brandbomben schützen, aber man kann das Weiterfressen des Brandes verhindern. Das geschieht durch Anstrich oder Imprägnieren. Beim Imprägnieren wird das Holz durchtränkt, Anstriche dringen nur wenige Millimeter tief ein. Als billige Anstrichmittel dienen Salzlösungen. Einige schmelzen bei Bränden zu einer glasigen Masse, die auf dem Holz eine Schutzschicht bildet, z. B. Wasserglas Na_2SiO_3 oder andere kiesel- oder phosphorsaure Salze. Andere sollen beim Erhitzen nicht brennbare Gase abspalten, die den Luftsauerstoff verdrängen, z. B. Ammonsalze oder Karbonate, welche Ammoniak bzw. Kohlensäure abgeben. Auf Brandschutz durch entsprechende Bauweise (Brandmauern) sowie durch Planung (weiträumige Bauweise) kann hier nur hingewiesen werden.

Literatur. Schaefer: Gasschutz und Luftschutz, 1939, S. 287.

30. Schwarzpulver.

Eine Steigerung der Verbrennungsgeschwindigkeit von brennbaren Stoffen wie Kohle oder Schwefel zu explosiver Heftigkeit gelingt durch Zumischung solcher Salze, welche in der Hitze den zur Verbrennung nötigen Sauerstoff abspalten. Bezeichnet man die brennbaren Stoffe kurz als Kohlenstoffträger, die Sauerstoff liefernden Salze als Sauerstoffträger, so bestehen die Explosivstoffe auf Salzgrundlage stets aus zwei Anteilen: dem Kohlenstoffträger und dem Sauerstoffträger. Bei Verwendung von Salzen ist stets mit dem mehr oder weniger hygroskopischen Verhalten dieser Stoffe zu rechnen. Diese Eigenschaft ist vor allem bei Verwendung als Treibmittel in der Waffe wegen der Änderung der ballistischen Leistung überaus nachteilig. Die Verwendung von Salzen hat ferner den Nachteil, daß alle Salze Metalle enthalten. Deren Verbrennungsprodukte sind nicht gasförmig. Sie vermindern also die ballistische Leistung und ergeben unangenehme Rückstände in Form von taktisch nachteiligem Rauch. Eine Ausnahme davon macht nur der Ammonsalpeter.

Sauerstoffträger. Als Sauerstoffträger kommen die Salze derjenigen sauerstoffreichen Säuren in Betracht, welche beim Erhitzen ihren Sauerstoff ganz oder teilweise abgeben. Das sind die Salze der Salpetersäure, die Nitrate, und die Salze der Chlorsäure oder Überchlorsäure, die Chlorate oder Perchlorate. Von den Nitraten, den Salpetern, sind die bekanntesten der Kalisalpeter KNO_3 und der Natronsalpeter (Chilesalpeter) $NaNO_3$. Bei Explosionstemperaturen geben sie ihren Sauerstoff nahezu völlig ab (unter Wärmeverbrauch!):

$$2 KNO_3 = K_2O + N_2 + 2{,}5 O_2 - 132{,}2 \text{ kcal.}$$

Nach dieser Gleichung ergibt sich ein Oxydrückstand von nicht weniger als 46,7%. Von diesem Mangel frei ist der Ammonsalpeter NH_4NO_3, der die Fähigkeit besitzt, restlos in Gas zu zerfallen:

$$NH_4NO_3 = N_2 + 2 H_2O + 0{,}5 O_2 + 17{,}3 \text{ kcal.}$$

Der Ammonsalpeter ist der Sauerstoffträger der Ammonsalpetersprengstoffe (38) und der Ammonpulver (35). Leider schließt sein stark hygroskopisches Verhalten die volle militärische Ausnutzung aus. Dagegen sind die Chlorate zwar ausgezeichnete Sauerstoffträger, sind aber nicht frei von Rückstandbildung. Das wichtigste Chlorat ist das Kaliumchlorat $KClO_3$. Es wird durch Elektrolyse einer Chloridlösung gewonnen (16). Auf die an der Kathode gebildete Kalilauge wirkt das anodisch entwickelte Chlor ein:

$$6 KOH + 3 Cl_2 = 5 KCl + KClO_3 + 3 H_2O.$$

Das Kaliumchlorat gibt beim Erhitzen seinen gesamten Sauerstoff ab:

$$2 KClO_3 = 2 KCl + 3 O_2 + 23{,}8 \text{ kcal.}$$

Durch Elektrolyse der Chloratlösung erhält man Perchlorat, wobei das Chloration an der Anode zwei positive Ladungen aufnimmt:

$$2\,ClO_3^- + H_2O = HClO_4 + HClO_3.$$

Das entstandene schwerlösliche Kaliumperchlorat $KClO_4$ wird durch Zusatz von KCl ausgefällt (gleichioniger Zusatz, 19).

Die Chlorate sind die Sauerstoffträger der Chloratsprengstoffe (38), vieler Feuerwerksstoffe (31) und Bestandteile der Sprengkapseln (45).

Von geringerer Bedeutung für die Explosivstoffindustrie ist das aus Braunstein MnO_2 erhältliche Kaliumpermanganat $KMnO_4$, dessen violette Farbe bekannt ist, sowie das gelbrote Kaliumbichromat $K_2Cr_2O_7$. Diese Salze zerfallen in der Hitze ebenfalls unter Sauerstoffabgabe:

$$2\,KMnO_4 = 2\,MnO_2 + K_2O + 1,5\,O_2.$$
$$K_2Cr_2O_7 = Cr_2O_3 + K_2O + 1,5\,O_2.$$

Braunstein MnO_2 kann seinerseits noch Sauerstoff liefern:

$$3\,MnO_2 = Mn_3O_4 + O_2.$$

Brauchbare Sauerstoffträger sind endlich noch die Superoxyde Na_2O_2, BaO_2, SrO_2, die unter Abgabe von Sauerstoff in Na_2O, BaO, SrO zerfallen. Die energische Wirkung des frisch entwickelten Sauerstoffs beruht darauf, das er zunächst im einatomigen Zustand (status nascendi) auftritt.

Literatur. Hofmann: Lehrbuch der anorgan. Chemie, 1939. — Neumann: Lehrbuch der chem. Technologie, 1939.

Bestandteile des Schwarzpulvers. Schwarzpulver, ursprünglich aus dem griechischen Feuer, einer Mischung aus Pech, Harzen und Schwefel, hervorgegangen, ist lange Jahrhunderte das alleinige Treib-, Spreng- und Zündmittel gewesen. Es wurde 1313 von dem Freiburger Mönch Berthold Schwarz wahrscheinlich erstmalig als Treibmittel verwendet und 1627 von Kaspar Weindl als Bergbausprengmittel eingeführt. Seine Zusammensetzung hat sich bis heute wenig geändert.˙ Kohlenstoffträger ist die Holzkohle, Sauerstoffträger der Salpeter (Kalisalpeter). Für militärische Verwendung wird er dem billigen Natronsalpeter vorgezogen, weil er weniger hygroskopisch ist als dieser. Der dritte Grundbestandteil ist der Schwefel. Dieser schmilzt bereits bei 113° und fängt dann leicht Feuer. Er soll die Zündung einleiten und eine sichere Verbrennung des trägen Kohlenstoffs gewährleisten. Er dient gleichzeitig als Bindemittel. — Der Salpeter muß frei sein von hygroskopischen Verunreinigungen wie NaCl, dessen Höchstgehalt für Schießmittel nur 0,01%, für Sprengmittel 0,1% betragen darf. Der Kalisalpeter war früher ausschließlich „Konversionssalpeter", d. h. Salpeter, der aus Chilesalpeter durch Umsetzung mit KCl gewonnen wurde:

$$NaNO_3 + KCl = KNO_3 + NaCl.$$

Die Abscheidung des Kalisalpeters erfolgt im wesentlichen dadurch, daß der in heißem Wasser leicht lösliche Salpeter beim Abkühlen auskristallisiert, da er im kaltem Wasser schwer löslich ist. Heute stellt die Industrie große Mengen „synthetischen Salpeters" her. Man geht hierbei aus von Kalkstickstoff $CaCN_2$, der durch Einwirkung von Stickstoff auf Karbid gewonnen wird:

$$CaC_2 + N_2 = CaCN_2 + C.$$

Zersetzt man Kalkstickstoff in Gegenwart von Kaliumbisulfat, so bildet sich Monokaliumzyanid $KHCN_2$, das durch Druckkochung mit Salpetersäure sofort Kalisalpeter ergibt:

$$CaCN_2 + KHSO_4 = KHCN_2 + CaSO_4$$
$$2\,KHCN_2 + 4\,H_2O + 2\,HNO_3 = 2\,KNO_3 + 4\,NH_3 + 2\,CO_2.$$

Die Holzkohle muß möglichst gleichmäßige Zusammensetzung haben, muß arm an Asche und leicht entzündlich sein. Für Sprengpulver genügt beliebige Holzkohle, z. B. aus Buche oder Fichte, für Schießmittel werden weiche Hölzer, z. B. Erle oder Faulbaum, verwendet, die poröse, weiche und leicht verbrennliche Holzkohle liefern. Werden diese Hölzer unter Luftabschluß in Retorten einer Erhitzung bis etwa 260° ausgesetzt, so ergeben sich rötlich aussehende, leicht entzündliche ,,Rotkohlen'', während bei hoher Temperatur schwer entzündliche Schwarzkohlen entstehen. Die Holzkohle wird nach mehrwöchigem Lagern fein gemahlen. — Der gelbe Schwefel muß vor allem frei von anhaftender Schwefelsäure sein. Er wird daher nie in Form von Schwefelblume verwendet, die immer säurehaltig ist, sondern nur in Form von Stangenschwefel. Da der Schwefel sich leicht elektrisch auflädt, wird er in Holztrommeln gemahlen, welche mit Pockholzkugeln beschickt sind. Der Schwefelbedarf Deutschlands kann heute vollständig aus dem Inlande gedeckt werden. Das Deutsche Reich verfügt zwar über keine nennenswerten Lager an Schwefel. Diese befinden sich hauptsächlich in vulkanischen Gegenden (Sizilien, Texas). Die Hauptmasse des deutschen Schwefels wird bei der Aufbereitung der Kohle gewonnen, welche im Mittel 1,5% S enthält. Hierbei wird der Schwefel durch Entschwefelung der Kokereigase und der Synthesegase für die Ölsynthese gewonnen (6). Die I. G. absorbiert im ,,nassen Entschwefelungsverfahren'' den sauren Schwefelwasserstoff des Rohgases mit Lösungen der Alkalisalze von Aminen (42) (Alkazidverfahren), treibt den Schwefelwasserstoff durch Erhitzen wieder ab und verarbeitet ihn nach dem ,,Claus''verfahren in zwei Stufen zu Schwefel:

$$H_2S + 1,5\,O_2 = SO_2 + H_2O + 124\,kcal\ \text{(Kesselbeheizung)}$$
$$SO_2 + 2\,H_2S = 3\,S + 2\,H_2O + 35\,kcal\ \text{(Bauxit als Katalysator).}$$

Literatur. Neumann: Lehrbuch der chem. Technologie, 1939.

Herstellung des Schwarzpulvers. Bei der Herstellung des Schwarzpulvers ist dessen leichte Entzündlichkeit in trockenem Zustande durch Funken zu beachten. Funkengebende Metalle und Werkzeuge sind zu vermeiden, insbesondere Reibung von Eisen auf Eisen. Es werden vorzugsweise weiche Metalle verwendet, z. B. Kupfer, Zink, Bronze, Messing, ferner Holz und Leder. Die Fertigung verläuft folgendermaßen: 1. Mengen des in dem gewünschten Verhältnis zusammengestellten Satzes in Ledertrommeln mit Holzgerippe und Pockholzkugeln. Der Satz ist dann grau und unter der Lupe völlig gleichmäßig. Die erhaltene Mischung heißt Mehlpulver. Sie wird nur in der Feuerwerkerei oder zur Zündschnurfabrikation (45) verwendet. Für Schieß- und Sprengzwecke brennt sie zu langsam ab. 2. Dichten des mit 5% Wasser angefeuchteten Satzes in Läuferwerken (Kollergängen). Walzen von 5000 kg Gewicht dichten den im Walzteller befindlichen Satz. Mit dem Dichten ist eine weitere innige Mischung der Bestandteile verbunden. 3. Pressen mit über 25 at unter hydraulischen Pressen zwischen Bronze- oder Kupferplatten. Das Ergebnis ist ein harter Pulverkuchen mit einer Wichte von 1,7 g/cm³. 4. Körnen der mit Holzhämmern zerschlagenen Kuchen zwischen gezahnten Bronzewalzen im Körnwerk. Entstäuben und Sortieren durch Siebe. 5. Polieren gegebenenfalls mit Graphitzusatz in lederausgeschlagenen Poliertrommeln. Durch das Polieren wird das Pulver geglättet, von scharfen Kanten befreit und an der Oberfläche weiter gedichtet. Graphit ergibt Glanzpolitur und mildert das hygroskopische Verhalten des Pulvers, erschwert aber seine Entzündlichkeit. 6. Vortrocknen in Trockenräumen mit Warmwasserheizung bei 35°, Fertigtrocknen bei 55—60° bis auf etwa 0,5% Wasser. Das erhaltene „grobkörnige Schwarzpulver" wird dann noch sortiert und zum Ausgleich der Unterschiede der einzelnen Fertigungen gemischt. Die Verpackung erfolgt in Jutesäcken, die in Holzfässer gesetzt werden, oder in Holzkisten mit doppelter Wand und Zinkblechauskleidung. Es kommt hierbei auf Transportsicherheit und Schutz gegen Feuchtigkeit an.

Literatur. Stettbacher: Schieß- u. Sprengstoffe, 1933.

Schwarzpulver als Treibmittel. Die übliche Zusammensetzung 75% Salpeter, 15% Holzkohle und 10% Schwefel entspricht etwa der Formulierung: $S + 3C + 2KNO_3$. Das sind insgesamt 270 g. Darin stecken allein 94 g K_2O als fester Rückstand. Dieser lagert aber noch weiter Oxyde von C und S an unter Bildung von Salzen, z. B. K_2CO_3, K_2S, K_2SO_4, $K_2S_2O_3$. Damit erhöht sich der feste Rückstand auf etwa 57%, während nur 43% Gase entstehen, meist CO_2, CO und N_2, H_2S und CH_4. Die Zersetzung des Schwarzpulvers hängt stark von den Bedingungen ab, insbesondere vom Druck. Die einfache Gleichung

$$2 KNO_3 + 3 C + S = K_2S + 3 CO_2 + N_2$$

ist nur als erste Näherung zu betrachten.

Als Treibmittel ist das Schwarzpulver heute überholt. Betrachtet man als Maß für die Treibkraft eines Pulvers seine spez. Energie f (36) $= p_0 \cdot v_0 \cdot T/T_0$, so beträgt der Wert von f bei rauchschwachen Pulvern etwa 10000 lit at/kg (bzw. 100000 mkg/kg) (15, Beisp. 2), bei Schwarzpulver jedoch vor allem wegen seines geringen spez. Gasvolumens ($v_0 = 280$ Nl/kg), das durch die starke Rückstandsbildung verursacht wird, nur 2810 lit at/kg (bzw. 28100 mkg/kg) (Tab. 31). Die Treibkraft des Schwarzpulvers ist also derjenigen rauchschwacher Pulver um mehr als das 3fache unterlegen. Diese ballistische Minderwertigkeit allein hat zu der Verdrängung des Schwarzpulvers geführt, nicht, wie der Name „rauchschwache Pulver" vermuten lassen könnte, die angebliche Rauchfreiheit der rauchschwachen Pulver. Der weiße Rauch des Schwarzpulvers ist zwar lästig, weil er die Feuerstellung verrät und die Rohre verschmiert, aber ballistisch nicht entscheidend. Schätzenswert ist in der Waffe die relativ niedrige Verbrennungstemperatur des Schwarzpulvers (geringe Ausbrennungen, 36) sowie die verhältnismäßig geringe Steigerung der Verbrennungsgeschwindigkeit mit dem Druck. Am längsten hat sich das braune prismatische Pulver C/82 für schwere Geschütze gehalten, das aus 79% Salpeter, 3% Schwefel und 18% Rotkohle bestand. Günstig ist auch die unbegrenzte chemische Lagerbeständigkeit des Schwarzpulvers, weniger günstig aber seine ballistische Beständigkeit (Stabilität, 36), die durch sein hygroskopisches Verhalten nachteilig beeinflußt wird. Schwarzpulver läßt sich wegen seiner Sprödigkeit nicht in jede beliebige Form pressen, insbesondere nicht in die ballistisch günstige Röhrenform (36). Die durchbohrten sechseckigen Prismen des Pulvers C/82 kann man wenigstens als Annäherung an die Röhrenform betrachten.

Literatur. Hassenstein: Übergang vom Schwarzpulver zu Nitrozellulose-Blättchenpulver vor 50 Jahren. Z. ges. Schieß- u. Sprengstoffwes. 1941, S. 75.

Schwarzpulver als Sprengmittel. Auch als Sprengmittel findet das Schwarzpulver im Militärbetrieb heute nur noch gelegentlich Verwendung. Das Schwarzpulver ist als Gemisch nicht detonierbarer Bestandteile einer eigentlichen Detonation nicht fähig, es wirkt schiebend, nicht zertrümmernd. An Brisanz (39) wird es weit von anderen Sprengmitteln übertroffen. Während letztere aber (z. B. F.P. 02, 41) eine breite, am Boden klebende schwarze Sprengwolke liefern, gibt das Schwarzpulver einen weißen, in die Höhe steigenden Rauch. Schwarzpulvergranaten können daher mit Vorteil zum Einschießen benutzt werden, vor allem bei Fliegerbeobachtung. Als Sprengmittel im zivilen Sprengstoffwesen hat das Schwarzpulver sich gehalten, wird allerdings dann oft durch billige ähnliche Mischungen ersetzt (s. unten). In Gruben, die durch schlagende Wetter gefährdet sind, kann es nicht verwendet werden. Die große Flamme bei der Verbrennung bringt die Gefahr einer Schlagwetterexplosion mit sich. Das Schwarzpulver als Sprengmittel heißt Sprengpulver. Von diesem sind heute 3 Sorten zugelassen: Sprengpulver 1, 2, 3. Sprengpulver 1 hat 73—77% Kalisalpeter und die größte Sprengwirkung, Sprengpulver 3 mit 63—67% Salpeter die kleinste und gleichzeitig wegen Unvollständigkeit der Verbrennung den höchsten Gehalt an giftigen Nachschwaden (CO). Von hohem Vorteil ist die schiebende Sprengwirkung beim Sprengen von Gestein, das nicht zertrümmert, sondern grobstückig zerkleinert wird. Erforderlich ist ein guter Besatz. Die Unempfindlichkeit des Schwarzpulvers gegen mechanische Beanspruchung ist groß. (Fallhöhe des 2 kg-Fallhammers > 85 cm, 39). Anders steht es mit der Empfindlichkeit gegen offene Flammen.

Schwarzpulver als Zündmittel. Wegen seiner leichten Entzündlichkeit durch Funken, Flammen und Blitzschlag ist das Schwarzpulver zu den handhabungsgefährlichen Explosivstoffen zu zählen (46) und brennt dann unmittelbar in Form einer heftigen Explosion ab. Es ist erst bei einem Wassergehalt von 15% als nicht mehr entzündungsfähig anzusehen, ist in diesem Zustand aber natürlich unbrauchbar. Schwarzpulver ermöglicht eine sichere Zündung der schwerer entzündlichen rauchschwachen Pulver in den Geschützen. Es dient als Beiladung in der Kartusche. Ferner spielt das Schwarzpulver in den Zündschnüren (45) zur zeitgebundenen Übertragung von Zündungen auf Sprengkapseln und damit auf Sprengkörper eine erhebliche Rolle. Ähnlich kann man seine Verwendung als Zünderpulver für Brennzünder auffassen. Es dient in den Geschoßzündern als Verzögerungssatz und wird auch zur Verstärkung eines Feuerstrahls herangezogen.

Die Brennzeit eines Satzes kann man durch Abändern der chemischen Zusammensetzung, vor allem des Verhältnisses zwischen Kohle und Schwefel, sowie durch Verschiedenheiten in der Korngröße in weiten Grenzen regeln. Zur Erzielung eines gleichmäßigen Abbrandes muß solches Zünderpulver besonders sorgfältig hergestellt werden. Vor allem kommt es auf feinste Mischung der Grundbestandteile an (45).

Sprengsalpeter. Unter Sprengsalpeter versteht man in der zivilen Sprengtechnik besonders in Salzbergwerken viel verwendete Explosivstoffe mit dem billigen, aber stärker hygroskopischen Natronsalpeter als Sauerstoffträger. Die Zusammensetzung entspricht im übrigen derjenigen des Schwarzpulvers. In diesen schwarzpulverähnlichen Explosivstoffen wird auch die Holzkohle noch vielfach durch billigere Kohlesorten, auch durch Pech ersetzt.

Literatur. Beyling-Drekopf: Sprengstoffe und Zündmittel, 1936. — Stettbacher: Schieß- und Sprengstoffe, 1933. — Rauch: Z. ges. Schieß- u. Sprengstoffwes. 1930, S. 18.

31. Leuchtsätze.

Leuchtsätze finden Verwendung als Leuchtkugeln oder Signalmittel und zur Beobachtung der Flugbahn besonders bei der Bekämpfung von Luftzielen. Es kommt darauf an, zunächst an der gewünschten Stelle einen Brand zu erzielen. Die Flamme ist dann durch geeignete Zusätze zu färben. Demzufolge besteht ein Leuchtsatz grundsätzlich aus 3 Anteilen:

1. dem Kohlenstoffträger; 2. dem Sauerstoffträger; 3. dem Farberreger.

Die Mischungen aus den ersten beiden Anteilen sind nichts anderes als schwarzpulverähnliche Gemische. Leuchtsätze sind daher als Explosivstoffe zu behandeln. Vor allem muß ihre leichte Entzündlichkeit beachtet werden. Im Weltkriege haben Brände von Leuchtmunition zu den folgenschwersten Unglücksfällen geführt. Die Nachschwaden sind giftig und erstickend. Wegen ihres Salzcharakters sind die Leuchtsätze empfindlich gegen Nässe.

Farberreger. Glühende Gase und Dämpfe strahlen Licht aus, dessen Zusammensetzung sich nach der Zerlegung durch ein Prisma als aus einzelnen farbigen Linien oder Linienserien bestehend herausstellt (Linien- bzw. Serienspektren). Jedes chemische Element ist durch ein Spektrum von ganz bestimmtem Linienaufbau gekennzeichnet. Umgekehrt kann man durch Untersuchung des Spektrums das Vorhandensein bestimmter chemischer Elemente nachweisen (Spektralanalyse). Von besonderem Interesse ist das Spektrum verdampfter Metalle. Als Farberreger kommen solche Metalldämpfe in Betracht, deren Spektrum entweder überhaupt nur aus einer einfarbigen Linie besteht oder wenigstens überwiegend Linien einer bestimmten Farbe enthält. Durch einen derartigen Aufbau ihres Spektrums sind in erster Linie die Alkalimetalle und

Erdalkalimetalle ausgezeichnet. Das Natriumspektrum hat nur eine
gelbe Doppellinie. Das Strontiumspektrum hat weit überwiegend rote
Linien, das Bariumspektrum entsprechend grüne. Es dienen daher als
Farberreger: für gelb: Natriumsalze; für rot: Strontiumsalze;
für grün: Bariumsalze. Blau kommt praktisch kaum in Betracht,
weil blaue Lichtstrahlen sehr stark gebrochen und damit zerstreut werden. Blaue Feuer sind nur auf kurze Entfernung sichtbar. Am wenigsten gebrochen werden die roten Strahlen. Rot ist daher für Spur-
geschosse besonders beliebt. Von den genannten Salzen kommen
Halogenverbindungen in Betracht, welche in der Hitze durch Dissoziation das verdampfte Metall freigeben, und Sauerstoffverbindungen, welche
gleichzeitig als Sauerstoffträger dienen und dann durch die Flammen-
gase zu Metalldampf reduziert werden.

Leuchtsätze. Als Sauerstoffträger dienen meist Nitrate und Chlorate.
Obwohl diese Sauerstoffträger besonders wirksame Farberreger sind,
werden sie als Farberreger vielfach durch die weniger wirksamen, aber
auch weniger hygroskopischen Oxalate ersetzt (32). Chlorathaltige Sätze
sind äußerst reibungsempfindlich. Vor ihrer Selbstherstellung muß ge-
warnt werden. Besonders ist eine Mischung von Chloraten mit Schwefel zu
vermeiden. Schwefel, vor allem Schwefelblume, enthält häufig geringe
Mengen Schwefelsäure, welche zur Selbstentzündung des Chloratsatzes
führen kann. Als Kohlenstoffträger und vielfach gleichzeitig als Bindemittel dienen Schellack, Mastix, Kolophonium, Milchzucker, Ruß, Stea-
rin und Holzmehl. Endlich kommen Zusätze in Betracht, welche die
Leuchtkraft erhöhen. Hierzu sind in erster Linie Aluminium und Magne-

Tab. 26. Zusammensetzung von Leuchtsätzen.

Farbe	Kohlenstoff-träger	%	Sauerstoffträger	%	Farberreger	%
weiß. . .	Schellack Schwefel	2,5 12,6	Bariumnitrat	65,0	Al-Pulver	19,9
rot . . .	Schellack	9,0	Kaliumchlorat	65,0	Stront. oxalat	26,0
gelb . . .	Schellack	1,4	Kaliumnitrat	28,2	Natr. oxalat Mg-Pulver	28,2 42,2
grün. . .	Schellack	14,0	Bariumchlorat			86,0

sium zu rechnen. Sie erteilen der Flamme einen blendend weißen Glanz.
Durch diese Metallzusätze werden die Sätze leichter entzündlich. Schon
bei mäßiger Erwärmung spalten sie aber beim Feuchtwerden Wasserstoff
ab, der zur Knallgasbildung Veranlassung geben kann. Rezepte zur Herstellung von Leuchtsätzen gibt es in großer Zahl. Es genügt hier, die
Zusammensetzung der deutschen Weltkriegssätze anzugeben, wie sie aus
der Leuchtpistole verschossen wurden (Tab. 26). Als Beispiel einer neuen
Mischung für Lichtspurgeschosse sei ein amerikanischer Rotsatz erwähnt, der aus Strontiumsuperoxyd SrO_2 oder Strontiumnitrat und
Magnesium besteht. Leuchtgranaten enthalten Sätze auf Aluminium-
oder Magnesiumbasis. Die Leuchtsätze haben gleichzeitig eine erhebliche
Brandwirkung, sind allerdings nur bei leicht brennbaren Stoffen wirksam.

Anfeuerung. Die Brandenden der Feuerwerkskörper werden vielfach mit der „Anfeuerung" bestrichen. Darunter versteht man ein höchst empfindliches Gemenge aus Spiritus und Mehlpulver, d. i. Schwarzpulver, welches man durch Zerreiben von Schwarzpulverkörnern erhält. Schwarzpulver kann auch in Kornform in den Leuchtsatz hineingepreßt werden. Anfeuerungssätze für Lichtspurgeschosse mit vorzüglicher Mündungsfeuerfreiheit erhält man, wenn in den üblichen metallhaltigen Gemischen als Sauerstoffträger die Oxyde des Mangans, Eisens oder des Chroms verwendet werden.

Literatur. Lenze: Z. ges. Schieß- u. Sprengstoffwes., 1932, S. 325 und 1933, S. 14. — Lorentz: Z. ges. Schieß- u. Sprengstoffwes., 1930, S. 11. — Eschenbacher: Die Feuerwerkerei, 1925. — Kast: Spreng- u. Zündstoffe, 1921. — Chem. Zbl. 1940, I, S. 3608.

Rauchschwache Pulver.
32. Organische Grundstoffe.

Die Explosivstoffe der Wehrmacht und die Kampfstoffe gehören fast. alle der organischen Chemie an.

Organische Chemie bedeutet „Chemie des Kohlenstoffs". Ihre Eigenart besteht in folgenden Tatsachen:

1. Die Bindungsart des Kohlenstoffs ist die Atombindung (2). Im Gegensatz zu dem unmittelbaren Ladungsaustausch von Ionen verläuft eine organische Reaktion wesentlich langsamer und muß gewöhnlich durch Erhitzen erzwungen werden.

2. Die Koppelungsfähigkeit von Kohlenstoffatomen untereinander (2) führt zur Bildung von Kohlenstoffketten (4) und Kohlenstoffringen (6). Verbindungen mit Kohlenstoffketten heißen „aliphatisch", solche mit Kohlenstoffringen (Benzolringen) „aromatisch". Aromaten sind die Nitrosprengstoffe der Wehrmacht (41—42), Aliphaten die meisten Nitratsprengstoffe (34—40). In diesem Abschnitt werden nur Aliphaten behandelt, in 41 und 42 folgt die Chemie des Benzolringes.

3. Die qualitative Zusammensetzung organischer Stoffe ist einfach. Explosivstoffe enthalten im wesentlichen C, O, H, N, Kampfstoffe außerdem noch Chlor, Schwefel, Arsen. Die Isomerie (4), also das Auftreten von Stoffen gleicher qualitativer und quantitativer Zusammensetzung, aber von verschiedenem Aufbau, zwingt zu bevorzugter Verwendung von Strukturformeln (2).

4. Das Auftreten homologer Reihen (4), also von Stoffgruppen mit chemisch gleichem Charakter, ermöglicht die gemeinsame Besprechung ganzer Stoffklassen (Paraffine, Olefine, Alkohole u. a.).

5. Der Übergang von einer Stoffklasse zu einer anderen gelingt durch Substitution. Substitution heißt Ersetzung einzelner an Kohlenstoff gebundener Atome durch andere Atome oder Atomgruppen. Wird etwa ein Wasserstoffatom des Paraffins C_nH_{2n+2} substituiert, so verbleibt zunächst das Radikal · C_nH_{2n+1} (Alkyl), z. B. · CH_3 (Methyl), · C_2H_5 (Äthyl). An diese Radikale werden die Substituenten angelagert, z. B. Halogene, Hydroxylgruppen · OH (s. Alkohole) u. a.

Literatur. Sachsse: Z. angew. Chem. 1937, S. 847 (Freie Radikale).

Halogenverbindungen s. 48—52.

Einfache Alkohole. Die Alkohole kann man sich aus den Paraffinen durch Einführung einer · OH-Gruppe entstanden denken. Die Namen entsprechen daher den Paraffinen mit der Endsilbe -ol, z. B. Methanol CH_3-OH, Äthanol C_2H_5-OH. Diese Stoffe werden auch entsprechend ihrem Aufbau als Methylalkohol bzw. Äthylalkohol bezeichnet. Die alkoholische OH-Gruppe dissoziiert nicht als Ion ab, verhält sich also ganz anders als die basische OH-Gruppe. Bezeichnet man in dem Paraffin

$$CH_3 — CH_2 — CH_2 \cdots\cdots CH_2 — CH_2 — CH_3$$

die endständigen Kohlenstoffatome, die nur mit einem anderen C-Atom verbunden sind, als primäre, die mittelständigen, die mit je 2 C-Atomen verknüpft sind, als sekundäre, so erhält man, je nachdem, an welches dieser C-Atome die OH-Gruppe gekoppelt ist, primäre und sekundäre Alkohole. Primäre Alkohole, zu denen sowohl Methanol als auch Äthanol gehören, enthalten daher die Gruppe · CH_2OH (H-CH_2OH, CH_3-CH_2-OH), sekundäre Alkohole die Gruppe · CHOH ·, z. B. der sekundäre Propylalkohol CH_3—CHOH—CH_3 im Gegensatz zu dem primären Propylalkohol CH_3—CH_2—CH_2OH. Bei tertiären Alkoholen sitzt die OH-Gruppe an einem C-Atom, das mit drei anderen C-Atomen gekoppelt ist. Beispiel hierfür ist der tertiäre Isobutylalkohol CH_3—ÇOH—CH_3. Ter-

$$CH_3$$

tiäre Alkohole enthalten also die Gruppe · ÇOH (vgl. Isobutan, 4).

Methanol und Äthanol sind die wichtigsten Vertreter der einfachen Alkohole. Das Methanol wird noch in alter Weise durch trockene Destillation von Holz gewonnen. Wichtiger ist die Methanolsynthese der I. G. aus teilweise konvertiertem Wassergas (4), die bei 300 bis 400° und 200 at mit ZnO + Cr_2O_3 als Katalysator betrieben wird:

$$CO + 2 H_2 \rightarrow CH_3OH.$$

Das Äthanol wird durch Gärung von Traubenzucker (33) unter dem katalytischen Einfluß von Hefefermenten gewonnen:

$$C_6H_{12}O_6 \rightarrow 2 CH_3CH_2OH + 2 CO_2.$$

Der Traubenzucker kann fermentativ aus Rohrzucker oder Stärke (Kartoffeln) gewonnen werden:

Aus Rohrzucker: $C_{12}H_{22}O_{11} + H_2O \rightarrow 2 C_6H_{12}O_6$.
Aus Stärke: $(C_6H_{10}O_5)n + nH_2O \rightarrow nC_6H_{12}O_6$.

Synthetisch kann Äthanol aus Äthylen erhalten werden (4) durch Anlagerung von Wasser unter Druck in Gegenwart von Katalysatoren:

$$CH_2CH_2 + HOH \rightarrow CH_3CH_2OH.$$

Die technische Bedeutung dieser Alkohole besteht in ihrer motorischen Nutzbarkeit. Infolge ihres Sauerstoffgehaltes haben sie aber gegenüber den Kohlenwasserstoffen kleineren Heizwert ($H_u = 6380$ kcal/kg für Äthanol), dafür sind sie klopffest (12). Ferner sind diese Alkohole wichtige Lösungsmittel. Hierbei steht Methanol dem Wasser näher, da es Salze leichter löst als Äthanol. Äthanol ist Lösungsmittel für zahlreiche organische Stoffe.

Mehrfache Alkohole sind Glykol, Glyzerin (34) und Erythrit (40).

Äther entstehen aus Alkoholen durch Abspaltung von Wasser. Sie sind also die Anhydride der Alkohole. Ist kurz R_1 bzw. R_2 ein Kohlenwasserstoffrest, so ist:

$$R_1OH + R_2OH = R_1OR_2 + H_2O.$$

Ist $R_1 = R_2$, so heißen die Äther einfach, ist $R_1 \neq R_2$, so heißen sie gemischt. Es ist also z. B. Methyl-Äthyläther ein gemischter Äther: $CH_3 - O - C_2H_5$, während der Diäthyläther $C_2H_5 - O - C_2H_5$ ein einfacher Äther ist. Letzterer wird kurz als „Äther" bezeichnet. Er entsteht durch Behandlung von Äthanol mit Schwefelsäure und ist ein hervorragendes Lösemittel organischer Stoffe. In der Pulverindustrie wird vielfach das Gemisch Äther-Alkohol verwendet (35).

Karbonsäuren entstehen durch Oxydation primärer Alkohole. Da diese die Gruppe $\cdot CH_2OH$ enthalten, ergibt sich für die Säure die kennzeichnende Karboxylgruppe $\cdot C{\raise1ex\hbox{$\scriptstyle O$}}\kern-0.5em\big/\kern-0.5em\raise-1ex\hbox{$\scriptstyle OH$}}$. Alle Verbindungen $R - C{\raise1ex\hbox{$\scriptstyle O$}}\kern-0.5em\big/\kern-0.5em\raise-1ex\hbox{$\scriptstyle OH$}}$ heißen Karbonsäuren. Der Säurecharakter entsteht durch Dissoziation des H-Atoms der OH-Gruppe als H^+, die durch die benachbarte Doppelbindung $C = O$ maßgeblich gesteigert wird. Die einfachsten Karbonsäuren sind die Ameisensäure mit $R = \cdot H$, also $H - C{\raise1ex\hbox{$\scriptstyle O$}}\kern-0.5em\big/\kern-0.5em\raise-1ex\hbox{$\scriptstyle OH$}}$ und die Essigsäure mit $R = \cdot CH_3$, also $CH_3 - C{\raise1ex\hbox{$\scriptstyle O$}}\kern-0.5em\big/\kern-0.5em\raise-1ex\hbox{$\scriptstyle OH$}}$. Die Spaltung der Ameisensäure in CO und H_2O war bereits erwähnt (27). Ihre Synthese aus CO und H_2O gelingt jedoch nicht, wird aber auf dem Umwege über ihr Alkalisalz aus CO und NaOH durchgeführt. Bei Erhöhung von Druck und Temperatur erhält man das Natrium„formiat" $H - C{\raise1ex\hbox{$\scriptstyle O$}}\kern-0.5em\big/\kern-0.5em\raise-1ex\hbox{$\scriptstyle ONa$}}$. Die Essigsäure wird durch Oxydation von Äthanol mit Luftsauerstoff beim Herabrieseln über Hobelspäne in hohen Bottichen gewonnen. Synthetisch erhält man sie durch Oxydation von Azetaldehyd (s. u.), der seinerseits aus Azetylen gewonnen wird (40). Wasserfreie Essigsäure heißt Eisessig und ist eine eisartige Kristallmasse, die bei 17° schmilzt. Die Salze der Essigsäure heißen Azetate, z. B. Natriumazetat $CH_3 - C{\raise1ex\hbox{$\scriptstyle O$}}\kern-0.5em\big/\kern-0.5em\raise-1ex\hbox{$\scriptstyle ONa$}}$. Sie sind in Wasser leicht löslich. — Die Alkaliformiate spalten beim Erhitzen Wasserstoff ab und geben Salze der Oxalsäure:

$$2\,H - C{\raise1ex\hbox{$\scriptstyle O$}}\kern-0.5em\big/\kern-0.5em\raise-1ex\hbox{$\scriptstyle ONa$}} = H_2 + {\raise1ex\hbox{$\scriptstyle O$}}\kern-0.5em\big\backslash\kern-0.5em\raise-1ex\hbox{$\scriptstyle NaO$}}C - C{\raise1ex\hbox{$\scriptstyle O$}}\kern-0.5em\big/\kern-0.5em\raise-1ex\hbox{$\scriptstyle ONa$}}$$

Natriumoxalat: $\begin{matrix} COONa \\ | \\ COONa \end{matrix}$ Oxalsäure: $\begin{matrix} COOH \\ | \\ COOH \end{matrix}$

Die Oxalate werden in der Feuerwerkerei verwendet (31).

Aldehyde und Ketone entstehen durch Dehydrierung der Alkohole. Primäre Alkohole bilden bei der „Dehydrierung" Aldehyde (Aldehyd

= dehydrierter Alkohol), sekundäre Alkohole Ketone, tertiäre Alkohole werden nicht oxydiert:

$$R - CHOH \rightarrow R - C = O; \quad R_1 - CHOH - R_2 \rightarrow R_1 - C = O$$
$$\quad\quad\mid \quad\quad\quad\quad \mid \quad\quad\quad\quad\quad\quad\quad\quad\quad\quad\quad\quad\quad\quad\mid$$
$$\quad\quad H \quad\quad\quad\quad H \quad\quad\quad\quad\quad\quad\quad\quad\quad\quad\quad\quad\quad R_2$$

primärer Alkohol   Aldehyd   sekundärer Alkohol   Keton

Aldehyde und Ketone enthalten also die „Karbonylgruppe" $:C = O$. Diese ist bei Aldehyden einmal an das Kohlenstoffatom des Radikals R und ferner an Wasserstoff gebunden, bei den Ketonen an zwei Radikale. Sind diese gleich ($R_1 = R_2$), so ergeben sich einfache Ketone, sind sie ungleich, gemischte Ketone. Beispiel für den ersten Fall ist das Dimethylketon oder Azeton $CH_3 - CO - CH_3$, eine leichtsiedende mit Wasser mischbare Flüssigkeit von hervorragendem Lösevermögen für organische Stoffe. Azeton ist Universallösungsmittel für Sprengstoffe. Beispiel für den zweiten Fall ist das Methyläthylketon $CH_3 - CO - C_2H_5$, Rohstoff des chemischen Kampfstoffes Brommethyläthylketon (48). —Die einfachsten Aldehyde werden nach der Säure benannt, in welche sie leicht oxydiert werden können. Formaldehyd $H - CHO$ hat seinen Namen von der Ameisensäure $H - COOH$, Azetaldehyd $CH_3 - CHO$ von der Essigsäure $CH_3 - COOH$. Beide Aldehyde bilden die Rohstoffe für den neuzeitlichen Sprengstoff „Nitropenta" (40). Formaldehyd ist ein stechend riechendes Gas, seine wäßrige Lösung ist das Desinfektionsmittel Formalin. Über die Gewinnung der Aldehyde s. 40.

Ester entstehen durch Einwirkung eines Alkohols auf eine Säure. In der anorganischen Chemie entstehen aus Base und Säure die Salze (19). Die Ester entsprechen somit formal den Salzen. Doch sind die Ester von den Salzen im Aussehen und Verhalten sehr verschieden. Die Veresterung ist kein Ionenvorgang und verläuft daher wesentlich langsamer als eine Neutralisation. Ester sind vielfach fruchtartig riechende Flüssigkeiten. Für die Kampfstoffchemie besonders wichtig ist der Ameisensäuremethylester (50), für die Pulverchemie als Lösungsmittel der Essigsäureäthylester (Essigester, 33).

$$HCOOH + CH_3OH = HCOOCH_3 + H_2O;$$
$$CH_3COOH + C_2H_5OH = CH_3COOC_2H_5 + H_2O.$$

Von größter Wichtigkeit sind endlich die Ester der anorganischen Salpetersäure. Sie verlangen eine besondere Besprechung (33—37).

Mit Hilfe der Ester der Kohlensäure $H_2CO_3 = CO(OH)_2$, z. B. des Kohlensäureäthylesters $CO(OC_2H_5)_2$ kann man durch Einwirkung von Ammoniak zu weiteren wichtigen Stoffen gelangen:

$$CO(OC_2H_5)_2 + NH_3 = OC_2H_5 - CO - NH_2 + C_2H_5OH$$
$$CO(OC_2H_5)_2 + 2 NH_3 = CO(NH_2)_2 + 2 C_2H_5OH.$$

Der erstere heißt Urethan, der letztere Harnstoff. Beide spielen als Pulverstabilisatoren eine Rolle (36). Den Harnstoff kann man auch sehr einfach aus Kohlendioxyd und Ammoniak unter Druck erhalten:

$$CO_2 + 2 NH_3 = CO(NH_2)_2 + H_2O.$$

Fette und fette Öle sind die Glyzerinester der höheren Fettsäuren. Die mit der Ameisensäure und der Essigsäure beginnende Säurereihe $C_nH_{2n+1} - COOH$ enthält die Palmitinsäure $C_{15}H_{31} - COOH$ mit dem Schmelzpunkt 62° und die Stearinsäure $C_{17}H_{35}$ — COOH mit dem Schmelzpunkt 69°. Zu der Reihe der ungesättigten Fettsäuren C_nH_{2n-1} — COOH gehört die Ölsäure $C_{17}H_{33}$ — COOH mit dem Schmelzpunkt 14°. Die tierischen und pflanzlichen Fette sind in der Hauptsache die Glyzeride der Palmitin- und der Stearinsäure, die entsprechenden Öle vor allem Glyzeride der Ölsäure. Man gewinnt diese Fette durch Auspressen oder Extrahieren mit geeigneten Lösungsmitteln, z. B. Benzin. Die wichtigsten fetten Öle und Fette sind Rüböl, Olivenöl, Rizinusöl, Klauenöl, Walratöl, Talg, Palmfett, Walratfett.

Die Fette zersetzen sich leicht in freie Fettsäure und Glyzerin, gleichzeitig wird durch Sauerstoffaufnahme das Glyzerin zerstört und die Fettsäuren werden oxydiert. Die Fette werden ranzig. Die Rohöle werden mit konz. Schwefelsäure von leicht zersetzlichen Stoffen gereinigt, es wird dann mit Wasser ausgewaschen und mit Soda entsäuert. Über fette Öle als Schmieröle s. 7.

Verseifung. Ester werden durch Wasser in Alkohol und Säure zerlegt (Hydrolyse, 19). Die Veresterung ist somit ein umkehrbarer Vorgang:

$$\text{Alkohol} + \text{Säure} \rightleftarrows \text{Ester} + \text{Wasser.}$$

Die hydrolytische Spaltung der Ester wird erst bei großem Wasserüberschuß nahezu vollständig. Die Esterspaltung wird durch die H^+-Ionen einer Säure katalytisch beschleunigt. Noch schneller verläuft die Hydrolyse der Ester in Gegenwart von Alkalien, welche die freigewordene Säure unter Salzbildung entfernen. Das bekannteste Beispiel hierfür ist die Spaltung der Fette in Glyzerin und Fettsäure in Gegenwart von Alkalien. Das entstehende fettsaure Kalium oder Natrium heißt „Seife", die Fettspaltung durch Alkali heißt daher Verseifung. Sie ergibt außer Seife das wertvolle Glyzerin (34). Der Name Verseifung ist von dem Sonderfall der Fettspaltung auf die Hydrolyse aller Ester übertragen worden.

Literatur. Freudenberg: Organische Chemie, 1938. — Holleman: Lehrbuch der organischen Chemie, 1939. — Schlenk: Lehrbuch der organischen Chemie, 1939.

Schmierfette sind Emulsionen aus Mineralöl, Wasser und Seife. Kalkseifenhaltige Schmierfette, z. B. Staufferfette, erhält man durch Verseifung des Fettölgehaltes einer Mischung aus Mineralöl und fettem Öl (z. B. Rüböl) mit Kalkmilch. Der Kalkseifengehalt beträgt für hohe Drehzahl und kleine Belastung des Lagers bis 12% und steigt für kleine Drehzahl und hohe Belastung bis auf über 16%. Der Tropfpunkt, d. h. die Temperatur, bei welcher aus der Öffnung eines genormten Gläschens bei Erwärmung der erste Tropfen fällt, liegt bei kalkverseiften Fetten bei 80—85°. Heißlagerfette haben Tropfpunkte von 100—200° und sind Alkaliseifenschmierfette. Aluminium- und Bleiseifenschmierfette sind von halbfließender Beschaffenheit. Bleiseifenschmierfette werden bei der Herstellung von Hochdruckschmiermitteln benutzt. Die beste Schmierwirkung liegt vor, wenn im Betriebe der salbenartige bis feste Zustand der Fette in einen halbflüssigen übergeht, wenn die Temperatur des Schmierfettes ungefähr mit seinem Fließpunkt übereinstimmt. Unter

Fließpunkt versteht man diejenige Temperatur, bei der sich im unteren Teil des genormten Gläschens eine halbkugelförmige Kuppe bildet.

Literatur. Normblatt DIN DVM 3654. — Hillmann: Chem. Zbl. 1940, II, S. 1534.

33. Zellulosenitrate.

Zellulose ist ein Naturprodukt. Die Zellwände der Pflanzen bestehen vor allem bei jungen Pflanzen nahezu vollständig aus Zellulose. Fast reine Zellulose hat man in der Baumwolle, den Samenhaaren der Baumwollpflanze (Ägypten, Indien, USA.), weniger reine in Holz und Stroh. Im Holz ist die Zellulose mit „Inkrusten", dem Lignin (30%), hydrolisierbaren Hemizellulosen (20%), Harzen und Wachsen durchsetzt. Wasserfreies Holz enthält etwa 50% Zellulose. Das Zellulosemolekül ist ein riesiges Kettenmolekül, einer der wichtigsten Vertreter der „makromolekularen" Chemie. Es steht in enger Beziehung zu dem einfachen Traubenzucker, der Glukose. Beide sind Kohlehydrate, d. h. Stoffe von der summarischen Formel $C_n(H_2O)_p$, von denen man früher annahm, daß es sich einfach um Verbindungen von Wassermolekülen mit Kohlenstoff handele. Heute weiß man, daß der Glukose $C_6H_{12}O_6$ ein Ringaufbau zukommt, der unten veranschaulicht ist. Unter Wasseraustritt können sich die verbleibenden Glukosereste $C_6H_{10}O_5$ aneinanderreihen zu dem Zellulosemolekül $(C_6H_{10}O_5)_x$. Dieses besteht aus Hunderten solcher Glukosereste, die miteinander durch eine Sauerstoffbrücke verknüpft sind. Für Baumwollzellulose erhält man nach Staudinger:

Polymerisationsgrad: 2000; Molekulargewicht: 324000.

Die Verdickung der Bindestriche veranschaulicht den räumlichen Aufbau der Sechsringe. Jeder Glukoserest enthält drei OH-Gruppen, die der Zellulose alkoholische Eigenschaften verleihen. Diese kommen vor allem zum Ausdruck in der Veresterungsfähigkeit der Zellulose mit anorganischen Säuren (Zellulosenitrate oder Nitrozellulosen mit Salpetersäure) oder organischen Säuren (Zelluloseazetate oder Azetylzellulosen mit Essigsäure). Mit Rücksicht auf diese Alkoholfunktion kann man die Zelluloseformel schreiben:

$$[C_6H_7O(OH)_3 — O]x.$$

Durch chemische Einflüsse kann das Riesenmolekül zerfallen. Konzentrierte wäßrige Salzsäure hydrolisiert die Zellulose bis zum Einzelglied, der Glukose. Diese „Verzuckerung des Holzes" verwandelt etwa die Hälfte des Holzes in Glukose. Auch bei der Aufbereitung des Holzes werden die Kettenmoleküle kleiner. Die Holzzellulose ist in der Molekulargröße verschieden von der Baumwollzellulose.

Literatur. Staudinger: Z. angew. Chem., 1936, S. 801. — Freudenberg: Organische Chemie, 1939. — Röhrs-Staudinger-Vieweg: Fortschritte der Chemie, Physik und Technik der makromolekularen Stoffe, 1939.

Aufbereitung des Holzes. Die Zellulose ist gegen verdünnte Säuren und Alkalien beständig. Man kann das Holz daher sauer oder alkalisch aufschließen. Bei dem sauren Sulfitverfahren (Mitscherlich) wird das entrindete und zerkleinerte Holz in Druckkochern mit Calciumbisulfit und schwefliger Säure bei 140° behandelt. Dadurch werden die Inkrusten herausgelöst. Der „Sulfitzellstoff" wird von den Sulfitablaugen befreit, gewaschen, zerfasert, gebleicht und getrocknet. Bei dem alkalischen Verfahren wird mit verdünnter Natronlauge bei 150—180° gekocht, wobei die Inkrusten als Natriumverbindungen in Lösung gehen. Der Holzzellstoff ist eine feinfaserige weiße Masse und ähnelt der Baumwolle. Seine Fasern sind jedoch kürzer. Der Holzzellstoff dient zur Herstellung feiner Papiersorten, ist hier aber in erster Linie wichtig als einheimischer Rohstoff für die Erzeugung von Pulvern. Man benutzt ihn in Form des Kreppapiers, vornehmlich aus Fichtenholz.

Literatur. Neumann: Lehrbuch der chem. Technologie, 1939. — Hägglund: Z. angew. Chem., 1939, S. 325. — v. Lassberg: Z. VDI, 1937, S. 1075.

Der Nitrierprozeß. Die Behandlung organischer Stoffe mit Salpetersäure heißt „Nitrierung". Zweck der Nitrierung ist die Anlagerung von Sauerstoff an die organische Substanz, sodaß diese einer explosiven Verbrennung fähig wird (12). Trotz des Sauerstoffreichtums der Salpetersäure (16) gelingt es jedoch nur ausnahmsweise (34), die Sauerstoffbilanz der entstehenden Sprengstoffe ausgeglichen oder gar positiv zu machen. Günstige Sauerstoffbilanzen erhält man bei Rohstoffen, die alkoholische OH-Gruppen besitzen. In diesem Falle bewirkt die Salpetersäure, die nach Hantzsch in konzentrierter Form Atombindung und den Aufbau $HONO_2$ hat, eine Veresterung:
$$\cdot OH + HONO_2 = H_2O + \cdot ONO_2 .$$
Wesentlich schlechter wird die Sauerstoffbilanz aber bei Rohstoffen, die keine OH-Gruppen besitzen, z. B. beim Benzol oder seinen Derivaten (41, 42). Die Nitrierung besteht hier in der Substitution eines H-Atoms des Benzolringes durch die Nitrogruppe $\cdot NO_2$:
$$\cdot H + HONO_2 = H_2O + \cdot NO_2 .$$
Der entstehende „Nitrosprengstoff" ($\cdot NO_2$) muß also sauerstoffärmer sein als der Nitrat-(Ester-)Sprengstoff ($\cdot ONO_2$). Das bedeutet verschiedene sprengtechnische Eigenschaften. Soweit die Nitratsprengstoffe ebenfalls mit der Silbe „Nitro" bezeichnet werden (Nitrozellulose, Nitroglyzerin, Nitroglykol, Nitropenta), ist der Name falsch gebildet, trotzdem aber allgemein üblich. Die Einführung mehrerer $\cdot ONO_2$- oder $\cdot NO_2$-Gruppen gelingt nur durch Anwendung starker und stärkster Säure.

Das bei der Nitrierung entstehende Wasser wird durch konz. Schwefelsäure gebunden. Man nitriert daher meist mit einem Gemisch von Salpeter- und Schwefelsäure (Misch- oder Nitriersäure).

Literatur. Hantzsch: Ber. Chem. Ges., 1925, S. 941.

Zellulosenitrate (Nitrozellulose, 1846 entdeckt von Schönbein-Basel und Böttger-Frankfurt a. M.). Durch Nitrierung von entfetteten und gebleichten Baumwollabfällen (Linters), heute vorzugsweise von reinem Holzzellstoff erhält man die Zellulosenitrate. Rein formal ergeben sich dann aus der Zellulose $[C_6H_7O(OH_3)—O]_x$ je nach dem Wassergehalt der Nitriersäure

das Zellulosemononitrat $[C_6H_7O(OH)_2(ONO_2)—O]_x$ mit 6,74% N
das Zellulosedinitrat $[C_6H_7O(OH)(ONO_2)_2—O]_x$ mit 11,12% N
das Zellulosetrinitrat $[C_6H_7O(ONO_2)_3—O]_x$ mit 14,15% N.

Ihre Struktur ergibt sich aus dem Formelbild der Zellulose (s. o.). Praktisch ist mit so eindeutig bestimmten Nitrierstufen nicht zu rechnen. Man drückt den erzielten Nitrierungsgrad durch den Stickstoffgehalt der gewonnenen Nitrozellulose aus und nennt hochnitrierte Zellulosen mit mehr als 12,5% N Schießbaumwollen und weniger hoch nitrierte mit unter 12,5% N Kollodiumwollen. Maximal ist praktisch ein Stickstoffgehalt von 13,5% zu erreichen, Nitrozellulosen mit weniger als 10% N haben keine technische Bedeutung.

Nach neuesten Ergebnissen handelt es sich nur bei der Schießbaumwolle um eine reine Veresterung. Dagegen ergibt sich bei Verwendung verdünnter Säuren, die zur Kollodiumwolle führen, eine Wasseraufnahme unter Spaltung des Kettenmoleküls. Die Molekulargröße der Kollodiumwolle ist wesentlich kleiner als diejenige der Zellulose (m, = 80000 bis 200000 gegenüber m = 300000 bis 450000 bei Schießbaumwolle und Zellulose). Kollodiumwolle ist daher als nitrierte Hydratzellulose aufzufassen.

Literatur. Kassaroff: Z. ges. Schieß- u. Sprengstoffwes., 1940, S. 25. — Chem. Zbl. 1940, II, S. 1975.

Die Nitrierung der Zellulose wird in einzelnen Nitrierkesseln durchgeführt (Topfnitrierung). Es arbeiten immer 4—6 Nitrierkessel gruppenweise zusammen. Jeder Kessel, der mit mechanischem Rührer versehen ist, wird mit genau eingestellter Säure gefüllt und dann mit 10—20 kg Zellstoff beschickt. Während der etwa halbstündigen Nitrierung in

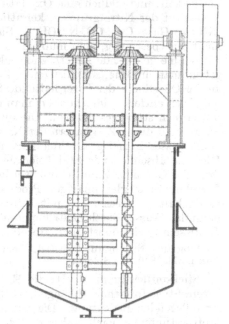

Abb. 38. Nitrierkessel aus säurefestem Stahl für das Topfverfahren (aus Stettbacher).

einem Kessel wird jeweils der folgende gefüllt. Die Inhalte jeder Kessel-
gruppe werden nacheinander in dieselbe Zentrifuge abgelassen, in welcher
die Säure abgeschleudert wird. Die damit vorentsäuerte „Wolle" wird nun
durch den Boden der Zentrifuge in eine Schwemmrinne gedrückt und
mit Wasser zur Stabilisierung fortgeschwemmt. Die Topfnitrierung gewährleistet gute Durchnitrierung und hohe Gleichmäßigkeit der Produkte. Ferner ist die Gefahr von Ausbrennungen gering, da durch
stetige Bewegung der Wolle keine Säurestauung eintritt.

Literatur. Stettbacher: Schieß- und Sprengstoffe, 1933. — Scharrnbeck:
Z. ges. Schieß- u. Sprengstoffwes., 1934, S. 33 (Nitrieren von Holzzellstoff). —
Foulon: Z. ges. Schieß- u. Sprengstoffwes., 1935, S. 205 (Fortschritte). — Foulon:
Z. ges. Schieß- u. Sprengstoffwes., 1937, S. 347 (Fortschritte). — Champetier:
Chem. Zbl. 1941, II, S. 2520 (Letzte Fortschritte).

Die Stabilisierung der Nitrozellulose. Die überschüssige Nitriersäure
haftet mit großer Zähigkeit an der Faser der Nitrozellulose. Sie muß
gründlich entfernt werden, da sie zu einer Zersetzung der Nitrozellulose
führt. Jeder Estersprengstoff kann wie jeder andere Ester hydrolytisch
gespalten werden, ein Vorgang, der nach 32 durch anwesende Säure begünstigt wird. Bei der Zersetzung entsteht von neuem Salpetersäure,
welche den Zersetzungsprozeß beschleunigt und schließlich zur Selbstzündung der Nitrozellulose führt. Nach Desmaroux spielen sich bei
der Zersetzung der Nitrozellulose außer dieser Verseifung der Nitratgruppen, kenntlich am Stickstoffgehalt, noch eine Hydrolyse der Glyko-
sidbindung unter Verkürzung der Ketten ab, kenntlich an erhöhter
Löslichkeit, und endlich eine Oxydation des Glukosegerüstes durch den
Sauerstoff der Nitratgruppen, kenntlich an der Abspaltung von Gasen
(Nitrose Gase, CO_2, CO, N_2, CH_4). Säurehaltige Estersprengstoffe sind
nicht lagerbeständig, man muß ihnen durch sorgfältige Entfernung der
Säure eine genügende Lagerbeständigkeit (chemische Stabilität, 36, 37)
geben, man muß sie „stabilisieren". Zu diesem Zweck wird zunächst die
an der Oberfläche der Faser haftende Säure durch einige kalte Wäschen
möglichst entfernt, dann zerstört man unstabile mitnitrierte Fremdstoffe
durch mehrstündiges Kochen. Die nun noch in der Faser festgehaltene
Säure wird durch Zerkleinern der Nitrozellulose mit Messern in fließen-
dem Wasser freigelegt (Mahlholländer) und herausgewaschen. Endlich
folgt die abschließende Stabilisierung in Stabilkochern, großen zylin-
drischen Gefäßen. Zum Schluß werden die einzelnen Fertigungen zur
Erzielung eines gleichmäßigen Produktes mit einem bestimmten Stickstoffgehalt in Mischtrögen mit Rührwerk unter Wasser gemischt und
dann das Wasser durch Zentrifugieren bis auf etwa 30% abgeschleudert.
In diesem Zustande ist die Nitrozellulose lager- und transportfähig.

Literatur. Neumann: Lehrb. d. chem. Technologie, 1939. — Desmaroux:
Chem. Zbl. 1940, II, S. 1538.

Stickstoffbestimmung. Da die Eigenschaften der Nitrozellulose von
ihrem Stickstoffgehalt abhängen, ist dessen praktische Bestimmung von
grundlegender Bedeutung. Die wichtigsten Methoden sind die Stickstoffbestimmung nach Schulze-Tiemann (37) und die Nitrometer-
methode nach Lunge. Bei letzterer wird der gesamte Stickstoff der

mit Hilfe von konzentrierter Schwefelsäure gelösten Nitrozellulose in Stickoxyd überführt und gasvolumetrisch gemessen:

$$2\,HNO_3 + 3\,H_2SO_4 + 6\,Hg = 2\,NO + 3\,Hg_2SO_4 + 4\,H_2O.$$

Die genau gewogene trockene Nitrozellulose (0,3 g entsprechen etwa 60 bis 70 Ncm³ NO) wird in dem Becheraufsatz c mit konzentrierter Schwefelsäure vollständig gelöst. Die Lösung wird mit Hilfe von F vorsichtig in das Entwicklungsgefäß E gesaugt (Luftzutritt vermeiden!) und mit 10 cm³ konz. Schwefelsäure nachgespült. Man läßt etwa ½ Std. stehen und schüttelt das Quecksilber durch Senken und plötzliches Heben des Rohres durch, bis die Gasentwicklung beendigt ist, und läßt 20 min stehen. Dann drückt man das Gas in das Meßrohr A und kann sofort das reduzierte Gasvolumen ablesen. Hierzu dienen die Rohre B und C. B wird vor dem Versuch mit genau 100 cm³ Luft von 0° und 760 Torr gefüllt. Das für b mm Barometerstand und $t°$ C erforderliche Luftvolumen errechnet man nach der Zustandsgleichung:

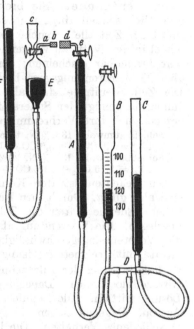

$$v = 100 \cdot \frac{T}{273} \cdot \frac{760}{b}.$$

Die Luftfeuchtigkeit wird durch Einbringen eines Tropfens konz. Schwefelsäure ausgeschaltet, welche gleichzeitig den Dampfdruck der Schwefelsäure ausgleicht. Der Hahn von B wird dann geschlossen. Ist nun das NO nach A gedrückt, so wird mit Hilfe

Abb. 39. Gasvolumeter von Lunge (aus Kast-Metz).

von C das Quecksilber in B genau auf 100 eingestellt und dann mit Hilfe einer geeigneten Klemme A und B gleichzeitig solange verschoben, bis A und B gleiches Niveau haben. Das Volumen des Stickoxydes ergibt sich sofort in Ncm³. Da nun 1 Mol NO = 22,4 Nl 1 g-Atom Stickstoff = 14,008 g enthält, bedeutet jeder Ncm³ NO $\frac{14\,008}{22\,400}$ = 0,626 mg N. Bei Umrechnung von der gelösten Menge auf 100 mg Nitrozellulose ergibt sich der Stickstoffgehalt in %.

Literatur. Kast-Metz: Chemische Untersuchung der Spreng- und Zündstoffe, 1931. — Rubens: Z. ges. Schieß- u. Sprengstoffwes., 1933, S. 172.

Eigenschaften der Nitrozellulose. Die Nitrozellulosen unterscheiden sich im Aussehen nicht von der ursprünglichen Zellulose. Sie sind bei 30% Wassergehalt unempfindlich gegen Stoß und werden auch durch eine Zündschnur nicht gezündet, können in diesem Zustand also als handhabungssicher gelten. Dagegen lassen sie sich durch Sprengkapseln beim Zwischenschalten von trockener Nitrozellulose glatt zur Detonation bringen. Bis zum Weltkriege hat daher Schießbaumwolle mit 20% Wasser in gepreßtem Zustande als **brisantes Sprengmittel** vor allem in Seeminen und Torpedoköpfen, teilweise auch in Granaten Verwendung gefunden. Heute ist sie durch wirksamere Sprengstoffe verdrängt (41, 42). Gefahren bringt das Hantieren mit Zellulosenitraten dagegen im trockenen Zustande. Sie gehören dann zu den stoßempfindlichsten Explosivstoffen. Vor allem aber werden **trockene Nitrozellulosen** schon durch schwache Funken und Flammen **sofort entzündet**. Sie brennen dann mit gelber Flamme außerordentlich schnell ab. An dieser hohen Verbrennungsgeschwindigkeit sind lange Zeit alle Versuche gescheitert, die Zellulosenitrate als Treibmittel in der Waffe zu verwenden. Sie mußten für diesen Zweck sonst sehr brauchbar erscheinen; denn sie brennen vollständig **rauchlos** ab. Die Verbrennungsgase bestehen aus CO_2, H_2O, N_2, CO und H_2. Die Zellulosenitrate sind also **sauerstoffarme Explosivstoffe**. Immerhin genügt der Sauerstoff, sie vollständig zu vergasen. Damit ergeben sich ihre Verbrennungsgleichungen nach 15:

Schießbaumwolle 13,0% N, trocken:

$$1 \text{ kg} = 5,0 \, CO_2 + 16,6 \, CO + 10,0 \, H_2O + 3,3 \, H_2 + 4,65 \, N_2.$$

Schießbaumwolle 13,0% N, 20% Wasser:

$$1 \text{ kg} = 5,75 \, CO_2 + 11,5 \, CO + 17,34 \, H_2O + 4,43 \, H_2 + 3,72 \, N_2.$$

Zu beachten ist der Kohlenoxydgehalt. Die Verbrennungsgase sind also giftig. Durch ihre Rauchlosigkeit und durch ihre bedeutend höhere Energie waren die Zellulosenitrate dem Schwarzpulver weit überlegen. Die Verwendung als Pulver gelang erst, als man es lernte, die Verbrennungsgeschwindigkeit durch Behandlung der Zellulosenitrate mit geeigneten Lösungsmitteln herabzusetzen.

Gelatinierung der Nitrozellulose. Kaltes oder heißes Wasser lösen Nitrozellulosen nicht. Dagegen gibt es eine ganze Reihe von organischen Lösungsmitteln. Alle Zellulosenitrate lösen sich in Essigester und in Azeton. Dagegen zeigen sie gegenüber dem Äther-Alkohol (3:1) ein verschiedenes Verhalten. Die **hochnitrierten Schießbaumwollen sind in Äther-Alkohol unlöslich**, die niedrig nitrierten **Kollodiumwollen dagegen löslich**. Noch niedrigere Nitrierstufen unterhalb 10% N sind wieder in Äther-Alkohol unlöslich. Bei diesem Lösungsvorgang ändert sich die chemische Beschaffenheit der Zellulosenitrate nicht. Dagegen tritt eine wesentliche Änderung ihrer physikalischen Struktur ein. Läßt man nämlich das Lösungsmittel wieder verdunsten, so bleiben die Zellulosenitrate in Form einer gelatineartigen Masse (im kolloidalen Zustand) zurück. Die Umwandlung der Zellulosenitrate in die Gelatineform durch Lösungsmittel bezeichnet man als **Gelatinieren**. Das Gelatinieren ist für jede Verwendung der Zellulosenitrate von entscheidender Bedeutung. **Gelatinierte Nitrozellulose verbrennt wesentlich langsamer** als nicht gelatinierte. Ferner erlaubt ihre plastische Beschaffenheit eine beliebige Formgebung. Die gelatinierte Masse hat eine höhere Dichte. Weiteres s. Nitrozellulosepulver 35.

Literatur. Kast: Spreng- und Zündstoffe, 1921. — Brunswig: Explosivstoffe, 1923. — Naoum, Schieß- und Sprengstoffe, 1927. — Stettbacher: Schieß- und Sprengstoffe, 1933. — Beyling-Drekopf: Sprengstoffe und Zündmittel, 1936.

Stärke- und Zuckernitrate. In holzarmen Ländern (Ungarn) kann die Verwendung von Stärke- oder Zuckernitraten an Stelle von Zellulosenitraten in Frage kommen. Bezüglich dieser Stoffe wird auf die Literatur verwiesen:

Literatur. Hackel und Urbanski: Z. ges. Schieß- u. Sprengstoffwes., 1933, S. 306; 1934, S. 16 (Stärkenitrate). — v. Monasterski: Desgl. 1933, S. 349 (Zuckernitrate).

34. Glyzerin- und Glykolnitrate.

Glyzerin. Im Gegensatz zu der Zellulose mit ihrem unbekannten Molekulargewicht hat man es beim Glyzerin mit einem chemisch wohldefinierten Stoff zu tun. Glyzerin ist ein 3facher (3wertiger) Alkohol, der sich von Propan $CH_3—CH_2—CH_3$ ableitet durch Einführung von drei alkoholischen OH-Gruppen. Er hat demnach die Formel $CH_2OH—CHOH—CH_2OH$. Glyzerin entsteht aus pflanzlichen und tierischen Fetten (32), welche beim Kochen mit Lauge in Glyzerin und fettsaure Salze (Seifen) gespalten werden. Die Ausbeute ist verschieden, aus frischem Talg erhält man 10%, aus Kokosfett 12% Glyzerin, aus schlechten Pflanzenölen und Tranen weniger. Das bei der Verseifung der Fette anfallende Glyzerinwasser wird mit Kalkmilch und Ammoniumoxalat gereinigt und in Vakuumverdampfern abgedampft. Das Rohglyzerin enthält viele organische Fremdstoffe und muß noch weiter in Vakuum-Destillierapparaten bei etwa 170° raffiniert werden. Die Fettknappheit des Weltkrieges zwang zu einem Ausbau der Glyzeringewinnung durch Vergärung von Zucker. Diese Gärung (32) liefert als Nebenerzeugnis stets kleine Mengen Glyzerin. Es gelang nun, durch eine Nährsalzlösung, deren Hauptbestandteil Natriumbisulfit ist, aus der Gärung des Zucker etwa 20% Glyzerin zu erhalten. Nach dem Weltkriege ist das Verfahren zugunsten der Fettspaltung wieder zurückgetreten. Eine wirtschaftlich tragbare synthetische Gewinnung von Glyzerin ist möglich, seitdem bei der Gewinnung synthetischer Öle, z. B. nach Fischer-Tropsch (6), genügende Mengen des C_3-Olefins, des Propylens $CH_2=CH—CH_3$ anfallen. Durch Behandlung mit Chlor erhält man Allylchlorid $CH_2=CH—CH_2Cl$ (den ungesättigten Alkohol $CH_2=CH—CH_2OH$ bezeichnet man als Allylalkohol), das als wichtigstes Zwischenglied weiter mit Chlor behandelt Trichlorpropan $CH_2Cl—CHCl—CH_2Cl$ ergibt. Letzteres liefert bei Hydrolyse mit Wasser das Glyzerin $CH_2OH—CHOH—CH_2OH$.

Glyzerin ist eine dicke, farblose Flüssigkeit, die in reinem Zustande bei 20° erstarrt. Sie ist mit Wasserdampf flüchtig und siedet ohne Zersetzung bei 290°. Glyzerin ist hygroskopisch und mischt sich in jedem Verhältnis mit Wasser.

Literatur. Neumann: Lehrbuch der chem. Technologie, 1939. — Connstein: Z. ges. Schieß- u. Sprengstoffwes., 1919, S. 304 (Glyzerin aus Zucker). — Freitag: desgl., 1940, S. 58 (Glyzerinsynthese).

Nitrierung des Glyzerins. Das 1847 von Sobrero entdeckte Nitroglyzerin ist das Trinitrat des Glyzerins:

$$\text{Nitrierung von}\quad \underset{\displaystyle \underset{\displaystyle CH_2OH}{|}}{\overset{\displaystyle \overset{\displaystyle CH_2OH}{|}}{CHOH}} + 3\,HONO_2 = \underset{\displaystyle \underset{\displaystyle CH_2ONO_2}{|}}{\overset{\displaystyle \overset{\displaystyle CH_2ONO_2}{|}}{CHONO_2}} + 3\,H_2O$$

Glyzerin zu

Trinitrat:

Mono- und Dinitrat sind praktisch ohne Bedeutung. Die Herstellung des Nitroglyzerins ist wesentlich gefährlicher als diejenige der Zellulosenitrate. Während es bei den letzteren gelegentlich zu einem Ausbrennen der Masse kommt, besteht beim Nitroglyzerin Detonationsgefahr. Das ältere Verfahren ist die Nitrierung in einzelnen Chargen (bis 250 kg Glyzerin und mehr). Es besteht im wesentlichen in folgenden Arbeitsgängen: Einfüllen der Nitriersäure in einen Nitrierzylinder aus Bleiblech, Zusetzen von Glyzerin in feinem Strahl, Nitrieren unter Rühren und Kühlen (Temp. $< 18°$) zur Ableitung der Reaktionswärme mit Hilfe von Preßluft, Trennung des Nitroglyzerins von der Mischsäure im Scheideapparat auf Grund ihrer verschiedenen Wichten (Nitroglyzerin $\gamma = 1,6$, Mischsäure $\gamma \approx 1,7$ kg/l), Waschen des Nitroglyzerins in Zylindern aus Bleiblech mit kaltem Wasser, dann mit Sodalösung zur Entsäuerung, endlich mit warmem Wasser zur Entfernung der Soda, schließlich Filtrieren durch Flanellfilter zur Beseitigung von Verunreinigungen. — Bei Neuanlagen wird die Glyzerinnitrierung kontinuierlich gestaltet nach den Patentschriften von A. Schmid. Das Nitrierverfahren selbst ist in der Abb. 40 erläutert. Das den Nitrierapparat durch das Überlaufrohr 2 verlassende Nitriergut wird in einen schrägliegenden Scheider geleitet, in dem die Scheidung des leichteren, nach oben steigenden Nitroglyzerins von der schweren Mischsäure

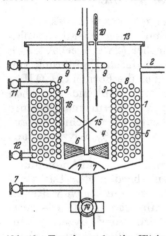

Abb. 40. Kessel zur kontin. Nitrierung von Glyzerin (nach Schmid). 1 = Kessel, 2 = Überlaufrohr f. d. Nitroglyzerinemulsion, 3 = Schlangenkühler, 4 = innerer, 5 = äußerer Kühlraum bzw. Mischraum, 6 = mechanischer Rührer, 7 = Eintritt frischer Mischsäure, 8 = Rücklauf in den Mischraum, 9 = Glyzerineintritt, 10 = Thermometer, 11 u. 12 = Anschlüsse für Kühlwasser (8° zu, 10° ab), 13 = Glasplatte zur Beobachtung, 14 = Sicherheitshahn zur Entleerung im Gefahrenfall, 15 = Mischflügelpaar, 16 = Vertikalleiste zur Brechung der Rotationsbewegung.

durch eingelegte Wellplatten so beschleunigt wird, daß die abfließende Mischsäure als nitroglyzerinfrei gelten kann. Dagegen enthält das Nitroglyzerin noch Mischsäure in gelöster Form. Diese Säure wird in Waschkolonnen mit kaltem Wasser, Sodalösung und warmem Wasser entfernt. Nitroglyzerin und Waschflüssigkeit treten im Gleichstrom ein und werden mit Preßluft gemischt in der Kolonne hochgedrückt. Die überlaufende Nitroglyzerinemulsion wird durch eine Gummileitung in ein Lager- bzw. Filterhaus geleitet. Dort läßt man in Gefäßen das Nitroglyzerin absitzen und filtriert es. — Der Vorteil des kontinuierlichen Verfahrens besteht in der Gefahrminderung: Das ganze Nitriergut ist in dauernder Bewegung. Jede Stauung und Überhitzung wird vermieden. Es gibt keine Reibung durch Hähne und Ventile. Es sind geringere Mengen Nitroglyzerin in der Apparatur als bei dem Chargenverfahren. Infolge des automatischen Verlaufs ist der Personalbedarf kleiner. Durch den mechanischen Rührer wird das Nitroglyzerin emulgiert. Diese Emulsion detoniert nicht. — Außer der Gefahrminderung ergibt sich der Vorteil geringerer Anlagekosten und höherer Ausbeute. Diese wird durch Verwendung des besser wirkenden mechanischen Rührers, durch Erniedrigung der Nitriertemperatur, geringere Löslichkeit des Nitroglyzerins in der Säure und kleinere Waschverluste dem Chargenverfahren gegenüber verbessert.

Literatur. Schmid: Z. ges. Schieß- u. Sprengstoffwes., 1927, S. 169. — Neubner: Z. ges. Schieß- u. Sprengstoffwes., 1928, S. 44. — v. Feilitzen: Z. ges. Schieß- u. Sprengstoffwes., 1928, S. 343. — Poppenberg in Neumann: Lehrbuch der chem. Technologie, 1939.

Eigenschaften des Nitroglyzerins. Nitroglyzerin ist eine ölige, in reinem Zustand farblose, technisch jedoch gelbliche Flüssigkeit. Es ist in Wasser nahezu unlöslich, verflüchtigt sich aber leicht mit Wasserdampf. Besonders bei Schwankungen der Luftfeuchtigkeit kann es allmählich an Gewicht verlieren. Diese Erscheinung hat man besonders bei Nitroglyzerinpulvern beobachtet. Das Nitroglyzerin ist giftig. Seine Dämpfe verursachen Kopfschmerzen. Das Nitroglyzerin ist durch eine offene Flamme schwer entzündlich. Es brennt dann ruhig ab. Jedoch kann es bei größeren Mengen und vor allem unter drucksteigerndem Einschluß zur Detonation kommen. Detonation tritt auch bei plötzlicher Erhitzung ein. Beim Warmlagern kann das Nitroglyzerin sich in ähnlicher Weise zersetzen wie die Zellulosenitrate. Glatte Detonation erzielt man durch eine Sprengkapsel. Da das Nitroglyzerin einen Sauerstoffüberschuß hat, sind die Sprenggase nicht giftig (10):

$$C_3H_5(ONO_2)_3 = 3\ CO_2 + 2,5\ H_2O + 1,5\ N_2 + 0,25\ O_2.$$

Das Nitroglyzerin ist einer der sprengkräftigsten Stoffe. Es verbindet eine hohe Energie (13) mit hoher Detonationsgeschwindigkeit und Dichte und ergibt somit einen sehr beträchtlichen Brisanzwert (39). Somit wäre es ein nahezu idealer Sprengstoff. Leider wird aber seine unmittelbare Verwendung als Sprengstoff durch seine überaus hohe Stoßempfindlichkeit unmöglich gemacht. Das Nitroglyzerin detoniert unter dem 2 kg-Fallhammer schon bei 8 cm Fallhöhe (39). Von Handhabungssicherheit kann damit nicht mehr die Rede sein. In Deutschland ist es von jedem Transport ausgeschlossen. Obwohl das Nitroglyzerin also als solches sprengtechnisch nicht verwendet werden kann, ist es doch ein wichtiger Bestandteil vieler Sprengstoffe und Pulver, da es sich im Gemisch mit unempfindlichen Stoffen entsprechend günstiger verhält (Dynamite, 38, Nitroglyzerinpulver, 35). Sprengtechnisch nachteilig ist seine leichte Gefrierbarkeit. Es erstarrt bei +8° zu langen Kristallen, die bei +11° wieder schmelzen und bildet zwei Kristallformen, die labile mit dem Schmelzpunkt +2,2° und die stabile mit dem Schmelzpunkt +13,2°. Das gefrorene Nitroglyzerin (Dynamit) ist zwar mechanisch unempfindlicher, ist jedoch schwer zur Detonation zu bringen (Versager) und muß daher aufgetaut werden. Hierbei sind zahlreiche schwere Unfälle vorgekommen.

Literatur. Naoum: Nitroglyzerin u.Nitroglyzerinsprengstoffe, 1924. — Naoum: Schieß- u. Sprengstoffe, 1927. — Andreew: Z. ges. Schieß- u. Sprengstoffwes., 1934, S. 95 (Hochbrisanzeffekt). — Dserschkowitz: desgl., 1930, S. 400 (Nitroglyzerinisomere).

Äthylenglykol. Die im Weltkriege aufgetretene Knappheit an Glyzerin erforderte einen möglichst vollwertigen Ersatz. Hierzu eignet sich der 2wertige Alkohol Glykol, der sich vom Äthan ableitet und demnach die Formel hat: $CH_2OH—CH_2OH$. Glykol ist aus Äthylen $CH_2 = CH_2$, dem C_2-Olefin der Abgase der Ölsynthese (z. B. nach Fischer-Tropsch, 6) leicht synthetisch aufzubauen. Die I.G. arbeitet folgendermaßen:

$$
\begin{array}{c}
CH_2 \\
\| \\
CH_2
\end{array}
\xrightarrow[H_2O]{Cl_2}
\begin{array}{c}
CH_2Cl \\
| \\
CH_2OH
\end{array}
\xrightarrow{KOH}
\begin{array}{c}
CH_2 \\
\diagdown \\
CH_2 \diagup
\end{array} O
\xrightarrow{H_2O}
\begin{array}{c}
CH_2OH \\
| \\
CH_2OH
\end{array}
$$

Äthylen   Äthylenchlor-   Äthylenoxyd   Äthylenglykol.
          hydrin

Die Reinigung des Glykols erfolgt wie bei Glyzerin durch Vakuumdestillation. Das Glykol ist eine farblose, süß schmeckende Flüssigkeit, zähflüssiger als Wasser, aber weniger viskos als Glyzerin. Es siedet bei 194° und ist bei Normaltemperatur flüchtiger als Glyzerin.

Literatur. Neumann: Lehrbuch der chem. Technologie, 1939, Bd. 2. — Manschke: Brennstoff-Chemie, 1939, S. 16.

Äthylenglykoldinitrat (Nitroglykol). Die Nitrierbedingungen des Glykols sind dieselben wie diejenigen des Glyzerins. Nitrieren, Scheiden und Waschen entsprechen den bei Glyzerin üblichen Verfahren. Die Neigung zur Zersetzung der sauren Charge ist geringer als bei Nitroglyzerin, die Fabrikation ist daher weniger gefährlich. Das Nitroglykol kann man auch durch direktes Nitrieren des Äthylens erhalten:

$$
\begin{array}{c}
CH_2 \\
\| \\
CH_2
\end{array}
\xrightarrow{2\,HONO_2}
\begin{array}{c}
CH_2ONO \\
| \\
CH_2ONO_2
\end{array}
\xrightarrow{HONO_2}
\begin{array}{c}
CH_2ONO_2 \\
| \\
CH_2ONO_2
\end{array} + HNO_2
$$

Äthylen   Glykolnitritnitrat   Glykoldinitrat.

Nitroglykol ist eine klare Flüssigkeit (Wichte bei 15° C = 1,5 kg/l). Die Viskosität ist bedeutend kleiner als bei Nitroglyzerin. Im Gegensatz zu diesem gefriert das Nitroglykol nicht in der Winterkälte. Das führt zur Verwendung des Nitroglykols zur Sicherung der Ungefrierbarkeit der Dynamite (38). Das Nitroglykol hat eine völlig ausgeglichene Sauerstoffbilanz:

$$CH_2ONO_2 — CH_2ONO_2 = 2\,CO_2 + 2\,H_2O + N_2.$$

Es hat daher als energiereichster einheitlicher Sprengstoff zu gelten und übertrifft an Energie noch das Nitroglyzerin. Diesem gegenüber ist es aber mechanisch wesentlich unempfindlicher und handhabungssicherer. Das Verhalten gegen Flammenzündung entspricht dem Nitroglyzerin, ebenso wie seine gesicherte chemische Stabilität. Ungünstig ist die ziemlich hohe Löslichkeit des Nitroglykols in Wasser (6,8 g/l 20°, Nitroglyzerin etwa 1,8 g/l 20°). Vor allem aber hat das Nitroglykol eine beträchtliche Flüchtigkeit, besonders bei mäßiger Erwärmung. Während Nitroglyzerin in acht Tagen bei 40° nur 2% seines Gewichtes verliert, gibt das Nitroglykol schon bei 35° in derselben Zeit 21,7% ab. Für die Pulverfabrikation, die mit Rücksicht auf die Gleichmäßigkeit der ballistischen Leistung auf ein Produkt möglichst konstanter Zusammensetzung abzielt, ist das Nitroglykol also unbrauchbar. Das ist bedauerlich, weil das Nitroglykol ein hervorragendes Gelatiniervermögen für Kollodiumwolle hat (35).

Literatur. Naoum: Nitroglyzerin u. Nitroglyzerinsprengstoffe, 1924. — Marschall: Z. ges. Schieß- u. Sprengstoffwes., 1929, S. 177 (Dampfdruck von Nitroglyzerin und Nitroglykol).—Naoum und Meyer: desgl., 1929, S.88 (Dampfdruck von Nitroglyzerin und Nitroglykol).

Nitrate von polymerisiertem Glykol und Glyzerin. Der Nachteil der hohen Flüchtigkeit kann großenteils behoben werden, wenn man das Äthylenglykol polymerisiert. Ähnliche Bestrebungen sind bei Glyzerin aufgetreten, bei diesem mit dem Zweck, den Gefrierpunkt des Nitroglyzerins herabzusetzen. Wenn Glyzerin mit alkalischen Katalysatoren (Soda, Natriumazetat) zwei Stunden auf 275° erhitzt wird, so tritt Polymerisation unter Wasserabspaltung auf. Das Diglyzerin ergibt beim Nitrieren Diglyzerintetranitrat:

```
CH₂OH              CH₂ONO₂
|                  |
CHOH               CHONO₂        CH₂OH              CH₂ONO₂
|        +4 HONO₂   |            |        +2 HONO₂   |
CH₂  \             CH₂  \        CH₂  \             CH₂  \
      O     ──→          O            O     ──→          O
CH₂  /             CH₂  /        CH₂  /             CH₂  /
|                  |            CH₂OH              CH₂ONO₂
CHOH               CHONO₂
|                  |
CH₂OH              CH₂ONO₂
Diglyzerin         Diglyzerin-    Diäthylen-         Diäthylen-
                   tetranitrat    glykol             glykoldinitrat
```

Die Polymerisation des Glykols geht über das Äthylenoxyd $\begin{smallmatrix}CH_2\\CH_2\end{smallmatrix}\!\!>\!O$ und dann über das Dioxan $O\!\!<\!\!\begin{smallmatrix}CH_2-CH_2\\CH_2-CH_2\end{smallmatrix}\!\!>\!O$. Das Diäthylenglykol ist eine Flüssigkeit von glyzerinähnlichem Charakter. Die Nitrate sind infolge

Tab. 27. Eigenschaften von Salpetersäureestern.

Stoff	Wichte	Mol.-Gewicht	Schmelz-punkt	Siedepunkt	Sauerstoff-Bilanz	Explosions-wärme H₂O-Gas	Spez. Gas-volumen	Detona-tions-geschwin-digkeit	Fallhöhe (2 kg)
	kg/l		°C	°C	%	kcal/kg	Nl/kg	m/sec	cm
Schießbaumwolle 13% N, trocken	1,3	—	—	—	—33,5	1025	765	6300	10
Nitroglyzerin . .	1,6	227	stabil + 13,5	zer-setzl.	+3,52	1485	715	7450	8[1]
Diglyzerintetra-nitrat.	—	346	ölig	zer-setzl.	—18,5	1262	—	—	8—10
Nitroglykol. . .	1,5	152	fl. bei —20	95	±0	1581	737	8000	20[1]
Nitropenta . . .	1,7	316	140	—	—10,12	1403	780	8600	20
Methylnitrat . .	1,21	77	fl. bei —20	65	—10,4	1490	—	~7000	40

[1] Nach Naoum. 1 Tropfen in Filterpapier.

ihrer Sauerstoffunterbilanz an Energie dem Nitroglyzerin bzw. Nitroglykol unterlegen.

Literatur. Stettbacher: Schieß- u. Sprengstoffe, 1933. — Naoum: Nitroglyzerin u. Nitroglyzerinsprengstoffe, 1924. — Neumann: Lehrbuch der chem. Technologie, 1939, Bd. 2.

35. Fertigung rauchschwacher Pulver.

Pulversorten. Alle rauchschwachen Pulver bestehen aus einer Grundmasse von gelatinierten Zellulosenitraten. Enthalten die Pulver als treibkräftige Stoffe nur Zellulosenitrate, so heißen sie Nitrozellulosepulver, enthalten sie außerdem noch Nitroglyzerin, so heißen sie Nitroglyzerinpulver. Pulver, welche an Stelle von Nitroglyzerin Trinitrotoluol (Trotyl) enthalten, heißen Trotylpulver. Die äußere Gestalt der Pulver kann sehr verschieden sein. Die Formbarkeit der gelatinierten Pulver gestattet, ihre Form weitgehend den Erfordernissen der Waffe anzupassen. Es gibt Blättchenpulver, Würfelpulver, Ringpulver, Plattenpulver, Röhrenpulver, Streifenpulver, Nudelpulver, Stäbchenpulver, Sternchenpulver u. a., viele davon in den verschiedensten Abmessungen. Durch die Form des Pulvers kann die Gasentwicklung während der Verbrennung geregelt werden. Der Gasnachschub ist bis zum Schluß der Verbrennung um so gleichmäßiger, je weniger sich die Oberfläche des Pulvers während der Verbrennung ändert. Nimmt man als Maß für die Oberflächenänderung das Verhältnis der kurz vor Abschluß der Verbrennung noch vorhandenen Oberfläche O' zu der Anfangsoberfläche O'', so erhält man für Würfelpulver $O' : O'' = 0$, für Blättchenpulver 0,52, für Röhrenpulver 0,84. Röhrenpulver wirken ausgesprochen schiebend und eignen sich am besten zum Antrieb schwerer Geschosse. Kommt es nicht auf große Leistung, sondern auf leichte Entzündlichkeit und schnelle Verbrennung an (Manöverpulver, Beiladungspulver, Jagdpulver), so stellt man Pulver mit lockerem Gefüge durch Zusatz leichtlöslicher Salze, z. B. NaCl oder $Ba(NO_3)_2$, her. Diese Salze werden am Schluß der Herstellung wieder ausgelaugt. Die Farbtöne rauchschwacher Pulver spielen von hellem gelb über braun bis grau und schwarz (Graphit).

Literatur. Brunswig: Das rauchlose Pulver, 1926. — Hänert: Geschütz und Schuß, 1940.

Nitrozellulosepulver (1884 Rottweiler Zellulosepulver [R.C.P.], eingeführt von Duttenhofer). Zur Herstellung von Nitrozellulosepulvern verwendet man Schießbaumwolle und Kollodiumwolle. Das älteste deutsche Blättchenpulver für Gewehre war ein Schießbaumwollpulver mit 12,7 % N. Die Schießbaumwolle wurde mit Essigester gelatiniert. Da dieser verhältnismäßig schwer flüchtig ist, blieb er in einer Menge von etwa 4 % in der Pulvermasse. Das bedingt ein allmähliches Nachverdunsten dieses Lösemittels beim Lagern. Die Pulver wurden damit ballistisch brisanter. Infolgedessen stieg der Gasdruck auf eine unzulässige Höhe. Das führte zu Hülsenklemmungen und gefährdete die Waffe. Seit 1890 wird daher das viel leichter zu entfernende Äther-Alkohol-Gemisch als Gelatiniermittel benutzt. Man braucht sich dabei nicht auf die Verarbeitung der äther-alkohollöslichen Kollodiumwollen zu beschränken, sondern benutzt Gemische aus Kollodium- und Schießbaumwolle. Es genügt, eine Grundmasse mit Äther-Alkohol gelatinierter Kollodiumwolle zu schaffen, in welche die nichtgelatinierten Schießbaumwollfäden eingebettet sind. Es kommt in der Hauptsache auf vollständige Gleichmäßigkeit der ganzen Pulvermasse an. Es zeigte sich nun aber, daß infolge des Fehlens des aus dem Pulver entfernten Lösemittels das Pulver wenig lagerbeständig war, also zur Selbstzersetzung neigte. Das Lösemittel hatte also als Stabilisator gewirkt. Seit 1894 werden daher der Pulvermasse besondere Stabilisatoren zugesetzt (36). — Damit ergibt sich der heute übliche Herstellungsgang für Nitrozellulosepulver (insbesondere Gewehr-Blättchenpulver): Die Nitrozellulose enthält zunächst 30% Wasser (33), das sich nicht mehr abschleudern läßt. Zur Entfernung des Wassers wird dieses durch Alkohol verdrängt (Alkoholverdrängungszentrifuge). Die alkoholfeuchte Masse kommt in eine Knetmaschine und wird hier nach Zusetzen von Äther und in Äther gelösten Stabilisatoren gelatiniert und zu einer homogenen Masse durchgeknetet. Diese wird dann in hydraulischen Pressen zu Streifen gepreßt. Die Stränge werden dann bei 40° bis zum Verschwinden des Äthergeruchs vorgetrocknet (Vortrockenschrank). Es folgt nun das Zerschneiden zu Blättchen in automatischen Schneidemaschinen, das Aussieben zu großer oder zu kleiner Stücke auf Schüttelsieben sowie das Abschleifen scharfer Kanten und das Glätten des Pulverkorns unter Graphitzusatz in Trommeln mit Pockholzkugeln. Die Graphitbehandlung macht das Pulver weniger hygroskopisch, allerdings auch schwerer entzündlich, verhindert als Schmiermittel elektrische Aufladungen und damit Klumpenbildung der Blättchen, verbessert also die Fließbarkeit und Ladefähigkeit des Pulvers und mindert die Entzündungsgefahr durch elektrische Funken. Gleichzeitig kann man in der Trommel durch Kampferzusatz die Oberfläche des Pulvers nachgelatinieren und es damit „progressiv" verbrennlich machen. Zur Entfernung der letzten Reste des Äther-Alkohols wird nun bei 60° in Vakuumschränken getrocknet, in heißem Wasser zur Entfernung des Alkohols gewässert und endlich in Trockenkammern fertig getrocknet.

Der Nachteil dieses Verfahrens besteht darin, daß das Lösungsmittel besonders aus dicken Pulvern sehr schwer zu entfernen ist und daher eine Fertigtrocknung bis zu monatelanger Dauer erforderlich macht.

Literatur. Stettbacher: Z. ges. Schieß- u. Sprengstoffwes., 1933. — Solier: Chem. Zbl. 1940, II, S. 1681 (Entfernung des Lösemittels).

Nitroglyzerinpulver. (1888 eingeführt von Nobel; Würfelpulver R.P.C/89, Ballistit.) Es war daher ein glücklicher Gedanke, ein Lösungsmittel zu verwenden, das als treibkräftiger Bestandteil in der Pulvermasse verbleibt. Ein solches Lösungsmittel ist das Nitroglyzerin, das nach dem Vorbild der Sprenggelatine (38 eingeführt wurde. Hierbei ist eine ordnungsmäßige Gelatinierung allerdings nur möglich bei Verwendung von Kollodiumwolle und bei Anwendung von mindestens 40% Nitroglyzerin. Es ergeben sich damit die hochprozentigen Nitroglyzerinpulver

nach dem Muster des Ballistits, wie sie auch heute noch für Steilfeuer-
geschütze verwendet werden. Die hochprozentigen Nitroglyzerinpulver
haben den Nachteil, daß sie infolge ihrer hohen Verbrennungstemperatur
die Rohre stark ausbrennen (36). Für viele Geschütze, insbesondere
Langrohrgeschütze, hat man daher den Nitroglyzeringehalt auf 25—30%
herabgesetzt. Trotzdem kommt man bei ihrer Herstellung ohne fremde
Lösungsmittel aus. Bei dem von Thieme 1909 ausgearbeiteten Verfahren werden statt der flüssigen Lösemittel nichtflüssige angewendet;
das sind feste Stoffe, welche schon bei gewöhnlicher Temperatur, besonders aber in der Wärme, auf die Nitrozellulose gelatinierend wirken.
Solche Stoffe sind Zentralit und Urethan (36), welche in der Pulvermasse
verbleiben und dann als Stabilisatoren wirken. Man nennt solche niedrig-
prozentigen Nitroglyzerinpulver, welche ohne flüchtige Lösemittel hergestellt werden, kurz „Polpulver" (Pulver ohne Lösemittel). —Die Fertigung der Polpulver (ähnlich auch diejenige der Ballistite) verläuft folgendermaßen: Die Nitrozellulose wird in Mischkesseln in Wasser aufge-
schwemmt und mit den Zusätzen (Nitroglyzerin, Zentralit und etwas
Graphit) mit Hilfe von Preßluft gründlich gemischt. Nach Abschleudern
der Wassers bis auf 30% wird die Rohmasse in Durchreibemaschinen
zeskleinert und dann sorgfältig durchgeknetet. Nach kurzem Reife-
prozeß wird sie unter beheizten Walzen ($\approx$ 80°) gelatiniert und unter
gleichzeitiger Entwässerung zu einer Pulverplatte ausgewalzt. Diese
Platten werden aufgerollt und noch heiß in einer hydraulischen Presse
durch Matrizen zu endlosen Röhren gepreßt. Diese werden auf die vor-
geschriebene Länge geschnitten. Nach kurzem Nachtrocknen in Trocken-
häusern (45°, 1—2 Tage) ist das Pulver verwendungsbereit. Die Gleichmäßigkeit der Lieferungen wird durch Mischen der einzelnen Fertigungen
sichergestellt.

　　Diese Polpulver sind denjenigen Pulvern, bei denen flüchtige Lösemittel durch langwierige Trockenprozesse zu entfernen sind, durch die
Kürze der Fabrikationszeit weit überlegen. Auch Nitroglyzerinpulver
können mit flüchtigen Lösemitteln hergestellt werden. Es handelt sich
um den Typ des englischen Cordits (Cordit I mit 57%, Cordit MD mit
30% Nitroglyzerin). Typisch ist hier die Verwendung von Schießbaumwolle und daher die Verwendung von Azeton als Gelatiniermittel. Dieses
soll aus dem fertigen Cordit leicht zu entfernen sein. Die Fertigung des
Cordits entspricht im wesentlichen der Fertigung der Nitrozellulosepulver (s. o.) (abgesehen von der Poliertrommel).

　　Nitroglykolpulver. Während die Rohstoffrage der rauchschwachen
Pulver im Weltkriege bezüglich der Baumwolle durch Heranziehung des
Holzzellstoffs befriedigend gelöst wurde, gelang dies nicht bezüglich
des Nitroglyzerins. Dessen Ersatz durch das synthetische Nitroglykol
erfüllte die Erwartungen nicht in jeder Beziehung. In 34 war auf die
mechanische Unempfindlichkeit und das hervorragende Gelatiniervermögen für Nitrozellulose schon bei gewöhnlicher Temperatur hingewiesen
worden. Nitroglykolpulver sind also stoßsicherer als Nitroglyzerinpulver.
Sie sind den Nitroglyzerinpulvern an chemischer Stabilität, dem wenig
hygroskopischen Verhalten und an Energie mindestens gleich, sind ihnen

aber unterlegen durch die hohe Flüchtigkeit des Nitroglykols und dessen Wasserlöslichkeit. Die Flüchtigkeit führt zu Belästigungen der Arbeiter bei der Pulverfertigung durch Blutandrang zum Kopfe und vor allem zum Nachlassen der ballistischen Leistung infolge allmählicher Verdampfung des Nitroglykols. Dieser Gesichtspunkt bleibt auch dann bedenklich, wenn man die gute Verpackung der fertigen Munition berücksichtigt und bedenkt, daß die Flüchtigkeit bei dickwandigem Röhrenpulver keine so große Rolle spielen kann. 1931 wurde im DRP. 548427 vorgeschlagen, an Stelle des Nitroglykols das schwerflüchtige Diäthylenglykoldinitrat (34) oder andere Polyglykolnitrate mit entsprechend niedrigem Dampfdruck zu verwenden, Explosivstoffe, die dem Nitroglyzerin zwar an Energie unterlegen, dafür an spez. Gasvolumen überlegen sind. Die Verarbeitung kann im Gemenge mit Nitrozellulose durch Zusammenwalzen ganz nach Art der Polpulver geschehen und zwar wegen der großen Gelatinierfähigkeit mit Nitrozellulosen beliebiger Art.

Literatur. Brunswig: Das rauchlose Pulver, 1926. — Stettbacher: Schieß- und Sprengstoffe, 1933. — Foulon: Z. ges. Schieß- u. Sprengstoffwesen, 1932, S. 399.

Trotylpulver. Der Ersatz des Nitroglyzerins oder wenigstens seine Streckung wurde auch durch Verwendung aromatischer Nitrokörper angestrebt. Es kommen hier hauptsächlich Trinitrotoluol (Trotyl) und Dinitrotoluol in Betracht, die schon lange im „Plastomenit" verwendet worden waren. Das Dinitrotoluol soll die Gelatinierfähigkeit des Trinitrotoluols verbessern. Das Trotyl verbrennt beim Anzünden mit rußender Flamme. Seine Stoßsicherheit ist wesentlich höher als diejenige des Nitroglyzerins. Vor allem ist seine chemische Beständigkeit selbst bei höheren Temperaturen ganz erheblich besser als diejenige der Salpetersäureester. Die sichere Verbrennung des Trotyls ist aber nur bei Anwesenheit von sauerstoffreicheren Stoffen wie Nitrozellulose, Nitroglyzerin oder anderen Nitraten gewährleistet. Seine Energie ist mäßig. Man verwendet die beiden Stoffe in Form ihres gut schmelzenden „eutektischen" Gemisches (Begriff 25). Beide drücken die Verbrennungstemperatur des Pulvers herab und wirken sich günstig aus in der Lebensdauer des Rohres. Die Gelatinierung erfolgt bei hoher Temperatur.

Literatur. Brunswig: Das rauchlose Pulver, 1926. — Naoum: Schieß- und Sprengstoffe, 1927. — Urbanski: Z. ges. Schieß- u. Sprengstoffwes., 1937, S. 1. — Bornemann: desgl., 1937, S. 167 (Rohrabnutzung). — Nair: desgl., 1930, S. 198 (Rohrabnutzung).

Ammonpulver. Der Gesichtspunkt der niedrigen Verbrennungstemperatur tritt in noch stärkerem Maße hervor bei der Verwendung von Ammonsalpeter als Treibmittel. Seine geringe Verbrennungswärme wird durch sein großes spez. Gasvolumen ausgeglichen. Ammonsalpetergemische sind daher geradezu ideal als Treibmittel in der Waffe, bei welcher sie nur zu geringen Ausbrennungen Anlaß geben und somit die Lebensdauer der Rohre erhöhen (36). An sich sind sie schwer entzündlich, jedoch kann man durch Zusatz von Kohle die Entzündlichkeit verbessern. Die Kohle nimmt gleichzeitig den überschüssigen Sauerstoff auf. Im Weltkriege viel verwendet wurde das

$$\text{Ammonpulver} = 85\% \text{ NH}_4\text{NO}_3,\ 15\% \text{ C}.$$

Es diente als Streckmittel der immer knapper werdenden Geschütz-
pulver vor allem in Feldkanonen. Nach dem Weltkriege ist das Ammonpulver wieder verschwunden. Der Grund hierfür ist sein stark hygroskopisches Verhalten, das man trotz fester Verpackung nicht vollständig
beherrscht.

Literatur. Naoum: Schieß- u. Sprengstoffe, 1927. — Kausch: Z. ges. Schieß-
u. Sprengstoffwes., 1935, S. 361 (Patentübersicht über neue Treibmittel).

Tab. 28.

Zusammensetzung und Pulverkonstanten einiger rauchschwacher
Pulver.

Pulverbestandteile	Cordit MD f. Gewehre	Gewehrblättchenpulver (S-Pulver)	Pistolenpulver	Maximpulver	Ballistit (engl.)	Cordit I	Filit (italien)	Würfelpulver
Organ. Nitrate								
Kollodiumwolle . . .	—	24	—	—	62	—	49	—
Schießbaumwolle . .	63	72,5	96	86	—	36	—	60
Nitroglyzerin	30	—	—	11	38	57	49	38,5
Anorgan. Nitrate								
Ba(NO$_3$)$_2$	—	—	1	—	—	—	—	—
Stabilisatoren								
Kampfer	—	0,5	—	—	—	—	1,5	—
Diphenylamin . . .	—	0,5	1,5	—	—	—	—	—
Vaselin	5	—	—	—	—	5	—	—
Harnstoff	—	—	—	2	—	—	—	—
Zentralit	—	—	—	—	—	—	—	1
Sonstiges								
Na-Oxalat	—	0,7	—	—	—	—	—	—
Feuchtigkeit	0,5	1,3	1	1	—	0,5	0,5	0,5
Gelatiniermittel . . .	1,5	0,5	0,5	—	—	1,5	—	—
Pulverkonstanten								
Verbrennungswärme [1]	750	823	911	940	995	1075	1130	1145
Verbrennungstemp. [2]	2430	2700	2950	2980	3090	3230	3420	3470
Spez. Gasvolumen [3]	998	897	862	875	869	891	832	821
Spez. Energie [4]	10 190	—	—	10 750	11 050	11 800	11 610	11 610

36. Eigenschaften rauchschwacher Pulver.

Treibkraft. Die wichtigste Eigenschaft rauchschwacher Pulver ist ihre
Treibkraft. Sie ist um das mehrfache größer als diejenige des Schwarzpulvers (30). Daraus ergeben sich größere Geschoßgeschwindigkeit und
somit größere Schußweite, gestrecktere Flugbahn, geringere Streuung
und gesteigerte Durchschlagskraft. Ursache der Treibkraft ist der Gasdruck. Dieser ist nach 13 (wenigstens für konstantes Volumen) durch die
Abelsche Gleichung gegeben:

$$p = f \frac{\triangle}{1 - \alpha \triangle}, \quad \text{wobei} \quad f = \frac{p_0 \cdot \mathfrak{v}_0}{T_0} \cdot T.$$

Die spez. Energie f (13) bringt die Eigenart des Pulvers zum Ausdruck.
Da p_0 und T_0 Konstanten sind, hängt die Pulverenergie von dem
Volumfaktor $\mathfrak{v}_0$ (spez. Gasvolumen, 10) und dem Temperaturfaktor T

---

[1] in kcal/kg (H$_2$O-Gas); [2] in °C; [3] in Nl/kg; [4] in lit at/kg.

ab bzw. von dem Wärmefaktor Q, da $t = Q/c_m$ ist (15). (c_m, die spez. Wärme der Schußgase, hängt von deren Zusammensetzung ab, sei aber hier, in allerdings nur grober Annäherung, für alle Pulver als konstant angesehen). Dann ist f proportional dem „Berthelotschen" Produkt $v_0 \cdot Q$ zu setzen. Gleiche Pulverenergie ist also durch großen Volum- und kleinen Wärmefaktor, aber auch durch kleinen Volum- und großen Wärmefaktor zu erreichen. Der erste Fall ist grundsätzlich vorzuziehen, da heißflammige Pulver zu Ausbrennungen führen (s. u.), ist aber schwer zu erreichen. Musterbeispiel ist von den treibkräftigen Bestandteilen für großen Volumfaktor der Ammonsalpeter ($v_0 = 980\,Nl/kg$, $Q = 350\,kcal/kg$) oder Kollodiumwolle ($v_0 = 940$, $Q = 887$), für großen Wärmefaktor Schießbaumwolle ($v_0 = 765$, $Q = 1025$), Nitroglyzerin ($v_0 = 715$, $Q = 1485$) und Nitroglykol ($v_0 = 737$, $Q = 1581$). Man hat es also in der Hand, durch geeignete Zusammensetzung das Pulver nach Wunsch abzustimmen.

Ausbrennungen. Von dieser Möglichkeit wird Gebrauch gemacht, um den Ausbrennungen beizukommen. Es handelt sich um narbenartige Beschädigungen des Rohrmetalls, vorzugsweise am Übergang vom Verbrennungsteil zum Seelenraum. Jeder Stahl wird durch die kohlenstoffhaltigen Schußgase in der Hitze zementiert, d. h. er reichert sich an Kohlenstoff an. Er wird dadurch härter, schmilzt aber auch leichter und wird durch die Schußgase leichter weggeblasen. Zur Bestimmung der Ausbrennungen nimmt man eine Ausbrennungsbombe, d. h. ein starkwandiges Stahlgefäß, in welches ein genau gewogener, achsial durchbohrter Probezylinder eingesetzt ist. Nach dem Schuß werden die heißen Gase durch den engen Kanal gepreßt. Durch Nachwiegen kann die Abschmelzung ermittelt werden. Für die Lebensdauer der Rohre ist also die Verwendung heißflammiger Pulver nachteilig. Eine Herabsetzung des Wärmefaktors erreicht man durch Verminderung des Gehalts an Schießbaumwolle und vor allem von Nitroglyzerin und Nitroglykol (vgl. Cordit I und Cordit MD, 35). Genügt das nicht, so kommt ein Zusatz kohlenstoffreicher Stoffe in Frage, welche eine vermehrte Bildung von CO an Stelle von CO_2 bewirken, z. B. von Ruß, Graphit, Kampfer, oder eine Vermehrung des Gehalts an kohlenstoffreichen Stabilisatoren (s. u.). Das damit verbundene Absinken der Treibkraft kann durch Verstärkung der Ladung ausgeglichen werden. Es ist auch versucht worden, den kleinen Wärmefaktor durch einen großen Volumfaktor auszugleichen, z. B. durch Zusatz des stickstoffreichen Dizyandiamids

$$H_2N-C{\overset{\textstyle NH}{\underset{\textstyle NH-C\equiv H}{\Big\langle}}}$$

Literatur. Seiberlich: Z. ges. Schieß- u. Sprengstoffwes., 1938, S. 277 (stickstoffreiche Zusätze). — Brunswig: Das rauchlose Pulver, 1926.

Mündungsfeuer und Nachflammer. Heißflammige Pulver neigen zum Mündungsfeuer. Es blendet die Mannschaft und verrät die Feuerstellung. Es handelt sich um eine nachträgliche explosive Verbrennung der noch brennbaren Anteile der Schußgase, die mehr als 50% ausmachen können (11, 15). Die Schußgase müssen sich nach ihrem Austritt aus der Mündung erst mit der nötigen Verbrennungsluft mischen. Daraus folgt, daß das Mündungsfeuer immer in mehr oder weniger großem Abstand vor der Mündung auftritt. Die Zündung dürfte durch mitgerissene glühende Stahlteilchen erfolgen. (Es handelt sich bei jedem Schuß einer 28 cm-Kanone z. B. um etwa $1/_3$ kg Stahl.) Zur Bekämpfung des Mündungsfeuers kann man den Wärmefaktor des Pulvers vermindern (s. Ausbrennungen). Außerdem kommen Zusätze von nicht treibkräftigen Salzen in Betracht, wie z. B. Kaliumoxalat, Natriumbikarbonat und besonders Kaliumchlorid. Da das Mündungsfeuer zweifellos eine Kettenexplosion ist (12), dürfte ihre Wirkung auf dem Wegfangen besonders energischer Kettenträger beruhen (12), zum Teil auch auf der Abspaltung von Gasen (CO_2), welche die Energie aktiver Teilchen aufnehmen und die Kette damit abbrechen. Diese Salze können dem Pulver einverleibt werden, können aber auch als besondere Salzbeilage zur Kartusche verwendet werden. Außerdem wird das Mündungsfeuer beeinflußt von der Rohrlänge, von der Ladedichte, dem Geschoßgewicht, dem Druck im Rohr und an der Mündung und endlich von dem Druck, der Feuchtigkeit und der Temperatur der Luft sowie von der Windrichtung und Windstärke.

Dem Mündungsfeuer ähnlich ist die Entstehung der Nachflammer. Die beim Öffnen des Verschlusses entstehende Stichflamme gefährdet die Mannschaft und kann bereitgelegte Kartuschmunition zünden. Als Zündursache kommen hauptsächlich glimmende Kartuschbeutelreste in Frage. Ausblasen der Rohre mit Preßluft oder Kohlensäure schafft Abhilfe.

Physikalische Stabilität. Hat man sich bei einem Pulver für eine bestimmte Zusammensetzung entschieden, so ist es weiter erforderlich, diese Zusammensetzung auch bei langem Lagern unverändert zu erhalten, da sich jede Änderung entsprechend in der Schußleistung auswirkt. Es kann sich um physikalische Einflüsse oder um chemische Vorgänge handeln (physikalische bzw. chemische Stabilität). Die physikalische Stabilität wird in Frage gestellt durch Feuchtigkeitsaustausch mit der Umgebung, Verdunsten des Lösemittels, Verdunsten treibkräftiger Bestandteile (Nitroglyzerin, Nitroglykol) und durch Schwankung der Pulvertemperatur. Der feuchtigkeitsempfindliche Bestandteil des Pulvers ist die Nitrozellulose, und zwar um so mehr, je kleiner der Stickstoffgehalt ist (abgesehen wird hierbei von ausgesprochen hygroskopischen Zusätzen, wie z. B. anorganischen Nitraten.) Mengenmäßig ist der Feuchtigkeitsbetrag unabhängig davon, ob die Nitrozellulose gelatiniert ist oder nicht, bzw. welche Form das Pulver hat, für die Geschwindigkeit des Feuchtigkeitsaustausches sind diese Einflüsse aber von erheblicher Bedeutung. Lockere Pulver (z. B. Manöverpulver) oder dünnwandige Pulver vollziehen den Feuchtigkeitsaustausch schneller als dickwandige. Mit zunehmendem Feuchtigkeitsgehalt (Tropen) werden die Pulver schwerer entzündlich und schwerer verbrennlich, Gasdruck und Geschoßgeschwindigkeit (v_0) sinken. In sehr trockener Luft wird das Pulver schärfer, Gasdruck und v_0 steigen, es kann sogar die Waffe gefährdet werden. Entspricht der Feuchtigkeitsgehalt des Pulvers seiner natürlichen Feuchtigkeit, d. h.

seiner Feuchtigkeit bei mittlerer Temperatur und mittlerer Luftfeuchte, so werden die Feuchtigkeitsschwankungen am kleinsten. Dieser natürliche Zustand liegt bei Nitrozellulosepulvern zwischen 1 und 2%, bei Nitroglyzerinpulvern zwischen 0,5 und 1%. Abweichung um 0,1% bedeutet bei Nitrozellulosepulvern für Gewehre eine v_o-Änderung von etwa 3 m/sec und eine Gasdruckänderung von 50 at. Bei Nitroglyzerinpulvern ist der Feuchtigkeitseinfluß infolge der öligen Beschaffenheit dieses Stoffes wesentlich kleiner. Die dadurch bedingte höhere ballistische Stabilität ist besonders auf See wertvoll.

Die Rolle des im Pulver zurückgebliebenen Lösemittels ist ausgesprochen einseitig, da es die ballistische Leistung des Pulvers durch Verdunstung nur im Sinne eines Schärferwerdens und erhöhten Gasdruckes beeinflussen kann. Das Lösemittel muß aus dem Pulver möglichst restlos entfernt werden, was am besten bei Äther-Alkohol gelingt. Solche Pulver müssen vor dem Abnahmebeschuß mindestens 4 Wochen abgelagert sein. Am beständigsten sind in dieser Hinsicht die lösemittelfreien Polpulver (35). Leicht verdunstende Stoffe kommen als treibkräftige Bestandteile des Pulvers nicht in Betracht. Bei Nitroglyzerin ist Verdunstung kaum zu befürchten, da dieses nur mit Wasserdampf, also bei stark schwankender Feuchtigkeit, in merklicher Weise flüchtig ist. Anders steht es mit dem Nitroglykolpulver (35), das ballistisch als unstabil gelten muß (wenn man nicht das Diäthylenglykoldinitrat verwendet, 35).

Die Pulvertemperatur wirkt sich dadurch aus, daß die Verbrennungswärme mit steigender Temperatur größer wird und zwar dem größeren Wärmeinhalt des Pulvers entsprechend. Dieser Einfluß ist geringfügig (13). Nicht zu vernachlässigen ist aber die mit der Temperatur steigende Verbrennungsgeschwindigkeit des Pulvers, die eine erhebliche Steigerung der v_o und des Gasdruckes zur Folge hat. Bei Geschützen rechnet man pro $^\circ$ C mit v_o-Änderung von 0,05—0,2%, bei Gewehren mit 0,6% und einer entsprechenden Änderung der Schußweite.

Literatur. Brunswig: Das rauchlose Pulver, 1926. — de Pauw: Z. ges. Schieß- u. Sprengstoffwes., 1939, S. 69 (Hygroskopizität von Nitrozellulose).

Chemische Stabilität. Im Gegensatz zu physikalischen Einflüssen führt die chemisch bedingte Selbstzersetzung von Pulvern nicht nur zu Änderungen der Leistung, sondern gegebenenfalls zur Explosion des Pulvers. Die chemische Stabilität erfordert also vom Sicherheitsstandpunkt große Aufmerksamkeit. Die gelatinierten Pulver zeigen eine geringere Stabilität als die zugrundegelegten Zellulosenitrate, selbst wenn diese mit größter Sorgfalt hergestellt werden. Zum Teil erklärt sich das vielleicht daraus, daß aus der lockeren Nitrozellulose flüchtige Zersetzungsprodukte leichter entweichen als aus dem dichten Gefüge der gelatinierten Pulver. Wichtiger ist wohl die hohe Beanspruchung der Pulver bei ihrer Herstellung, z. B. beim Warmtrocknen oder beim Gelatinieren unter beheizten Walzen (35). Die Pulver, welche diese Gewaltbehandlung überstehen, können schon den Keim der Zersetzung in sich tragen. Die Selbstzersetzung besteht in einem langsamen Zerfall des Pulvers unter Abspaltung nitroser Gase sowie organischer Säuren wie z. B. Ameisensäure oder Oxalsäure. Werden diese sauren Stoffe nicht irgendwie unschädlich gemacht, so beschleunigen sie die Selbstzersetzung des Pulvers derart, daß diese in eine Explosion übergehen kann. Der Zerfall des Pulvers läuft auf eine Spaltung der Salpetersäureester hinaus (Näheres s. 33). Es liegt nahe, zur Bindung der sauren Zersetzungsprodukte der Pulvermasse Stoffe einzuverleiben, welche alkalischen Charakter haben. Allerdings kommen die eigentlichen Alkalien wie Ätznatron und Ätzkali nicht in Betracht. Denn diese würden die Salpetersäureester schnell verseifen, also den Zerfall beschleunigen (32). Auch Soda wirkt noch in dieser Richtung. Als anorganische Substanz kommt das Natriumbikarbonat in Frage. Als eigentliche Stabilisatoren nimmt man meist die organischen Basen, die Amine (42). Von diesen sind die paraffinischen Amine mit einer NH_2-Gruppe, z. B. das Äthylamin C_2H_5—NH_2, immer noch zu stark basisch. Sehr gut brauchbar sind dagegen das schwächer basische Diphenylamin $(C_6H_5)_2NH$, das Anilin C_6H_5—NH_2, der Harnstoff $(NH_2)_2CO$ (32) oder besser seine Abkömmlinge, die in der Pulverlehre unter dem Namen Zentralit oder Akardit bekannt sind:

Zentralit I Diäthyldiphenylharnstoff	Akardit Diphenylharnstoff	Methylphenylurethan	Diphenylurethan

Auch substituierte Urethane sind gut geeignet. Sonderbar erscheint zunächst die Brauchbarkeit der Vaseline als Stabilisator, weil Paraffine sonst chemisch sehr träge sind. Vaseline enthält aber stets ungesättigte Kohlenwasserstoffe, vor allem Olefine und Naphthene, welche dann mit NO_2 reagieren. Die Stabilisiermittel gehen bei der Bindung der nitrosen Gase selbst in ihre Nitroso- bzw. Nitroverbindungen über.

Sind in dem Pulver, wie z. B. in den Trotylpulvern, Nitrokörper enthalten, so wirken diese vermöge ihrer eigenen außerordentlich hohen Stabilität stabilisierend auf das Pulver.

Literatur. Becker-Hunold: Z. ges. Schieß- u. Sprengstoffwes., 1938, S. 213 (Diphenylamin). — Referat, desgl., 1933, S. 63 (Vaseline). — Becker-Hunold: desgl., 1933, S. 373 (Zentralite und Urethane). — Tonegutti: desgl., 1937, S. 300 (verschiedene Stoffe). — Urbanski: desgl., 1937, S. 1 (aromatische Nitrokörper).

Kennzeichen der Selbstzersetzung. Mit Hilfe der genannten Stabilisatoren kann man heute die chemische Beständigkeit der Pulver auf lange Jahre hinaus sichern. Trotzdem müssen die Pulver von Zeit zu Zeit auf ihre Stabilität geprüft werden. Den Zustand des Pulvers kann man manchmal schon an äußerlichen Merkmalen erkennen. An den Messinghülsen der Kartuschen treten grünliche Flecken auf. Das Seidenzeug der Kartuschbeutel wird gelb oder braun verfärbt. Der Stoff wird mürbe.

Durch Abspaltung von Gasen (33) tritt in der Kartusche ein Überdruck auf. Das Aussehen des Pulvers selbst ändert sich merklich erst bei tiefgreifender Umwandlung. Der Oberflächenglanz des Pulvers verschwindet, das Pulver wird fleckig und endlich an der Oberfläche schmierig. Deutlicher wird die Zerfallsstufe des Pulvers durch den sauren Geruch der abgespaltenen nitrosen Gase. Hierbei ist zu beachten, daß Zentralit selbst einen scharfen Geruch hat, der nicht mit demjenigen der nitrosen Gase verwechselt werden darf. Schärfer als die Sinnesorgane erfassen chemische Untersuchungen den Zustand des Pulvers. Schon durch Prüfung mit Lackmuspapier (Farbumschlag blau-rot) kann man die nitrosen Gase erkennen. Über verfeinerte Stabilitätsprüfungen s. 37.

37. Untersuchung rauchschwacher Pulver.

Die Abnahme rauchschwacher Pulver ist an scharfe Bedingungen geknüpft. Die Pulver werden zu größeren Lieferungen zusammengestellt, aus denen kleine Mengen für die verschiedenen Proben entnommen werden. Die rein praktische Erprobung erfolgt auf dem Schießplatz durch Messung der mit dem Pulver erzielten Anfangsgeschwindigkeit. Die anderen Prüfungen werden im Laboratorium vorgenommen.

Pulverkonstanten. Zur Prüfung der Gleichmäßigkeit von Pulverlieferungen werden die Pulverkonstanten gemessen, die Verbrennungswärme Q (13) und das spez. Gasvolumen v_0 (10). Die Bestimmung von Q erfolgt in der kalorimetrischen Bombe nach dem in 14 entwickelten Verfahren. Die Bombe wird jedoch nicht mit Sauerstoff gefüllt, da das Pulver mit seinem eigenen Sauerstoff verbrennen soll. Bei schwer entzündlichen Pulvern nimmt man ein Schwarzpulverkorn zu Hilfe, das entsprechend in Rechnung gesetzt wird. Arbeitet man mit größerer Ladedichte, um den Schwierigkeiten einer einwandfreien Probenahme zu entgehen (5), und um den Verhältnissen in der Kartusche (Ladedichte bis 0,6 kg/l) nahezukommen, so sind besonders starkwandige Bomben zu benutzen. Außerdem ist Panzerschutz erforderlich. — Im Anschluß an die Verbrennung werden die nicht kondensierbaren Gase in einer Gasmeßglocke aufgefangen und gemessen. Das Volumen ist auf 0° und 760 Torr umzurechnen (3). Dazu kommt das Volumen des in einer Chlorcalciumvorlage bestimmten Kondenswassers, das beim Schuß gasförmig ist. Da 1 Mol Wasser = 18 g das Volumen 22,4 Nl einnimmt, ergeben w g das Volumen $(22,4 : 18) \cdot w \, Nl = (22400 : 18) \cdot w \, Ncm^3$ Wasserdampf. Diese sind zu dem zuerst gemessenen Volumen zu addieren. — Sowohl die experimentell ermittelte Explosionswärme als auch das Gasvolumen müssen korrigiert werden. Infolge der Abkühlung hat sich Methan gebildet und die CO_2-Menge ist größer geworden, als sie bei Schußtemperatur ist. Man muß auf Schußtemperatur zurückrechnen (15). Andernfalls erhält man für verschiedene Ladedichten erheblich verschiedene Werte der Pulverkonstanten.

Literatur. Cranz: Lehrb. d. Ballistik, 1926, Bd. 3.

Die Reinwichte. Für die Druckentwicklung ist außer der in der spez. Energie zusammengefaßten Eigenart des Pulvers nach der

Abelschen Gleichung (36) vor allem noch die Ladedichte maßgebend. Ladedichte ist gleich Pulvergewicht durch Laderaum in kg/l. Bei gegebenem Verbrennungsraum ist die höchsterreichbare Ladedichte oder die Raumausfüllung bei vorgeschriebener Ladedichte eine Frage der Eigenwichte des Pulvers. Bei der Wichte des Pulvers hat man zu unterscheiden zwischen der Reinwichte (spez. Gewicht) und der Rohwichte („kubischer Dichte"). Die Reinwichte ist das Maß für das Eigengewicht des Pulverkorns, die Rohwichte mißt das Schüttgewicht, also einschließlich der durch die Pulverform bedingten Luftzwischenräume. Demnach ist die Reinwichte die obere Grenze für die Rohwichte. — Die Reinwichte wird nach der Pyknometermethode gemessen. Die Pulverprobe (Gewicht G, Volumen V, Wichte γ) wird in das mit Quecksilber gefüllte Pyknometergefäß gebracht und verdrängt dort das Quecksilbervolumen V vom Gewicht V · d (d = Wichte des Hg = 13,55 g/cm³ bei 18° C). Wiegt das Pyknometer mit Quecksilber gefüllt P_1, mit Pulver und Quecksilber beschickt P_2 g, so ist

$$\begin{aligned} P_1 - P_2 + G &= V \cdot d \\ G &= \gamma \cdot V \end{aligned} \quad \text{also} \quad \gamma = \frac{d \cdot G}{P_1 - P_2 + G} \frac{g}{cm^3} \left(\frac{kg}{1}\right).$$

Eine Einzelbestimmung mit einer kleinen Pulverprobe hat wenig Wert, weil sie nicht als genügend genaue Durchschnittsprobe gelten kann. Der Versuch wird daher in vergrößertem Maßstabe mit 50—150 g Pulver durchgeführt, an die Stelle eines Glasgefäßes tritt besser eine zylindrische Stahlkapsel (Dichtigkeitsmesser von Bianchi). Diese wird ganz entsprechend, aber mit Hilfe einer Luftpumpe, einmal mit Quecksilber allein und dann mit Pulver und Quecksilber gefüllt. Die Reinwichte vieler Pulver liegt etwa bei 1,57—1,6 kg/l.

Die Rohwichte. Für die Bestimmung der Rohwichte von Blättchenpulver nimmt man ein Einlitermaß, für größere Pulver ein Zehnlitermaß. Das metallene Gefäß wird gewogen und dann aus einem aufgesetzten Metalltrichter mit dem Pulver gefüllt. Hierbei muß der Trichter immer mit der gleichen Pulvermenge gefüllt werden, ehe man das Pulver mit dem am Boden des Trichters befindlichen Schieber ausfließen läßt, damit der Druck immer der gleiche ist. Nach dem Einfüllen wird der obere Rand des Litergefäßes abgestrichen und das Gefäß gewogen. Die Gewichtszunahme ergibt sofort die Rohwichte.

Sie liegt bei Gewehrblättchenpulver etwa bei 0,85 kg/l.

Literatur. Brunswig: Das rauchlose Pulver, 1926.

Die Verpuffungsprobe gibt einen ersten Anhalt für die Beurteilung der chemischen Stabilität von Pulvern (36). Als Verpuffungstemperatur bezeichnet man diejenige Temperatur, bei welcher der Explosivstoff verpufft, ohne einer offenen Flamme ausgesetzt zu sein (Selbstzündung). 0,1 g des getrockneten Explosivstoffs werden in ein Probierglas gebracht und im Ölbad auf 100° erhitzt. Das Probierglas muß 45 mm tief in das Öl eintauchen. Dann wird die Temperatur um 5°/min gesteigert, bis Verpuffung eintritt. Die Verpuffungsprobe ist besonders wichtig bei den wenig wärmebeständigen Nitrozellulosen und den rauchschwachen

Pulvern. Die Verpuffungstemperatur muß bei Nitrozellulosen mindestens 180°, bei Nitrozellulosepulvern 170°, bei Nitroglyzerinpulvern 160° betragen. Niedrigere Verpuffungstemperaturen lassen auf mangelhafte Lagerbeständigkeit infolge beginnender Selbstzersetzung schließen.

Stabilitätsprüfungen. Die Verpuffungsprobe ist zur Beurteilung einer einwandfreien Lagerbeständigkeit noch zu grob. Vollständige Klarheit würde man nur bei mehrjähriger Lagerung erhalten. Da das praktisch nur ausnahmsweise möglich ist, wird die Probe verkürzt durch Lagerung bei höheren Temperaturen. Die Selbstzersetzung von Pulvern wird erkannt an der Abspaltung der braunen nitrosen Gase. Die Versuchstemperaturen sind verschieden. Je höher man die Temperatur wählt, desto schneller verläuft die Probe, desto weiter entfernt man sich aber von den normalen Lagerbedingungen. Die Proben können qualitativ oder quantitativ ausgestaltet werden. Die wichtigsten Proben sind:

1. **Die Jodprobe.** Sie dient zum Nachweis der ersten Spuren nitroser Gase bei 80°. 3 g (gemahlenes) Pulver werden im Probierglas in ein Wasserbad von 80° gesetzt. Das Probierglas wird verkorkt. Der Korken trägt an einem Glasstab einen angefeuchteten Streifen Jodzinkstärkepapier. Sobald nitrose Gase auftreten, setzen sie das Jod in Freiheit, welches die Stärke blau färbt:

$$2 NO_2^- + 4 H^+ + 2 J^- = 2 NO + 2 H_2O + J_2 .$$

Da die Jodprobe sehr empfindlich ist, zeigt sie den Augenblick der beginnenden Selbstzersetzung an. Blaufärbung darf nicht unterhalb 10 min eintreten. In England ist die Probe mit Jodkaliumstärke weitgehend ausgestaltet und führt den Namen Abeltest.

Literatur. Kodolanyi: Z. ges. Schieß- u. Sprengstoffwes., 1937, S. 123.

2. Die deutsche Probe mißt das Auftreten nitroser Gase bei 132°. 2,5g der (zerkleinerten) Probe werden in einer leicht verkorkten Glasröhre in ein Bad von Chlorbenzol oder Glyzerin-Wassergemisch gesetzt (Siedepunkt 132°). Rote Dämpfe dürfen bei Nitrozellulose nicht vor 45 min auftreten. Das Verfahren leidet daran, daß das Auftreten der nitrosen Gase sich nicht mit voller Schärfe erkennen läßt.

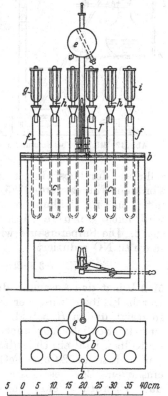

5 0 5 10 15 20 25 30 35 40cm

Abb. 41. Apparat zur Stabilitätsprüfung nach Bergmann und Junk.

Gut stabilisierte Nitrozellulosepulver müssen bis zum Auftreten der roten Dämpfe mindestens 4 Stunden aushalten, lösemittelfreie

Nitroglyzerinpulver mit 7 % Centralit mindestens 1 Stunde. Nicht stabilisierte Nitroglyzerinpulver halten nur 20—30 min aus. Für Nitroglyzerinpulver erscheint die Temperatur wegen der Flüchtigkeit des Nitroglyzerins zu hoch. Geht man aber mit der Temperatur auf 100° herunter (Thomasmethode), so wird die Versuchszeit zu lang. Sie beträgt dann bei gut stabilisierten Nitroglyzerinpulvern etwa 14 Tage, bei 85° 50 Tage, bei 75° über 200 Tage, bei 50° sind mehrere Jahre zu erwarten.

3. Stickoxydabspaltung bei 132° nach Bergmann und Junk. Dieses in Deutschland für Nitrozellulose meistbenutzte Verfahren ist

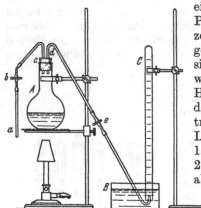

eine quantitative Ausgestaltung der Probe 2. Von der getrockneten Nitrozellulose werden 2 g in das Glasrohr gebracht. Mit Hilfe einer bei 132° siedenden Glyzerin-Wassermischung wird zwei Stunden erhitzt. Nach dem Herausnehmen steigt das Wasser aus dem Aufsatz in die Röhre. Nach Filtrieren wird das Stickoxyd aus der Lösung ausgetrieben und gemessen. 1 g Schießwolle darf nicht mehr als 2,5 cm³, Kollodiumwolle nicht mehr als 2 cm³ NO abspalten. Das in die Röhre getriebene Wasser wird unter Nachspülung des Aufsatzes auf 50 cm³ aufgefüllt (Ringmarke), mit der Nitro-

Abb. 42. Stickstoffbestimmungsapparat nach Schulze-Tiemann.

zellulose durchgeschüttelt und durch ein trockenes Filter filtriert. Von dem Filtrat werden 25 cm³ zur Oxydation der salpetrigen Säure mit 1 cm³ n/2 Kaliumpermanganat versetzt. Dieser wäßrige Auszug wird nach Schulze-Tiemann auf die Abspaltung von NO untersucht. Die Salpetersäure wird hierbei durch Eisen(2)chlorid und Salzsäure zu NO reduziert:

$$HNO_3 + 3\,FeCl_2 + 3\,HCl = 3\,FeCl_3 + 2\,H_2O + NO\,.$$

Man bringt den Auszug in den 150 cm³ fassenden Zersetzungskolben A. Durch Erhitzen wird der Kolben luftleer gemacht. Schließt man e, so steigt die in B befindliche Sperrflüssigkeit (30 proz. Natronlauge) zurück. Schließt man auch b, so tritt nach Entfernung der Flamme im Kolben bald ein Unterdruck ein. Man kann dann nach Öffnen von b nacheinander 20 cm³ FeCl₂ ($\gamma = 1,4$) und 20 cm³ HCl ($\gamma = 1,124$) einsaugen. Bei geschlossenen Hähnen wird wieder erhitzt. Tritt nun Überdruck ein (Aufblähen der Gummiverbindungen an den Quetschhähnen), so wird e geöffnet und das entwickelte NO in C aufgefangen. — Zur Ablesung bringt man C in ein Becherglas mit Wasser, wo die Natronlauge gegen Wasser ausgetauscht wird. Dann wird C in einen hohen Zylinder mit Wasser getaucht, nach Temperaturausgleich auf gleiches Wasserniveau eingestellt und abgelesen. Das gefundene

Volumen wird auf den Normzustand reduziert (3). Hierbei ist vom Barometerstand der Dampfdruck des Wassers bei der Meßtemperatur abzuziehen. Da 25 cm³ des Auszuges untersucht waren, entspricht das Ergebnis sofort der NO-Abspaltung für 1 g Nitrozellulose.

Literatur. Kast-Metz: Chemische Untersuchung der Spreng- u. Zündstoffe, 1931.

4. Die p_H-Methode nach Hansen ist eine neuzeitliche elektrometrische Stabilitätsprüfung. Es werden 9 Pulverproben von je 5 g in geschnittenem Zustand bei 110° der Reihe nach 8, 7, 6, 5, 4, 3, 2, 1 und 0 Stunden erhitzt. Die letztere dient als Nullprobe. Die Erhitzung erfolgt in Glasröhren ähnlich denen bei Bergmann und Junk. Nach Beendigung des Erhitzens wird jede Röhre mit 50 cm³ destilliertem Wasser ausgeschüttelt und die Lösung sofort elektrometrisch auf den p_H-Wert untersucht (18). Das destillierte Wasser soll den p_H-Wert 5,5 haben, entsprechend seiner Sättigung mit Luftkohlensäure. Trägt man die Ergebnisse in ein Diagramm ein, so gewinnt man einen sehr guten Einblick in den Zustand des Pulvers. Nach Hansen ist ein Pulver einwandfrei, wenn die Summe sämtlicher 9 p_H-Werte nicht kleiner ist

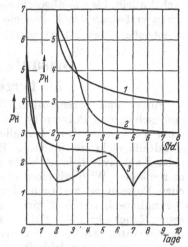

Abb. 43. pH-Verlauf bei der Zersetzung rauchschwacher Pulver nach der Methode von Hansen.
1. Deutsch. Ngl. Ringpulver ΣpH = 32,38.
2. Ausl. Ngl. Würfelpulver ΣpH = 25,65.
3. Deutsch. Ngl. Röhrenpulver.
4. Ausl. Streifenpulver.

als 30. Schlechte Pulver geben schon nach 4 stündigem Erhitzen p_H-Werte unter 3, bei guten Pulvern wird der p_H-Wert 3 selbst nach 8 stündigem Erhitzen nicht oder nur unwesentlich unterschritten. Sinkt bei längerem Erhitzen oder bei schlechten Pulvern der p_H-Wert auf 2,5, so beginnt die erste eben erkennbare Gelbfärbung durch Abspaltung nitroser Gase. Im weiteren Verlauf steigt der p_H-Wert nach Erreichung eines Minimums von $p_H \approx 1,3$ wieder an. Der Grund hierfür kann der Verbrauch der abgespaltenen Salpetersäure zur Oxydation von Abbauprodukten sein, wobei dann Oxalsäure und andere Stoffe entstehen. — Die Methode ist mannigfacher Abwandlungen fähig. Näheres hierüber ist bei Tonegutti zu finden (s. Literatur).

Literatur. Metz: Z. ges. Schieß- u. Sprengstoffwes., 1929, S. 245; 1934, S. 361. — Metz: Desgl., 1932, S. 118 (Nitroglyzerinpulver) (Vergleich der Prüfmethoden). — Lenze-Metz: desgl. 1928, S. 340 (Nitrozellulosepulver) (Vergleich der Prüfmethoden). — Tonegutti: desgl., 1940, S. 52 (elektrochemische Prüfung).

Feuchtigkeit. Die Bestimmung der Feuchtigkeit nach der Trockenschrankmethode (5) scheitert häufig daran, daß auch andere flüchtige Stoffe, insbesondere Reste des Lösemittels, miterfaßt werden. Gut brauchbar ist dagegen die Destillationsmethode (8), die unter Verwendung von 50 g Pulver und 250 cm³ Benzol betrieben wird. Die

Bestimmung dauert bei dickwandigen Pulvern etwa 5 Stunden. Die Genauigkeit muß entsprechend dem geringen Wassergehalt des Pulvers möglichst groß sein. Insbesondere muß der Wassergehalt des Benzols selbst berücksichtigt werden. Hierzu destilliert man das Benzol zunächst allein, bis die abgeschiedene Wassermenge konstant bleibt, und bringt erst dann das Pulver ein.

Literatur. Becker-Dittmar: Z. ges. Schieß- u. Sprengstoffwes., 1934, S. 327.

Brisante Sprengstoffe.

38. Bergbausprengstoffe.

Pulver und Sprengstoffe. Zwischen brisanten Sprengstoffen und rauchschwachen Pulvern ist ein grundsätzlicher Unterschied in chemischer Beziehung, d. h. bezüglich der treib- und sprengkräftigen Bestandteile nicht zu machen. Es ist schon betont worden (12), daß jeder Explosivstoff je nach der Art der Zündung verbrennen oder detonieren kann. Wird mit einer Flamme gezündet, wie bei den rauchschwachen Pulvern, so verbrennt der Explosivstoff, wird dagegen mit einer Sprengkapsel, also mit einem Druckstoß initiiert, kann er detonieren. Rauchschwache Pulver sind detonationsfähig, wie umgekehrt die brisanten, also detonierbaren Sprengmittel, bei Flammenzündung mehr oder weniger lebhaft verbrennen. Eine Ausnahme macht das Schwarzpulver, das nicht detoniert (30), und die Initialsprengstoffe, die auf Flammenzündung mit Detonation antworten. Aber auch bei den anderen Sprengstoffen ist ein Übergang von der Verbrennung in die Detonation, vor allem bei größeren Mengen, nicht ausgeschlossen. In dem hier behandelten Abschnitt über brisante Sprengstoffe werden solche Stoffe behandelt, welche ganz oder doch überwiegend als Sprengstoffe verwendet werden, also einer Initiierung durch Sprengkapseln bedürfen, um in der geforderten Weise zu detonieren. Es liegt daher in der Natur der Sache, daß man bei manchen Sprengstoffen die Hauptbestandteile rauchschwacher Pulver wiederfindet, z. B. Nitroglyzerin, Nitroglykol, Nitrozellulose.

Bergbau- und Wehrmachtsprengstoffe. Auch zwischen Bergbau- und Wehrmachtsprengstoffen bestehen keine grundsätzlichen Unterschiede. Bei jeder Gruppe stehen allerdings bestimmte Eigenschaften im Vordergrund. Wehrmachtsprengstoffe bedürfen einer wesentlich größeren Lagerbeständigkeit als Bergbausprengstoffe, welche doch bald verbraucht werden. Ferner müssen sie mit Rücksicht auf die Schuß- und Beschußsicherheit wesentlich unempfindlicher sein als Bergbausprengstoffe. Bei letzteren spielt der Gesichtspunkt einer genügenden Stoßsicherheit nur mit Rücksicht auf eine ausreichend sichere Handhabung eine wesentliche Rolle. Wehrmachtsprengstoffe sollen möglichst auch gießbar, d. h. schmelzbar, sein, um ein leichtes Laborieren bei der Füllung von Geschossen zu ermöglichen (39). Die Gießbarkeit ist bei Bergbausprengstoffen unwesentlich. Bei beiden Gruppen wird eine dem Verwendungszweck entsprechende Detonierbarkeit und Brisanz gefordert. Bei Bergbausprengstoffen unter Tage ist eine ausgeglichene oder positive Sauerstoffbilanz notwendig, um Vergiftungen durch Kohlenoxyd zu vermeiden. Diese Frage ist bei Wehrmachtsprengstoffen ohne Bedeutung, sofern die Detonation beim Gegner erfolgt. Giftige Nachschwaden sind dann sogar erwünscht. In schlagwettergefährdeten Gruben ist endlich eine niedrige Detonationstemperatur notwendig (Wettersprengstoffe). — Die Bergbausprengstoffe werden hier nur kurz behandelt. Militärische Bedeutung können sie als Ersatzsprengstoffe im Kriege und als Sprengmunition der Pioniere erlangen.

Dynamite. Sprengstoffe mit wesentlichem Nitroglyzeringehalt heißen Dynamite. Sie haben immer noch eine so hohe Stoßempfindlichkeit, daß sie für militärische Verwendung wegen ihrer Beschußunsicherheit kaum in Frage kommen. Der Hauptvorzug der Dynamite besteht in ihrer außerordentlich hohen Energie und Brisanz. Da Nitroglyzerin bereits bei $+ 8°$ erstarrt, können Dynamitpatronen bei kaltem Wetter leicht gefrieren. Gefrorene Dynamitpatronen detonieren schwer und neigen zu Versagern und giftigen Nachschwaden. Solche Patronen müssen daher vorsichtig aufgetaut werden. Schwergefrierbare Dynamite erhält man bei vollständiger oder teilweiser Ersetzung des Nitroglyzerins durch Nitroglykol. Viele Dynamite sind empfindlich gegen Wasser (Mischdynamite), andere schwitzen bei Beanspruchung durch Druck oder Wärme Nitroglyzerin aus (Gelatinedynamite).

Mischdynamite entstehen durch einfache Mischung von Nitroglyzerin mit unwirksamen oder wirksamen Saugstoffen. Am bekanntesten ist der alte Nobelsche Gurdynamit (1865) mit Kieselgur als Saugmittel.

Gurdynamit = 75% Nitroglyzerin, 25% Kieselgur.

Er ist eine bräunliche plastische Masse von der Beschaffenheit gekneteter Brotkrumen. Er ist nicht viel stoßsicherer als Nitroglyzerin. Vor allem ist der Gurzusatz als mineralischer Bestandteil zu bemängeln (Kieselsäure). Da er nicht brennbar ist, kann er den Sauerstoffüberschuß des Nitroglyzerins nicht aufnehmen und ist als toter Ballast zu bewerten. Gurdynamit spielt heute in Deutschland keine Rolle mehr. Chemisch wirksame Saugstoffe sind schwarzpulverähnliche Gemische oder Mischungen auf der Basis des Ammonsalpeters. Sie sind vor allem in Frankreich, Amerika (Straight Dynamites) und in Österreich in Gebrauch. Erwähnt sei als Beispiel der frühere österreichische:

Neu-Dynamit II b = 25% Nitroglyzerin, 55% Salpeter, 11% Schwefel, 8% Holzkohle, 1% Soda.

In Deutschland werden solche Mischdynamite kaum benutzt. An ihrer Stelle verwendet man gelatinierte Dynamite.

Sprenggelatine. (1875 entdeckt von Nobel). Eine besondere Art der Kollodiumwolle (Dynamitkollodiumwolle) wird durch einen Überschuß von Nitroglyzerin in den Gelatinezustand umgewandelt. Es ergibt sich die durchsichtige und elastische, gummiähnliche

Sprenggelatine = 92% Nitroglyzerin, 8% Kollodiumwolle.

Es ist hier der Sauerstoffunterschuß der Nitrozellulose durch den Sauerstoffüberschuß des Nitroglyzerins in glücklichster Weise ausgeglichen. Die Sprenggelatine übertrifft daher noch das Nitroglyzerin an Energie und

Brisanz. Sie eignet sich vorzüglich zur Sprengung besonders zäher und fester Gesteine. Sie ist im Gegensatz zu den Mischdynamiten völlig unempfindlich gegen Wasser, büßt aber im Laufe der Zeit an Detonationsfähigkeit und Wirksamkeit ein. Überdies wirkt sie für viele Zwecke des Bergbaues allzu stark zertrümmernd. Im Weltkriege hat man sie in Rußland und Österreich durch Kampfer unempfindlicher gemacht und als Pioniermunition und zur Füllung von Bomben verwendet. Sie dient heute nur noch wenig als selbständiger Sprengstoff und wird hauptsächlich in abgeschwächter Form in Mischung mit Salzen verbraucht.

Gelatinedynamite sind Mischungen aus Nitroglyzerin und Kollodiumwolle einerseits, die miteinander gelatiniert sind, und anorganischen Sauerstoffträgern und Kohlenstoffträgern andererseits. Diese Mi-

Tab. 29. Eigenschaften von Bergbau-Sprengstoffen[1].

Zusammenstellung aus Naoum	Ammonit 1	Ammonit 5	Chloratit 1 (Koronit T. 1))	Flüssige Luft (Ruß)	Dynamit 1	Dynamit 5	Sprenggelatine	Wetter-detonit C	Wetter-wasagit C
Zusammensetzung in %									
Nitroglyzerin	3—4	—	2—6	—	61—63,5	16—20	92	4	31
Kollodiumwolle . . .	—	—	—	—	1,5—4	0,5—2	8	—	—
Trinitrotoluol o. ä. . .	10—18	5—15	12—20	—	—	2—12	—	7	—
Ammonsalpeter . . .	77—85	73—84	—	—	—	} 50-74	—	64,5	30
Natronsalpeter. . . .	—	—	—	—	25—29		—	—	—
Kaliumperchlorat o. ä.	—	0—5	—	—	—	—	—	—	—
Natriumchlorat o. ä. . .	—	—	70—80	—	—	—	—	—	—
Holzmehl	—	—	—	—	6—9	—	—	1,5	—
Pflanzenmehl	1—6	0—4	1—5	—	—	1—6	—	—	—
Paraffin o.ä.	—	0—4	3—5	—	—	—	—	—	—
Aluminium	—	2—12	—	—	—	—	—	—	—
Natriumchlorid . . .	—	—	—	—	—	} 0—12	—	23	—
Kaliumchlorid	—	—	—	—	—		—	—	39
Soda	—	—	—	—	0—2	—	—	—	—
Kenngrößen									
Sauerstoffbilanz % . .	+2,5	+0,6	+3,0	—	+4,4	+11	+0,4	+6,0	+6,5
Bleiblockausbauchung	390	440	290	530	400	250	560	235	205
Deton.-Geschwind. . .	5150	5100	5000	4680	6500	6200	7800	—	—
Dichte der Patrone . .	1,09	1,12	1,57	0,72	1,55	1,8	1,6	—	—
Explos.-Wärme . . .	940	1250	1250	1995	1150	800	1560	—	—
Explos.-Temp. °C . .	2150	2590	3640	6500	2950	2650	3200	—	—

schungen verbinden mit bequemer Handhabung eine genügende Energie und verhältnismäßig billigen Preis. Sie erfreuen sich daher der größten Beliebtheit. Die Herstellung erfolgt nach Zusammenmischung in Knetmaschinen. Die Dynamite werden dann patroniert und paraffiniert. Die Haupttypen sind:

Dynamit 1 = 62% Nitroglyzerin, 3% Kollodiumwolle, 26% Salpeter o. ä., 7% Holzmehl, 2% Soda.

---

[1] Seit einigen Jahren wird die Zusammensetzung der einzelnen Sprengstoffe nicht mehr bekanntgegeben. Doch sind wesentliche Änderungen nicht wahrscheinlich.

Dynamit 5 = 18% Nitroglyzerin, 1% Kollodiumwolle, 65% Salpeter, 10% Trinitrotoluol o. ä., 6% Pflanzenmehl.
Sprengtechnische Angaben s. Tabelle 29.

Literatur. Beyling-Drekopf: Sprengstoffe und Zündmittel, 1936. — Horst:
Z. ges. Schieß- u. Sprengstoffwes., 1933, S. 223 (gefrorenes Dynamit).

Ammonsalpetersprengstoffe. Außer den Dynamiten werden im Bergbau vorzugsweise Sprengstoffe auf der Basis des Ammonsalpeters verwendet. Dieses Salz läßt sich im lockeren und trockenen Zustande allerdings nur mit starken Sprengkapseln zur Detonation bringen, wobei es
völlig vergast (30). Im gepreßten und im feuchten Zustande verliert es
seine Detonationsfähigkeit. Die Ursache ist in der geringen Energie
und der daraus folgenden niedrigen Explosionstemperatur zu suchen.
Nutzt man aber den überschüssigen Sauerstoff durch Zumischung
brennbarer Stoffe, z. B. Mehl, aus, so wächst mit der steigenden Energie auch die Detonationsfähigkeit. Letztere kann weiter verbessert
werden durch Zusätze leichter detonierender Stoffe wie z. B. Nitroglyzerin oder Trinitrotoluol. Einer der Hauptvorteile der Ammonsalpetersprengstoffe ist ihre hohe Unempfindlichkeit gegen mechanische Beanspruchung und ihre Handhabungssicherheit. Diese geht
allerdings durch Zusatz des stoßempfindlichen Nitroglyzerins zum Teil
wieder verloren. Es ergibt sich damit der Typ des alten „Donarit",
heute Ammonit 1 genannt:

Ammonit 1 = 80% NH_4NO_3, 4% Mehl, 4% Nitroglyzerin, 12% Trinitrotoluol.

Dieser Sprengstoff hat bereits eine Energie von 940 kcal/kg. Das Donarit
diente im Anfang des Weltkrieges als Pioniermunition. Weit wichtiger
wurde das erheblich energiereichere Ammonal, von dem sich der heutige
Ammonit 5 ableitet. Der Gehalt an Aluminiumpulver steigert die Energie
auf 1250 kcal/kg. Es diente im gepreßten Zustande in Massen als brisante Geschoßladung.

Ammonal = 72% NH_4NO_3, 12% Trinitrotoluol, 16% Al.

Ammonsalpeter ist leicht synthetisch aus Ammoniak (16) und Salpeter-
säure (16), also aus dem Luftstickstoff zu erhalten: $NH_3 + HNO_3 = NH_4NO_3$. Er kann daher hohe Bedeutung als Streckmittel weniger
leicht zugänglicher Sprengstoffe erlangen (41).

Außer durch Handhabungssicherheit zeichnen sich die Ammonsalpetersprengstoffe durch niedrige Detonationstemperatur aus,
soweit man diese nicht durch energiesteigernde Zusätze künstlich erhöht.
Sie finden daher im Bergbau ausgedehnte Verwendung als schlagwetter-
sichere Sprengstoffe. Nichts kennzeichnet die vielseitige Brauchbarkeit
der Ammonsalpetersprengstoffe besser als die Fülle einschlägiger neuer
Patente (Chem. Zbl.).

Literatur. Kast: Z. ges. Schieß- u. Sprengstoffwes., 1927, S. 6 (Explosible
Ammonsalze). — Drews: Die technischen Ammoniumsalze, 1938.

Chloratsprengstoffe sind gekennzeichnet durch große Reibungsempfindlichkeit und entsprechend geringe Handhabungssicherheit. Obwohl diese durch Zusatz von Rizinusöl, Paraffin oder Petroleum erhöht werden kann, haben es die Chloratsprengstoffe nur

zu einer untergeordneten militärischen Bedeutung gebracht. Auch im Bergbau sind sie in der Nachkriegszeit immer mehr verdrängt worden. Eine nähere Beschreibung erübrigt sich. Als Beispiel sei erwähnt das Miedziankit, heute

Chloratit 3 = 90% $KClO_3$ oder $NaClO_3$, 10% Mineralöl mit Flammp. über 30°.

Militärisch wichtiger sind die Perchloratsprengstoffe. Die Perchlorate sind unempfindlicher gegen mechanische Beanspruchung. Sauerstoffträger sind entweder Kaliumperchlorat $KClO_4$ oder Ammonperchlorat NH_4ClO_4. Ersteres wurde im Weltkriege als detonationsfördernder Zusatz zu Ammonsalpeter in Massen unter dem Namen Perdit zur Füllung von Pioniermunition, Wurfminen und Gewehrgranaten verwendet:

Perdit = 72% NH_4NO_3, 10% $KClO_4$, 3% Holzmehl, 15% Trinitrotoluol.

Ammonperchlorat wurde in Frankreich zur Füllung von Fliegerbomben gebraucht in der Zusammensetzung: 90% NH_4ClO_4, 10% Paraffin. Diese Mischung zeigt eine ausgeglichene Sauerstoffbilanz, ist aber nicht beschußsicher.

Wettersprengstoffe. Für den Gebrauch in schlagwettergefährdeten Gruben muß die Explosionstemperatur der Sprengstoffe wesentlich herabgesetzt werden, um eine Zündung der Gemische aus Luft mit Methan bzw. Kohlenstaub zu verhindern. Gleichwohl soll aber die Detonationsfähigkeit nicht leiden und ein genügender Sauerstoffüberschuß vorhanden sein. Der typische Zusatz ist in solchen Wettersprengstoffen das leicht verdampfbare Natrium- oder Kaliumchlorid in Mengen von etwa 30%. Diese Salze verbrauchen beim Verdampfen viel Wärme und dämpfen damit die Intensität der Explosionsflamme. Als Sauerstoffträger ist vor allem der Ammonsalpeter geeignet. Es seien als Beispiele zwei Typen angeführt, eine mit hohem Gehalt an Ammonsalpeter (Wetterdetonit) und eine mit geringerem Gehalt (Wetterwasagit). Ersterer enthält nur 4% Nitroglyzerin und gehört somit zu den Ammonsalpetersprengstoffen.

Wetterdetonit C = 64,5% Ammonsalpeter, 23% Natriumchlorid, 7% Trinitrotoluol,
1,5% Holzmehl, 4% Nitroglyzerin.
Wetterwasagit C = 31% Nitroglyzerin, 30% Ammonsalpeter, 39% Kaliumchlorid.

Seit 1924 müssen die Bergwerkssprengstoffe vor ihrem Verkauf genehmigt und in die Liste der Bergbausprengstoffe eingetragen sein.

Literatur. Beyling-Drekopf: Sprengstoffe und Zündmittel, 1936. — Fischer: Z. ges. Schieß- u. Sprengstoffwes., 1933, S. 316 (Detonationstheorie der Wettersprengstoffe). — Naoum: desgl., 1939, S. 164 (neuere Entwicklung der Wettersprengstoffe). — Joesten: Nobelhefte, 1939, S. 3. — Verordnung über Vertrieb und Zulassung von Bergbausprengstoffen, Z. ges. Schieß- u. Sprengstoffwes., 1935, Anh. S. 3 u. 7. — Liste der zugelassenen Gesteins- und Wettersprengstoffe, desgl., 1935, Anh. S. 61.

Flüssigluftsprengstoffe sind bezüglich ihrer Zusammensetzung denkbar einfach. Es handelt sich um Gemische aus flüssiger Luft bzw. flüssigem Sauerstoff (3) mit Kohlenstoffträgern, z. B. Ruß, Korkmehl, Holzmehl, Torf. Im einfachsten Falle lautet die Detonationsgleichung:

$$C + O_2 = CO_2 + 94,5 \text{ kcal}.$$

Daraus ergibt sich für das Gemisch $C + O_2$ eine Explosionswärme von 2148 kcal/kg, also ein Wert, der weit über demjenigen anderer Sprengstoffe liegt, z. B. Nitroglyzerin mit 1485 kcal/kg. (Noch wesentlich größer wäre die Explosionswärme eines Gemisches aus flüssigem Wasserstoff und flüssigem Sauerstoff. Aus der Gleichung $2 H_2 + O_2 = 2 H_2O + 2 \cdot 57,7$ kcal ergibt sich ein Wert von 3206 kcal/kg.) Der hohen Explosionswärme entspricht eine besonders hohe Explosionstemperatur. Trotz der hohen Energie erreicht die Brisanz der Flüssigluftsprengstoffe wegen ihrer geringen Wichte von 0,8—1,0 nur mittlere Werte (39). Der Kohlenstoffträger wird in Hüllen aus durchlässigem Papier patroniert und vor der Sprengung in einer Kanne mit flüssiger Luft getränkt. Die Sprengwirkung hängt vom Sauerstoffgehalt und wegen der Verdampfung des Sauerstoffs auch von der Zeit ab; daher ist gut eingearbeitetes Personal erforderlich. Für militärischen Betrieb ist das Verfahren i. a. nicht zuverlässig und einfach genug. Die Flüssigluftsprengstoffe sind gegen Flammenzündung sehr empfindlich, unter Einschluß bringt sie eine Zündschnur meist zur Detonation. — Den Flüssigluftsprengstoffen stehen die Sprengstoffe mit anderen flüssigen Sauerstoffträgern nahe, z. B. mit Wasserstoffsuperoxyd, das aber den Kohlenstoffträger leicht zur Selbstzündung bringt, und mit Stickstofftetroxyd N_2O_4, das mit Schwefelkohlenstoff als Panklastit oder mit Nitrobenzol in französischen Fliegerbomben Verwendung gefunden hat.

Literatur. Naoum: Schieß- und Sprengstoffe, 1927.

39. Eigenschaften brisanter Sprengstoffe.

Brisanz. Die bei der Detonation auftretende zertrümmernde oder deformierende Wirkung des Sprengstoffs faßt man zusammen unter dem Namen Brisanz. Da die Zertrümmerung durch den Detonationsdruck P verursacht wird, muß dieser ein unmittelbares Maß der Brisanz sein. Er ist nicht identisch mit dem Gasdruck p der Sprengstoffschwaden, der unmittelbar nach der Detonation in dem gegebenen Raum herrscht, und der sich nach 13 berechnen läßt (Abelsche Gleichung). Der Detonationsdruck P ist der Druck, der in der von der Detonationswelle gerade erfaßten Schicht auftritt. Er hat die Größenordnung 50000—100000 at. Seine Wirkung ist mit einem ungeheuer kräftigen Schlag vergleichbar. Die Theorie ergibt für P den Ausdruck:

$$P = \varrho\, D\, W.$$

Er hängt somit ab von der Dichte ϱ (kg/l), der Detonationsgeschwindigkeit D (m/sec) und der Schwadengeschwindigkeit W (m/sec) (12). W ist der Berechnung nur schwer zugänglich (s. Schmidt, Literat.). Im allgemeinen wird daher die Wirkung dieses Druckes gemessen, um einen Vergleichsmaßstab der Sprengstoffe zu erhalten. Hierzu dient der von der Chemisch-Technischen Reichsanstalt in allen Einzelheiten ausgearbeitete Stauchapparat, in dem die durch den detonierenden Sprengstoff bewirkte Stauchung eines kleinen Kupferzylinders gemessen wird. Einzelheiten ergibt die Abb. 44. Die Stauchung in mm ist als Brisanzmaß nicht geeignet, da der Kupferzylinder beim Stauchen im Querschnitt vergrößert wird und damit sein Widerstand zunimmt. Die Reichsanstalt hat daher Staucheinheiten (Brisanzwerte) ermittelt, bei denen die Stauchung auf den ursprünglichen Wert des Zylinders reduziert wird. Es gilt für den (7 × 10,5) mm Zylinder:

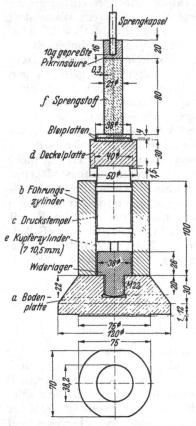

Stchg mm	1,0	1,5	2,0	3,0	4,0
Stcheinh.	1,0	1,9	3,2	6,25	10,15

Stchg mm	5,0	6,0	7,0	8,0
Stcheinh.	15,1	21,9	30,2	42,6

Mit den nach der Stauchmethode gefundenen Brisanzwerten stehen in guter Übereinstimmung die Brisanzwerte, die man nach einer von Kast angegebenen Formel errechnen kann.

Brisanzwert nach Kast: $B = f \cdot \gamma \cdot D$.

Hierin ist f die spezifische Energie des Sprengstoffs (13), die man in lit at/kg oder auch in m kg/kg ausdrücken kann. Danach ergibt sich als Dimension (Sprengkörper 1 m lang)

$$\frac{1}{m} \cdot \frac{m\,kg}{kg} \cdot \frac{kg}{m^3} \cdot \frac{m}{sec} = \frac{m\,kg}{m^3\,sec},$$

d. h. abgesehen von Zehnerpotenzen eine in der Zeiteinheit von der Volumeinheit abgegebene Arbeitsleistung. Hieraus geht der Einfluß des Zeitfaktors auf den „Brisanz"begriff hervor. Es sollen nun die einzelnen Faktoren der Kastschen Brisanzformel und ihre Bedeutung für die Sprengkraft besprochen werden.

Abb. 44. Stauchapparat nach den Angaben der Chemisch-Technischen Reichsanstalt (aus Beyling).

Literatur. Beyling-Drekopf: Sprengstoffe und Zündmittel, 1936. — Haid-Selle: Z. ges. Schieß- u. Sprengstoffwes., 1934, S. 11. — Kast: desgl., 1923, S. 72. — Wöhler-Roth: desgl., 1934, S. 9. — Schmidt, desgl., 1940, S. 54.

Detonationsgeschwindigkeit. Zur Messung der Detonationsgeschwindigkeit D eines Sprengstoffs braucht man genaue Kurzzeitmesser (Chronographen). Diese Schwierigkeit kann man nach dem Verfahren von Dautriche umgehen, wenn man D mit der bekannten Detonationsgeschwindigkeit D′ eines anderen Sprengstoffes vergleicht. Diesen Vergleichssprengstoff verwendet man in Form einer detonierenden Zündschnur (45). Die Mitte der detonierenden Zündschnur ist M. Der Detonationsstoß läuft von A aus und, wenn die Detonation durch den zu untersuchenden Sprengstoff bis B gelangt ist, um eine gewisse Zeit t_1 später auch von B aus durch die Zündschnur. Beide

Detonationsstöße treffen sich in einem Punkte T, der an einem scharfen schnittartigen Einschlag auf einer darunter liegenden Bleiplatte erkannt wird. Gemessen werden nun die Strecken L und l. Es gilt dann:

$$L = D \cdot t_1; \quad B M - l = D' \cdot t_2;$$
$$AM + l = D' \cdot t_3.$$

Da $AM = BM$ ist, ergibt die Subtraktion der beiden letzten Gleichungen $2 l = D' (t_3 - t_2)$, und da $t_3 - t_2 = t_1$ ist, erhält man durch Einsetzen in die erste Gleichung:

$$D = L \frac{D'}{2 l}.$$

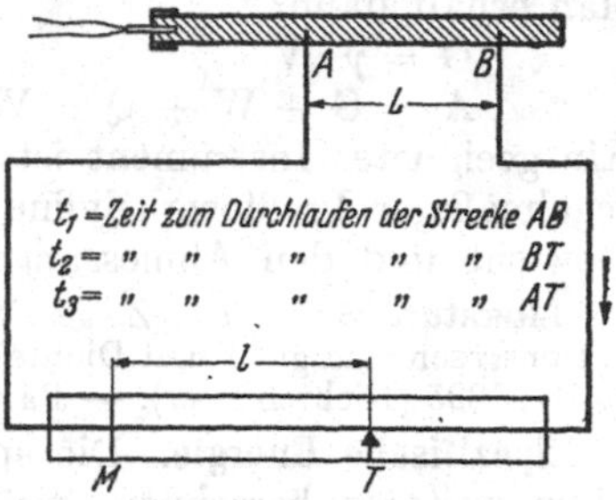

Abb. 45. Messung der Detonationsgeschwindigkeit nach Dautriche.

Bei der Initiierung eines Sprengstoffs durch eine Sprengkapsel braucht die Detonationsgeschwindigkeit nicht sofort mit ihrem Höchstwert einzusetzen. Bei Verwendung schwacher Sprengkapseln ergeben sich entsprechende Anlaufstrecken, bei denen der Sprengstoff nur unvollständig ausgenutzt wird.

Literatur. Selle: Z. ges. Schieß- u. Sprengstoffwes., 1937, S. 179 (Meßmethoden für D).

Wichte. Die Detonationsgeschwindigkeit wächst mit der Wichte des Sprengstoffs. Hohe Wichte erzielt man durch Pressen oder besonders durch Gießen (s. u.). Hochverdichteter oder geschmolzener Sprengstoff ist aber schwer zur Detonation zu bringen. Er setzt dem durchlaufenden Detonationsstoß einen hohen Widerstand entgegen, sodaß die Detonationsgeschwindigkeit nach Erreichung eines Maximums wieder fallen kann.

Tab. 30. Abhängigkeit der Detonationsgeschwindigkeit von der Wichte.

Sprengstoff	0,8	1,0	1,2	1,4	1,6	1,7	kg/l
Nitropenta	4820	5500	6250	7100	7900	8250	m/sec
Pikrinsäure	4300	5100	5750	6500	7150	7500	,,
Tetryl	4750	5500	6250	7000	7600	7750	,,
Trinitrotoluol . . .	3400	4150	5000	6000	7000	—	,,
Gurdynamit	2400	—	—	—	6790	4210	,,

Es kann sogar die Detonation ganz ausbleiben. Die Detonation hochverdichteter oder gegossener Sprengstoffe wird vielfach durch einen Detonator (Zündladung), d. h. Einschaltung eines weniger hoch gepreßten, leichter detonierenden Sprengstoffs, z. B. Pikrinsäure (41) sichergestellt. — Die Wichte kann durch Eintauchen eines gepreßten oder gegossenen Sprengkörpers (Gewicht G, Volumen V, Wichte γ) in Quecksilber gemessen werden. Hierzu wird der Körper mit einem Metallgestell vom Eigengewicht W belastet, auf welches noch soviel Gewichte Q gesetzt werden, bis der Körper vollständig in Quecksilber eintaucht (schwebt). Die Gesamtbelastung $G + W + Q$ ist dann gleich dem Auftrieb

A, der nach dem Archimedischen Prinzip weiter gleich dem Gewicht des verdrängten Quecksilbers = V · d ist (d = Wichte des Quecksilbers). Man erhält dann:

$$G = \gamma \cdot V$$
$$A = G + W + Q = V \cdot d$$

also $\gamma = \dfrac{G \cdot d}{G + W + Q} \ \dfrac{kg}{l}$.

Ein geeignetes Instrument ist der Dichtigkeitsmesser nach Bode. Bei regelmäßiger Preßform (Zylinder, Quader) kann die Wichte aus dem Gewicht und den Abmessungen berechnet werden.

Literatur. Schmidt: Z. ges. Schieß- u. Sprengstoffwes., 1936, S. 8 (Detonationsgeschwindigkeit und Dichte). — Guttmann: Die Industrie der Explosivstoffe, 1895 (Dichtemesser). — Parisot: Chem. Zbl. 1940, I, S. 1608.

Spezifische Energie. Die spezifische Energie f (13) läßt sich nicht ohne weiteres berechnen, weil die Detonationstemperatur nicht ge-

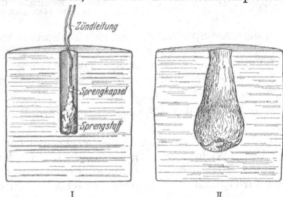

Abb. 46. Bleiblock nach Trauzl vor und nach dem Abschuß
(aus Brunswig).

nau bekannt ist. Es hat sich nun herausgestellt, daß der schon lange als Maß für die Sprengkraft benutzte Wert der Bleiblockausbauchung nach Trauzl der spezifischen Energie proportional ist, also ein Maß für diese abgibt. 10 g des Sprengstoffes werden mit einer Sprengkapsel, die ihrerseits durch eine Zündschnur gezündet wird, nach Besatz mit trockenem, feingesiebtem Sand zur Detonation gebracht. Die entstehende Ausbauchung wird mit Wasser ausgemessen und ergibt, ausgedrückt in cm³, ein Maß für die spezifische Energie. Die Ausbauchung ist im wesentlichen unabhängig von der Wichte des Sprengstoffes und von der Detonationsgeschwindigkeit, ist also nach der Kastschen Brisanzformel B = f · γ · D der Brisanz proportional.

Literatur. Naoum: Z. ges. Schieß- u. Sprengstoffwes., 1932, S. 181; 1934, S. 223. — Tarlé: desgl., 1928, S. 51. — Brunswig, Explosivstoffe 1923.

Schuß- und Beschußsicherheit. Außer den sprengtechnischen Eigenschaften sind für die Beurteilung von Sprengstoffen noch ihre Handhabungssicherheit, Lagerbeständigkeit und ihre „Laborierbarkeit" (Verarbeitungsmöglichkeit) wichtig. Bei Artilleriesprengstoffen ist eine unerläßliche Forderung eine genügende Schußsicherheit. Sprengladungen von Geschossen müssen gegen die plötzliche Stoßbeanspruchung beim Abfeuern so unempfindlich sein, daß sich keine Rohrdetonierer ergeben. Darüber hinaus müssen panzerbrechende Granaten den gewaltigen Stoß beim Aufprall auf das betonierte oder gepanzerte Ziel aushalten, ohne daß ihre Sprengladung bereits beim Aufprall detoniert. Unter Beschußsicherheit versteht man die Fähigkeit von Sprengstoffen, den Beschuß mit Infanteriegewehren oder sogar mit Granaten auszuhalten, ohne zu detonieren. Die Beschußprobe mit Gewehren kann bezüglich der Dicke der durchschossenen Schicht und der Geschoßgeschwindigkeit abgewandelt werden. Lose Sprengstoffe detonieren leichter als patronierte. Als Maß für die Stoßsicherheit kann man die Fallhammerprobe nehmen.

Die Stoßempfindlichkeit wird mit einem 2 kg-Fallhammer (gelegentlich auch mit einem 1 kg- bzw. 10 kg-Fallhammer) festgestellt. 0,05—0,1 g werden in den Stempelapparat nach Kast gebracht. Diejenige Fallhöhe, bei welcher unter sechs Versuchen (immer mit einer neuen Probe)

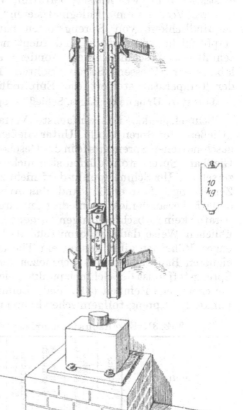

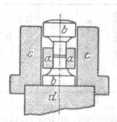

Abb. 47. Stempelapparat zum Fallhammer.

Abb. 48. Fallhammer nach Kast.

mindestens einmal Detonation eintritt, ist das gesuchte Maß für die Stoßempfindlichkeit. Man kann dann die Explosivstoffe bezüglich ihrer mechanischen Eigenschaften in vier Klassen einteilen:

Klasse 1: Fallhöhe bis 10 cm. Höchste Explosionsgefahr. Von der Beförderung ausgeschlossen. Hauptvertreter: Initialsprengstoffe und Nitroglyzerin. Klasse 2: Fallhöhe 10—25 cm. Explosionsgefahr vorhanden. Hauptvertreter: Trockene Schießwolle, Dynamite, Hexogen und Nitropenta. Klasse 3: Fallhöhe 25—100 cm. Explosionsgefahr nicht ausgeschlossen. Hauptvertreter: Schwarzpulver und rauchschwache Pulver, Nitrosprengstoffe. Klasse 4: Fallhöhe über 100 cm. Explosionsgefahr ausgeschlossen. Hauptvertreter: Schießwolle mit über 20% Wasser. — Tritt zu dem Stoß noch Reibung hinzu, so wird die Empfindlichkeit gesteigert. Scharfkantige Beimischungen wie Sand und Glas erhöhen also die Empfindlichkeit, dagegen wird sie durch Einbetten in eine elastische Hülle wie Wasser, Paraffin, Vaselin, Wachs oder Öl herabgesetzt. Von diesem „Phlegmatisieren" wird zur Regelung der Stoßempfindlichkeit von Sprengstoffen häufig Gebrauch gemacht. Unempfindliche Sprengstoffe sind nicht nur entsprechend handhabungs-, schuß- und beschußsicherer, sondern auch entsprechend gefahrloser laborierbar (Pressen, Sägen, Bohren, Drehen, Schleifen). Erhöhung der Temperatur steigert die Empfindlichkeit.

Literatur. Urbanski: Z. ges. Schieß- u. Sprengstoffwes., 1938, S. 41.

Schmelzpunkt. Das einfachste Verfahren der Laborierung ist das „Gießen" der Sprengstoffe. Unter Gießen versteht man das Einfüllen des geschmolzenen Sprengstoffs in die Geschosse oder in vorbereitete Formen. Gießbare Sprengstoffe dürfen sich nicht unterhalb ihres Schmelzpunktes zersetzen. Ihr Schmelzpunkt darf nicht zu hoch liegen, weil dadurch die Zersetzungsgefahr erhöht und das Arbeitsverfahren schwieriger wird, er darf aber auch nicht zu niedrig sein, um beim Lagern in erhöhter Temperatur keine Abschmelzungen zu geben. Der Schmelzpunkt wird in der üblichen Weise dadurch ermittelt, daß man eine kleine Probe in ein enges Röhrchen gibt, das an ein Thermometer gebunden in einem geeigneten Bade bis zum Abschmelzen erwärmt wird. Bei einheitlichen Sprengstoffen ist der Schmelzpunkt gleichzeitig ein eindeutiges Maß für die chemische Reinheit (41). Jede Beimengung erniedrigt den Schmelzpunkt. Bei Sprengstoffgemischen kann man diese Tatsache in Form leicht

Tab. 31. Eigenschaften brisanter Militärsprengstoffe.

Stoff	Wichte	Explosions-Wärme, H_2O-Gas	spez. Gasvolumen	Explosions-Temperatur	Detonations-Geschwindigkeit	spez. Energie	Bleiblock	Brisanzwert·10^{-3} nach Kast	Verpuffungs-temperatur	Fallhöhe (2 kg-Fallhammer)
	kg/l	kcal/kg	Nl/kg	°C	m/sec	litat/kg	cm³		°C	cm
Schwarzpulver[1] . .	1,2	665	280	2380	400	2810	—	1350	310	<120
Trinitrotoluol . . .	1,59	950	690	2820	6700	8080	285	86100	300	<110
Pikrinsäure	1,69	1000	675	3230	7100	8950	305	107400	300	60
Hexamin	1,67	1035	675	3450	7100	9545	320	111150	250	40
Tetryl	1,65	1090	710	3370	7200	9790	340	114900	195	30
Nitroglyzerin[2] . . .	1,60	1485	715	4250	7450	12240	515	145900	200	8
Nitropenta	1,7	1400	780	3900	8340	12000	515	193000	215	20
Hexogen	1,7	1365	908	3400	8400	11500	490	195000	—	20
Knallquecksilber . .	3,5	357	316	4350	5500	5530	110	125800	160	4
Bleiazid (rein). . .	4,79	260	310	3450	5500	—	110	107000	305	10
Bleitrinitroresorzinat	3,0	368	340	2730	5200	—	—	75000	270	12

[1] kein brisanter Sprengstoff, nur zum Vergleich,
[2] als Militärsprengstoff ungeeignet, nur zum Vergleich.

schmelzbarer eutektischer Gemische ausnutzen (Begriff, 25). Ist ein
Sprengstoff nicht ohne Zersetzung schmelzbar, so kann man ihn in
einen geschmolzenen anderen Sprengstoff einrühren. Der Zweck des Gie-
ßens ist neben der Formgebung die Erzielung einer hohen Wichte (s. o.).
Nach dem Gießen ist langsam abzukühlen, um Lunkerbildung zu vermeiden. Lunker können zu Rohrdetonierern und auch zu unvollständiger
Detonation führen. Hohe Verdichtung erreicht man auch durch Pressen.
Der Nachteil dieses Verfahrens besteht in hohem Maschinenbedarf,
längerer Herstellungsdauer, Detonationsgefahr.

Lagerbeständigkeit. Von Wehrmachtsprengstoffen verlangt man eine
möglichst unbegrenzte Lagerbeständigkeit. Sie muß ganz erheblich größer sein als diejenige der bereits besprochenen Salpetersäureester. (Prüfverfahren s. 37).

40. Hexogen und Nitropenta.

Hexogen und Nitropenta heben sich den herkömmlichen Nitrospreng-
stoffen (41) gegenüber durch zwei Eigenschaften heraus, durch außerordentliche Brisanz und durch gesicherte Synthese aus einheimischen
Rohstoffen.

Pentaerythrit ist ein 4wertiger Alkohol, ein chemischer Verwandter
des Glyzerins, aber diesem gegenüber ein weißer kristallinischer Stoff, der
nicht in der Natur vorkommt, sondern synthetisch aufgebaut werden
muß aus Formaldehyd und Azetaldehyd. Rohstoffe sind Kalk, Kohle,
Wasser. Die Kohle wird zunächst zu Wassergas vergast (4). Aus Wassergas ergibt sich Methanol durch die Methanolsynthese (32). Methanol ergibt durch Dehydrierung Formaldehyd:

$$CH_3OH \rightleftarrows HCHO + H_2.$$

Zur Dehydrierung wird ein Methanol-Luft-Gemisch über Silber- oder
Kupferkatalysatoren großer Oberfläche geleitet, wobei ein Teil des
Wasserstoffs zu Wasser verbrennt. — Der Azetaldehyd wird aus Azetylen
gewonnen, das seinerseits aus Karbid und Wasser, also letzten Endes aus
Kalk, Kohle, Wasser hergestellt wird (4). Leitet man das Azetylen in
quecksilberhaltige, verdünnte Schwefelsäure als Katalysatorflüssigkeit,
so entsteht der Azetaldehyd nach der Gleichung:

$$C_2H_2 + H_2O = CH_3CHO.$$

Die Bildung des 4wertigen Alkohols Pentaerythrit aus Formaldehyd und
Azetaldehyd vollzieht sich mit gelöschtem Kalk nach der Gleichung:

$$8\,HCHO + 2\,CH_3CHO + Ca(OH)_2 = 2\,C(CH_2OH)_4 + (HCOO)_2Ca.$$

Nach Entfernung des ameisensauren Calciums verbleibt der weißkristal-
linische Pentaerythrit:

$$\begin{array}{cc} HOH_2C & CH_2OH \\ & \diagdown \ \diagup \\ & C \\ & \diagup \ \diagdown \\ HOH_2C & CH_2OH \end{array}$$

Nitrierung des Pentaerythrits (Tollens und Wigand, 1891). Die
Nitrierung des Pentaerythrits ist leicht. Man löst den Alkohol in

konzentrierter Schwefelsäure und nitriert unter Kühlung mit konz. Salpetersäure die man allmählich zufließen läßt:

$$\begin{matrix} HOH_2C \quad CH_2OH \\ \diagdown \diagup \\ C \\ \diagup \diagdown \\ HOH_2C \quad CH_2OH \end{matrix} + 4\,HONO_2 = \begin{matrix} O_2NOH_2C \quad CH_2ONO_2 \\ \diagdown \diagup \\ C \\ \diagup \diagdown \\ O_2NOH_2C \quad CH_2ONO_2 \end{matrix} + 4\,H_2O.$$

Das Verfahren kann kontinuierlich gestaltet werden. Es wird dann abgesaugt und mit Wasser neutral gewaschen. Das entstandene Rohnitropenta schließt immer noch Säure ein, welche sich selbst durch heißes Wasser unter Zusatz von Alkalien nicht restlos entfernen läßt. Darum ist das Rohnitropenta als Ester chemisch nicht beständig. Es bedarf einer gründlichen Stabilisierung. Zu diesem Zweck löst man heiß in Azeton, kocht unter Zusatz von Ammoniumkarbonat und läßt in Alkohol ausfließen. Hierbei kristallisiert das Reinnitropenta in feinen Nadeln aus (Umkristallisieren). Um an Lösungsmittel zu sparen und zur Beeinflussung von Korngröße und Kristallform zwecks Herstellung gut preß- und dosierbarer Produkte kann man nach Poppenberg folgendermaßen stabilisieren: Das Rohnitropenta wird in Wasser mit etwas Soda und Ammoniak sowie wenig Äthylmethylketon gegeben. Dann wird 3 Stunden am Rückflußkühler erhitzt, sodaß das Keton abdestilliert, und nach dem Abkühlen filtriert und mit warmem Wasser gewaschen.

Literatur. Poppenberg: Chem. Zbl. 1941, I, S. 1912.

Pentaerythrittetranitrat. (Nitropenta, Nitropentaerythrit, Pentrit, Niperyt.) Die weißen Kristalle des Nitropenta sind in Wasser unlöslich, schwer löslich in Alkohol und Äther, leicht löslich in dem Universallösemittel Azeton. Sie schmelzen bei 142°. Oberhalb 160° tritt unter Schäumen Abspaltung von NO_2 ein. Bemerkenswert ist die hervorragende Stabilität des umkristallisierten Nitropenta beim Warmlagern. Es kann bei 75° wochenlang ohne Zersetzung gelagert werden und übertrifft damit bei weitem die anderen Salpetersäureester. Der Grund für dieses günstige Verhalten ist der gedrungene Bau des Moleküls, also die zentrale Stellung des C-Atoms. Nitropenta läßt sich nur schwer entzünden und brennt dann in kleinen Mengen ruhig ab. Übergang in die Detonation ist von 1 kg an möglich. Der Zerfall erfolgt entsprechend der Schwadenanalyse nach der Gleichung:

$$C(CH_2ONO_2)_4 = 3,3\,CO_2 + 1,7\,CO + 3,7\,H_2O + 0,3\,H_2 + 2\,N_2.$$

Der Sprengstoff vergast also und hinterläßt eine kaum sichtbare Wolke. Der Sauerstoffunterschuß beträgt nur 10,1%. Nitropenta gehört damit zu den energiereichsten Sprengstoffen. Da seine Wichte im Preßzustand gleichzeitig mit 1,71 sehr hoch ist und ferner seine Detonationsgeschwindigkeit weit über 8000 m/sec liegt, ergibt sich eine außerordentliche Brisanz. Diese kann militärisch nur in beschränktem Maße nutzbar gemacht werden, da die Stoßempfindlichkeit des Nitropenta ziemlich groß ist. Unter dem 2 kg-Fallhammer ergibt sich vereinzelt schon ab 10 cm, regelmäßig aber bei 20 cm Detonation. Man kann diesem Nachteil in gewissem Umfange durch Phlegmatisieren, z. B. mit Wachs, abhelfen, was schon mit Rücksicht auf die Detonationsgefahr beim Pressen erwünscht ist. Da das Nitropenta leicht zur Detonation zu bringen ist, kann es als Zündladung und in Sprengkapseln sowie in detonierenden Zündschnüren (45) Verwendung finden, seine artilleristische Brauchbarkeit wird von Justrow weniger günstig beurteilt. Er bemängelt dem herkömmlichen Trinitrotoluol (41) gegenüber die größere Gefahr bei der Herstellung und Handhabung, die höhere Schuß- und Beschußempfindlichkeit und die zu stark zertrümmernde Wirkung, die beim Streben nach übermäßiger Brisanz im Grenzfalle zu Metallgrus führen müsse. Am Platze sei das Nitropenta dagegen, wenn es auf ein Maximum an lokaler Sprengwirkung ankomme, sowie als Sprengladung für Minen und Bomben.

Literatur. Naoum: Nitroglyzerin und Nitroglyzerinsprengstoffe, 1924. — Stettbacher: Schieß- und Sprengstoffe, 1933. — Justrow: Ref., Z. ges. Schieß- u. Sprengstoffwes., 1934, S. 243. — Friedrich-Brün: desgl., 1932, S. 73 (Nitropenta und Dipentahexa). — Tonegutti: desgl., 1937, S. 93 (Explosionswärme). — Urbanski: desgl., 1938, S. 247 (Einfluß organ. Stoffe auf die Stabilität).

Nitrierung des Hexamethylentetramins. Noch leichter zugänglich aus einheimischen Rohstoffen ist das Hexogen. Der Rohstoff ist das Hexamethylentetramin, das aus der Heilkunde bekannte Urotropin. Dieses kann man aus Formaldehyd (s. unter Pentaerythrit) und Ammoniak (16) synthetisch aufbauen:

$$6 HCHO + 4 NH_3 = (CH_2)_6 N_4 + 6 H_2O.$$

Der farblos-kristallinische Stoff dürfte tetraedrischen Aufbau haben: Die Ecken des Tetraeders sind durch Stickstoffatome besetzt, die durch Methylengruppen :CH$_2$ gekoppelt sind. Die Nitrierung dieses Stoffes vollzieht sich in verwickelter Weise etwa nach der Gleichung:

Hexamethylentetramin   Hexogen (Trimethylentrinitramin)

Schwefelsäure wird bei der Nitrierung nicht verwendet, da diese das Hexogen unter Abspaltung von Stickstoff und Formaldehyd zersetzt. Die Nitrierung muß bei möglichst niedriger Temperatur erfolgen, weil sonst die Salpetersäure den abgespaltenen Formaldehyd in gefährlicher Weise oxydieren kann. Es lässt sich nicht vermeiden, daß fast die Hälfte des Hexamethylentetramins durch die Oxydationswirkung der Salpetersäure zerstört wird. Die Ausbeute ist daher klein und der Verbrauch an Salpetersäure groß. Die Wirtschaftlichkeit des Verfahrens ist entsprechend schlecht, kann jedoch durch Aufbereitung der Abfallsäure verbessert werden. Nach Patenten von Meißner wird aus der Säure durch Verdünnen mit Wasser das Hexogen ausgefällt und der Rest des Hexogens durch Zugabe von konz. Schwefelsäure zerstört. Das restliche Säuregemisch ist gut lagerfähig und leicht konzentrierbar. Das Hexogen wird unter Zusatz von Ammonkarbonat stabil gekocht. Zur weiteren Reinigung kann das Hexogen noch aus Azeton umkristallisiert werden. Es kann auch genau wie Nitropenta nach dem Verfahren von Poppenberg stabilisiert werden.

Literatur. Meißner: Chem. Zbl. 1941, I, S. 1912; 1941, I, S. 1913. — Poppenberg: desgl. 1941, I. S. 1912.

Trimethylentrinitramin (Hexogen, Cyklotrimethylentrinitramin, T. 4). Das weiße, geruch- und geschmacklose pulvrige Hexogen ist in Wasser nur zu 0,1%, in Äther und Alkohol schwer, in Azeton ziemlich leicht löslich. Es schmilzt bei 200°, über den Schmelzpunkt erhitzt zersetzt es sich unter Rauchentwicklung und verbrennt ohne Detonation. Die Stabilität beim Warmlagern ist vorzüglich, es läßt sich selbst bei 110° viele Tage ohne Gewichtsverlust lagern. Beim Anzünden verbrennt das Hexogen mit leuchtender Flamme unter Rücklassung einer gelblichen Kruste. Der detonative Zerfall erfolgt entsprechend der Schwadenanalyse nach der Gleichung:

$$C_3H_6O_6N_6 = 2\,CO + CO_2 + 2\,H_2O + H_2 + 3\,N_2.$$

Der Sauerstoffunterschuß ist mit 21,6% größer als derjenige des Pentrits, führt jedoch nur zu verhältnismäßig kleiner Unterlegenheit in der Energie dem Pentrit gegenüber, da die Bildungswärme des Hexogens negativ ist. Die spez. Energie des Hexogens und damit die Bleiblockausbauchung reicht nahezu an diejenige des Pentrits heran, da das größere Gasvolumen des Hexogens die niedrigere Detonationstemperatur zum Teil ausgleicht. Die maximale Preßdichte entspricht derjenigen des Pentrits. Da nun aber die Detonationsgeschwindigkeit sogar diejenige des Pentrits noch etwas übertrifft, ist die Brisanz des Hexogens noch etwas größer als diejenige des Pentrits. Die militärische Nutzbarmachung ist wie bei dem Nitropenta durch die geringe Stoßsicherheit des Hexogens, die etwa derjenigen des Nitropenta entspricht, beschränkt. Die militärische Brauchbarkeit ist bei beiden Sprengstoffen etwa gleich groß (s. Nitropenta). Nach Majrich spricht für Nitropenta die höhere Ausbeute und die kontinuierliche Gewinnung, für Hexogen die noch einfachere Rohstofffrage, die größere chemische Stabilität, die etwas überlegene Brisanz und etwas geringere Stoßempfindlichkeit. Die Unterschiede sind jedoch keineswegs bedeutend.

Literatur. Stettbacher: Schieß- und Sprengstoffe, 1933. — Majrich: Ref., Z. ges. Schieß- u. Sprengstoffwes., 1935, S. 282. —Tonegutti: desgl., 1937, S. 93. — Vernazzo: Ref., desgl. 1936, S. 57. — Poppenberg in Neumann: Lehrbuch der chem. Technologie, 1939.

Pentrinit und Hexonit. Unter dem Namen Pentrinit hat Stettbacher Gemische von Nitropenta mit gelatiniertem Nitroglyzerin als Höchstbrisanzsprengstoffe zur militärischen Verwendung vorgeschlagen. Entsprechende Gemische aus Hexogen und Nitroglyzerin nennt er Hexonite. Es steht fest, daß solche Gemische sich energetisch außerordentlich günstig verhalten. Sie können so bemessen werden, daß ihre Sauerstoffbilanz ausgeglichen ist, und entsprechen somit der Sprenggelatine. Das zähplastische und mit Kampfer phlegmatisierte „Militär-Pentrinit" 50/50 bestehend aus 47% Nitroglyzerin, 3% Kollodiumwolle, 47,5% Nitropenta, 2,5% Kampfer soll nach Stettbacher beschußsicher sein und erst bei 40 cm Fallhöhe detonieren. Der in der Literatur sich widerspiegelnde Streit um das Pentrinit kann dahin als entschieden gelten, daß das Pentrinit weder beschußsicher noch stoßsicher genug ist. Aus 25 m mit dem Gewehr beschossen detoniert es schon in Blechhülsen von 1 mm Stärke, in stärkeren Hüllen noch leichter. Die Stoßsicherheit des Pentrinits ist nicht wesentlich größer als diejenige von Dynamit.

Literatur. Stettbacher: Z. ges. Schieß- u. Sprengstoffwes., 1928, S. 345; 1930 S. 439 u. 461. — Stettbacher: desgl., 1931, S. 8. — Referat, desgl., 1934, S. 179. — Naoum: desgl., 1930, S. 442.

41. Pikrinsäure und Trinitrotoluol.

Aus der Chemie des Benzolrings. Von wesentlich anderem Sprengcharakter als die Salpetersäureester sind die Nitrosprengstoffe, die man aus Derivaten des Benzols erhält. Zum Verständnis sei etwas über Substitutionen am Benzolring (6) vorausgeschickt: Der Benzolkern zeigt eine große Widerstandsfähigkeit gegen Aufspaltung oder Zerfall. Die drei Doppelbindungen des Benzolkerns ergeben im allgemeinen nicht die Reaktionen eines Olefins (4). Charakteristisch sind vielmehr die Reaktionen, bei denen der Benzolkern erhalten bleibt: Die Chlorierung (Bromierung), die Nitrierung und die Sulfurierung. Bei letzteren handelt es

sich um Substitution durch die Nitrogruppe $\cdot N\underset{O}{\overset{O}{<}}$ oder $\cdot NO_2$ bzw. durch

die Sulfosäuregruppe $\cdot S\underset{OH}{\overset{O}{\lessgtr}}O$ oder $\cdot SO_3H$ bei Einwirkung von Nitriersäure bzw. von konz. Schwefelsäure. Wahrscheinlich wird zwar zunächst unter Auflösung einer Doppelbindung die Säure addiert, aber der Benzolring bildet sich sofort zurück unter Abspaltung von Wasser.

Benzol + $\dfrac{\text{Salpetersäure}}{\text{Schwefelsäure}}$ = Nitrobenzol bzw. Benzolsulfosäure.

Da die ausführliche Schreibweise des Benzolrings vielfach zu umständlich ist, wird er häufig einfach durch ein Sechseck dargestellt. Bei zweifacher Substitution sind mehrere Isomere möglich, die sich durch die gegenseitige Stellung unterscheiden:

2fache Substitution: ortho   meta   para

Beispiel: $\cdot s = \cdot CH_3$:   Xylol   o-Xylol Sp. 142°   m-Xylol Sp. 139°   p-Xylol Sp. 138°

In welche Stellung der neue Substituent eintritt, hängt von der Art des bereits vorhandenen Substituenten ab. Ist dieser ein Substituent 1. Ordnung (· CH_3, · Cl, · OH, · NH_2), so lenkt er den neu eintretenden nach der o- und p-Stellung, es entsteht also im wesentlichen ein Gemisch des o- und p-Produktes, ist er ein Substituent 2. Ordnung, d. h. ist er mit Doppelbindungen beladen

$$\left(\cdot N\diagdown_{O}^{O}, \ \cdot C\diagdown_{O}^{H}, \ \cdot C\diagdown_{O}^{OH}, \ \cdot S\diagdown_{OH}^{O} \right),$$

so lenkt er nach der m-Stellung. Bei m-Substitution bleibt o, p-Substitution im wesentlichen aus und umgekehrt. Diese Regel, die allerdings kein strenges Gesetz ist, gilt auch für den Eintritt eines dritten Substituenten. Die drei Substituenten stehen zueinander in vizinaler (benachbarter), symmetrischer oder asymmetrischer Stellung:

3 fache Substitution: vizinal   1, 2, 3   symmetrisch   1, 3, 5   asymmetrisch   1, 2, 4

Manchmal gibt man die Stellung der Substituenten auch durch Numerierung der C-Atome des Benzolrings an (rechtsherum). Z. B. ist p-Xylol gleichbedeutend mit 1,4-Dimethylbenzol.

Literatur. Freudenberg: Organ. Chem. 1938.

Nitrosprengstoffe sind sauerstoffarm, da bei der Nitrierung von Aromaten nach der Gleichung

$$\cdot H + HONO_2 = \cdot NO_2 + H_2O$$

die Nitrogruppe weniger Sauerstoff mitbringt als die · ONO_2-Gruppe bei der Veresterung von Aliphaten (33). Die meist stark negative Sauerstoffbilanz macht sich bei ihrer Detonation durch eine schwarze Rauchwolke von unverbranntem Kohlenstoff bemerkbar. Außerdem enthalten die Schwaden viel Kohlenoxyd und sind somit giftig. Nitrosprengstoffe sind daher unter Tage nicht anwendbar oder doch nur in Form geringerer Zusätze (38), sie sind ausgesprochene Wehrmachtsprengstoffe. Ihre Explosionswärme und ihre Brisanz (39, Tab. 31) ist verhältnismäßig gering, dafür sind sie aber im allgemeinen stoßsicherer als die Nitratsprengstoffe. Somit zeichnen sie sich durch gute Handhabungs-, Schuß- und Beschußsicherheit aus. Diese Eigenschaft in Verbindung mit ihrer ausgezeichneten chemischen Stabilität, die viel größer ist als diejenige der verseifbaren Estersprengstoffe und eine unbegrenzte Lagerfähigkeit gewährleistet, macht die Nitrosprengstoffe für Verwendung in der Wehrmacht besonders geeignet. Zudem sind die wichtigsten Nitrosprengstoffe wegen ihrer günstigen Schmelzpunkte gut gießbar und somit leicht zu laborieren (39). Bei einigen stört ihre Giftigkeit (Hautausschläge, 42). Massenverwendung dieser Sprengstoffe setzt ausreichende Rohstoffbeschaffung voraus. Rohstoffbasis der Nitrosprengstoffe ist der Steinkohlenteer (6). Da die Ausbeute an Benzol, Toluol oder Phenol jedoch klein ist, sucht man nach anderen Wegen zu ihrer Beschaffung.

Phenole entstehen durch Einführung von Hydroxylgruppen in den Benzolring. Sie unterscheiden sich von den Alkoholen dadurch, daß das Wasserstoffatom der Phenolgruppe ·OH unter dem Einfluß der benachbarten Doppelbindung als H+-Ion abdissoziiert. Phenole sind (wenn auch nur schwache) Säuren (17, Tab. 17). Sie bilden daher mit Metallen Salze ·OM (Phenolate, M = Metall). Das eigentliche Phenol ist das Hydroxylbenzol C_6H_5—OH und ist durch seine antiseptischen Eigenschaften unter dem Namen Karbolsäure bekannt. Es ist der Ausgangsstoff für die Pikrinsäure. Das Hydroxyltoluol $C_6H_4CH_3OH$ heißt o-, p-, oder m-Kresol. Beide werden in geringen Mengen aus dem Steinkohlenteer gewonnen. Bei der üblichen Verkokung ergibt sich bei 4% Teeranfall nur eine Ausbeute an Phenol bis 0,5% des Teers bzw. bis 0,02% der Kohle, an Kresolen bis 1% des Teers bzw. bis 0,04% der Kohle. Da die Phenole auch für die Kunstharzindustrie (z. B. Bakelit) hohe Bedeutung haben, sucht man nach anderen Wegen zur Phenolgewinnung. Hier kommt zunächst schonender Aufschluß der Kohle (Schwelteer, 6) in Frage, da die Phenole oberhalb 750° in die Kohlenwasserstoffe verwandelt werden. Am günstigsten ist der Kohleaufschluß mit Druckhydrierung (6). Man kann dem Mittelöl vor seiner Umwandlung in Benzin die Phenole entziehen. Andere Wege gehen vom Benzol aus. Dieses entsteht zwar auch durch Verkokung, kann aber auch auf anderem Wege erhalten werden (s. Toluol). Es sei das in den letzten Jahren entwickelte katalytische „Raschig"verfahren genannt, das ohne Chemikalienverbrauch arbeitet und eine Verseifung von Chlorbenzol darstellt:

1. $C_6H_6 + HCl + 0,5\ O_2 = C_6H_5Cl + H_2O$; $C_6H_5Cl + H_2O = C_6H_5OH + HCl$.

Literatur. Mathes: Z. angew. Chem., 1939, S. 591 (Raschigverfahren). — Moehrle: Z. angew. Chem., 1939, S. 185 (Phenole aus Steinkohle).

Die Nitrierung des Phenols unmittelbar zum Trinitrophenol verläuft heftig unter starker Abspaltung von nitrosen Gasen. Die Zersetzung der Salpetersäure bedeutet, ganz abgesehen von den damit verbundenen Gefahren, Verluste an Salpetersäure und macht das Verfahren unwirtschaftlich. Man behandelt zuerst das Phenol mit konzentrierter Schwefelsäure. Dabei entsteht in glatter Reaktion die Phenoldisulfosäure. Erst dann erfolgt die Nitrierung zu Dinitrophenol und Trinitrophenol (Pikrinsäure):

Phenol   →Phenoldisulfosäure→ Dinitrophenol→   Trinitrophenol.

Die Phenoldisulfosäure erhält man aus Phenol und rauchender Schwefelsäure in eisernen Kesseln mit Rührwerk unter Erhitzen auf 90—100°. Nach Abkühlen auf 40—50° trägt man konz. Schwefelsäure ein und nitriert nach und nach durch Eintragen von Salpetersäure in drei Teilmengen, die letzte bei über 80°. Die Pikrinsäure scheidet sich beim

Erkalten in gelben Kristallen ab. Die Entsäuerung des Kristallbreies erfolgt unter mehrmaligem Aufschlämmen in kaltem Wasser, dann wird das Wasser abgeschleudert und der Sprengstoff in Trockenschränken getrocknet. **Trinitrophenol (Pikrinsäure, Grfllg. 88).** Die gelben Kristalle der Pikrinsäure sind in Wasser etwas löslich (bei 20° 1,2%). Die zitronengelbe wäßrige Lösung ist eine ziemlich starke Säure (17, Tab. 17). Der Säurecharakter, hervorgerufen durch den sauren Rohstoff Phenol und verstärkt durch die Einführung der Nitrogruppen, schränkt die Verwendbarkeit der Pikrinsäure als Sprengstoff wesentlich ein. Wie jede Säure bildet die Pikrinsäure mit den Metallen Salze, die man als Pikrate bezeichnet. Die meisten dieser Salze sind wesentlich empfindlicher als die Pikrinsäure selbst. Insbesondere gilt dies für die Schwermetallpikrate, z. B. das Bleipikrat. Diese Pikrate verpuffen beim Annähern einer Flamme, während die Pikrinsäure selbst schwer entzündlich ist und nur träge und rußend abbrennt. Bei größeren Mengen, vor allem unter Einschluß, kann der Brand allerdings mit einer Detonation endigen. Auch die Stoßempfindlichkeit der Pikrate ist wesentlich größer als diejenige der Pikrinsäure (Bleipikrat 30 cm gegen Pikrinsäure 60 cm, 39). Ein direktes Einfüllen der Pikrinsäure in die Granaten oder Einbetten von Schrapnellkugeln aus Blei in Pikrinsäure ist wegen der Gefahr der Pikratbildung also nicht möglich. Die Granaten müssen verzinnt oder auslackiert werden oder die Pikrinsäure muß in paraffinierte Pappe gehüllt werden. Das bedingt ein umständliches Laborieren. Eine Mischung der Pikrinsäure mit anderen Sprengstoffen verbietet sich häufig wegen ihres Säurecharakters, ganz besonders eine Mischung mit Zellulosenitraten wie in dem ursprünglichen französischen Melinit. Die Pikrinsäure kann auch Nitroglyzerin und anorganische Nitrate zersetzen. Unangenehm ist der bedenklich hohe Schmelzpunkt der Pikrinsäure (122,5°), der beim Gießen ein Arbeiten mit Heißdampf verlangt. Endlich genügt auch die an sich große Stoßsicherheit der Pikrinsäure (39) nicht für alle Verwendungszwecke, z. B. nicht für Panzersprenggranaten. Daher ist häufig versucht worden, sowohl den Schmelzpunkt als auch die Stoßempfindlichkeit durch andere Zusätze herabzusetzen. Dazu verwendet man Vaselin (Lyddit, England; Explosiv D, U. S. A.), Nitronaphthalin (Ekrasit, Österreich). Trotz aller Mängel hat die Pikrinsäure als erste ziemlich stoßsichere Brisanzladung von 1886 an bis in den Weltkrieg hinein eine große Rolle gespielt. Die Pikrinsäure detoniert mit ausgezeichneter Brisanz (39). Aus der Schwadenanalyse folgt bei der Wichte $\gamma = 1,63$ die Zerfallsgleichung:

$$1000\,g = 7,7\,CO_2 + 11,3\,CO + 3,9\,H_2O + 1,15\,H_2 + 6,4\,C + 6,17\,N_2 + 0,24\,CH_4 + 0,1\,C_m\,H_n + 0,2\,HCN + 0,55\,NH_3.$$

Von der seinerzeit überall anerkannten Brauchbarkeit der Pikrinsäure zeugen die vielen bekannten Namen. Zu den schon erwähnten Bezeichnungen Melinit, Lyddit, Ekrasit kommen noch Grfllg. 88 bzw. Sprengmunition 88 in Deutschland, Schimose in Japan, Pikrinit in Spanien und Pertit in Italien. Heute wird die Pikrinsäure in der Hauptsache als Detonationsüberträger (Zündladung) verwendet, da sie sich in mäßig gepreßtem Zustande leicht zur Detonation bringen läßt. Beim Verarbeiten

und bei unvollkommener Detonation, z. B. unter dem Einfluß der See-
luft, zerfällt die Pikrinsäure leicht zu feinem Staub, der einen bitteren Ge-
schmack hervorruft ($\pi\iota\varkappa\varrho\acute{o}\varsigma$ = bitter) und die Haut nachhaltig gelb färbt.
Bei einem Wassergehalt von über 10% detoniert die Pikrinsäure nicht mehr.
Sie ist heute als Sprengladung vollständig durch Trinitrotoluol verdrängt.

Literatur. Hahn: Z. ges. Schieß- u. Sprengstoffwes., 1926, S. 87 (Ammonium-
pikrat).

Toluol erhält man durch Aufbereitung der Leichtöle des Steinkohlen-
teers. Da die Ausbeuten nur bei etwa 0,01% der Steinkohle liegen, ist
die Rohstofflage zunächst unbefriedigend auch dann, wenn man dem
Motorenbenzol das Toluol entzieht. Von großer Bedeutung kann daher
ein Verfahren werden, aliphatische Kohlenwasserstoffe, wie sie bei der
Ölsynthese von Fischer-Tropsch (6) gewonnen werden, zu „aromatisieren". Aliphatische Kohlenwasserstoffe können mit grundsätzlicher
Erhaltung der C-Kette dehydriert und zum Ring geschlossen werden.
Benzol wird daher aus n-Hexan bzw. olefinischem Hexen, Toluol aus
n-Heptan bzw. n-Hepten gewonnen. Rohstoffe sind die C_6- bzw. C_7-
Fraktionen des Kogasins (6), die aus diesem Produkt der Fischer-Synthese
durch fraktionierte Destillation erhalten werden können. Die Aromati-
sierung wird bei Atmosphärendruck und Temperaturen um 550° durch
Anwesenheit von Vanadiumoxyd auf Aluminiumoxyd als Katalysator
oder ähnlichen Stoffen ermöglicht. Die Ausbeute an Toluol aus n-Hepten
beträgt etwa 75% bei einmaligem, bis 95% bei wiederholtem Durchleiten.
Die Ausbeute aus Heptan ist kleiner.

Literatur. Koch, Brennstoff-Chemie 1939, S. 1.

Die Nitrierung des Toluols wird ebensowenig wie diejenige des Phenols
unmittelbar zum Trinitrotoluol durchgeführt. Aus den schon dort genannten Sicherheits- und Wirtschaftlichkeitsgründen und aus dem Bestreben heraus, die Abfallsäure der Trinitrierung für die Dinitrierung
nutzbar zu machen, wird stufenweise über das Mono- und Dinitrotoluol
zum Trinitrotoluol nitriert. Die Mononitrierung erfolgt durch Einfließen-
lassen des Toluols in wasserhaltige Mischsäure unter Rühren und Kühlen.
Es entstehen neben kleinen Mengen m-Nitrotoluol hauptsächlich o- und
p-Nitrotoluol. Die m-Verbindung kann durch Destillieren des technischen
Nitrotoluols, einer gelben Flüssigkeit, entfernt werden. Sie ist unerwünscht, da sie beim Weiternitrieren unangenehme Isomere liefert. Kontinuierliche Nitrierung ist möglich. Die Nitrierung zum Dinitrotoluol
erfolgt in eisernen, mit Rührwerk versehenen Apparaten unter Anwendung stärkerer Mischsäure oder aufgefrischter Abfallsäure von der Trinitrierung. Aus dem o- und p-Mononitrotoluol ergibt sich das 1, 2, 4 und
das 1, 2, 6 Dinitrotoluol mit insgesamt 95,5%. Der Rest besteht aus
verschiedenen Isomeren:

Schm.P.: 70,5°   66°   48°   59°

Das technische Dinitrotoluol bildet gelbe, harte und langfaserige Kristalle. Als Sprengstoff ist es unempfindlich und schwer detonierbar. Es ist billig und wird als Bestandteil von Bergbausprengstoffen benutzt.

Die Trinitrierung erfolgt unter Anwendung stärkster Mischsäure meist unter Zusatz von Oleum. Unter kräftigem Rühren steigt die Temperatur allmählich bis 110°. Die Trinitrierung verläuft nicht so glatt wie die Dinitrierung, sondern ist von verwickelten Oxydationsvorgängen begleitet. Es entstehen Gase (Nitrosen, N_2, CO_2, CO), die abgesaugt werden müssen, und neben anderen Oxydationsprodukten Tetranitromethan unter Auflösung des Benzolringes. Das Tetranitromethan $C(NO_2)_4$ ist eine sprengkräftige, bei 126° siedende, aber schon bei Raumtemperatur flüchtige Flüssigkeit, welche durchdringend riecht und zum Husten reizt. Außerdem enthält das gelbe bis rote „Rohtri" neben dem Hauptprodukt, dem symmetrischen „Tri", asymmetrische Isomere:

Schm.-P.: 80,85°   112,2°   104,1°   97,3°

symmetrisches Trinitrotoluol   asymmetrische Isomere
       im Rohtri 95,5%   im Rohtri 1,3 bzw. 2,9% bzw. 0,3%

Zur Reinigung entfernt man Säure durch Waschen mit Wasser und Natriumbikarbonatlösung, die asymmetrischen Isomeren, Oxydationsprodukte und Tetranitromethan durch 3—5 prozentige Natriumsulfitlösung, Reste von Tetranitromethan mit Preßluft oder überhitztem Wasserdampf. An die Stelle der Sulfitreinigung („Sulfittri") kann auch wie bei anderen Sprengstoffen das Umkristallisieren aus Alkohol, Toluol oder o-Nitrotoluol treten (umkristallisiertes Reintri).

Literatur. Stettbacher: Schieß- u. Sprengstoffe, 1933. — Niederer: Z. ges. Schieß- u. Sprengstoffw. 1932, S. 217. — Ref. desgl., 1933, S. 63 u. 292 (Nitrierung). — Ref. desgl., 1933, S. 392 (Sulfitreinigung).

Trinitrotoluol (Tri, Füllpulver (F.P.) 02, T.N.T., Trotyl, 1863 von Willbrand entdeckt, 1891 von Häussermann technisch dargestellt). Das symmetrische Trinitrotoluol ist ein fast weißes bis gelbes Kristallpulver, das sich bei hellem Tageslicht an der Oberfläche langsam braun färbt. Es hat keinerlei Säurecharakter, läßt sich also ohne weiteres in die Geschosse füllen und ist auch zu Mischungen mit anderen Sprengstoffen geeignet, da eine Bildung gefährlicher Salze und eine Zersetzung anderer Sprengstoffe nicht zu befürchten ist. Ferner ist es wesentlich stoßsicherer als die Pikrinsäure und daher ganz besonders für Panzersprenggranaten geeignet. Es bildet keinen bitteren Staub und ist in Wasser nahezu unlöslich. Leicht löslich ist es in Azeton, Äther, Benzol und Toluol, schwerer in Alkohol. Besonders wichtig ist sein niedriger Schmelzpunkt von 80,8° gegenüber 122,5° bei der Pikrinsäure. Es läßt sich daher schon mit gewöhnlichem Wasserdampf schmelzen und ohne Gefahr gießen. Der Schmelzpunkt wird bei der Abnahme als Maß für den

Reinheitsgrad des Trinitrotoluols benutzt. Je tiefer der Schmelzpunkt liegt, desto unreiner ist der Sprengstoff. Rohtri hat Schmelzpunkte zwischen 75 und 77°, von Reintri werden bei der Abnahme 80,5° verlangt. In der Wärme ist Trinitrotoluol hervorragend beständig. Erst oberhalb 150° macht sich eine langsame Gasentwicklung bemerkbar, oberhalb 200° zersetzt es sich stürmisch, bei etwa 300° verpufft es, ohne zu detonieren. Unter Einschluß detoniert es. Durch eine offene Flamme wird es schwer entzündet und verbrennt ruhig mit dunkelrotem Licht unter Rußabscheidung. Übergang in die Detonation ist nur bei sehr großen Mengen über 10000 kg vereinzelt vorgekommen. Die Detonation erfolgt nach der Schwadenanalyse bei der Wichte $\gamma = 1,59$ nach der Gleichung:

$$1000\,g = 5,47\,CO_2 + 9,39\,CO + 6,09\,H_2O + 1,63\,H_2 + 14,6\,C + 0,03\,C_m H_n$$
$$+ 0,42\,CH_4 + 1,5\,NH_3 + 0,32\,HCN + 0,3\,C_2N_2.$$

Das Trinitrotoluol zeigt aber der Pikrinsäure gegenüber auch einige Nachteile. Vor allem ist seine Detonationsgeschwindigkeit und seine Brisanz geringer als diejenige der Pikrinsäure. Man sucht diesen Mangel durch Anwendung hoher Dichten auszugleichen. Bei 3000 at Preßdruck erreicht man aber ebenso wie beim Gießen nur etwa 1,6 gegenüber 1,63 und darüber bei der Pikrinsäure. Mit einer etwas geringeren Sprengkraft muß man sich bei Verwendung von Trinitrotoluol abfinden. Sowohl das Verdichten als auch ganz besonders das Gießen hat eine Verminderung der Detonationsfähigkeit zur Folge. Das erfordert das Zwischenschalten einer mäßig gepreßten Zündladung (meist aus Pikrinsäure) zwischen Sprengkapsel und Sprengstoff. Da die Vorzüge des Trinitrotoluols, also seine hohe Handhabungs- und Schußsicherheit, seine gute Laborierbarkeit sowie seine wenigstens beim Reintri hervorragende Lagerbeständigkeit, den Nachteil der etwas geringeren Sprengkraft überwiegen, ist das Trinitrotoluol heute allgemein als Sprengstoff für Granaten und Sprengmunition sowie mindestens als Sprengstoffbestandteil für Minen und Torpedoköpfe eingeführt.

Trinitrotoluolsprengstoffgemische. Für den Massenbedarf im Weltkriege genügte die Erzeugung von Trinitrotoluol nicht, da die Steigerung der Produktion von Steinkohlenteer allein wegen des geringen Anteils an Toluol sich wirtschaftlich nicht rechtfertigen ließ. Als Streckmittel eignet sich besonders der unempfindliche Ammonsalpeter, der in das geschmolzene Trinitrotoluol eingerührt mit diesem einen apfelmusähnlichen gießbaren Brei bildet.

Gestrecktes Füllpulver (F.P. 60/40) = 60% Trinitrotoluol,
40% Ammonsalpeter.

In England wurden solche Sprengstoffe bis zu den größten Kalibern im Preßzustand verwendet, z. B.:

Amatol 80/20 = 80% Ammonsalpeter, 20% Trinitrotoluol.

Steigender Zusatz von NH_4NO_3 erhöht nach Hackel die Stoßempfindlichkeit des Trinitrotoluols bis zu einem Maximum, oberhalb dessen die Gemische wieder unempfindlicher werden. Das Amatol ist nur wenig stoßsicherer als Pikrinsäure, einige Gemische erreichen sogar die Empfindlichkeit des Tetryls (39, Tab. 31). — In anderen Fällen sucht man durch geeignete Zusätze die Brisanz des Trinitrotoluols zu verbessern. Hierher gehören z. B. das schwedische Bonit, eine schmelzbare Mischung aus Hexogen und Trinitrotoluol, ferner die Gemische von Trinitrotoluol mit Hexamin oder Tetryl (42).

Literatur. Kast: Spreng- u. Zündstoffe, 1921. — Stettbacher: Schieß- u. Sprengstoffe, 1933. — Ref., Z. ges. Schieß- u. Sprengstoffw. 1935, S. 332 (Bonit).— Hackel: Chem. Zbl. 1940, I, S. 1610 (NH_4NO_3-Trigemische).

42. Hexamin und Tetryl.

Amine. Weitere wichtige Sprengstoffe ergeben sich bei der Nitrierung der aromatischen Amine. Amine erhält man aus Ammoniak NH_3, wenn man ein oder mehrere Wasserstoffatome durch aliphatische oder aromatische Radikale ersetzt.

Primäre Amine 1 H-Atom ersetzt	Sekundäre Amine 2 H-Atome ersetzt	Tertiäre Amine 3 H-Atome ersetzt
Methylamin Sp. —6°	Methylanilin Sp. 192°	Trimethylamin Sp. +3°
Anilin (Phenylamin) Sp. 182°	Diphenylamin Schm. P. 54°	Dimethylanilin Sp. 192°

Die primäre Amingruppe ·NH_2 steht in engem Zusammenhang mit der Nitrogruppe ·NO_2, aus welcher sie durch Reduktion erhalten wird. Z. B. wird das Anilin aus dem Nitrobenzol durch naszierenden Wasserstoff (aus Eisenfeilspänen und Salzsäure) in großen Mengen für Anilinfarbstoffe erzeugt:

$$C_6H_5NO_2 + 6 H \rightarrow C_6H_5NH_2 + 2 H_2O.$$

Die Amine sind wie das Ammoniak selbst von basischem Charakter. Sie werden daher auch organische Basen genannt. Die weniger wichtigen aliphatischen Amine zeigen auch den abgeschwächten Geruch des Ammoniaks. Wie das Ammoniak selbst bilden die Amine mit Säuren Salze. Z. B. ergibt das Anilin analog zu dem Ammoniumchlorid NH_3HCl das salzsaure Anilin $C_6H_5NH_2HCl$. Aus diesem erhält man beim Erhitzen mit Anilin selbst das Diphenylamin:

$$C_6H_5NH_2HCl + H_2NC_6H_5 \rightarrow C_6H_5NHC_6H_5 + NH_4Cl.$$

Das Diphenylamin gelöst in konz. Schwefelsäure ist ein empfindliches Reagens auf Salpetersäure oder salpetrige Säure. Es entsteht eine tiefe Blaufärbung. Sekundäre Amine bilden mit salpetriger Säure Nitrosamine, die nicht mehr basisch sind.

Methylphenylamin　　　　　　　　　Methylphenylnitrosamin.

Literatur. Freudenberg: Organische Chemie, 1939.

Hexanitrodiphenylamin (Hexamin) (entdeckt von Austen 1874). Das Hexanitrodiphenylamin, kurz Hexyl, Hexa oder Hexamin genannt, läßt sich ohne Schwierigkeit durch direkte Nitrierung des Diphenylamins $(C_6H_5)_2$ NH unter Verwendung stärkster Mischsäure erhalten. Da aber die Schwefelsäure sich nur schwer vollständig entfernen läßt, zieht man meist ein anderes Verfahren vor. Ausgangsstoff ist hier das durch Nitrieren von o- und p-Nitrochlorbenzol aus dem Benzol gewonnene 2,4 Dinitrochlorbenzol, das durch die leichte Austauschbarkeit des Chloratoms gegen andere Gruppen, z. B. die Amingruppe, ausgezeichnet ist. Nach Einführung der Amingruppe erfolgt dann die Nitrierung allein durch Salpetersäure in mehreren Stufen. Das Dinitrodiphenylamin erhält man durch Eintragen von Anilin in Dinitrochlorbenzol unter Zusatz von Alkohol:

1, 2, 4 Dinitrochlorbenzol · · · · Anilin · · · · asymm.Dinitrodiphenylamin · · · · salzsaures Anilin

Unter starker Wärmeentwicklung entsteht eine dunkelrote Masse, aus welcher nach Neutralisieren mit Kreide unter Wasserzusatz das Dinitrodiphenylamin in roten Nadeln vom Schmelzpunkt 150° zurückbleibt. Das Dinitrodiphenylamin trägt man in angewärmte Salpetersäure ein und erhitzt auf 90°. Es entsteht beim Erkalten das symmetrische Tetranitrodiphenylamin als schmutzig gelbes Pulver vom Schm.P. 180°· Es wird durch Zentrifugieren von der Säure getrennt. Eintragen des Tetranitrodiphenylamins in stärkste Salpetersäure ergibt das Hexanitrodiphenylamin:

Tetranitrodiphenylamin · · · · Hexanitrodiphenylamin.

Absaugen, Auswaschen, Abschleudern des Wassers mit Zentrifugen und Trocknen bei 50—60° beendigen die Herstellung des Hexamins.

Eigenschaften des Hexamins. Das Hexamin ist ein gelbes Pulver, das im Wasser nahezu unlöslich ist. Es ist in vielen Eigenschaften der Pikrinsäure ähnlich. Vor allem hat es wie diese den ausgesprochenen Säurecharakter. Es bildet also ebenfalls mit Metallen Salze, die an Empfindlichkeit den Pikraten nicht nachstehen. Diese Salze bilden sich aber wegen der geringen Wasserlöslichkeit des Hexamins wesentlich langsamer als bei der Pikrinsäure. Die Brisanz entspricht etwa derjenigen der Pikrinsäure und ist somit wesentlich größer als diejenige des Trinitrotoluols. Diese höhere Brisanz muß allerdings erkauft werden mit einer geringeren Stoß- und Beschußsicherheit (39). Dazu kommt noch die Unmöglichkeit, das Hexamin ohne Zersetzung zu schmelzen (Schm.P. roh 238°, umkristallisiert 249°), und die Schwierigkeit, Preßkörper von genügender Dichte zu erzielen. Daher hat das Hexamin als solches keine militärische Bedeutung. Dagegen ist es gelungen, durch Einführen von Hexamin in geschmolzenes Trinitrotoluol einen plastischen Sprengstoff zu erhalten, der ähnlich wie Trinitrotoluol erstarrt und dann infolge hoher Dichte eine weit höhere Brisanz entfaltet als Trinitrotoluol allein (schwedisches „Novit"). Zu etwa 20% mit Trinitrotoluol vermischt läßt es sich zu Preßkörpern von sehr hoher Wichte (1,70) und größerer Beschußsicherheit verarbeiten und ergibt damit einen sehr wirksamen Sprengstoff. Es ist noch hervorzuheben, daß das Hexamin giftig ist und Entzündungen auf der Haut unter Verfärbung hervorruft.

Tetranitromethylanilin (Tetryl) (entdeckt 1877 von Mertens, als Sprengstoff untersucht von Lenze). Der Ausgangsstoff ist das Dimethylanilin (s. o.), das durch Erhitzen von Anilin mit reinem Methylalkohol und Schwefelsäure in Druckkesseln auf 210° gewonnen wird. Das meist rotbraune Dimethylanilin von Schm.P. + 3° wird nach und nach mit konz. Schwefelsäure versetzt. Unter Wasserkühlung entsteht bei etwa 50° die tiefgrüne Dimethylanilinschwefelsäure. Zur Nitrierung läßt man · diese langsam in Salpetersäure 1,475 unter Kühlung einfließen. Die Reaktion wird durch kurzes Erwärmen auf 60° beendet. Beim Eingießen der abgekühlten Flüssigkeit in Wasser scheiden sich die Kristalle des Tetranitromethylanilins ab. Es wird abgesaugt und mehrmals mit kaltem und heißem Wasser gewaschen. Zur Entfernung noch anhaftender Säurereste wird das Rohprodukt in Azeton gelöst, mit Ammonkarbonat neutralisiert und wieder durch Eintropfen in kaltes Wasser ausgefällt. Der chemisch reine Stoff kann durch Umkristallisieren aus Benzol erhalten werden:

Dimethylanilin.　　Tetranitromethylanilin.

Zuerst treten drei Nitrogruppen in den Phenylkern ein, dann erfolgt die Oxydation einer Methylgruppe und gleichzeitig der Eintritt einer vierten Nitrogruppe, was durch starkes Aufschäumen zu erkennen ist.

Eigenschaften des Tetryls. Das Tetryl bildet gelblichweiße Kristalle, die in Wasser nahezu unlöslich sind, sich dagegen in Benzol und Azeton lösen. Es läßt sich nicht gießen, weil es sich dabei zersetzt und zwar bei um so niedrigeren Temperaturen, je unreiner es ist. Es läßt sich also nur im gepreßten Zustande (Wichte bis 1,7) verwenden. Seiner Verwendung als Artilleriesprengstoff steht seine Stoßempfindlichkeit entgegen, welche höher ist als diejenige der Pikrinsäure. Die Hauptbedeutung des Tetryls liegt in seiner hohen Brisanz, durch welche es alle anderen Nitrosprengstoffe übertrifft. Gemische mit Trinitrotoluol ergeben Sprengstoffe mit ausgezeichneter Brisanz bei erhöhter Beschußsicherheit (Torpedoköpfe). Im Verhältnis 50/50 gemischt erstarren sie bei etwa 65° zu einer harten Masse von der Wichte 1,65. Das Tetryl wird vielfach zur Füllung von Sprengkapseln und zur Herstellung von Zündladungen benutzt. Beim Anzünden brennt das Tetryl mit leuchtender Flamme rasch ab. Es ist leicht zur Detonation zu bringen und zerfällt dann bei der Wichte $\gamma = 1,61$ nach der Gleichung:

$$1000\,g = 5,36\,CO_2 + 12,18\,CO + 5,0\,H_2O + 2,23\,H_2 + 6,3\,C + 8,27\,N_2 + 0,15\,CH_4$$
$$+ 0,10\,C_m\,H_n + 0,65\,NH_3.$$

Seine für einen Nitrosprengstoff hohe Energie ist durch die verhältnismäßig günstige Sauerstoffbilanz von — 47,37% bedingt, welche besser ist als diejenige anderer aromatischer Nitrosprengstoffe, z. B. Hexamin mit — 52,84 oder gar Trinitrotoluol mit — 73,98%. Das Tetryl färbt die Haut rot und ist wie die meisten anderen Nitrosprengstoffe giftig, wenn auch nicht in dem gleichen Maße wie Hexamin. Die Reaktion des Tetryls ist auch beim reinsten Produkt schwach sauer. Die Ursache hierfür besteht in dem Gehalt an m-Nitrotetryl, welches aus dem im Dimethylanilin enthaltenen Monomethylanilin entsteht und durch kochendes Wasser unter Abspaltung salpetriger Säure hydrolysiert wird.

Literatur. Stettbacher: Schieß- und Sprengstoffe, 1933. — Urbanski: Z. ges. Schieß- u. Sprengstoffwes., 1938, S. 62 (Empfindlichkeit von Sprengstoffgemischen). — Ref., desgl., 1936, S. 23 (Explosive Zersetzung).

43. Untersuchung militärischer Sprengstoffe.

Die Abnahme militärischer Sprengstoffe ist an bestimmte Bedingungen geknüpft, die sich meist auf den Gehalt an Feuchtigkeit, Säure, Fremdstoffen und auf den Schmelzpunkt beziehen. Sie dienen zur Nachprüfung des Reinheitsgrades der vielfach einheitlichen Sprengstoffe. Sprengstoffgemische erfordern außerdem eine Analyse der Bestandteile, von deren Beschreibung hier abgesehen werden kann.

Tab. 32.
Löslichkeit und erforderlicher Reinheitsgrad von Militärsprengstoffen

	Trinitrotoluol	Pikrinsäure	Tetryl	Hexamin	Nitropenta
Löslichkeit in Wasser. . .	unlöslich	schw. l.	unlöslich	unlöslich	unlöslich
„ in Alkohol . .	schw. l.	löslich	löslich	„	schw. l.
„ in Azeton . .	l. l.	„	l. l.	schw. l.	l.l.
„ in Benzol . .	l. l.	„	l. l.	unlöslich	—
Unlösliches in Benzol % .	< 0,15	< 0,15	< 0,25	—	—
Feuchtigkeit %	< 0,1	< 0,1	≤ 0,05	frei	< 0,2
Asche %	< 0,1	< 0,1	< 0,15	„	< 0,1
Säure (H_2SO_4) %	< 0,02	< 0,1	< 0,01	< 0,01	frei
Schmelzpunkt °C	> 79,6	> 120	> 127[1]	> 230[1]	> 137

Feuchtigkeit wird durch etwa 5 stündiges Erhitzen von 5 g des feingepulverten Stoffes auf 50° im Trockenschrank, Abkühlen im Exsikkator und Nachwägen festgestellt. Die früher erwähnte Destilliermethode mit

---

[1] unter Zersetzung.

Benzol bzw. Xylol (8, 37) ist wegen der Löslichkeit der meisten Sprengstoffe in diesen Lösemitteln nicht anwendbar. Besser als die Wärme-
trocknung ist 24stündiges Stehenlassen im Vakuum über konzentrierter Schwefelsäure.

Freie Säure, die aus Mineralsäuren, hauptsächlich Schwefelsäure und
Salpetersäure, sowie aus Phenolen und Karbonsäuren bestehen kann,
wird folgendermaßen bestimmt: 1. Bei wasserunlöslichen Sprengstoffen
kocht man 10 g des feingepulverten Stoffes 5 min mit 50 cm³ Wasser,
läßt abkühlen, filtriert, wäscht mit 50 cm³ Wasser nach und füllt das
Filtrat auf 100 cm³ auf. Nach Zusatz von drei Tropfen Phenolphthalein
wird mit n/10 NaOH titriert (20). Das Ergebnis entspricht dem
Gesamtsäuregehalt. — Im einzelnen wird die Schwefelsäure gewichtsanalytisch durch Fällung mit Bariumazetat bestimmt (19). Die
Salpetersäure kann kolorimetrisch ermittelt werden: Die Lösung wird
auf 10 cm³ eingedampft. 5 cm³ davon werden in einer Porzellanschale
mit 0,1 cm³ Diphenylaminlösung und 20 cm³ konz. Schwefelsäure zu-
sammengerührt. Die dabei eintretende Blaufärbung wird mit derjenigen
einer sehr verdünnten Salpetersäurelösung verglichen. — Die organischen
Säuren ergeben sich aus der Differenz zwischen der Gesamtsäure einerseits und der Summe aus Schwefelsäure und Salpetersäure andererseits.
2. Wasserlösliche Sprengstoffe löst man in Benzol bzw. Azeton und
schüttelt mit wenig Wasser aus. Die wäßrige Lösung wird eingedampft
und der Rückstand mit Alkohol aufgenommen, der die freie Säure löst.
Diese alkoholische Lösung wird mit Wasser verdünnt und der Untersuchung unterworfen.

Als Beispiel für die Methode seien folgende Verfahren genannt:

a) Trinitrotoluol. Es genügt die Titration des wäßrigen Auszuges.
Das Ergebnis wird auf Schwefelsäure berechnet.

b) Tetryl. Der durch Kochen erhaltene wäßrige Auszug wird ebenfalls titriert. Auch hier wird das Ergebnis als Schwefelsäure angegeben.

c) Nitropenta. Man löst in säurefreiem Azeton, gießt die Lösung in
Wasser, wobei der Sprengstoff wieder ausfällt und filtriert. Im Filtrat
bestimmt man die Schwefelsäure gewichtsanalytisch, die Salpetersäure
kolorimetrisch.

Fremdstoffe werden durch Lösen von etwa 25 g Sprengstoff in Benzol
bzw. Azeton, Filtrieren, Waschen mit warmem Benzol bzw. Azeton,
Trocknen und Rückwägen des Filters bestimmt. Die Rückstände werden
als „Benzolunlösliches" bzw. „Azetonunlösliches" in Prozent angegeben.

Asche wird durch Veraschen des mit den Rückständen der Fremd-
stoffbestimmung beladenen Filters im Platintiegel, Ausglühen, Abkühlen
im Exsikkator und Rückwägen des Tiegels ermittelt. Hierbei verraten
sich Pikrate, die auch im Trinitrotoluol enthalten sein können, durch
Verpuffung.

Bildung gefährlicher Salze wird ermittelt durch Einsetzen entfetteter
Bleiplatten in den feucht gehaltenen Sprengstoff. Nach sechs Tagen wird
das Blei auf Krusten untersucht, die heftiger verbrennen oder stoß-
empfindlicher sind als der Sprengstoff selbst.

Ausschwitzungen können sich bei Erwärmung gegossener Blöcke auf 60° ergeben. Es dürfen keine flüssigen Bestandteile auftreten.

Schmelzpunkt (39), Verpuffungstemperatur (37), Chemische Stabilität (37).

Literatur. Kast-Metz: Chemische Untersuchung der Spreng-u. Zündstoffe, 1931.

44. Initialsprengstoffe.

Initiiervermögen. Die volle Ausnutzung eines brisanten Sprengstoffs erfordert das sichere Einsetzen der Detonation ohne Anlaufstrecke. Das ist nur durch den Druckstoß eines Initialsprengstoffs zu erreichen. Nach 12 handelt es sich hier um Sprengstoffe, die ihrerseits durch eine Flamme leicht entzündlich sind, und bei denen die Verbrennung in kürzester Frist in die Detonation übergeht. Der Detonationsstoß sorgt dann für die Detonation der Sprengladung, nötigenfalls unter Vermittlung einer leichter detonierenden Zündladung. Daraus folgt, daß die Initialsprengmittel sehr **empfindliche Explosivstoffe** sind, bei deren Handhabung die entsprechende Vorsicht zu üben ist. Ein Stoff ist als Initialsprengstoff um so mehr geeignet, je kleinere Mengen zur Initiierung einer bestimmten Sprengladung notwendig sind, je kleiner seine „Grenzladung" ist. Unter Grenzladung versteht man die Ladung, die einen anderen Sprengstoff gerade noch zur vollständigen Detonation bringt.

Tab. 33. Eigenschaften der Initialsprengstoffe[1].

	Knall-quecksilber weiß	Knall-quecksilber grau	Chloratsatz	Bleiazid rein	Bleiazid techn.	Bleitrinitro-resorzinat	Tetrazen
Stoßempfindlichkeit, Fallhöhe in cm, 1 kg Gewicht	10	8	11	25	40	23	10
Zündempfindlichkeit[2], Zündung in cm	20	20	20	20	5	23	15[5]
Lagerbeständigkeit[3], Gewichts-verlust in %	8,75	8,59	—	0,39	1,36	0,244	0,32
Grenzladung in mg[4] . . .	340	330	290	100	170	>1000	250

Allzu empfindliche Stoffe scheiden mit **Rücksicht auf die Handhabungssicherheit** aus. Es bleiben im wesentlichen einige Schwermetallsalze mit Quecksilber- oder Bleigehalt übrig. Der Gehalt an Schwermetall verleiht diesen Stoffen eine **überaus hohe Wichte.** So erwünscht eine hohe Wichte ist, weil die Brisanz der Wichte proportional ist, so wenig ist sie entscheidend für die Initiierfähigkeit. Auch eine besonders hohe Detonationsgeschwindigkeit ist nicht erforderlich, weil es

---

[1] Nach Wallbaum.

[2] Gemessen durch die Abstände, in welchen der Zündstrahl eines elektrischen (Brücken)zünders noch zündet (Sprengstoff mit 200 at gepreßt).

[3] Gewichtsverlust bei 75° in 56 Tagen.

[4] Initialsprengstoff nicht gepreßt. Die Unterladung von 400 mg Nitropenta mit 2000 at gepreßt. Die Grenzladungen gegen andere Sprengstoffe entsprechen derselben Reihenfolge.

[5] Nicht gepreßt, mit 200 at gepreßt keine Zündung.

auf den wenigen Millimetern Sprengstoffstrecke weniger auf die Fortpflanzungsgeschwindigkeit der Detonation ankommt als vielmehr auf das
sichere Einsetzen der Detonation überhaupt. Die leichte Auslösbarkeit
der Energie kann man sich dadurch erklären, daß die Initialsprengstoffe **stark negative Bildungswärmen** haben (13). Sie befinden
sich damit im Zustand des labilen Gleichgewichts, welches sich durch
kleine Impulse mit wachsender Geschwindigkeit umkehrt. Indessen ist
auch die negative Bildungswärme keine notwendige Bedingung für Initialsprengstoffe. Bei dem kurzfristigen Übergang von der Verbrennung
in die Detonation sind nach Muraour maßgeblich Kettenreaktionen
beteiligt (12), deren Starten durch Schwermetalle begünstigt wird. Nach
Beljajew läuft die Reaktion bei Initialsprengstoffen direkt in der festen
Phase ab, während bei den üblichen brisanten Sprengstoffen (z. B. Tri)
die Umsetzung nach vorhergehender Verdampfung in der Gasphase statt-
findet derart, daß zwischen Sprengstoff und Brennzone eine dünne
Schicht unzersetzten Dampfes liegt.

Literatur. Wallbaum: Z. ges. Schieß- u. Sprengstoffwes., 1939, S. 126. —
Muraour: desgl., 1935, S. 1; Referat desgl., 1937, S. 19. — Barzikowski: desgl.,
1933, S. 340 (Grenzladung). — Beljajew: Chem. Zbl. 1940, I, S. 657.

Knallquecksilber (entdeckt 1799 von Howard). Das Knallquecksilber
ist das Quecksilbersalz der Knallsäure $C = N—OH$[1], die als überaus unbeständige Verbindung praktisch keine Bedeutung hat. Die Bildung der
Knallsäure aus Alkohol und Salpetersäure geht nach Wieland über
folgende Stufen:

$$CH_3 — CH_2 — OH \xrightarrow{Oxyd.} CH_3 — C\!\!\begin{array}{c}H\\\diagdown\\O\end{array} \xrightarrow{Nitr.} CH — C\!\!\begin{array}{c}H\\\diagdown\\O\end{array} \xrightarrow{Oxyd.} CH — COOH \xrightarrow{Nitr}$$

$$\qquad\qquad\qquad\qquad\qquad\qquad\quad \underset{NOH}{\|} \qquad\qquad\quad \underset{NOH}{\|}$$

Alkohol ⟶ Azetaldehyd ⟶ Isonitroso- ⟶ Isonitroso-
                                    azetaldehyd   essigsäure

$$\underset{\underset{NOH}{\|}}{CNO_2} — COOH \xrightarrow{Zerfall} C\!\!\begin{array}{c}H\\\diagdown\\\underset{NO_2}{\|}\end{array} + CO_2 \xrightarrow{Zerfall} C = N — OH + HNO_2$$

Nitrolessigsäure ⟶ Methylnitrolsäure ⟶ Knallsäure

Ist in der letzten Phase Quecksilber zugegen, so bildet sich statt der
Knallsäure das Quecksilberfulminat oder Knallquecksilber. (Die Salze
der Knallsäure heißen Fulminate):

$$\text{Knallquecksilber: } Hg(CNO)_2 \text{ bzw. } \begin{array}{c}C = N — O\\\\C = N — O\end{array}\!\!\!\diagdown Hg\,.$$

Man löst zunächst kleine Mengen Quecksilber (500—1000 g) in Erlenmeyerkolben mit Salpetersäure. Versetzt man mit dieser Lösung in Stein-
zeuggefäßen befindlichen Alkohol, so setzt eine zunächst langsame Reaktion ein, die sich aber bald unter Abscheidung flüchtiger Nebenbestand-
teile (die abgesaugt werden) zum Schäumen steigert. Treten zum Schluß

---

[1] Über zweiwertigen Kohlenstoff vgl. Kohlenoxyd (9). Die Elektronen-
formel der Knallsäure lautet: $|\,\overset{(-)}{C} \equiv \overset{(+)}{N} — \overset{-}{O} — H\,.$

(nach etwa 15 min) nitrose Gase auf, so gießt man Alkohol nach. Das Reaktionsgut wird in Tontöpfe abgelassen, dann filtriert und mit Wasser bis zu neutraler Reaktion gewaschen. Endlich wird unter Wasser ausgesiebt und auf Trockenhorden getrocknet.

Eigenschaften des Knallquecksilbers. Das wie alle Quecksilbersalze giftige Knallquecksilber ist entweder weiß oder grau. Zur Gewinnung des weißen Produkts wird dem Alkohol etwas Salzsäure und Kupfer zugesetzt. Der Unterschied besteht nach Kast in der Art der Kristallbildung und dem dadurch bedingten Reflektionsvermögen für Licht. Das weiße Produkt ist jedenfalls nicht reiner als das graue (eigentlich hellbraune), eher ist das Umgekehrte der Fall. Durch heißes Wasser und heiße Säure wird das Knallquecksilber zersetzt. Bei Berührung mit konzentrierter Schwefelsäure detoniert es. Beim Erwärmen tritt eine langsame Zersetzung schon bei 50° ein, schnelles Erhitzen führt zur Detonation bei 190°. Die Detonation durch Stoß erfolgt um so leichter, je größer die Kristalle sind. Besonders empfindlich ist das Knallquecksilber gegen Reibung. Auch Funken oder Flammen führen leicht zur Detonation.

$$Hg(CNO)_2 = Hg + N_2 + 2 CO \, .$$

Die Detonationsfähigkeit wird durch Wasser und Feuchtigkeit herabgesetzt; bei 30% Wasser kann Knallquecksilber als handhabungssicher gelten, ähnlich wirken Öle und Fette. Unter hohem Druck gepreßt, büßt das Knallquecksilber wenigstens gegenüber der gewöhnlichen Zündschnur seine Detonationsfähigkeit ein, es ist totgepreßt. Schon bei 250 at ist eine Verminderung der Detonationsfähigkeit festzustellen. Die Knallquecksilberkristalle haben die außerordentlich hohe Wichte 4,4 kg/l, loses Knallquecksilber hat im Schüttzustand aber nur 1,2 bis 1,6 kg/l und damit entsprechend geringe Brisanz. Es verpufft beim Anzünden mit schwachem Knall. Die erforderliche Brisanz erhält es erst beim Pressen. Die anwendbare Maximalwichte ist etwa 3,5. Knallquecksilber löst sich in geringem Maße in Wasser, besser in Alkohol und besonders in ammoniakhaltigem Azeton.

Literatur. Patry-Domöhl: Z. ges. Schieß- u. Sprengstoffwes., 1937, S. 175. — Ruprecht: desgl. ,1941, S. 81 (Quecksilbererzeugung der Welt).

Bleiazid (Stickstoffwasserstoffsäure entdeckt 1890 von Curtius). Wie die freie Knallsäure ist auch die Stickstoffwasserstoffsäure H—N=N≡N bzw. HN_3 eine höchst unbeständige Verbindung. Bereits in wäßriger Lösung kommt sie überaus leicht zur Detonation. Sie ist für Sprengzwecke daher unbrauchbar und wird auch bei der Bereitung ihrer Salze, der Azide, nicht benutzt. Ihr Bleisalz, das Bleiazid, wird aus dem weniger gefährlichen Natriumazid gewonnen. Ausgangsstoff ist das Natriumamid Na — NH₂. (Unter Metallamiden versteht man die Substitutionsprodukte des Ammoniaks durch Metall.) Das Natriumamid erhält man durch Überleiten von trockenem Ammoniak bei 350° über Natriummetall:

$$2 \, NH_3 + 2 \, Na \longrightarrow 2 \, NaNH_2 + H_2 \, .$$

Man schließt sofort die Azidierung mit Stickstoffoxydul N_2O bei 200° an:

$$Na-NH_2 + O=N\equiv N \longrightarrow Na-N=N\equiv N + H_2O.$$

Natrium-   Stickstoff-   Natriumazid
amid   oxydul

Die Hälfte des angewandten Amids setzt sich mit dem entstehenden Wasser zu Ätznatron und Ammoniak um:

$$NaNH_2 + H_2O \longrightarrow NaOH + NH_3.$$

Die Reaktion ist beendigt, wenn kein Ammoniak mehr entsteht. Das Gemisch von Azid und Ätznatron wird durch Umkristallisieren in Wasser getrennt. Nach Filtrieren erfolgt die Umsetzung des Natriumazids zu Bleiazid in verdünnter Lösung mit Bleinitrat oder Bleiazetat:

$$2\,NaN_3 + Pb(NO_3)_2 \longrightarrow Pb(N_3)_2 + 2\,NaNO_3$$

bzw. $$2\,NaN_3 + (CH_3COO)_2Pb \longrightarrow Pb(N_3)_2 + 2\,CH_3COONa.$$

Den Abschluß bilden Absaugen, Auswässern, Trocknen bei 40—60°.

Literatur. Stettbacher: Z. ges. Schieß- u. Sprengstoffwes., 1933, S. 77. — v. Herz: desgl., 1933, S. 141.

Eigenschaften des Bleiazids. Das Bleiazid ist dem Knallquecksilber in mehrfacher Hinsicht überlegen. Es ist aus einheimischen Rohstoffen zu beschaffen und ist **nicht giftig**. Ferner ist es wesentlich **wärmebeständiger**. Auch beim Feuchtlagern verliert es seine Detonationsfähigkeit nicht wie Knallquecksilber. Endlich behält es seine Initiierfähigkeit im Gegensatz zu Knallquecksilber **auch noch unter hohen Preßdrucken**. Seine Initiierfähigkeit ist an sich größer, weil es schon in viel geringeren Mengen als Knallquecksilber in die Detonation übergeht. Die Grenzladung ist wesentlich kleiner. Bei Bleiazid kennt man den Zustand der anfänglichen Verbrennung überhaupt kaum. Nur in einem Inertgas hohen Druckes (≈ 10000 at) brennt es nach Muraour beim Anzünden ruhig ab. Die Empfindlichkeit des Bleiazids ist in Form großer, nadelförmiger Kristalle, wie sie beim Umkristallisieren auftreten, wesentlich größer als in Form feinkörniger Niederschläge. Da solche Kristalle schon bei mäßiger Erwärmung, ja sogar ohne sichtbare Veranlassung detonieren können, wird das Bleiazid nur in Form des Fällungsproduktes verwendet. Die Bildung großer Kristalle wird durch starkes Rühren und Dextrinzusatz vermieden. Bei reinem Bleiazid, das nur aus sehr reinen Ausgangsstoffen zu gewinnen ist (NaN_3 99,9%), läßt die Handhabungssicherheit zu wünschen übrig. Man beschränkt sich in der Praxis daher auf die Gewinnung von technischem Bleiazid, dessen Azidgehalt nur 90—95% beträgt, und dessen Kristalle körnig sein sollen. Das reine Bleiazid ist weißkristallinisch, das technische Bleiazid gelblichweiß. Die Stoßsicherheit des technischen (und auch des reinen) Bleiazids ist wesentlich größer als diejenige des Knallquecksilbers. Nachteilig ist allerdings die schwere Entzündlichkeit des technischen Bleiazids. Sie muß durch Zusatz von Bleitrinitroresorzinat verbessert werden. Das Bleiazid zerfällt nach der Gleichung:

$$Pb(N_3)_2 = Pb + 3\,N_2.$$

Literatur. Wallbaum: Z. ges. Schieß- u. Sprengstoffwes., 1939, S. 126. — Beyling-Drekopf: Sprengstoffe und Zündmittel, 1936. — Muraour: Chem. Zbl. 1940, I, S. 1937.

Bleitrinitroresorzinat (Trizinat) wird aus dem zweiwertigen Phenol Resorzin (m-Dioxybenzol) gewonnen, das man seinerseits aus dem Natriumsalz der Benzol-m-Disulfosäure erhält. Das Resorzin bildet Nadeln vom Schmelzpunkt 110°. Die Nitrierung zu 2, 4, 6 Trinitroresorzin verläuft analog derjenigen der Pikrinsäure, mit welcher auch sonst Verwandtschaft besteht, durch Sulfonierung von Resorzin zu Resorzin-4,6 Disulfosäure und darauffolgende Behandlung mit Salpetersäure:

| Resorzin | Resorzin-4,6 Disulfosäure | 2, 4, 6 Trinitroresorzin (Styphninsäure) | Bleitrinitroresorzinat |

Das Trinitroresorzin (Styphninsäure) besteht aus gelben Kristallen vom Schmelzpunkt 175° und ist wie die Pikrinsäure wenig löslich in Wasser, leicht löslich dagegen in Alkohol und Äther. Dem Bleipikrat entspricht das Bleitrinitroresorzinat, das man durch Umsetzung einer heißen Bleinitratlösung mit Trinitroresorzin erhält. Die braunen mit Wasser und Alkohol gewaschenen Kristalle des Resorzinats haben eine Wichte von 3,01 kg/l. Sie eignen sich wegen der großen Grenzladung nur schlecht als Initialsprengstoff, werden aber wegen ihrer großen Zündempfindlichkeit (Tab. 33) als Beimengung oder Aufladung in Bleiazidsprengkapseln benutzt. Diese Aufladung soll gleichzeitig das Bleiazid vor Zersetzung durch feuchte, kohlensäurehaltige Luft schützen, welche leicht die gefährliche Stickstoffwasserstoffsäure abspaltet.

Literatur. Schlenk: Ausf. Lehrb. d. organ. Chemie, Bd. 2, 1939. — Stettbacher: Schieß- u. Sprengstoffe, 1933. — Wallbaum: Z. ges. Schieß- u. Sprengstoffwes., 1939, S. 126.

Tetrazen, von Rathsburg als Initialsprengstoff eingeführt, ist ein Derivat des Guanidins. Guanidin ist vom Harnstoff (32) durch Ammoniak abzuleiten:

$$CO(NH_2)_2 + NH_3 \longrightarrow HN = C(NH_2)_2 + H_2O \ .$$

Das Nitroprodukt des Guanidins kann man leicht zu Aminoguanidin reduzieren. Bei Behandlung mit Natriumnitrit erhält man daraus das Tetrazen:

Guanidin: $C=NH$ mit NH_2, NH_2 Nitroguanidin: $C=NH$ mit $NHNO_2$, NH_2 Aminoguanidin: $C=NH$ mit $NHNH_2$, NH_2

Tetrazen: $NH = C—NH—NH—N = N—C—NH—NHNO$ mit NH_2 und NH

Tetrazen bildet gelblich-weiße nicht hygroskopische Kristalle, die von kochendem Wasser zersetzt werden. Die Kristallwichte ist 1,7, die Stoßempfindlichkeit entspricht etwa derjenigen des Knallquecksilbers, während die Zündempfindlichkeit etwas geringer ist. Sie geht mit steigendem

Preßdruck immer mehr verloren (Tab. 33). Die Reibungsempfindlichkeit des Tetrazens entspricht etwa derjenigen der anderen genannten Initialsprengstoffe (nur die reinsten Azide sind empfindlicher).

Literatur. Rathsburg: Z. angew. Chem. 1928, S. 1284 (Reibungsempfindlichkeit). — Rathsburg: DRP. 362433. — Stettbacher: Schieß- u. Sprengstoffe, 1933. — Stettbacher, Nitrozellulose 1941, S. 83.

45. Sprengkapseln und Zündmittel.

Knallsätze und Sprengkapseln (1867 eingeführt von Nobel). Einfache Sprengkapseln werden mit dem Knallsatz gefüllt. Dieser besteht entweder aus Knallquecksilber allein oder meist aus einer Mischung von 80% Knallquecksilber und 20% Kaliumchlorat. Knallquecksilber allein detoniert nach der Gleichung:

$$Hg(CNO)_2 = Hg\,(Dampf) + 2\,CO + N_2.$$

Der Chloratzusatz führt eine Bildung von CO_2 anstatt von CO herbei. Er erhöht somit die verhältnismäßig kleine Energie des Knallquecksilbers. Die Reibungs-, Stoß- und Zündempfindlichkeit sowie die Grenzladung des Chloratsatzes entspricht etwa derjenigen des reinen Knallquecksilbers. Eine ausreichende Brisanz erhält man erst durch Verdichten. Das Einpressen der Knallsätze in die Kupferhülsen erfolgt unter dem Schutze von Panzerplatten. Ein Ersatz der Kupferhülsen durch Aluminium ist bei Knallquecksilbersprengkapseln nicht möglich, weil das Knallquecksilber durch Aluminium zersetzt wird und das freigewordene Quecksilber die Hülsen amalgamiert. Im Handel waren 10 Sprengkapselgrößen mit 0,3 g Knallsatz für Sprengkapsel 1 bis 3 g Knallsatz für Kapsel 10. Heute werden nur noch die Sprengkapseln 3 und 8 verwendet, die außerdem fast ausnahmslos kombinierte Sprengkapseln sind (s. u.). Diese Sprengkapseln müssen bestimmte Außendurchmesser haben (6 mm bei Nr. 3; 6,8—6,9 mm bei Nr. 8), der Leerraum über dem Innenhütchen muß mindestens 15 mm lang sein, um gefahrloses Einführen und Festkneipen der Zündschnur zu ermöglichen. Für alle Sprengkapseln ist ein Innenhütchen aus Kupfer oder Messing bzw. Aluminium vorgeschrieben, welches das Einpressen erleichtert, den Satz in der Hülse festhält, gegen mechanische Beanspruchung, z. B. beim Einführen der Zündschnur, schützt und Feuchtigkeit fernhält. Eine bestimmte Lademenge ist nicht mehr vorgeschrieben. Die Güte der Sprengkapsel muß bestimmten Bedingungen entsprechen (s. u.). Die Sprengkraft der Knallsätze ist gering (39, Tab. 31).

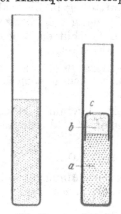

Abb. 49.
Einfache
Sprengkapsel
im Schnitt.

Abb. 50.
Kombinierte
Sprengkapsel
im Schnitt.

a = Grundladung, b = Knallsatz, c = Innenhütchen
(aus Beyling).

Der Wunsch nach einer energiereicheren Füllung brachte die kombinierten Sprengkapseln: Einen verkleinerten Knallsatz preßt man auf das energiereichere Trinitrotoluol (Trotylkapseln) oder Tetranitromethylanilin (Tetrylkapseln). Diese Stoffe dienen damit als kleine Zündladungen. Sie sind weniger gefährlich, billiger und wirksamer als der reine Knallsatz. Solche kombinierten Kapseln werden auch mit Bleiazid-Trinitroresorzinatgemisch als Knallsatz und Tetryl als Grundladung hergestellt. Die Vorzüge des Bleiazids kommen dabei voll zur Geltung. Sie werden in Aluminiumhülsen herausgebracht, weil feuchte kohlensäurehaltige Luft aus dem Bleiazid die Stickstoffwasserstoffsäure freimacht, und diese mit Kupfer das höchst gefährliche Kupferazid bildet. Für Schlagwettergruben sind diese Kapseln verboten, weil die glühenden Aluminiumsplitter zur Entzündung des Gasgemisches führen.

Literatur. Verordnung über Zulassung von Sprengstoffen und Zündmitteln. Z. ges. Schieß- u. Sprengstoffwes., 1935, S. 64.

Die Prüfung von Sprengkapseln erfolgt durch ihre Durchschlags- und Splitterwirkung gegen Bleiplatten von 40 mm Seitenlänge und 4—8 mm Dicke. Die Platte wird auf eine rohrförmige Unterlage gelegt, die Sprengkapsel hochkant aufgesetzt und mittels Zündschnur abgeschossen. Eine

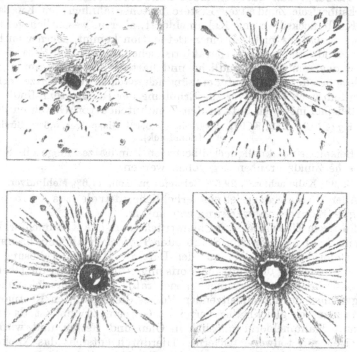

Abb. 51. Wirkung von Sprengkapseln verschiedener Brisanz auf Bleiplatten.
(Aus: Brunswig.)

gute Sprengkapsel 8 ergibt gegen 8 mm-Bleiplatte glatten Durchschlag und feine Strahlung als Beweis für die Zerlegung der Hülse in feine Splitter, eine gute Kapsel 3 ergibt dabei zwar nur eine trichterförmige Vertiefung, aber gleichmäßige Strahlung.

Mit dieser Probe ermittelt man die einwandfreie Beschaffenheit von Sprengkapseln. Das Initiiervermögen wird besser gegen einen schwer detonierbaren Sprengstoff, z. B. mit Talkum phlegmatisiertes Trotyl, nach der Bleiblockmethode geprüft (39). Die Aufbauchung muß derjenigen entsprechen, welche der mit einer „Normalsprengkapsel" initiierte Sprengstoff ergibt. Die Normalsprengkapsel Nr. 8 enthält der Reihe nach 0,35 g Trinitrotoluol, nochmals 0,35 g Tri und 0,55 g Knallquecksilber, die mit je 480 at eingepreßt werden, letzteres zugleich mit dem Innenhütchen.

Literatur. Beyling-Drekopf: Sprengstoffe und Zündmittel, 1936. — Cszereczky: Z. ges. Schieß- u. Sprengstoffwes., 1929, S. 169 (Vergleichende Prüfung von Bleiazid- und Fulminatkapseln).—Haid und Koenen: desgl., 1930, S. 393 (Prüfverfahren). — Brunswig: Explosivstoffe, 1923.

Zündsätze und Zündhütchen. Während die Knallsätze eine Detonation durch Stoß einleiten sollen, haben die Zündsätze die Aufgabe, durch eine möglichst große und gleichmäßige Stichflamme die Verbrennung von Pulvern herbeizuführen. Die Zündung erfolgt durch Schlag oder Reibung. Man unterscheidet Knallquecksilberzündsätze und knallquecksilberfreie Zündsätze. Erstere bestehen ähnlich den Knallsätzen aus Knallquecksilber und Kaliumchlorat, aber in wesentlich geringerer Menge, sodaß es nicht zu einer Detonation kommt. Ferner enthalten diese Zündsätze noch als charakteristischen Bestandteil Schwefel oder besser das weniger empfindliche und härtere Schwefelantimon Sb_2S_3. Beide sollen den Satz leichter entzündlich machen. Viele Sätze enthalten außerdem noch Glaspulver zur Erhöhung der Reibungsempfindlichkeit. Als Beispiel möge ein Satz in den Zündhütchen von Gewehren dienen: 27% $Hg(ONC)_2$, 37% $KClO_3$, 29% Sb_2S_3, 6,4% Glaspulver, 0,6 % Bindemittel (Schellack).

Als Beispiel eines knallquecksilberfreien Zündsatzes möge ein Satz für deutsche Zündschrauben angegeben werden:

52,9% Kaliumchlorat, 29,5% Schwefelantimon, 17,6% Mehlpulver.

Allen diesen Sätzen ist eine erhebliche, durch das Chlorat bedingte Korrosionswirkung gemeinsam.

Rostfreie Zündsätze. Der Chloratrückstand, das Kaliumchlorid, setzt sich im Lauf in Form von Staub oder Tröpfchen ab und brennt fest. Das Chlorid zieht Wasser aus der Luft an. Die Chloridlösung ergibt unter Mitwirkung des Luftsauerstoffs ungleichmäßig über die Oberfläche verteilte örtliche Anfressungen (Lochfraß). Es zeigen sich nach dem Wegwischen des lose aufsitzenden Rostes die bekannten Rostnarben in Form ziemlich gleichmäßig verteilter Gruben. Zudem ist das festgebrannte Kaliumchlorid unlöslich in Ölen und Fetten und wird beim Reinigen nur teilweise entfernt. Hierdurch entsteht das Nachrosten. Zur Schonung der Läufe kann man das Chlorat durch Bariumnitrat, Bariumsuperoxyd, Bleisuperoxyd oder ähnliche Sauerstoffträger ersetzen. Als Beispiel diene der rostfreie Zündsatz:

40% $Hg(ONC)_2$, 25% Sb_2S_3, 25% $Ba(NO_3)_2$, 4% Glaspulver, 6% $BaCO_3$.

Nun ist aber die Rostwirkung des Chlorids nicht allein verantwortlich für die Schädigung der Läufe. Wichtiger sind vielleicht noch die

Ausbrennungen (Erosionen), die hauptsächlich am Übergangsteil des Lauf-
beginns in Form von vielen kleinen, aber scharfkantigen Vertiefungen
auftreten. Diese werden von Wolf auf die Aufschließung des Eisens durch
die geschmolzenen Zündsatzschlacken zurückgeführt. Ergänzend weist
v. Herz auf die hohe Explosionstemperatur und große Zersetzungsge-
schwindigkeit des Knallquecksilbers hin, welche ein heftiges Aufprallen
von Zündsatzteilchen auf die erweichte Lauffläche bewirkt. Erosionsfrei
kann also nur ein knallquecksilberfreier Zündsatz sein. Frei von Knallquecksilber ist die Sinoxidmunition der Rheinisch-Westfälischen Spreng-
stoff-A.-G.. Das Knallquecksilber ist hier durch Tetrazen ersetzt. Besonders wichtig ist diese Munition für die Kleinkaliberwaffen, welche
einen im Verhältnis zum Kaliber starken Zündsatz enthalten.

Literatur. Wolf: Z. ges. Schieß- u. Sprengstoffwes., 1932, S. 397. — v. Herz:
desgl., 1933, S. 37 u. 310 (Erosionsfreie Zündung, Sinoxidmunition). — Bauer-
Kröhnke-Masing: Die Korrosion metall. Werkstoffe, Bd. 1, 1936 (Korrosion
durch Chloride).

Zündschnüre. Bei der Sprengmunition erfolgt die Zündung der
Sprengkapseln entweder durch elektrische Glühzündung oder durch eine
Zündschnur. Bei den Zündschnüren gibt es die bekannten langsam
brennenden (Bickfordschen) Zündschnüre mit einer Schwarzpul-
verseele in guttapercha- oder teerimprägnierter doppelter oder dreifacher
Juteumspinnung. Nur diese „doppelten" oder „dreifachen" Zündschnüre
bieten genügenden Schutz gegen Feuchtigkeit und sind daher allein zugelassen. Die Umspinnung soll auch das seitliche Durchbrennen der
Zündschnur verhindern. Vor allem kommt es auf eine vollständig gleichmäßige Brenndauer an. Diese erreicht man durch Schwarzpulver besonderer Zusammensetzung, gleichmäßiger Dichte und feinen Korns.

Schwarzpulver für Zündschnüre: 70% KNO_3, 14% S, 16% C.

Die Pulverseele muß sorgfältig auf Fehlstellen untersucht werden zur
Vermeidung des schnellen Durchschlagens und des langsamen Fortglim-
mens. Die Brenndauer beträgt im Mittel 110—130 sec/m. — Die deto-
nierende Zündschnur dient zur gleichzeitigen Zündung mehrerer Ladungen und kann auch zu kleineren Sprengarbeiten benutzt werden. Sie
besteht aus einer Bleiröhre mit einer Füllung von Trinitrotoluol. Sie
muß ihrerseits durch eine Sprengkapsel initiiert werden. Die Trotylzündschnur hat eine Seele von 4,5 mm Durchmesser und einen Außendurchmesser des Bleirohrs von 6 mm. Bei der Sprengstoffwichte 1,5 beträgt die Detonationsgeschwindigkeit etwa 5000 m/sec. Diese Zündschnur ist zwar handhabungssicher, aber teuer, schwer und unhandlich.
Der Metallmantel kann durch Gespinst ersetzt werden bei Füllung mit
Knallquecksilber, das mit Paraffin phlegmatisiert ist. Wesentlich handhabungssicherer und feuchtigkeitsbeständiger als diese Knallquecksilber-
zündschnur ist die Nitropentazündschnur, die ebenfalls in Gespinstum-
hüllung mit wasserdichter Einlage herausgebracht wird. Die Detonationsgeschwindigkeit liegt zwischen 7000 und 7300 m/sec.

Literatur. Beyling-Drekopf: Sprengstoffe und Zündmittel, 1936. — Referat,
Z. ges. Schieß- u. Sprengstoffwes., 1935, S. 333 (Nitropentazündschnur). — Selle:
desgl., 1929, S. 420 (Eichung der Trotylzündschnur). — Fritzsche: Nitrozellulose,
1940, S. 24 (Sicherheitszündschnur, Entwicklung der Zündschnüre).

46. Sprengstoffgesetz und Unfallschutz.

Sprengstoffe dürfen nicht in den Besitz unbefugter oder nicht sachverständiger Personen gelangen. Daher bestimmt das Sprengstoffgesetz vom 9. 6. 1884: „Die Herstellung, der Vertrieb und der Besitz von Sprengstoffen sowie die Einführung derselben aus dem Auslande ist unbeschadet der bestehenden sonstigen Beschränkungen nur mit polizeilicher Genehmigung zulässig". Als Ergänzungen zu diesem grundlegenden Gesetz sind die landesrechtlichen Bestimmungen anzusehen, die Sprengstoffverkehrsordnung vom 4. 9. 1935, die Sprengstofferlaubnisordnung vom 15. 7. 1924, die Sprengstofflagerverordnung vom 17. 11. 1932 u. a. In diesen Verordnungen finden die Sprengstoffeigenschaften im allgemeinen und im besonderen ihre praktische Auswertung.

Fernwirkung der Detonation. Die Fernwirkung wird nicht durch die von dem Detonationsherd abströmenden Gase bedingt. Sie kommt vielmehr dadurch zustande, daß infolge des Detonationsstoßes das umgebende Mittel, meist Luft, komprimiert wird. Die Fortpflanzungsgeschwindigkeit des Druckstoßes ist am Detonationsherd gleich der Detonationsgeschwindigkeit und sinkt dann bis auf die normale Schallgeschwindigkeit. Die Intensität des Druckstoßes nimmt rasch ab und zwar mit dem Quadrat der Entfernung, weil die Energie sich auf eine immer größer werdende Kugelschale verteilt. Ist die Intensität an der Sprengstelle $= i_0$, so ist sie in der Entfernung r nur noch proportional i_0/r^2, entsprechend der Oberflächenformel der Kugel $O = 4\,\pi\,r^2$. Man hat also:

$$i \sim \frac{i_0}{r^2} \quad \text{bzw.} \quad r \sim \sqrt{\frac{i_0}{i}}\,.$$

Setzt man nun die Anfangsintensität i_0 proportional der detonierenden Sprengstoffmenge G, und bedenkt man, daß zu jeder zerstörenden Wirkung ein ganz bestimmter Wert von i gehört, so ergibt sich unter Zusammenfassung der Konstanten der Sicherheitsabstand:

$$r = k\,\sqrt{G} \quad \text{(r in m, G in kg).}$$

Der Wert von k ist also von der Schwere des Schadens abhängig und die Brauchbarkeit der Formel an die richtige Bestimmung von k geknüpft. Zur Ermittlung von k kann man Sprengungen großen Ausmaßes durchführen, wie es z. B. in Frankreich bei der Vernichtung der auf den Weltkriegsschlachtfeldern gesammelten Munition geschehen ist, oder man wertet die Erfahrungen bei großen Unglücksfällen aus. Es ergeben sich schwere Schäden bis $k = 5$, mittlere bis $k = 10$, leichte bis $k = 20$. Als ungefährer Anhalt für den Mindestabstand der Munitionslager von Wohngebäuden gilt $k = 10$, von öffentlichen Straßen $k = 5$. Bei Umwallung können diese Werte halbiert, bei Lagerung von Schwarzpulver kann mit $1/\sqrt{2} = 0{,}7$ multipliziert werden. Die im Deutschen Reich vorgeschriebenen Abstände sind in der Sprengstofflagerverordnung angegeben. — Bei der Bemessung der Entfernung einzelner Lager unter sich kommt es auf die Verhütung des Mitdetonierens infolge des aufprallenden Druckstoßes an (Detonationsübertragung). Diese Entfernungen sind wesentlich kleiner.

Es kann etwa mit k = 0,5 für lose gelagerte oder in Geschossen laborierte Sprengstoffe gerechnet werden. Die Entfernungen sind von der Beschaffenheit des Geländes abhängig. Die Gebäude werden durch Umwallungen, die 1 m über den Dachfirst ragen sollen, getrennt zum Ablenken eines Druckstoßes und zum Abfangen von Schleuderstücken. Sandflug und Staub wird vermieden durch Laubholz und Grasbewuchs.

Literatur. Schneider: Z. ges. Schieß- u. Sprengstoffwes., 1939, S. 230. — Schmidt: desgl., 1932, S. 145 (Luftstoßwellen). — Sprengstofflagerverordnung: desgl., 1933, Anh., S. 1. — Justrow: Wehrtechn. Monatshefte, 1935, Heft 7.

Lagerung. Bei der Bauart der Gebäude ist Blitzschutz, ein leichtes, aber durchschlagsicheres Dach, nicht in schwere Brocken zerfallendes Material und feuersicherer Fußboden vorzusehen. Türen müssen nach außen aufgehen. Die Fenster sollen Schutz gegen direkte Sonnenstrahlung gewähren. Zur Beleuchtung sind Glühbirnen, sonst Sicherheitslampen zu verwenden. Alle Schalter und Sicherungen liegen außerhalb der Arbeitsräume. Die Heizung erfolgt durch warmes Wasser oder Dampf. An den Türen befinden sich Handfeuerlöscher.

Besonders lagergefährlich sind Explosivstoffe, die durch Funkenflug oder Flammen zur Explosion kommen, z. B. Schwarzpulver, Leuchtmunition, Initialsprengstoffe, trockene Nitrozellulose. Nitrozellulose darf nur in wasserfeuchtem Zustande gelagert werden. Rauchschwache Pulver sind als brisante Sprengstoffe zu behandeln entsprechend ihren sprengkräftigen Bestandteilen. Sie können, durch Schwarzpulver initiiert, zur Detonation kommen und zwar um so leichter, je feinkörniger sie sind. Es dürfen nicht zusammen gelagert werden: 1. Pulversprengstoffe und Pikrinsäure mit allen anderen Sprengstoffen (jedoch mit Ammonsalpetersprengstoffen); 2. rauchschwache Pulver und lose und gepreßte Nitrozellulose mit brisanten Sprengstoffen; 3. Chloratsprengstoffe mit Ammonsalpeter enthaltenden Sprengstoffen; 4. Nitrosprengstoffe mit Dynamiten. Die Bestände sind laufend zu überwachen. Insbesondere sind sie gegen hohe Temperaturen zu schützen (Stabilität). Das ist auf Kriegsschiffen besonders schwierig. Die Munitionskammern werden gekühlt, ihre Temperatur wird laufend überwacht. Jede Zündursache ist peinlichst fernzuhalten. Ölgetränktes Tauwerk, Putzlappen und Wischbaumwolle darf wegen Gefahr der Selbstentzündung nicht geduldet werden.

Literatur. Schweninger: Z. ges. Schieß- u. Sprengstoffwes., 1936, S. 256. — Sprengstofflagerverordnung: desgl., 1933, Anh., S. 1. — Fritsch: desgl., 1941, S. 55 (Blitzschutz). — Täglich: Der Verkehr mit Sprengstoffen, 1940.

Transport. Für den Transport auf der Eisenbahn gelten umfangreiche und strenge Vorschriften. Die Beförderung wird auch hinsichtlich der zugelassenen Mengen davon abhängig gemacht, ob die Explosivstoffe bestimmte Anforderungen erfüllen. Die Untersuchung erfolgt nach den Methoden des Abschn. 37. Von allgemeinerem Interesse sind die Vorschriften für den Transport auf Landwegen. Jeder Transport von Sprengstoffen auf Fuhrwerken, welche Personen befördern, ist verboten. Beim Verpacken oder Verladen darf kein Feuer oder offenes Licht benutzt werden. Rauchen ist unzulässig. Werfen oder Rollen der Frachtstücke ist untersagt. Die Verpackung muß so fest sein, daß Scheuern, Stoßen, Verkanten und Herabfallen ausgeschlossen ist. Sprengstoffe dürfen nicht mit leicht entzündlichen Stoffen zusammen verladen werden. Die Fuhrwerke müssen dichtschließende Ladekästen haben, sodaß die Sprengstoffe nicht verstreut werden können. Die Fuhrwerke dürfen nicht ohne Bewachung bleiben. Die Höchstgeschwindigkeit für Kraftfahrzeuge ist 30 km/Std. (Warnungszeichen schwarze Flagge mit weißem P). Bei Aufenthalt von mehr als ½ Stunde müssen die Fahrzeuge mindestens 300 m von bewohnten Gebäuden entfernt bleiben. Ferner ist der Ortspolizeibehörde Anzeige zu erstatten. Diese entscheidet auch, ob der Transport durch geschlossene Straßenzüge erfolgen darf oder ob eine Umleitung möglich ist. Ist Gefahr im Verzuge, so kann die Polizei die Sprengstoffe vernichten lassen.

Literatur. Mente: Z. ges. Schieß- u. Sprengstoffwes., 1931, S. 109 (Eisenbahnverkehrsordnung, Anl. C). — Verordnung zur Eisenbahnverkehrsordnung: desgl., 1935, Anh., S. 17. — Sprengstoffverkehrsordnung: desgl., 1935, Anh., S. 55. — Bunge: desgl., 1938, S. 45 (Verkehr mit Kraftfahrzeugen).

Sprengarbeit. Nicht gebrauchte Spreng- und Zündmittel sind zu entfernen und zu bewachen. Das Gelände muß abgesperrt werden. Hierbei ist zu beachten, daß die Gefahrenzone bei Eisensprengungen am größten, bei Fels- und Mauersprengungen kleiner und bei Erd- und Holzsprengungen am geringsten ist. Die Windrichtung muß dabei Berücksichtigung finden. Sprengkapseln und Glühzünder dürfen erst nach Anbringen der Sprengladung eingeführt werden. Die Sprengkapseln sind erst beim Gebrauch den Holzkästchen zu entnehmen. Sie sind ganz besonders gegen Stoß, Quetschung, Reibung und Erhitzung zu schützen. Beim Einführen einer Zündschnur in die Sprengkapseln ist jedes Scheuern zu unterlassen. Auf keinen Fall dürfen Sprengkapseln lose in Taschen untergebracht werden. Die Zündung darf erst auf Befehl an genügend weit entfernten und geschützten Stellen erfolgen. Die Leitungdrähte dürfen nicht vorzeitig angelegt werden und sind sofort nach der Sprengung abzunehmen. Bei Versagern ist größte Vorsicht geboten, besonders bei Verwendung von Zündschnur. Die Sprengstelle darf dann erst nach 15 min und auch dann erst auf Befehl betreten werden. Das Anbringen von neuen Zündungen und das Entladen ist gefährlich. Nicht detonierte Reste oder schwer zugängliche Ladungen müssen dann ihrerseits durch Ladungen in der Nähe gesprengt werden. Nach erfolgter Sprengung dürfen Gebäude und Minenstollen erst nach Prüfung auf Einsturzgefahr und auf giftige Gase betreten werden. Notfalls ist von Sauerstoffgeräten Gebrauch zu machen.

Literatur. Beyling-Drekopf: Sprengstoffe und Zündmittel, 1936. — Sprengvorschrift.

Verarbeitung von Sprengstoffen. Es ist nur die unbedingt notwendige Menge des Explosivstoffes in Arbeit zu nehmen. Die Hauptmenge ist gesichert gegen Funken, Sonnenbestrahlung, Durchnässung und Erschütterung aufzubewahren. Der Arbeitsplatz ist sauber zu halten. Jeder Staub ist insbesondere von den Heizkörpern zu entfernen. Der Zutritt von unbefugten Personen ist zu verhindern. Vor Beginn der Arbeit sind die

Waffen abzulegen. Feuerzeuge, Streichhölzer usw. müssen abgegeben werden. Bei den Werkzeugen ist Eisen zu vermeiden und von nicht funkengebenden Stoffen wie Kupfer, Messing, Aluminium, Holz und Hartgummi Gebrauch zu machen. Benagelte Stiefel dürfen nicht getragen werden. Gegebenenfalls sind Filzschuhe anzulegen. Jedes offene Licht ist zu vermeiden. Sprengstoffkrusten dürfen nicht gewaltsam entfernt werden. Jede Berührung von Sprengstoffen mit offenen Wunden muß unterbleiben. Beim Transport von Explosivstoffen dürfen keine Erschütterungen eintreten. Jedes Schleifen von Kisten ist verboten. Alle Reste von Explosivstoffen sind sorgfältig aufzunehmen und zu vernichten.

Vernichtung von Sprengstoffen. Die Art der Vernichtung ist dem Explosivstoff anzupassen und durch Feuerwerkspersonal auszuführen. Es werden vernichtet: 1. Zündschnüre durch Verbrennen in kleinen Mengen nacheinander im offenen Feuer. 2. Sprengkapseln durch Hinzufügen zu normalen Sprengladungen und Mitverschießen. 3. Pulversprengstoffe durch Ersäufen in Wasser unter Umrühren. 4. Dynamite durch Verbrennen (Patronenhülsen öffnen und Patronen einzeln von sicherem Stand aus in offenes Feuer werfen). 5. Ammonsalpeter- und Chloratsprengstoffe wie 1. 6. Rauchschwache Pulver durch Verbrennen (Quer zur Windrichtung ausstreuen und mit Zündschnur zünden. Röhrenpulver nie in der Hand anzünden). 7. Pikrinsäure und Trinitrotoluol durch Verbrennen. Loses Pulver in der Windrichtung ausschütten und am windabgekehrten Ende anzünden. (Hierbei kann petroleumgetränktes Papier verwendet werden.)

Literatur. Täglich: Der Verkehr mit Sprengstoffen, 1940, S. 119. — Beyling-Drekopf: Sprengstoffe und Zündmittel, 1936. — Kast: Spreng- und Zündstoffe, 1921.

Chemische Kampfstoffe.
47. Eigenschaften der Kampfstoffe.

Giftträger sind Elemente, die fast alle den Spalten IV—VI des periodischen Systems angehören. Es ist also anzunehmen, daß die Giftigkeit mit dem Elektronenaufbau des Atoms zusammenhängt. Giftig sind solche Elemente vorzugsweise in niedriger Wertigkeitsstufe, z. B. zweiwertiger Kohlenstoff (CO, 52), zweiwertiger Schwefel (H_2S, 51), dreiwertiges Arsen (AsH_3, 49, 51), niedere Stickoxyde (NO, NO_2, 9, 41). Giftträger sind ferner stickstoff- und kohlenstoffhaltige Atomgruppen, vorzugsweise $\cdot NH_2$ (16, 42), $\cdot C \equiv N$ (48, 49, 52), sowie aliphatische und aromatische Radikale, z. B. $\cdot CH_3$, $\cdot C_2H_5$, $\cdot C_6H_5$. Doppel- und besonders Dreifachbindung erhöht die Giftigkeit, z. B. ist Benzol giftiger als Benzin (52). Der Giftträger kann nur in den Körper eindringen, wenn er fettlöslich und (oder) wasserlöslich bzw. hydrolysierbar ist. Fettlöslich wird ein Stoff durch die eben erwähnten organischen Radikale, hydrolysierbar wird er durch Anlagerung von Halogenen. Bei der Hydrolyse entstehen dann Säuren bzw. H^+-Ionen, welche die Gift-(Ätz-)wirkung verstärken. Durch Kombination der verschiedenen Atome und

Atomgruppen entstehen Stoffe verschiedener Giftigkeit. In gewissem Grade kann man sich heute ein Bild von der Giftwirkung eines Stoffes machen, wenn das Gebiet auch nicht abgeschlossen ist. Z. B. dringt der wichtigste Kampfstoff (Lost, 51) in die Haut ein (Fettlöslichkeit durch organische Radikale), wird langsam hydrolisiert (Hydrolysierbarkeit durch Halogene) und zieht unter der Ätzwirkung der H^+-Ionen Blasen. Hinzu kommt die Wirkung des zweiwertigen Schwefels $\cdot S \cdot$. Nach Ehrlich kann man Toxophoren (Giftträger, z. B. $\cdot S \cdot$, $\cdot As:$, $:C = C:$, $\cdot C \equiv N$ u. a.) und Auxotogen (Giftmehrer, z. B. Halogene, organische Radikale) unterscheiden.

Literatur. Sartori: Die Chemie der Kampfstoffe, 1940. — Trabaud: (Ref.), Gasschutz u. Luftschutz 1937, S. 80.

Giftwirkung. Wird der Kampfstoff im Körper aufgespeichert, so ist seine Wirkung durch die Konzentration c (mg/m³ Luft) und durch die Einwirkungsdauer t (in min) gegeben. Man erhält dann das Wirkungsprodukt:

$$W = t \cdot c.$$

Läßt man den Kampfstoff 1 min wirken (t = 1), so ergibt sich meist bei kleiner Konzentration ein Warnreiz (Reizschwelle), bei größerer Konzentration c_E, welche ohne Schaden 1 min eben noch erträglich ist, die „Erträglichkeitsgrenze", und bei noch höherer Konzentration c_T (wieder nach Einwirkung von 1 min) eine früher oder später tödliche Wirkung (Tödlichkeitsprodukt) (Tab. 34). Je kleiner c_T im Verhältnis zu c_E ist, desto gefährlicher ist der Kampfstoff, weil dann bereits eine kleine Überschreitung der noch erträglichen Konzentration tödlich wirkt. Nach Müller heißt daher der Quotient c_T/c_E die „Gefährlichkeitszahl" G. Je größer G, desto kleiner ist also die tödliche Vergiftungsgefahr. Die Zahlen der Tab. 34 haben keinen absoluten Wert, da sie an Tieren erprobt sind, geben aber einen brauchbaren Vergleichsmaßstab der einzelnen Kampfstoffe.

Literatur. Müller: Die chemische Waffe, 1935.

Wirkungsdauer von Kampfstoffen. Ist der Kampfstoff gasförmig (z. B. Chlor), so zieht er schnell mit dem Winde ab (wenn er sich auch in Schluchten oder dichten Wäldern länger halten kann). Ähnlich verhalten sich Kampfstoffe, die zwar flüssig, aber leicht vergasbar sind. Z. B. ist Phosgen unterhalb seines Siedepunktes $+8°$ flüssig, vergast aber noch schneller als Äther (Sp. $+35°$). Bis zu einigen Stunden halten sich flüssige Kampfstoffe mit Siedepunkten um 100°, ähnlich wie Wasser (Grünkreuzkampfstoffe, z. B. Perstoff Sp. $+128°$, Chlorpikrin Sp. $+111°$). Wesentlich länger können flüssige Kampfstoffe mit Sp. um 200° wirksam bleiben, ähnlich wie Leuchtpetroleum (Gelbkreuzkampfstoffe, z.B. Lost Sp. $+216°$, Lewisit, ferner Brombenzylzyanid, Chlorazetophenon, Tab. 34), sämtlich „seßhafte" Kampfstoffe. Liegt der Siedepunkt des Kampfstoffes oberhalb 300°, so ist eine nennenswerte Vergasbarkeit nicht mehr vorhanden. Diese bereits kristallinischen Kampfstoffe wirken nur kurze Zeit als Schwebstoffe (27) nach der Geschoßdetonation (Blaukreuzkampfstoffe, z. B. Clark I Sp. 331°, Adamsit Sp. 410°). Als Maß für die Flüchtigkeit des Kampfstoffes kann also der Siedepunkt benutzt werden. — Unterhalb des Siedepunktes vergasen die Kampfstoffe durch Verdunsten, bis die Luft mit ihrem Dampf gesättigt ist. Diese Sättigungsmenge (mg/m³) hängt stark von der Temperatur ab (z. B. Eis von —20° 0,9 g/m³, Eis von 0° 4,8 g/m³, Wasser von 20° 17,3 g/m³, Wasser von 100° 597 g/m³). Die Wirkungsdauer des Kampfstoffs sinkt also mit steigender Temperatur (Sonne). Als Vergleichsmaß für die Flüchtigkeit der Kampfstoffe benutzt man ihre Sättigungsmenge bei normaler Temperatur (20°). Die großen Unterschiede zeigt die Tab. 34. Die Sättigungsmenge bei 20° heißt kurz „Flüchtigkeit". Je größer die Flüchtigkeit, desto kleiner ist die Seßhaftigkeit. Setzt man z. B. die Seßhaftigkeit von Wasser bei 15° = 1, so ist die Seßhaftigkeit von Lost bei 15° = 103, bei 30° nur noch 29. Der Einfluß des Geländes und des Wetters (Wind, Wasser) läßt sich zahlenmäßig nicht erfassen.

Literatur. v. Tempelhoff: Gaswaffe u. Gasabwehr, 1937. — Nielsen: Z. ges. Schieß- u. Sprengstoffw. 1931, S. 420. — Stampe: Gasschutz- u. Luftschutz, 1937, S. 295 (Gasschutz und Wetter).

Beständigkeit von Kampfstoffen. Viele Kampfstoffe werden durch Luftfeuchtigkeit zersetzt, fast alle zerfallen rasch bei Regenwetter. Wasser zersetzt z. B. sofort Phosgen, ziemlich schnell Lewisit, langsam Lost, praktisch nicht Chlorpikrin. Leichte Hydrolysierbarkeit vermindert die Seßhaftigkeit und erschwert die Laborierung und Lagerung. Gute Lagerfähigkeit erfordert genügende chemische Stabilität. Neigen Kampfstoffe zum Zerfall oder zur Polymerisation (z. B. Bromazeton oder Blausäure), so sucht man sie durch Zusatz von Stabilisatoren lagerbeständig zu machen. Endlich muß der Kampfstoff, um wirksam zu bleiben, möglichst ohne Zersetzung die hohe Temperatur und den hohen Druck bei der Geschoßdetonation aushalten. In dieser Richtung empfindliche Stoffe, z. B. Brombenzylzyanid, sind zumindest für die Verwendung in Geschossen nicht geeignet. Kampfstoffe, welche Metall angreifen, erschweren die Laborierung, sie erfordern Lackierung oder Verzinnung der Geschoßhülle oder Verwendung besonderer Hilfsgefäße (Glas, Blei).

Literatur. Sartori: Die Chemie der Kampfstoffe, 1940.

48. Augenreizstoffe.

Wirkung und Einsatz. Augenreizstoffe sind zwar wirksame, aber wenig gefährliche Kampfstoffe (Tab. 34 u. 35). Man beabsichtigt mit ihrem Einsatz lediglich eine „Lähmung" der Gefechtsbereitschaft durch Maskenzwang. Sie ergibt sich durch Erschwerung der Atemtätigkeit, Druck bei langer Tragezeit, Erhitzung des Gesichts, Unmöglichkeit des Genusses von Lebensmitteln und Rauchwaren, Beeinträchtigung der Sicht, Dämpfung der Stimme, Unkenntlichkeit des Maskenträgers und die seelischen Folgen der körperlichen Behinderung. Da die Lähmung nur durch Dauerschießen zu erreichen ist, eignen sich zum Lähmungsschießen am besten seßhafte Augenreizstoffe (und Gelbkreuzkampfstoffe), die durch Nachgasen lange wirksam bleiben. Leute mit schadhafter oder schlechtsitzender Maske werden außer Gefecht gesetzt. Zivilbevölkerung

Tab. 34. Eigenschaften einiger Kampfstoffe.

	Kampfstoff	Deckname	Dichteverhältnis (Luft = 1)	Siedepunkt °C	Flüchtigkeit bei 20°C mg/m³	Reizschwelle mg/m³	Erträglichkeitsgrenze mg/m³	Tödlichkeitsprodukt min·mg/m³ ca.	Gefährlichkeitszahl
Augenreizstoffe	Bromazeton	B.-Stoff	4,7	126	75 000	1,0	10	4000	400
	Brommethyläthylketon	Bn-Stoff	5,2	145	—	1,6	16	6000	370
	Brombenzylzyanid . .	CA	6,7	225	700	0,3	30	7500	250
	Chlorazetophenon. . .	CN	5,4	247	105	0,3	4,5	4000	890
Nasen- und Rachenreizstoffe	Diphenylarsinchlorid .	Clark I	9,0	331	0,3	0,01	1,0	4000	4 000
	Diphenylarsinzyanid .	Clark II	8,5	360	0,1	0,01	0,25	4000	16 000
	Diphenylaminarsinchlorid	Adamsit	9,6	410	0,02	0,01	0,4	—	—
	Äthylarsindichlorid. .	Dick	6,0	156	22 000	0,1	10	3000	300
	Methylarsindichlorid .	Methyldick	5,5	132	75 000	2,0	25	3000	120
Erstickende Kampfstoffe	Chlor	—		2,5	—34	Gas	10	100	7500	75
	Phosgen	—		3,5	+8	Gas	5	20	1000	50
	Perchlorameisensäuremethylester	Perstoff	6,9	128	26 000	5	40	1000	25
	Chlorpikrin	Klop	5,6	111	180000	2	50	2000	40
Ätzende Kampfstoffe	Dichlordiäthylsulfid .	Lost	5,5	216	600	—	—	1500	·—
	Chlorvinylarsindichlorid	Lewisit	7,2	190	400	—	—	1500	—

ohne Maske wird beunruhigt. Ausgezeichnete Dienste verrichten die Augenreizstoffe für polizeiliche Zwecke. Endlich werden sie wegen ihrer relativen Ungefährlichkeit zur Gasmaskenprüfung in den Reizräumen benutzt.

Literatur. v. Tempelhoff: Gasschutz u. Luftschutz, 1938, S. 263. — Kunze: Gasschutz u. Luftschutz, 1937, S. 216 (Lähmung durch Maskenzwang). — Neumann: Z. ges. Schieß- u. Sprengstoffwes. 1938, S. 291 (Begriff Reiz und Reizstoff).

Bromazeton (B-Stoff) wird durch Bromierung von Azeton unter Zusatz von Natriumchlorat gewonnen. Das Chlorat oxydiert den freiwerdenden Bromwasserstoff wieder zu Brom (Wirtschaftlichkeit):

$$CH_3COCH_3 + Br_2 = CH_3COCH_2Br + HBr ,$$
$$6 HBr + NaClO_3 = NaCl + 3 Br_2 + 3 H_2O .$$

Das Bromazeton ist in reinem Zustande eine **wasserhelle Flüssigkeit**. Es ruft auf der Haut, besonders an den Fingernägeln, schmerzhafte Ätzerscheinungen hervor. An den Augen kann es **im flüssigen Zustande zu schweren Zerstörungen** führen. Unter der Einwirkung des Lichtes zersetzt es sich leicht, besonders in der Wärme, unter Abspaltung von Bromwasserstoff zu einer harzigen Masse. Es besitzt eine hohe Flüchtigkeit und dient hauptsächlich zur **Maskenprüfung im Reizraum.** (Schießen von Reizpatronen aus der Leuchtpistole oder Sprengen von Glasampullen.) Hierbei soll eine Konzentration von 100 mg/m³ nicht überschritten werden, weil sonst Hautreiz eintritt und der Stoff zu lange an der Kleidung haftet.

Brommethyläthylketon (Bn-Stoff) wird in gleicher Weise wie Bromazeton gewonnen und zwar aus Methyläthylketon, das als sekundäres

Produkt der Azetonindustrie reichlich zur Verfügung steht. Der Bn-Stoff von der Formel $CH_2Br—CO—C_2H_5$ ist in seinen Eigenschaften dem Bromazeton sehr ähnlich und wird auch wie dieses zur Maskenprüfung im Reizraum benutzt. Die Verwendung des Bn-Stoffes erfolgt zur Entlastung des Azetonverbrauchs (Pulver- und Sprengstoffindustrie). — Den beiden flüchtigen Augenreizstoffen B-Stoff und Bn-Stoff stehen die seßhaften Augenreizstoffe gegenüber.

Chlorazetophenon (Weißkreuzkampfstoff CN). Das Azetophenon ist ein fettaromatisches Keton: $CH_3—CO—C_6H_5$. Die Gewinnung des Kampfstoffes geht von der Essigsäure aus und läuft über folgende Stufen:

$$CH_3COOH \xrightarrow{Cl_2} CH_2ClCOOH \xrightarrow{S_2Cl_2 + Cl_2} CH_2ClCOCl \xrightarrow{C_6H_6} CH_2ClCOC_6H_5$$

Essigsäure   Monochloressigsäure   Chlorazetylchlorid   Chlorazetophenon

Chemisch bemerkenswert ist die Umwandlung der Säure ·COOH in das reaktionsfähige „Säurechlorid" ·COCl sowie dessen Reaktion mit aromatischen Kohlenwasserstoffen in Gegenwart von $AlCl_3$, die zu fettaromatischen Ketonen führt (Friedel-Crafts-Synthese). Die bei 58° schmelzende kristallinische Masse siedet erst bei 247°. Die Flüchtigkeit ist dementsprechend gering. Man verdampft den Kampfstoff daher durch Sprengladungen in Geschossen oder durch Schwelsätze in Schwelkerzen (27). Eine Zersetzung in der Hitze ist nicht zu befürchten. Die entstehenden Schwebstoffe lösen sich in Wasser nur wenig und werden durch Luftfeuchtigkeit nicht zersetzt. Chlorazetophenon ist ein seßhafter Kampfstoff. Da es sich sowohl durch hohe Reizwirkung (Tab. 34) als auch durch leichte Laborierbarkeit auszeichnet (keine Einwirkung auf die Geschoßwand, Einschmelzen direkt in das Geschoß ohne Zersetzung), muß das Chlorazetophenon als der z. Zt. **brauchbarste Augenreizstoff** betrachtet werden. In höheren Konzentrationen wirkt es stark auf den Rachen und sogar auf die Haut. Es bildet damit den Übergang zu den eigentlichen Nasen- und Rachenreizstoffen. Von Interesse sind noch Lösungen des Chlorazetophenons, die sich durch höhere Flüchtigkeit und infolge giftiger Gemischteile durch stärkere erstickende Wirkung auszeichnen. Hierher gehört z. B. die amerikanische Tränenstofflösung CNS, die ein Gemisch aus Chlorazetophenon, Chlorpikrin (50) und Chloroform ist. Ihre Flüchtigkeit wird mit 100 g/m³ bei 20° angegeben. Sie ruft außer heftigem Augenreiz Brechreiz und Hautjucken hervor.

Literatur. Sartori: Die Chemie der Kampfstoffe, 1940. — Müller: Die chemische Waffe, 1935. — Referat. Gasschutz und Luftschutz, 1937, S. 249 (CNS).

Brombenzylzyanid (Weißkreuzkampfstoff CA) erhält man aus Toluol (41) $C_6H_5CH_3$ über folgende Stufen:

$$C_6H_5CH_3 \xrightarrow{Cl_2} C_6H_5CH_2Cl \xrightarrow{KCN} C_6H_5CH_2CN \xrightarrow{Br_2} C_6H_5CH{\Large\langle}_{CN}^{Br}$$

Toluol   Benzylchlorid   Benzylzyanid   Brombenzylzyanid

Chemisch ist hierbei von Interesse, daß Halogenierung von Benzolhomologen unter Bestrahlung zur Bindung des Halogens in der Seitenkette führt, nicht am Benzolkern. (Der verbleibende Toluolrest $C_6H_5—CH_2·$

heißt „Benzyl".) Daher wird die oben angegebene Chlorierung und Bromierung unter Bestrahlung durchgeführt.

Das Brombenzylzyanid besteht in reinem Zustande aus weißen Kristallen, die bei + 29° schmelzen. Das technische Erzeugnis ist jedoch eine ölige dunkelbraune Flüssigkeit. Da der Stoff erst bei 225° siedet, hat er eine nur geringe Flüchtigkeit. Der Kampfstoff wird durch Wasser nur sehr langsam zersetzt. Er hat daher eine hohe Seßhaftigkeit im Gelände. Seine Anwendbarkeit wird dadurch eingeschränkt, daß er schon beim Erhitzen auf 150° zersetzt wird. Das Brombenzylzyanid wird daher bei der Detonation der Sprengladung der Gasgranate zerstört. Da es auch das Metall der Geschosse stark angreift und somit in Blei-, Porzellan- oder Emaillegefäßen untergebracht werden muß, überwiegen seine Nachteile den einzigen Vorteil, seine niedrige Reizschwelle. Nach amerikanischen Angaben soll der Stoff vom Flugzeug „abgeregnet" (51) gegen Kriegsschiffe brauchbar sein. Das Brombenzylzyanid kann auch zur Tarnung von Gelbkreuzbeschießungen verwendet werden, da es nahezu dieselbe Seßhaftigkeit hat wie Lost.

49. Nasen- und Rachenreizstoffe.

Wirkung und Einsatz. Nasen- und Rachenreizstoffe sind „nachhaltig" wirkende Reizstoffe (Tab. 35), werden aber nur bei hohen, feldmäßig seltenen Konzentrationen, gefährlich. Da sie erst nach einer kurzen Latenzzeit ($\approx$ 30 sec) wirken, wird die Maske vielfach verspätet benutzt. Die Wirkung steigert sich dann in nachhaltiger Weise und kann zum Ablegen der Maske Veranlassung geben. Die Beschwerden halten längere Zeit an, in manchen Fällen bis zu 24 Stunden. Der Gegner soll also auf längere Zeit außer Gefecht gesetzt werden. Je überraschender der Kampfstoff auftritt, desto größer ist die Wirkung. Schon bei geringstem Kampfstoffgehalt (Tab. 35), also schon bei Einsatz kleiner Mengen lassen sich wesentliche Erfolge erzielen. In Form von Gasbrisanzmunition braucht man nur auf einen geringen Teil der Brisanzwirkung zu verzichten, um dafür eine nachhaltige Reizwirkung zu erhalten, welche durch einen kleinen der Sprengladung beigefügten Kampfstoffsatz hervorgerufen wird. Das typische Element der Nasen- und Rachenreizstoffe ist das Arsen. Bereits das anorganische Arsentrichlorid $AsCl_3$, eine an der Luft rauchende Flüssigkeit, zeigt die charakteristische Reizwirkung, wird darin aber weit übertroffen von den organischen Arsinen, besonders den aromatischen, da der Eintritt der organischen Radikale die Verbindung fettlöslich macht (47).

Diphenylarsinchlorid (Blaukreuzkampfstoff Clark I = Chlorarsin-Kampfstoff I). Dieser Stoff läßt sich nach Michaelis verhältnismäßig leicht herstellen. Das Arsentrichlorid wird in Mischung mit Chlorbenzol durch Natrium in das Triphenylarsin verwandelt:

$$3\,C_6H_5Cl + AsCl_3 + 6\,Na = (C_6H_5)_3As + 6\,NaCl.$$

Durch nochmalige Einwirkung von Arsentrichlorid unter Druck und Wärme erhält man daraus Clark I:

$$2\,(C_6H_5)_3As + AsCl_3 = 3\, \begin{matrix} C_6H_5 \\ C_6H_5 \end{matrix} \!\!\!\bigg\rangle As - Cl.$$

Das reine Diphenylarsinchlorid ist eine farblose kristallinische Verbindung, die bei 44° schmilzt und erst bei 333° siedet. Rohes Diphenylarsinchlorid ist nach Sartori eine dunkelbraune Flüssigkeit, die sich mit der Zeit in eine zähe, halbfeste Masse verwandelt. Der Kampfstoff wird bei der Detonation vergast, wobei sicherlich ein Teil durch Zersetzung verlorengeht. Bei der nachfolgenden Abkühlung geht der Stoff in den Schwebstoffzustand über. Die Flüchtigkeit ist sehr gering. Wenn der Schwaden nicht sofort wirkt, ist eine Gefahr durch nachträgliche Verdunstung nicht mehr zu erwarten. Der Kampfstoff hält sich auch kaum im Gelände, weil er durch Wasser leicht zersetzt wird. Die Hydrolyse ergibt Diphenylarsinoxyd und Salzsäure:

$$2\,(C_6H_5)_2AsCl + H_2O = (C_6H_5)_2As-O-(C_6H_5)_2As + 2\,HCl.$$

Die Zersetzung durch normale Feuchtigkeit soll nur langsam erfolgen.

Diphenylarsinzyanid (Blaukreuzkampfstoff Clark II) entsteht aus Clark I ohne Schwierigkeiten durch Umsetzung mit Kaliumzyanid KCN:

$$(C_6H_5)_2AsCl + KCN = (C_6H_5)_2AsCN + KCl.$$

Der Hauptvorzug der gleichfalls kristallinischen Masse (Schmelzpunkt 31°, Siedepunkt 360°) ist die hohe Unempfindlichkeit gegen Wasser. Ein langsamer Zerfall erfolgt durch Luftfeuchtigkeit, wobei analog der bei Clark I angegebenen Gleichung Zyanwasserstoff (Blausäure) (52) entsteht. Daher rührt auch der an bittere Mandeln erinnernde Geruch des Clark II. Die Wirkung des Zyanids ist noch stärker als diejenige des Chlorids. Clark II ist einerseits der stärkste und nachhaltigste Reizstoff überhaupt, andererseits aber auch der am wenigsten giftige und somit ungefährlichste.

Diphenylaminarsinchlorid (Blaukreuzkampfstoff Adamsit) wurde 1915 von Wieland (Deutschland) und unabhängig davon 1918 von Adams dargestellt. Die Herstellung verläuft glatt durch Einwirkung von Diphenylamin (42) auf Arsentrichlorid:

$$C_6H_5-N-C_6H_5 + AsCl_3 = C_6H_4\underset{N}{\overset{As}{\diagdown\diagup}}C_6H_4 + 2\,HCl.$$

Der Stoff besteht aus gelben Kristallen vom Schmelzpunkt 195° (Siedepunkt 410°). Die Zersetzlichkeit in der Hitze der Sprengladung ist wesentlich größer als bei Clark I. Die Hydrolyse verläuft außerordentlich langsam nur bei erhöhter Temperatur. Bei der Verwendung im Felde genügt es, an Stelle des reinen, gelben und geruchlosen Stoffes die dunkelgrünen bis braunen Kristalle des Rohproduktes zu verwenden.

Äthylarsindichlorid (Grünkreuzkampfstoff Dick). Die Herstellung dieses aliphatischen Arsins geht nicht vom Arsentrichlorid, sondern von dem Natriumsalz der arsenigen Säure H_3AsO_3, dem Natriumarsenit Na_3AsO_3 aus und verläuft folgendermaßen:

$$
As \underset{\diagdown ONa}{\overset{\diagup ONa}{-ONa}} \xrightarrow{C_2H_5Cl} C_2H_5-As \underset{\diagdown ONa}{\overset{\diagup ONa}{=O}} \xrightarrow{HCl} C_2H_5-As \underset{\diagdown OH}{\overset{\diagup OH}{=O}}
$$

Natriumarsenit   Natriumäthylarsenit   Äthylarsinsäure

$$
\xrightarrow[\text{Red.}]{SO_2} C_2H_5-As=O \xrightarrow{HCl} C_2H_5-As \underset{\diagdown Cl}{\overset{\diagup Cl}{}}
$$

       Äthylarsinoxyd   Äthylarsindichlorid

Dick unterscheidet sich beträchtlich von den bisher genannten Arsinen. Es ist nicht kristallinisch, sondern eine klare Flüssigkeit, die schon bei 156° siedet, ist also wesentlich flüchtiger als die genannten Arsine und gehört somit zu den Grünkreuzkampfstoffen. Seine Wirkung hält mit periodischer Wiederkehr bis zu 24 Stunden an. Bei hohen Konzentrationen kann der Tod eintreten. Wenn die Giftwirkung auch höher

Tab. 35. Wirkung von Kampfstoffen und erste Hilfe.

	Augenreizstoffe
Wirkung	Starke Reizung der Augen, weniger der oberen Luftwege. Giftwirkung nur in hohen Konzentrationen.
Laienhilfe	Borwasser (3%), Alkalische Augensalbe.
	Nasen- und Rachenreizstoffe
Wirkung	Stärkste Reizung der Schleimhäute, insbesondere der Atemwege (Husten, Niesen, Übelkeit, Atemnot, angstvolle Beklemmung, starke Benommenheit), aber vorübergehender Natur.
Laienhilfe	Luftwege: Gurgeln mit Natr.bikarbonatlösung (3—5%). Einatmen geringster Chlormengen (Riechen an Chlorkalkpuder). Ruhiglagern, Kleiderwechsel, Hoffmannstropfen, heißer Kaffee löffelweise. Atmen an der Riechflasche. Spiritus auf Lappen gießen und einatmen lassen.
	Erstickende Kampfstoffe
Wirkung	Geringe oder keine Reizung an den Augen und den oberen Luftwegen, meist nach Latenzzeit Schädigung der tiefen Luftwege und Lungen (Lungenödem). Husten, Atemnot, Zyanose, Erstickung.
Laienhilfe	Vollkommene Ruhe! Kleiderwechsel! Wärme! Sauerstoffzufuhr ohne Druck! Keine künstliche Atmung! Liegender Transport! Starker Kaffee!
	Ätzende Kampfstoffe
Wirkung	Nach Latenzzeit Verätzung der Haut mit Blasenbildung (Lewisit ohne Latenzzeit). Augenreiz mit Sehstörungen infolge Hornhautschädigungen. Entzündliche Reizung der oberen und tiefen Luftwege mit nachfolgenden Lungenerkrankungen.
Laienhilfe	Vorsichtiger Kleiderwechsel! Haut: Waschen mit Chlorkalkbrei oder Seifenlösung. Augen: Spülungen mit Salzwasser oder Natriumbikarbonatlösung (3%). Luftwege: Gurgeln mit übermangansaurem Kali oder Bikarbonatlösung.
	Kohlenoxyd und Blausäure
Wirkung	Mattigkeit, Ohrensausen, Kopfschmerz, Übelkeit, Bewußtlosigkeit, Atemstillstand, bei Blausäure auch Krämpfe.
Laienhilfe	Frische Luft, künstliche Atmung, Sauerstoffzufuhr. Reiben der Brust und Glieder.

Zur Beachtung! Bewußtlosen ist niemals irgendeine Flüssigkeit einzugeben.

ist als bei den übrigen Arsinen, so ist Dick doch ein verhältnismäßig ungefährlicher Reizstoff. In flüssigem Zustande wirkt es blasenziehend auf die Haut. Die Wunden heilen jedoch gutartig. Unangenehm sind die schmerzhaften Entzündungen an den Fingernägeln. Wegen dieser Hautwirkung wird Dick auch häufig zu den ätzenden Kampfstoffen gerechnet. Es wird durch viel Wasser zersetzt:

$$C_2H_5AsCl_2 + H_2O = C_2H_5AsO + 2\,HCl.$$

Das Oxyd schädigt die Haut nicht.

Literatur. Flury-Zernik: Schädliche Gase, 1931. — Sartori: Die Chemie der Kampfstoffe, 1940.

50. Erstickende Kampfstoffe.

Wirkung und Einsatz. Erstickende Kampfstoffe sollen den Gegner tödlich vernichten. Nur in hohen Konzentrationen wirken sie in kurzer Zeit erstickend (Säureverätzung der Lunge und Bronchialmuskelkrampf), in kleiner Konzentration üben sie nur geringe oder keine Reizwirkungen aus, führen jedoch nach mehrstündiger Latenzzeit zu Erkrankungen der Lunge (Tab. 35), deren Verlauf nicht vorausgesagt werden kann. Der Einsatz erstickender Kampfstoffe verspricht nur Erfolg, wenn Masseneinsatz und Überraschung gewährleistet sind. Da bei Artilleriebeschuß hierzu ein unverhältnismäßig großer Munitionsaufwand gehört, wird das Artillerieschießen mit erstickenden Kampfstoffen heute weniger günstig beurteilt. Dagegen lassen sich die beiden genannten Gesichtspunkte durch Abblasen und Schießen mit Gaswerfern verwirklichen.

Literatur. v. Tempelhoff: Gaswaffe u. Gasabwehr, 1937.

Chlor (Blaskampfstoff seit 22. 4. 1915, Ypern) ist ein Erzeugnis der Chloralkalielektrolyse (16). Das grünlich-gelbe Gas vom Siedepunkt —34° eignet sich wegen seines hohen Dampfdruckes besonders zum Abblasen. Da wasserfreies Chlor Metalle nicht angreift, kann es in Stahlflaschen gespeichert werden, und zwar wegen seiner genügend hohen kritischen Temperatur von +141° (3, Tab. 4) in flüssigem Zustande. Beim Verdampfen liefert 1 kg flüssiges Chlor 315 Nl Chlorgas und verbraucht dabei 67,4 kcal/kg. Beim Abblasen des Chlors entsteht daher durch Kondensation von Luftfeuchtigkeit eine weiße Nebelwolke. Im Weltkriege wurde das Abblasen wegen zu starker Abhängigkeit vom Wetter (Windrichtung und Windstärke, Regen) und wegen der Schwierigkeiten beim Einbau der schweren Flaschen schließlich aufgegeben. Heute gibt es kleine und leicht transportable Gasbehälter, sodaß der Einsatz der Gastruppe und das Abblasen bei günstigem Wetter ohne langwierige Vorbereitungen überraschend erfolgen kann. Auch zur See ist das Abblasen auf ortsfeste Anlagen des Gegners durch schnellfahrende kleine Verbände möglich. Die weitere Entwicklung bleibt abzuwarten. Zum Abblasen wird das Chlor gewöhnlich mit giftigeren, wenn auch weniger flüchtigen Stoffen gemischt, z. B. Phosgen oder Chlorpikrin. Das reaktionsfähige Chlor verbindet sich mit vielen anderen Elementen, insbesondere mit Wasserstoff unter dem Einfluß von Licht und Wärme zu HCl. Durch Chlor wird z. B. Wasser unter Sauerstoffentwicklung zersetzt:

$$2\,Cl_2 + 2\,H_2O \rightleftarrows 4\,HCl + O_2.$$

Die Gegenwart oxydierbarer Stoffe beschleunigt diese Zersetzung. Das entstehende Säure-Sauerstoffgemisch führt zu einer raschen Korrosion der Waffen (23). Einfetten schafft Abhilfe. Entsprechend erklärt sich die Bleich- und Desinfektionswirkung des Chlors sowie seine Wirkung auf den Körper. Chlor ist schon in sehr starker Verdünnung durch seinen süßlichen Geruch zu erkennen.

Phosgen (Gaswerferkampfstoff) wird synthetisch unter Bestrahlung oder mit aktiver Kohle (54) als Katalysator aus Kohlenoxyd und Chlor gewonnen. Es gehört als Chlorid der Kohlensäure in die Gruppe der reaktionsfähigen Säurechloride:

$$\text{Kohlensäure: } O = C\diagdown^{OH}_{OH} \qquad \text{Phosgen:} \quad O = C\diagdown^{Cl}_{Cl}$$
$$\text{(Karbonylchlorid)}$$

Phosgen (Siedepunkt $+8°$) läßt sich durch Druck leicht verflüssigen und in dünnwandigen Wurfgeschossen primitivster Art unterbringen. Diese Geschosse können aus ebenso primitiven Werfern, die sich leicht einbauen lassen, in Massen gleichzeitig auf den Gegner geschleudert werden (Gaswerfer). Das Zusammenwirken der beiden entscheidenden Faktoren Masseneinsatz und Überraschung macht die Gaswerfer zu einer wirkungsvollen Waffe. Da das Phosgen durch die Hitze der Sprengladung nicht zersetzt wird, kann es auch in Granaten verschossen werden, wird dann aber besser durch Perstoff ersetzt. Das Phosgen hat einen eigentümlichen Geruch, der an faule Äpfel erinnert. Im flüssigen Zustande wird es durch Wasser leicht zersetzt:

$$COCl_2 + H_2O = CO_2 + 2\,HCl.$$

Weniger empfindlich ist der Dampf gegen die Feuchtigkeit der Luft. Kennzeichnend ist die Beeinflussung der Geschmacksnerven. Zigarren und Zigaretten verlieren ihren Wohlgeschmack. Im Phosgen liegt der reinste Vertreter der erstickenden Kampfstoffe vor.

Perchlorameisensäuremethylester (Grünkreuzkampfstoff „Perstoff", Diphosgen, Surpalite). Grundstoff ist der Ameisensäuremethylester $HCOOCH_3$ (32). Durch Behandlung mit Chlor geht er in den Chlorameisensäuremethylester $ClCOOCH_3$ über. Vielfach wird dieser auch aus Phosgen und Methylalkohol hergestellt:

$$COCl_2 + CH_3OH = ClCOOCH_3 + HCl.$$

Dieser einfach gechlorte Ester kann als Tränenstoff Verwendung finden. Die Giftigkeit nimmt aber zu, die Tränenwirkung ab, wenn man weiter chloriert zu einem Gemisch aus $ClCOOCH_2Cl$ und $ClCOOCHCl_2$ (K-Stoff). Das Höchstmaß der Giftwirkung wird aber erst erreicht, wenn auch das letzte Wasserstoffatom durch Chlor ersetzt wird. Der dann vollständig durchchlorierte Ester $ClCOOCCl_3$ heißt kurz Perstoff. Diese letzte Chlorierung gelingt nur durch stärkste Bestrahlung. Der Perstoff ist eine farblose ölige Flüssigkeit vom Siedepunkt $128°$. Die Gefahr beim Laborieren ist wegen seiner bedeutend geringeren Flüchtigkeit daher wesentlich kleiner als beim Phosgen. Er hält sich auch länger im Gelände. Seine Wirkung entspricht derjenigen des Phosgens, da es sich beim Erhitzen in 2 Mol Phosgen spaltet (Diphosgen):

$$ClCOOCCl_3 \longrightarrow 2\,COCl_2.$$

Die Verwandschaft von Perstoff und Phosgen wird klar, wenn man Perstoff als chlorierten Methylester der Monochlorkohlensäure auffaßt.

$$O = C\begin{smallmatrix}OH\\Cl\end{smallmatrix} \quad O = C\begin{smallmatrix}OCH_3\\Cl\end{smallmatrix} \quad O = C\begin{smallmatrix}OCCl_3\\Cl\end{smallmatrix} \quad O = C\begin{smallmatrix}OCH_3\\OCH_3\end{smallmatrix} \quad O = C\begin{smallmatrix}OCCl_3\\OCCl_3\end{smallmatrix}$$

1. Monochlor-   Methylester   Diphosgen   Dimethylkarbonat   Triphosgen
kohlensäure   von 1.   (Perstoff)

„Triphosgen" erhält man durch Chlorieren von Dimethylkarbonat unter Bestrahlung. Triphosgen bildet weiße Kristalle vom Schmelzpunkt 78° und Siedepunkt 205°. Es kann als seßhafter Kampfstoff bezeichnet werden, um so mehr, als auch kaltes Wasser nur zu langsamer Zersetzung führt (Diphosgen wird schneller zersetzt):

$$CO(OCCl_3)_2 + 3\,H_2O = 6\,HCl + 3\,CO_2; \quad ClCOOCCl_3 + 2\,H_2O = 4\,HCl + 2\,CO_2$$

Alkalien zersetzen Phosgen, Diphosgen und Triphosgen unter Bildung der entsprechenden Karbonate und Chloride.

Chlorpikrin (Grünkreuzkampfstoff „Klop"). Chlorpikrin läßt sich im Gegensatz zum Perstoff leicht herstellen durch Chlorieren von Pikrinsäure (41) in alkalischer Lösung:

$$C_6H_2(NO_2)_3OH + 11\,Cl_2 + 5\,H_2O = 3\,CCl_3NO_2 + 13\,HCl + 3\,CO_2.$$

Chlorpikrin ist eine farblose bis gelbliche Flüssigkeit vom Siedepunkt 111°. Es vereinigt mit einer hohen Giftwirkung eine sehr erhebliche Reizwirkung, besonders auf die Augen. Nach dem Einatmen von Chlorpikrin tritt heftiges Erbrechen auf (vomiting gas). Bei scharfem Erhitzen kann das Chlorpikrin explosiv zerfallen. Bei Verwendung in Granaten muß die Sprengladung sorgfältig bemessen werden, um das Chlorpikrin ohne Zersetzung zu verdampfen. Ein besonderer Vorteil des Chlorpikrins ist darin zu erblicken, daß es durch Wasser nicht zersetzt und auch kaum gelöst wird.

Literatur. Sartori: Die Chemie der Kampfstoffe, 1940.

51. Ätzende Kampfstoffe.

Wirkung und Einsatz. Die ätzenden Kampfstoffe sollen den Gegner durch schwere Hautschäden auf Wochen und Monate hinaus kampfunfähig machen. Sie werden durch Sprengladungen in Minen, Granaten und Fliegerbomben vergast und vernebelt, durch Sprühgeräte versprüht oder von tieffliegenden Flugzeugen zum Abregnen gebracht. Sie sollen sich dann in Form feiner Tröpfchen auf dem Boden absetzen. Dort können sie sich bis zu mehreren Wochen infolge ihrer geringen Flüchtigkeit und ihrer Unempfindlichkeit gegen Wasser im Gelände halten. Die Belegung des Geländes mit ätzenden Kampfstoffen heißt Geländevergiftung. Die Vergiftung bleibt gegen durchmarschierende Truppen weniger lange wirksam als gegen lagernde oder schanzende, im ersteren Falle unter günstigen Umständen 24 Stunden, im letzteren Falle auf Wochen hinaus. Wirksame Vergiftung des Geländes erfordert 30 bis 50 g/m². Der Gegner findet in seiner Gasmaske keinen Schutz. Er kommt mit der Körperhaut mit dem Kampfstoff in Berührung. Da er hierbei zunächst keine Beschwerden hat und die Wirkung des Kampfstoffes sich erst nach einer mehrstündigen Latenzzeit bemerkbar macht, wird die Anwesenheit des Kampfstoffes erst erkannt, wenn es zu spät ist. Der ölartige Kampfstoff durchdringt Stoffe und Leder, löst sich dann leicht in dem Fett der Haut und dringt auf diese Weise in kurzer Zeit in die Haut ein. Der flüssige Stoff erstreckt seine Wirkung in erster Linie auf die Haut, der dampfförmige dagegen hauptsächlich auf die Atemwege und auf die Augen (Tab. 35).

Literatur. v. Tempelhoff: Gaswaffe und Gasabwehr, 1937 (Einsatz). — Kröpelin: Gasschutz und Luftschutz, 1938, S. 39 (Abregnen). — Referat. Gasschutz und Luftschutz, 1939, S. 232 (Kampfstoffsperren). — Gillert: Die Kampfstofferkrankungen, 1938.

Dichlordiäthylsulfid (Gelbkreuzkampfstoff Lost, Senfgas, Yperit). Lost (Name gebildet nach Lommel und Steinkopf) war der wirksamste Kampfstoff des Weltkrieges und hat auch heute noch als solcher zu gelten. Lost gewinnt man nach der „Deutschen Methode" aus Äthylenchlorhydrin (34), das man seinerseits aus Äthylen (4) herstellt. Das Äthylenchlorhydrin, das die Eigenschaften einer Halogenverbindung mit denjenigen eines Alkohols verbindet, wird mit Natriumsulfid in Thiodiglykol (Oxol) verwandelt:

$$\begin{array}{l} Cl-CH_2-CH_2-OH \\ Cl-CH_2-CH_2-OH \end{array} + \begin{array}{l} Na\diagdown \\ Na\diagup \end{array}S \longrightarrow 2\,NaCl + S\diagdown\begin{array}{l} CH_2-CH_2-OH \\ CH_2-CH_2-OH \end{array}$$

Das Thiodiglykol ist die dem Diäthylenglykol (34) entsprechende Schwefelverbindung (S statt O). Endlich wird das Thiodiglykol, ein glyzerinartiger Stoff, der völlig ungefährlich ist, mit Chlorwasserstoff in Lost umgesetzt:

$$S\diagdown\begin{array}{l} CH_2-CH_2-OH \\ CH_2-CH_2-OH \end{array} + 2\,HCl \longrightarrow S\diagdown\begin{array}{l} CH_2-CH_2-Cl \\ CH_2-CH_2-Cl \end{array} + 2\,H_2O.$$

Lost ist eine an sich klare ölige Flüssigkeit vom Siedepunkt 216°, ist aber im technischen Zustande braun bis schwarz gefärbt. Wegen seines hohen Siedepunktes hält sich Lost besonders in der Kälte lange im Gelände und gilt daher als seßhafter Stoff. Hierfür ist allerdings auch sein Verhalten gegen Wasser entscheidend. Durch viel Wasser wird Lost langsam zersetzt. Die Hydrolyse erfolgt schon bei gewöhnlicher Temperatur und zwar läuft hierbei die letztgenannte Gleichung rückwärts ab unter Rückbildung des Thiodiglykols. Bei 20° sind von Lost, das in Wasser gelöst ist (Löslichkeit etwa 0,08% 15°) nach 10 min 50%, nach 60 min 85% hydrolytisch gespalten. Bei hoher Temperatur zerfällt Lost entsprechend schneller. Es gibt für Lost eine ganze Reihe vorzüglicher Lösemittel, von denen praktisch wichtig sind: Petroleum, Benzin, Tetrachlorkohlenstoff, Alkohol, Äther, Glyzerin, pflanzliche und tierische Fette und Öle. Gummi nimmt den Kampfstoff allmählich auf. Lost läßt sich leicht oxydieren, was beim Entgiften ausgenutzt wird (53). Der Stoff erstarrt bereits bei +13°. Man hat ihn daher zur Herabsetzung seines Schmelzpunktes mit etwa 10—20% fremder Lösungsmittel vermischt, wie z. B. Tetrachlorkohlenstoff oder Chlorbenzol. Bei unreinen Produkten liegt der Schmelzpunkt wesentlich niedriger.

Literatur. Schröter: Dräger-Hefte, 1936, S. 3309. — Stampe: Gasschutz und Luftschutz, 1938, S. 195.

Chlorvinylarsindichlorid (Gelbkreuzkampfstoff Lewisit) erhielt der Amerikaner Lewis beim Einleiten von Azetylen (4) in Arsentrichlorid mit Aluminiumchlorid als Katalysator:

$$H - C \equiv C - H + AsCl_3 \longrightarrow Cl - CH = CH - AsCl_2.$$

Die „Vinylgruppe" $CH_2 = CH \cdot$ bildet sich bei Auflösung einer Kohlenstoffbindung des Azetylens, z. B. entsteht bei Behandlung mit Wasser der unbeständige und ungesättigte Vinylalkohol:

$$H - C \equiv C - H + H - OH \longrightarrow H_2C = CH - OH.$$

Mit dem Chlorvinylarsindichlorid fallen gleichzeitig noch 2 weitere Chlorvinylarsine an:

$$(Cl - CH = CH)_2 = AsCl \quad \text{und} \quad (Cl - CH = CH)_3 = As.$$
$$\text{(Dichlordivinylarsinchlorid)} \qquad \text{(Trichlortrivinylarsin)}$$

Das Gemisch der drei Chlorvinylarsine wird nach Abdestillieren des nicht verbrauchten Arsentrichlorids durch Vakuumdestillation getrennt. Bei 20 mm Druck geht bis 105° das Lewisit über. Die beiden anderen, die geringere Gifteigenschaften besitzen, lassen sich mit Arsentrichlorid in Lewisit umwandeln.

Lewisit, eine farblose, ölige Flüssigkeit, ist 1917 in Deutschland von Wieland entdeckt worden. Es ist sowohl als Hautgift wie auch als Lungengift weniger wirksam als Lost. Die Wunden heilen schneller und ohne Neigung zu Infektionen. Außerdem hat es noch zwei weitere Mängel. Sein Arsengehalt macht sich durch eine bedeutend stärkere Reizwirkung bemerkbar. Kleine Lewisit-Dampfmengen werden durch ihren geranienartigen Geruch erkannt. Auf Augen und Atemwege wird alsbald eine kräftige Reizwirkung ausgeübt. Spritzer auf der Haut verraten sich sofort durch Jucken. Eine längere Latenzzeit wie beim Lost besteht also nicht. Die Haltbarkeit im Gelände ist gering, weil Lewisit durch Wasser leicht zersetzt wird. Es bildet sich hierbei das Chlorvinylarsinoxyd:

$$Cl - CH = CH - As \begin{array}{c} Cl \\ Cl \end{array} + \begin{array}{c} H \\ H \end{array} O \longrightarrow Cl - CH = CH - As = O + 2\,HCl$$

Alkalien bewirken einen vollkommenen Zerfall:

$$Cl - CH = CH - AsCl_2 + 6\,NaOH \longrightarrow Na_3AsO_3 + 3\,NaCl + C_2H_2 + 3\,H_2O.$$

Lewisit ist demnach dem Lost in jeder Beziehung unterlegen, sofern man die Eignung beider Kampfstoffe für Verteidigungszwecke betrachtet. Wenn man aber nach einem Kampfstoff für Angriffszwecke sucht, der sofort eine heftige Wirkung auf die ganze Körperoberfläche hervorruft und nach kurzer Zeit das Gelände wieder frei gibt, so kommt Lewisit diesem Ziel näher als Lost. Aber auch Lewisit ist für den genannten Zweck wenig geeignet. Seine sofortige Reizwirkung ist hierfür zu gering, seine Seßhaftigkeit zu groß.

Nesselstoffe sind sofort blasenziehende Kampfstoffe. Nesselwirkung zeigen einige Oxime, d. h. Verbindungen mit der Oximgruppe : NOH. Oxime erhält man aus Aldehyden (und Ketonen) durch Behandlung mit

Hydroxylamin H_2NOH, das seinerseits durch Reduktion der Salpetersäure O_2NOH gewonnen wird. Formaldehyd (32) führt zu Formoxim:

$$H_2C = \underbrace{O + H_2NOH} \longrightarrow H_2C = NOH + H_2O.$$

Das Monochlorformoxim $ClHC = NOH$ gewinnt man aus Natriumful-
minat $C = NONa$ (44):

$$C = NONa + 2\,HCl \longrightarrow ClHC = NOH + NaCl.$$

Entsprechend wird das Dichlorformoxim $Cl_2C = NOH$ aus Knallquecksilber (44) mit HCl unter Einleiten von Chlor gewonnen. Beide Oxime
sind kristallinisch und wasserlöslich. Ihre blasenziehende Wirkung tritt
unmittelbar nach Einwirkung des Kampfstoffs auf. Ihre Dämpfe reizen
stark zu Tränen und ergeben schmerzhafte Augenverletzungen, zum Teil
mit Erblindung.

Literatur. Mielenz in Hanslian: Der chemische Krieg, 1937. — Sartori:
Die Chemie der Kampfstoffe, 1940.

52. Weitere Gift- und Reizstoffe.

Mit dem Auftreten giftiger Stoffe ist nicht nur bei Feindeinwirkung
zu rechnen, sondern auch im laufenden Betrieb. Einige Stoffe treten
vorwiegend als Betriebsgifte auf, vielleicht aber auch als Kampfstoffe
(CO, HCN). Vergiftungsgefahr durch Betriebsgifte ergibt sich vorzugsweise in engen Räumen, z. B. an Bord.

Kohlenoxyd (vgl. 9) ist unwahrnehmbar, durchschlägt die Filter der
üblichen Gasmasken und ist leicht herzustellen, ist aber als Kampfgas
unbrauchbar, hauptsächlich weil es zu leicht und zu flüchtig ist. Es ist
verständlich, daß trotzdem nach Einsatzmöglichkeiten für dieses Gas
gesucht wird. Es sind z. B. Lösungen von Kohlenoxyd in Flüssigkeiten
denkbar, welche ihrerseits stark wirkende Kampfstoffe sind, und aus
denen das Kohlenoxyd beim Verdampfen wieder abgegeben wird. Die
Giftigkeit des Lösemittels kann gegebenenfalls durch das Kohlenoxyd
gesteigert werden, wie es z. B. von den nitrosen Gasen bekannt ist (9).
Das Auffinden und die Bewährung geeigneter Lösemittel bleibt abzuwarten.

Es kommen weiter Kohlenoxydträger, Karbonyle, in Frage, welche
von der aktiven Kohle der Gasmaskenfilter adsorbiert werden und dann
sofort katalytisch CO abspalten. Die wichtigsten Karbonyle sind das
Nickelkarbonyl und das Eisenpentakarbonyl, welche durch Behandlung der frisch reduzierten Metalle mit CO entstehen:

$$Ni + 4\,CO = Ni(CO)_4 \text{ bzw. } Fe + 5\,CO = Fe(CO)_5.$$

Beide Stoffe sind Flüssigkeiten vom Siedepunkt 12,8° bzw. 102,3°.
Das Nickelkarbonyl kann nur bis 60° als beständig gelten. Bei dieser
Temperatur kann es unter Zerfall in seine Bestandteile Ni und CO
explosiv zerfallen. Etwas beständiger ist das Eisenpentakarbonyl, das
bei 60° langsam unter Abspaltung von CO in andere Karbonyle, z. B.
$Fe_2(CO)_3$ und $Fe(CO)_4$ zerfällt. Bei 200° ist der Zerfall vollständig.
Beide Stoffe sind zur Verwendung in Geschossen wahrscheinlich zu

unbeständig. Dagegen soll das Abblasen der Karbonyle möglich sein, wenn man ihre Flüchtigkeit durch Zusatz von Blausäure erhöht.

Blausäure (Zyanwasserstoffsäure) ist aufzufassen als das „Nitril" $C \equiv N$ der Ameisensäure (32) im Sinne der Gleichung:

$$HCOOH + NH_3 \longrightarrow H—C \equiv N + 2\,H_2O$$

Blausäure, eine sehr schwache Säure, gewinnt man aus ihren Salzen, z. B. aus Natriumzyanid, das seinerseits aus Natriumamid (44) und Kohlepulver bei höherer Temperatur hergestellt wird:

$$NaNH_2 + C \rightarrow Na—C \equiv N + H_2;\ Na—C \equiv N + HCl \rightarrow H—C \equiv N + NaCl.$$

Blausäure, eine Flüssigkeit vom Geruch der bitteren Mandeln, siedet bereits bei 27°. Sie mischt sich leicht mit Wasser. Die Blausäure ist ein **schweres Nervengift.** Infolge Nervenlähmung ergeben sich je nach Konzentration blitzschneller Tod, Krämpfe, Erbrechen, Schwindel, Bewußtlosigkeit. Erste Hilfe: künstliche Atmung. Ist eine Stunde seit der Vergiftung vergangen, ist die Gefahr im allgemeinen vorüber. Trotz ihrer hohen Giftigkeit hat die Blausäure als Kampfgas bisher versagt. Die Dämpfe sind leichter als Luft und flüchtig; es haben sich keine genügenden Konzentrationen erzielen lassen. Der Körper kann eine gewisse obere Menge $k = 30$ mg/m³ verarbeiten bzw. wieder ausatmen. Erst darüber hinausgehende Mengen werden im Körper aufgespeichert. Das Wirkungsprodukt (47) lautet daher hier: $W = (c—k) \cdot t$. In geschlossenen Räumen ist die Gefahr wesentlich größer. Z. B. wird auf Schiffen die Blausäure zur Rattenbekämpfung eingesetzt. Hier ist außer gründlicher Durchlüftung die Vermischung der Blausäure mit einem Reizstoff unerläßlich. Derartige Mischungen heißen Zyklonpräparate. Ob die Blausäure allein oder in Gemischen mit anderen Stoffen feldmäßig eingesetzt werden wird, bleibt abzuwarten. Ihre Filterung im Gasmaskenfilter erfordert besondere Maßnahmen (54). Die Haltbarkeit der wasserfreien Säure ist schlecht, kann jedoch durch Zusatz von wenig Mineralsäure als Stabilisator (47) verbessert werden.

Arsenwasserstoff, AsH_3, ein farbloses Gas vom Sp. —55°, das rein geruchlos ist, aber nach Veränderung knoblauchartig riecht, ist ein Nerven- und Blutgift. Seine höhere Flüchtigkeit und geringere Giftwirkung im Vergleich zur Blausäure empfehlen eine Verwendung dieses Gases als Kampfstoff nicht. Dagegen ist eine Vergiftung durch Arsenwasserstoff beim Laden der Akkumulatorenbatterien in Unterseebooten möglich, wenn die Schwefelsäure arsenhaltig ist oder das Blei Arsen enthält. Der Arsengehalt der Schwefelsäure stammt aus dem Schwefelkies (16). Auch bei der Entwicklung von Wasserstoff aus arsenhaltigem Zink und (arsenhaltiger) Schwefelsäure tritt der Arsenwasserstoff als giftige Verunreinigung auf. Dieses Gift wirkt auf den Menschen bei 5 mg/l sofort tödlich, kann dagegen bei 0,02 mg/l ohne Folgen ertragen werden. Die leichte Vergiftung ergibt nur Kopfschmerz und Übelkeit, in schweren Fällen folgen Erbrechen, zunehmende Schwäche, Atemnot, Ohnmacht, blutiger Urin, nach 2 Tagen Gelbsucht, Leberschmerzen, Tod nach etwa 8 Tagen. Als Gegenmittel ist Sauerstoffeinatmung nötig. Arsenwasserstoff kann nachgewiesen werden durch ein mit konz. Silbernitratlösung getränktes Filtrierpapier, das eine Gelbfärbung mit blauschwarzem Rand ergibt. Allmählich schwärzt sich der Fleck vom Rande her, sofort bei Zugabe von Wasser:

$$12\,AgNO_3 + 2\,AsH_3 + 3\,H_2O = As_2O_3 + 12\,Ag + 12\,HNO_3.$$

Der Nachweis ist analog dem Nachweis von

Phosphorwasserstoff, PH_3. Er entsteht durch Einwirkung von Wasser auf das braunrote Phosphorcalcium Ca_3P_2, das man seinerseits durch Glühen von rotem Phosphor und Kalk gewinnt. Die Haupteigenschaft des im Geruch an faule Fische erinnernden Phosphorwasserstoffs ist seine Selbstentzündlichkeit an der Luft. Ein Gemisch von Phosphorcalcium und Karbid dient daher als Füllung für Leuchtbojen, die durch Wasser in Brand gesetzt werden und selbst bei starkem Sturm nicht verlöschen. In ähnlicher Weise dient das Gas, in den Torpedoköpfen entwickelt, zum Wiederauffinden von Übungstorpedos. Rasch tödlich wirken 2,8 mg/l, 1 Stunde können ohne Folge ertragen werden 0,2 mg/l. Die Vergiftung äußert sich in Schmerzen in der Zwerchfellgegend, Angst-, Kälte- und Druckgefühl, Atemnot, Ohnmacht, Schwäche, Schwindel, in schweren Fällen ergibt sich schnelle Betäubung und Gliederzucken, Tod in einigen Tagen. Bei dem Nachweis mit Silbernitrat färbt sich das Papier braun bis schwarz.

Literatur. Flury-Zernik: Schädliche Gase, 1931.

Bleitetraäthyl, $Pb(C_2H_5)_4$, eine äußerst giftige, farblose Flüssigkeit eigentümlichen Geruchs, die von Wasser nicht zersetzt und auch nicht gelöst wird, bietet sowohl kampf- als auch betriebstechnisches Interesse (Antiklopfmittel, 12)). Schon winzige Mengen rufen chronischen Schwund der Nervengewebe hervor und führen meist nach längerem Siechtum zum Tode. In leichten Fällen ergeben sich Schlaflosigkeit, Kopfschmerz und Übelkeit, in schweren Fällen heftige Schmerzen und Tobsucht. Der Stoff kann durch die Haut aufgenommen werden, z. B. bei der Herstellung und Verwendung von Bleitetraäthyl oder bleihaltigem Benzin. Nach Mielenz dürfte die Wirkung durch die Haut feldmäßig nicht ausreichen, da nur ein hoher Kampfstoffgehalt und lange Einwirkungsdauer Erfolg verspricht. Die Atemwege werden durch die Gasmaske geschützt. Eine Schädigung durch die Auspuffgase bleihaltigen Benzins hat sich nicht nachweisen lassen. Bleitetraäthyl ist in der Wärme leicht zersetzlich, es siedet unzersetzt nur bei vermindertem Druck (18° 13 Torr) und brennt mit grüngesäumter, orangefarbener Flamme.

Literatur. Mielenz in Hanslian: Der chemische Krieg, 1937. — Flury-Zernik: Schädliche Gase, 1931. — Marine-Verordnungsblatt, 1939, S. 788.

Organische Lösungsmittel für Fette, Öle, Wachse, Harze und Kunststoffe haben besondere Bedeutung als Reinigungsmittel sowie als Lösungsmittel für Lacke und Anstrichfarben. Es handelt sich vorwiegend um Kohlenwasserstoffe (4, 6), chlorierte Kohlenwasserstoffe, Alkohole, Ester, Ketone, Äther (32) sowie Schwefelkohlenstoff (CS_2). Die Mehrzahl der organischen Lösungsmittel gehört zu den narkotischen Giften. Benzol führt z. B. zu Rauschzuständen, Ermattung, Kopfschmerz, Erbrechen, in schweren Fällen zu Krämpfen, Lähmungen und Bewußtlosigkeit, in schwersten Fällen zum Tode durch Atemlähmung. Neben der akuten Vergiftung sind bei fortgesetzter Aufnahme kleiner Mengen chronische Vergiftungen möglich. Ähnlich, wenn auch weniger stark, wirkt Benzindampf. Benzin und Benzol werden wegen ihrer Feuergefährlichkeit und der Explosionsfähigkeit ihrer Dampf-Luft-Gemische (12) vielfach durch unbrennbare Halogenkohlenwasserstoffe ersetzt. Von besonderer Bedeutung ist das Tetrachloräthan, das Trichloräthylen und das Hexachloräthan.

$$\begin{array}{ccccc} \text{C} - \text{H} & & \text{HCCl}_2 & & \text{HCCl} & & \text{CCl}_3 \\ \text{\small{III}} & \xrightarrow[\text{Kat.}]{\text{Cl}_2} & \text{\small{|}} & \xrightarrow{\text{CaO}} & \text{\small{||}} & \xrightarrow[\text{Kat.}]{\text{Cl}_2} & \text{\small{|}} \\ \text{C} - \text{H} & & \text{HCCl}_2 & & \text{CCl}_2 & & \text{CCl}_3 \end{array}$$

Azetylen $\qquad$ Tetrachloräthan $\qquad$ Trichloräthylen $\quad$ Hexachloräthan

Auch diese Stoffe sind narkotische Gifte. „Tri" ist eine dem Chloroform $CHCl_3$ ähnliche Flüssigkeit. Ihre Dämpfe können außer der allgemeinen Narkosewirkung zu Schädigungen der Sehnerven (Sehstörungen, Erblindung) sowie völliger Unempfindlichkeit des Gesichts und Aufhebung der Geschmacks- und Geruchsempfindung führen. Der angenehme Geruch vieler Lösungsmittel verleitet zum absichtlichen Einatmen ihrer Dämpfe, beim Tri gibt es eine ausgesprochene Trisucht ähnlich wie bei Chloroform. Die verbreitete Meinung, daß nur unangenehm riechende Stoffe giftig sind, ist abzulehnen.

Literatur. Flury-Zernik: Schädliche Gase, 1931.

Organische Kältemittel haben vor allem für kleinere Kühlmaschinen Bedeutung. Neben den herkömmlichen Betriebsstoffen NH_3 (16), SO_2 (9) und CO_2 (9) handelt es sich wieder um nicht feuer- und explosionsgefährliche Halogenkohlenwasserstoffe. Die wichtigsten sind Methylchlorid CH_3Cl, Äthylchlorid C_2H_5Cl, Methylbromid CH_3Br (das aber nach schweren Vergiftungsfällen aufgegeben ist) und besonders Dichlordifluormethan („Freon" oder „Frigen") CCl_2F_2. Bei den Methanderivaten nimmt die Giftigkeit mit steigendem Halogengehalt im allgemeinen ab. Z. B. ist Tetrachlorkohlenstoff CCl_4 und Freon weniger giftig als Methylchlorid CH_3Cl. Letzteres reagiert wie CH_3Br als Ester, der leicht zu dem giftigen Methylalkohol CH_3OH und $HCl (HBr)$ verseift wird. Dagegen ist Frigen nach eingehenden Untersuchungen nicht giftig und hat auch keine Reizwirkung. Phosgenbildung bei hoher Temperatur wie bei CCl_4 (29) hat sich bei Freon nicht nachweisen lassen. Da Frigen außerdem geruchlos ist, eignet es sich besonders für Kühlanlagen in Wohnräumen und auf Schiffen.

Literatur. Plank: Z. VDI. 1940, S. 165 (Frigen als Kältemittel).

Organische Feuerlöschmittel s. 29.

Gasschutz.
53. Gasspüren und Entgiften.

Der Gasspürdienst hat die Anwesenheit von Kampfstoffen festzustellen und zu prüfen, ob es sich um Luft- oder Geländekampfstoffe handelt. Rechtzeitige Meldung ermöglicht zweckmäßiges Verhalten der Truppe.

Gasspüren mit den Sinnesorganen ist Aufgabe der taktischen Aufklärer und Sicherer (Spähtrupps, Gefechtsvorposten). Sie verfügen über keine besonderen Spürmittel. Jeder Soldat sollte also in der Lage sein, an einfachen Merkmalen das Auftreten von Kampfstoffen zu ermitteln. Hierzu gehören nach Hieber 1. Die Reizwirkung der Kampfstoffe auf die Augen, Atemwege und die Haut, 2. Der eigentümliche Geruch der Kampfstoffe (ortsfremder Geruch), 3. Geschmackseinwirkung (50), 4. Nebelartiger Niederschlag am Boden (auch bei künstlichen Nebeln besteht Verdacht auf Kampfstoffgehalt), 5. Tropfenförmiger Niederschlag am Boden, vielleicht verbunden mit Dunkelfärbung des Bodens, 6. Sprengstücke von Gasgeschossen, Tiefe der trichterförmigen Einschläge. Wenn die Feststellung vergifteter Geländeteile auch nur in beschränktem Maße möglich sein wird, leisten solche Feststellungen wichtige Vorarbeit für den eigentlichen Gasspürtrupp.

Gasspüren mit Spürgeräten ist entsprechend ausgerüsteten und sorgfältig ausgewählten Gasspürern vorbehalten. Ihre Aufgabe ist 1. Feststellung von Kampfstoffen, die ohne feines und besonders geschultes Ge-

Abb. 52. Gasspürgerät Dräger-Schröter (DS-Gerät).
1 = Rahmen für Prüfröhrchen. 2 = Papptrichter. 3 = Lösungen A und B.
4 = Pumpe. 5 = Leibgurt.

ruchsunterscheidungsvermögen schwer zu erkennen sind, 2. Endgültige Feststellung, ob es sich um Luft- oder Geländekampfstoffe handelt, 3. Festlegung der Grenzen von Geländevergiftungen, 4. Sammeln von Kampfstoffproben, 5. Entgiftungen kleineren Ausmaßes. Die Gasspürer arbeiten zunächst wieder mit Geruch und Sicht, erst dann mit Spürmitteln, am einfachsten mit Reagenspapieren oder Spürpulvern. Papiere mit essigsaurer Lösung von Anilin färben sich z. B. bei Cl_2 blau, solche mit Thymol bzw. Resorzin (44) in alkoholischer Kalilauge bei Phosgen und Chlorpikrin gelb bzw. rot, solche, die mit $CuSO_4$-Lösung und frischer Guajakharzlösung getränkt sind, bei Lewisit und Blausäure blau. Neuere Spürpulver, die sich bei Berührung mit Kampfstoffen im Gelände verfärben, sind z. B. Gemische aus Bimstein, Talcum und Indophenol (färbt sich blau oder grünlichgelb) oder Kieselgur, mit eben gelber Methylorangelösung getränkt und getrocknet (färbt sich rot). Zum Nachweis von Lost dient insbesondere das Sudanrot, das zunächst rosa gefärbt ist und sich nach Berührung mit dem Geländekampfstoff tiefrot verfärbt. Der Lostnachweis ist wegen der Seßhaftigkeit dieses Stoffes praktisch der wichtigste. Einen spezifischen Nachweis gestattet das Gasspürgerät Dräger-Schröter (DS-Gerät). Das Gerät konzentriert den Kampfstoff Lost zunächst durch Adsorption an Kieselgel im Prüfröhrchen beim Durchsaugen mit einer Pumpe. Bei Untersuchung von Erde, Blättern, Holz usw. werden die Proben in einem kleinen Papptrichter vor das Prüfrohr geschaltet. Nach dem Anreichern des Kampfstoffes tropft man zunächst Lösung A (Goldchlorid) in das Röhrchen, tropft dann die Reduktionslösung B hinzu und saugt die Flüssigkeiten mit der Pumpe ab. Ist Lost vorhanden, so zeigt es sich als gelb gefärbte Eingangsschicht, die sich von der nach der Reaktion blauvioletten Hauptmasse deutlich abhebt.

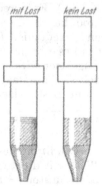

Abb. 53. Prüfröhrchen des DS-Gerätes.

Die chemischen Grundlagen werden von Obermiller sowie von Schröter (s. Lit.) folgendermaßen angegeben: Der Nachweis des ungesättigten Schwefelatoms ist spezifischer als der Nachweis der Halogenatome, welche fast allen anderen Kampfstoffen eigen sind. Organische Sulfide bilden mit Metallsalzen charakteristische Anlagerungsverbindungen. Die systematische Durchprüfung ergab als besonders geeignet das Goldchlorid (0,1%), welches sofort eine stark gelbe kolloidale Trübung hervorruft infolge Addition des Chlorids an das Schwefelatom des Lost. Damit der hellgelbe Ring sich auf der Grundmasse des Röhrchens besser abhebt, wird das überschüssige Goldchlorid mit organischen Reduktionsmitteln zu kolloidalem, violettbraunem, elementarem Gold reduziert. Hierbei wird die gelbe Lostverbindung nur langsam angegriffen. Die Empfindlichkeitsgrenze liegt bei 40 Pumpenhüben etwa bei 12 mg/m³ Lost. Nach einem neueren Patent der Drägerwerke wird die Anlagerungsverbindung von Lost an $AuCl_3$ durch Natriumthiosulfat $Na_2S_2O_3$ dunkel gefärbt. Es wird dann mit Lösungen von $AuCl_3$ (0,25%) und $Na_2S_2O_3$ (0,5%) gearbeitet.

Literatur. Schröter: Z. Angew. Chem. 1936, S. 164 (DS-Gerät). — Obermiller: desgl. 1936, S. 162 (Lostnachweis). — Dräger-Hefte, 1936, S. 3297, 3300 (DS-Gerät Type 7). — Dräger-Hefte, 1938, S. 3889 (DS-Gerät, Type 16). — Hieber: Gasschutz und Luftschutz 1938, S. 96 (Gasspürdienst). — Stampe: Dräger-Hefte 1939, S. 4096 (Geruchsprüfkasten und Riechprobenkasten). — Chem. Zbl. 1940 II, S. 292 (Reagenzpapiere). — Desgl. 1940 II, S. 1538, 1940 I, S. 1913 (Spürpulver). — Drägerwerke DRP., Chem. Zbl. 1940 II, S. 1820 (Lostnachweis).

Entgiftungsmittel dienen zur Beseitigung seßhafter Kampfstoffe. Die Entgiftung wird mechanisch durchgeführt durch Wegschwemmen des Kampfstoffes mit viel Wasser, thermisch durch offene Flammen, überhitzten Wasserdampf oder Heißluft, chemisch durch Oxydationsmittel. Das wichtigste Oxydationsmittel ist technischer Chlorkalk mit etwa 30% aktivem Chlor. Er oxydiert Lost zu Sulfoxyd:

$$S\big\langle{}^{CH_2-CH_2Cl}_{CH_2-CH_2Cl} + CaOCl_2 \longrightarrow O = S\big\langle{}^{CH_2-CH_2Cl}_{CH_2-CH_2Cl} + CaCl_2.$$

Hierbei treten Lostdämpfe und Chlorwasserstoff auf. Da die Reaktion stark exotherm ist, steigt die Temperatur bis zur Entzündung brennbaren Materials. (Brandgefahr bei trockenen Wiesen, Gebüsch und Gestrüpp.) Entsprechend wirkt Perchloron, ein hochaktives Chlorkalkprodukt. Beide sind heute in Eisentrommeln lange haltbar, lager- und streufähig. Ohne Brandgefahr wirkt milder und doch zuverlässig das Losantin mit etwa 40% aktivem Chlor. Noch milder und bedeutend langsamer wirkt Chloramin, das fast unbegrenzt lagerfähig ist. Es handelt sich um das Natriumsalz des p-Toluolsulfosäurechloramids, welches leicht Lost anlagert:

$$H_3C-\langle\text{ }\rangle-S{\ {}^{\diagup O}_{\diagdown ONa}}=NCl + Lost \rightarrow H_3C-\langle\text{ }\rangle-S{\ {}^{\diagup O}_{\diagdown O}}-N=S\big\langle{}^{CH_2-CH_2Cl}_{CH_2-CH_2Cl}+NaCl.$$

Entgiftung des Geländes. Nicht entgiften läßt sich im allgemeinen Wald mit dichtem Unterholz und Gelände mit Buschwerk, Heidekraut oder Ginster. Straßen werden durch Wegschwemmen des Kampfstoffes mit Wasser, Wegfegen der Pfützen, Streuen des Entgiftungsmittels auf die feuchte Bodendecke und Verrühren dieses Stoffes mit dem am Boden haftenden Wasser entgiftet. Nach Stoltzenberg werden auf die vergifteten Stellen Würfel aus porösem, brennbarem Material gebracht (Zellulose, Torf, Sägemehl), die dann zusammengekehrt und verbrannt werden. Bei lockerem Ackerboden und Gelände mit schwacher Grasnarbe streut man 300 g/m² Losantin. Anschließend wird der Boden mit dem Spaten flach abgehoben und umgelegt. Wird nicht umgelegt, streut man 500 g/m². Bei Entgiftung von Kartoffel-, Kohl- und Rübenäckern werden die Pflanzen zuvor ausgerissen. Hohes Gras und Getreide werden zunächst gemäht oder niedergewalzt. Schnittreifes Getreide kann durch Abbrennen entgiftet werden. Hierbei bilden sich giftige Schwaden. Bei Eisen und Stahl kann Lost mit der Lötlampe vernichtet, sonst mit Wasser weggeschwemmt und mit Losantinbrei vernichtet werden. Schwer zu entgiften sind Gebäude. Verputz wird abgeklopft, nicht verputzte Mauern werden abgespritzt und mit Losantinbrei bestrichen. Wohnräume sind praktisch kaum zu entgiften. Es ist die Verdampfung des im Holz eingesickerten Kampfstoffes zu berücksichtigen.

Entgiftung der Ausrüstung. Stark vergiftete Kleidungsstücke sind sofort auszutauschen. Kleine Stellen können herausgeschnitten werden. An der Oberfläche sitzender Kampfstoff kann durch Losantinbrei beseitigt werden. Ist der Kampfstoff bereits eingedrungen, muß auch die

Haut mit Losantinbrei behandelt werden. Leder wird ebenfalls mit Losantinbrei bestrichen und dann gründlich abgewaschen. Diese Entgiftungen bilden nur einen Notbehelf. Wenig empfindliche Metallteile (Spaten, Beile) werden mit offener Flamme entgiftet bei aufgesetzter Gasmaske. Für die Entgiftung von Fahrzeugen, Waffen, Munition und Gerät gelten Sondervorschriften. Bei Waffen und Geräten wird Lost in Petroleum oder Spiritus gelöst durch Abreiben mit entsprechend getränkten Lappen. Durch die Lösung wird der Kampfstoff nicht vernichtet. Die Lappen sind daher zu verbrennen oder zu vergraben. Entsprechend kann auch Leder (Stiefel, Riemen, Patronentaschen) durch mehrstündiges Eintauchen in Petroleum unter mehrfacher Erneuerung des Petroleums entgiftet werden. Über Entgiftung von Lebensmitteln siehe Entgasung. Vergiftetes Eßgeschirr muß an der Feldküche mit kochendem Wasser gespült werden.

Entgiftung der Haut. Die Entgiftung der Körperoberfläche muß möglichst schnell erfolgen, um das Eindringen des Kampfstoffes in die Haut zu verhindern. Hierzu werden innerhalb der ersten 10 Minuten Losantintabletten mit Wasser (nicht mit Öl oder Alkohol) zu Brei verrieben aufgebracht. Erst der Brei ergibt auf der zuvor abgetupften Haut eine genügende Tiefenwirkung. Entsprechend können Chloramin oder auch Chlorkalkbrei verwendet werden. Tritt bei Chlorkalkbrei Hautbrennen auf, so ist der Brei sofort zu entfernen. Das Einreiben mit trockenem Chlorkalk ist vorzuziehen. Wells empfiehlt eine elektrolytisch bereitete Natriumhypochloritlösung (NaOCl). Ist das Ausmaß der Hautvergiftung nicht zu ermitteln oder die Vergiftung zweifelhaft, so kann der Truppe sofort ein heißes Seifenbad aus Kraftbadezügen gegeben werden. Diese Badezüge führen gewöhnlich auch Kleidung zum Auswechseln oder Sondergeräte zur Entgiftung der Wäsche und Uniform mit.

Entgasung bedeutet die Beseitigung von Luftkampfstoffen. Sie erübrigt sich im Freien, da diese Kampfstoffe von selbst abziehen. Schluchten und Gräben können durch Feuer entgast werden, welches eine verstärkte Luftströmung bewirkt. Geschlossene Räume sind möglichst zu heizen und zu lüften. Die Entgasung kann beschleunigt werden durch Wasserdampf, welcher bei der Kondensation Arsine, Chlorpikrin, Lost und Lewisit niederschlägt, oder durch Zerstäuben von Wasser oder alkalischen Flüssigkeiten (Soda, Natronlauge). Perstoff (und Phosgen) zerfallen z. B. nach der Gleichung:

$$ClCOOCCl_3 + 2\,Na_2CO_3 = 4\,NaCl + 4\,CO_2.$$

Uniformen lassen sich durch Erwärmen und Lüften entgasen, entsprechend wird auch bei Lebens- und Futtermitteln verfahren, bis der Kampfstoffgeruch verschwunden ist. Trinkwasser und andere Flüssigkeiten werden im Freien in offenen Gefäßen mindestens 30 Minuten gekocht. Entsprechend wird bei Vergiftung durch Lost verfahren. Lebensmittel, die mit arsenhaltigen Kampfstoffen oder mit viel Lost in Berührung gekommen sind, werden vernichtet. Das beste Gegenmittel ist gassichere Aufbewahrung.

Literatur. Hieber: Gasschutz und Luftschutz, 1938, S. 336 (Entgiftungsdienst). — Hieber: Der Gasabwehrdienst der Truppe, 1938. — Hieber: Gasschutz und

Luftschutz, 1939, S. 50, 89 (Ausbildung im Entgiften). — Hieber: Gasschutz und Luftschutz, 1938, S. 17 (Rekrutenausbildung Gasabwehr). — Hetzel: Dräger-Hefte, 1938, S. 3792 (Fehler beim Entgiften). — Hanslian: Der chemische Krieg, 1937. — v. Tempelhoff: Gaswaffe und Gasabwehr, 1937. — Stoltzenberg: DRP., Chem. Zbl. 1940 II, S. 2847 (Vernichtung seßhafter Kampfstoffe). — Chem. Zbl. 1940 I, S. 1306 (Hautentgiftung).

54. Filtergeräte.

Filtergeräte sind nur zu verwenden, wenn die Luft genügend Atemsauerstoff enthält. Ihre Aufgabe besteht lediglich darin, die Luft von schädlichen Beimengungen zu befreien.

Diatomitfilter. Am leichtesten ist der Schutz gegen Gase von chemisch ausgeprägt saurem Charakter oder gegen die sauren Spaltungsprodukte der Kampfstoffe (Salzsäure, Kohlensäure) durchzuführen. Hierzu ist jedes Alkali brauchbar. Man muß es allerdings in einer derartigen Form verwenden, daß der Atemwiderstand des Filters nicht zu groß wird. Das Material muß also grobkörnig sein. Andererseits muß die Filterwirkung auch bei heftigem Atmen genügend schnell und zwar in Bruchteilen von Sekunden erfolgen. Das Material muß also eine sehr große Oberfläche haben, es muß porös sein. Diese Anforderungen werden von Bimskies oder Diatomit erfüllt. Diatomit wird künstlich aus einer Mischung von Kieselgur und wenig Ton als Bindemittel durch Brennen hergestellt. Die Diatomitkörner werden nun mit einer Pottaschelösung (K_2CO_3) und nach Bedarf auch mit anderen Chemikalien getränkt, vor allem noch mit Urotropin, dem als Arzneimittel bekannten Hexamethylentetramin (40) als Schutz gegen Phosgen (50). Die entstehende Anlagerungsverbindung $(CH_2)_6N_4 \cdot COCl_2$ ist bei Zimmertemperatur stabil, zersetzt sich aber feucht allmählich unter Spaltung des Phosgenmoleküls und Bildung von Ammoniumchlorid. Auch die Blausäure wird durch Anlagerung im Filter entfernt und zwar durch basische Kupferkarbonate, die mit Blausäure Wasser und ein komplexes Kupfer-Zyankarbonat bilden. Die Filterungen in der Diatomitschicht sind Ionenreaktionen. Hierzu müssen die Körner in einem geeigneten Feuchtigkeitszustand angewendet werden, sie dürfen nicht vollkommen trocken sein. In der chemisch wirkenden Diatomitschicht werden die Moleküle der Kampfstoffe zerstört oder durch Anlagerung chemisch gebunden.

Literatur. Stampe: Wiss. Mitt. des Drägerwerkes, Heft 4, 1936 (Chemische Filtermassen und aktive Kohle).

Aktive Kohle. Wesentlich anders als der Schutz gegen ausgeprägt saure Kampfstoffe gestaltet sich der Schutz gegen die chemisch indifferenten organischen Dämpfe wie z. B. Chlorpikrin, Gelbkreuzdampf usw., welche ebenfalls im Gaszustand vorliegen. Chemisch wirkende Universalmittel gegen die neutralen Dämpfe gibt es nicht. Sie werden im wesentlichen ohne Zersetzung in entsprechend aufnahmefähigen Stoffen gespeichert, meist mit aktiver Kohle adsorbiert. Aktive Kohlen werden nach zwei Verfahren hergestellt. Beide Verfahren haben den Zweck, den bei der Verkokung des Rohmaterials (Torf, Holz, Braunkohle, Fruchtschalen) entstehenden Teer, der die feinen Poren verstopfen würde, zu entfernen. Bei dem Chlorzinkverfahren wird der Rohstoff mit konzentrierter Zinkchloridlösung imprägniert und dann bei 400—800° verkokt. Das stark hygroskopische Zinkchlorid, an dessen Stelle auch Phosphorsäure oder Schwefelsäure treten kann, entzieht der Zellulose ihre Wassermoleküle, sodaß kein Teer entsteht. Das fertige Kohlenstoffgerüst wird zur Entfernung des Zinkchlorids ausgelaugt und getrocknet. Bei dem Wasserdampfverfahren wird bereits verkoktes Material durch Wasserdampf aktiviert. Hierbei wird vor allem der Kohlenstoffgehalt des Teers in Wassergas verwandelt (4). Gemahlene Kohlen werden zur Reinigung von Flüssigkeiten (Entfernung von Farbstoffen und übelriechenden Gasen) benutzt als Entfärbungskohlen (E-Kohlen), grobkörnige Kohlen zur Adsorption von Dämpfen, z. B. zur Wiedergewinnung von Lösemitteldämpfen in der Pulverindustrie oder zur Benzinbzw. Benzolgewinnung (6) aus dem Dampfzustand (A-Kohlen), insbesondere als Gasmaskenkohlen (G-Kohlen).

Literatur. Bailleul-Herbert-Reisemann: Aktive Kohle, 1937.

Kohlefilter. Die Speicherung von Dämpfen und Gasen durch A-Kohle erfolgt durch Adsorption im eigentlichen Sinne und durch Kapillarkondensation. Unter Adsorption versteht man eine an beliebigen Oberflächen eintretende Verdichtung, welche einer einmolekularen Bedeckung entspricht. Die große Adsorptionsfähigkeit der A-Kohle beruht daher auf ihrer außerordentlich großen inneren Oberfläche, die bis zu 1250 m²/g beträgt. Die Struktur der A-Kohlen ist überaus fein, die Wandstärke der Poren kann nach Bailleul nur wenige Molekülschichten betragen. Ein Komprimieren des adsorbierten Gases außerhalb der A-Kohle auf gleichen Raum

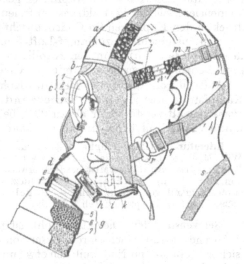

Abb. 54. S-Maske.
a = Stirnbänder, b = Maskenkörper, c = Augenfenster: 1 = Augenring, 2 = Augenscheibe, 3 = Klarscheibe, 4 = Sprengring, d = Einatemventil geschlossen, e = Anschlußstück, f = Dichtung für Filtereinsatz, g = Filtereinsatz, 5 und 6 Gasfilter (Mundschicht, Kohleschicht), 7 = Schwebstoffilter, h = Ausatemventil geöffnet, i = Kinnstütze, k = Dichtrahmen, l = eingenähte Zugfedern, m = Schläfenband, n = Schiebeschnalle, o = Schlaufe, p = Nackenband, q = verschnallbare Nackenbandöse, r = Nackenbandhaken, s = Tragband (nach Dräger).

würde Tausende von Atmosphären erfordern. Adsorbierte Gase befinden sich unterhalb ihrer kritischen Temperatur im flüssigen Zustande. Es ergeben sich die Adsorptionsgesetze: Die adsorbierte Gasmenge nimmt zu mit der Größe der inneren Oberfläche und mit der Engporigkeit der Kohle, ferner mit der Konzentration bzw. dem Druck des Gases (während sie mit steigender Temperatur fällt), außerdem mit der Benetzungsfähigkeit des adsorbierten Stoffes (alle organischen Dämpfe benetzen Kohle), endlich mit dem Siedepunkt bzw. dem Molekulargewicht des Gases. Großes Molekulargewicht entspricht im allgemeinen hohem Siedepunkt. Die Luft mit ihren Bestandteilen Stickstoff und Sauerstoff (Molgewicht m = 28 bzw. 32) sowie auch Kohlenoxyd (m = 28) werden also nahezu ungehindert durchgelassen, während die organischen Dämpfe wie Phosgen (m $\doteq$ 99), Perstoff (m = 198), Lost (m = 159), Chlorpikrin (m = 165) trotz der Kürze der „Verweilzeit" vollständig adsorbiert werden. Reste etwa nicht adsorbierten Phosgens werden von der Diatomitschicht aufgenommen.

Quantitativ bedeutender als diese eigentliche Adsorption ist bei der Bindung organischer Dämpfe die Kapillarkondensation. Hat sich durch Adsorption in den engen Hohlräumen der A-Kohle eine „flache" benetzende Flüssigkeitsschicht gebildet, so ist deren Dampfdruck in diesen Kapillaren geringer als über einer freien Flüssigkeitsoberfläche. Daher werden die weiterhin in die Kapillaren gelangenden verdünnten Dämpfe kondensiert, bis der Partialdruck im freien Dampfraum und der Dampfdruck in den Kapillaren im Gleichgewicht stehen. Nach Herbert müssen sich aus einem Benzoldampf-Luft-Gemisch mit 100 g/m³ Benzol, da der Benzoldampfdruck in den Kapillaren nur 0,1 g/m³ entspricht, 99,9 g/m³ Benzol kondensieren, damit das Gleichgewicht erreicht wird.

Außer durch Adsorption wirkt das Kohlefilter auch noch auf manche Kampfstoffe katalytisch zersetzend, indem es diese durch ihren Wassergehalt zerstört, der bis zu 23 % betragen kann. Saure Spaltprodukte wie HCl und CO_2 nimmt die Diatomitschicht auf.

Literatur. Bailleul-Herbert-Reisemann: Aktive Kohle, 1937.— Stampe: Wiss. Mitt. des Drägerwerkes, 1936, Heft 4 (Chemische Filtermassen und aktive Kohle). — Stampe: Wiss. Mitt. des Drägerwerkes, 1935, Heft 3 (Aufnahmeleistung von Atemfiltern). — Kroepelin: Gasschutz und Luftschutz, 1938, S. 103 (Leistungsfähigkeit von Atemfiltern). — Engel: Z. ges. Schieß- u. Sprengstoffwes. 1929, S. 451 (Adsorption durch A-Kohle).

Schwebstofffilter. Die aktive Kohle ist gegen Schwebstoffe unwirksam. Während Gasteile einen Durchmesser von etwa 10^{-7} cm haben, handelt es sich bei Rauch- und Nebelteilchen etwa um das 100fache, 10^{-5} cm. Solche Schwebstoffe haben eine derart geringe Eigenbewegung, daß sie zum größten Teil die Porenkanäle der aktiven Kohle ohne Adsorption durchdringen. Sie lassen sich nur rein mechanisch festhalten durch ein Schwebstofffilter, das aus Faserstoffen (Papier, Watte oder Filz) besteht. Nach Stampe entsprechen Schwebstofffilter in ihrer Wirkungsweise den üblichen Papierfiltern für Flüssigkeiten. Wenn der zu filternde Stoff von Anfang an auf dem Filter zurückgehalten wird, ist das auch im weiteren Verlauf der Filterung der Fall. Die Filterleistung hört erst bei Verstopfung des Filters auf. Der Versuch, durch Anwendung großer Schwebstoffmengen das Filter des Gegners zu verstopfen, hat wenig Aussicht auf Erfolg. Steigende Konzentration bedeutet nicht ohne weiteres höhere Belastung des Filters. Schwebstoffe neigen bei hoher Konzentration zur Zusammenballung und sind entsprechend leicht zu filtern. Außer hoher

Filterleistung fordert man bei Schwebstoffiltern möglichst kleinen Atem-widerstand. Diese Forderung war nicht leicht zu erfüllen. Heute benutzt man nach Sartori Zellulosefasern von 1—2 mm Faserlänge und etwa 0,02 mm Durchmesser oder Wollfasern, die bei gleichem Durchmesser etwa 5 Krümmungen/cm haben und einen Fettgehalt von nicht über 1% aufweisen.

Literatur. Wiss. Mitt. des Drägerwerkes 1935, Heft 3. — Sartori: Chem. Zbl. 1941 I, S. 609.

Filter der Volksmaske sind vereinfachte Kampfstoffilter. Während die S-Maske der Reihe nach ein Schwebstoffilter, ein Kohlefilter und ein Diatomitfilter hat, hat das VM-Filter nur eine gleichmäßige Schicht, die aus Faserstoff besteht, in welchen Körner von A-Kohle eingebettet sind. Diese Einbettung ermöglicht die Verwendung feinkörniger Kohle, die in einem Nur-Kohlefilter zu großen Atemwiderstand ergeben würde. Kleine Körnung erhöht die Adsorptionsgeschwindigkeit. Das Filter kann daher flach gehalten werden. Wählt man noch einen großen Durchmesser, so wird gleichzeitig der Atemwiderstand herabgesetzt. Möglichst kleiner Atemwiderstand ist für die VM von größter Bedeutung. Gegen Kohlen-oxyd schützt das VM-Filter ebensowenig wie das S-Filter.

Literatur. Bangert: Z. angew. Chem., 1938, S. 209.

Industriefilter sind im Gegensatz zu Kampfstoffiltern keine Universal-filter. Sie haben einen beschränkten Anwendungsbereich, z. B. Filter A, Kennfarbe braun, gegen organische Dämpfe, Filter B (grau) gegen saure Gase, Filter G (blau) gegen Blausäure, Filter K (grün) gegen Am-moniak, Filter CO (schwarze Streifen) gegen Kohlenoxyd. Die Leistung dieser Sonderfilter ist entsprechend höher als diejenige des S-Filters.

Literatur. Stampe: Gasschutz in Industrie u. Luftschutz, Drägerwerke, 1937.

55. Sauerstoffgeräte.

Atemsauerstoff. Filtergeräte sind nutzlos, wenn der Sauerstoffgehalt der Luft weniger als etwa 15% beträgt. Der Mangel dieses lebenswichtigen „Nährgases" erfordert eine Ausrüstung mit Sauerstoffgeräten. Diese machen den Träger von der Zusammensetzung der Außenluft unabhängig. Sie sind auch einzusetzen, wenn die Luft Gase enthält, die von dem S-Fil-ter nicht gebunden werden, wie z. B. CO (9). Unzureichender Sauerstoff-gehalt kann z. B. in Kesseln, Tanks, Kanälen, Kellern und engen Schiffs-räumen mit Schwelbränden, Säuredämpfen oder Gasausströmungen oder in engen Räumen auftreten, die von Rettungskolonnen nach Detonation von Sprengstoffen betreten werden müssen. Die Folgen mangelhafter Sauerstoffzufuhr sind individuell verschieden und auch von dem augen-blicklichen Gesundheitszustand abhängig. Bei nur 16—12% O_2 (normaler Druck vorausgesetzt) wird die Atmung gesteigert, der Pulsschlag be-schleunigt. Die Fähigkeit zu klarem Denken nimmt ab, es zeigen sich Störungen beim Schreiben. Sinkt der Sauerstoffgehalt auf 14 bis 9%, so läßt bei vollem Bewußtsein die Urteilskraft merklich nach. Selbst schwere Verletzungen werden nicht mehr als schmerzhaft emp-funden. Reizbarkeit, aber auch Heiterkeit werden schnell ausgelöst.

Jede Anstrengung führt zu schneller Ermüdung. Wenn die Luft aber nur noch 10—6 % O_2 enthält, zeigt sich oft Übelkeit und Erbrechen, gefolgt von Benommenheit und Bewußtlosigkeit. Nach Flury ist sich der Betroffene bis zu diesem Stadium nicht bewußt, daß etwas nicht in Ordnung ist. Plötzlich aber bricht er zusammen. Sinkt der Sauerstoffgehalt weiter unter 6 %, so können Krämpfe eintreten. Die Atmung steht still, nach etwa 6 min tritt der Tod ein. — Richtige Bemessung der Sauerstoffzufuhr in Sauerstoffgeräten erfordert die Kenntnis des Sauerstoffverbrauchs beim Atmen. Hierüber gibt die Tab. 36 Aufschluß. Besonders wichtig ist die Tatsache, daß der Sauerstoffverbrauch sehr stark von der Arbeitsleistung abhängt.

Tab. 36. Sauerstoffverbrauch und Kohlensäureabgabe beim Atmen[1].

	liegend	sitzend	Marsch 85 Schr./min	Marsch 125 Schr./min	Laufschritt 165 Schr./min	Laufen 220 Schr./min	Treppenlaufen 111 Stufen/28sec	
Atemzüge/min . . .	14	18	20	23	24	40	40	—
Luftbedarf	4,9	7,2	15	32	41	82	84	l/min
CO_2-Abgabe	0,15	0,21	0,45	0,70	1,3	2,4	3,2	,,
O_2-Verbrauch . . .	0,18	0,25	0,53	0,90	1,50	2,70	3,60	,,

Der Heeresatmer, das Muster eines neuzeitlichen Sauerstoffgerätes, ist für einstündigen Gebrauch bemessen. Der Sauerstoff wird einer Flasche von 1 l Inhalt entnommen. Sie hat einen Anfangsdruck von 150 at und enthält daher $\approx$ 150 Nl Sauerstoff. Der hohe Druck erfordert sorgfältige Behandlung (3). Unter Benutzung eines Druckminderers ist der Sauerstoffstrom nach Öffnen des Ventils auf eine konstante Dosierung abgestellt. Diese Dosierung von 1,5 $\pm$ 0,15 Nl O_2/min genügt für durchschnittliche Arbeitsleistung, reicht jedoch für schwere Arbeit nicht aus. In diesem Falle tritt bei dem Heeresatmer eine lungentätige Dosierung in Kraft, bei welcher der Sauerstoffstrom durch eine am Atemsack befestigte Hebelanordnung gesteuert wird. Mit dem Zusammenfallen und Aufblähen des Atemsacks paßt sie sich der Atemtätigkeit des Benutzers an. Im Falle schwerster Arbeit kann außerdem noch ein Zuschußventil betätigt werden, welches zusätzlichen Sauerstoff liefert, sodaß selbst in diesem Falle der hohe Sauerstoffbedarf von über 3 Nl/min gesichert ist. Der Geräteträger muß an dem beigefügten Manometer den Sauerstoffvorrat ständig nachprüfen. Ist der Druck auf etwa 20 at gesunken, so muß der Rückzug angetreten werden. Es sind dann, da die Flasche des Heeresatmers 1 l groß ist, noch 20 Nl O_2 vorhanden, die für einen Rückzug von 10 min ausreichen. Ein übermäßig schneller Verbrauch des Sauerstoffs tritt ein, wenn die ausgeatmete Luft ins Freie gedrückt wird. Es ist daher vor der Benutzung des Geräts das Ausatemventil der Gasmaske dichtzusetzen. Gleichzeitig ist das Einatemventil der Maske zu entfernen, da sonst eine Stauung der Atemluft

---

[1] Nach Stelzner: Drägerwerke.

beim Ausatmen eintritt und diese durch Aufblähen des Maskenkörpers entweicht. Nach Aufsetzen der Gasmaske, Öffnen des Sauerstoffventils, Prüfung des Sauerstoffvorrats und Anschluß der Atemschläuche muß das Gerät leergeatmet werden. Hierzu wird tief eingeatmet und dann bei zusammengedrückten Atemschläuchen ausgeatmet. Die Luft entweicht hierbei am Dichtrahmen der Gasmaske. Das Verfahren wird wiederholt bis zum hörbaren Anspringen der lungentätigen Steuerung. Das Leeratmen ist notwendig, weil das Gerät anfänglich mit Luft gefüllt ist, also bei 10 l Inhalt (Atembeutel, Hohlräume, Atemwege) etwa 8 l Stickstoff im Gerät sind. Sollte nun der Sauerstoff in der Flasche etwa 2% Stickstoff enthalten, so tritt eine schnelle Überfüllung des Atembeutels mit Stickstoff ein. Da dieser im Gerät nicht verbraucht wird, wirkt die lungentätige Steuerung zu flach

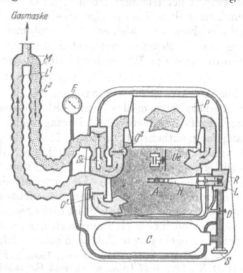

Abb. 55. Wirkungsweise des Heeresatmers [1].

A = Atembeutel, C = Sauerstoff-Flasche, D = Druckknopfventil für Sauerstoffzusatz, F = Vorratsmesser (Finimeter), H = Lungenautomatische Hebelmechanik, L = Lungenautomatische Dosierung, L^1 = Einatemschlauch, L^2 = Ausatemschlauch, M = Atemmundstück, O^1 = Einatemventil, O^2 = Ausatemventil, P = Alkalipatrone, R = Druckminderventil, S = Sauerstoff-Flaschenventil, Si = Signalhupe (Warnsignal bei Sauerstoffmangel), Ue = Überdruckventil.

und der Geräteträger ist von Sauerstoffmangel bedroht. Hat der Flaschensauerstoff einen genügend hohen Reinheitsgrad, wie er selbst bei Industriesauerstoff mit über 99% O_2 heute in Deutschland üblich ist, so tritt die Bedrohung durch Sauerstoffmangel entsprechend später ein. Die Stickstoffgefahr wird (nach Leeratmung) ganz ausgeschaltet durch das automatisch arbeitende Überdruckventil am Atemsack. Es wird durch den überfüllten Atemsack betätigt unter Ausnutzung der durchspülenden Wirkung der konstanten Sauerstoffdosierung. Die Spülwirkung erreicht 12—15 l in der Stunde. Sauerstoffmangel kann auch eintreten, wenn vergessen wurde, das Sauerstoffventil zu öffnen. In diesem Falle und bei Undichtigkeiten der Zuleitung des Sauerstoffs ertönt das Warnsignal. Das Warnsignal ist aber kein Rückzugssignal. Ferner kann Sauerstoffmangel eintreten durch Eindringen von Außengasen (Undichtigkeiten) und durch schlechte Wirkung der Alkalipatrone.

Literatur. Haase-Lampe: Dräger-Hefte 1938, S. 3936 und 1939, S. 4087 (Gebrauch des Heeresatmers). — Gasschutz u. Luftschutz, 1938, S. 330. — Ryba: Dräger-Hefte 1936, S. 3282. — Ref., Dräger-Hefte 1937, S. 3491 (Reinheitsgrad O_2).

[1] Sauerstoffverteilung stark schematisiert. Einzelheiten s. Literatur (Drägerwerke).

— Forstmann: Dräger-Hefte 1940, S. 4311 (Grundsätzliches zum Lungenautomaten). — Cordes: Dräger-Hefte 1940, S. 4413 (Druckminderer). — Schröter: Dräger-Hefte 1940, S. 4394 (Sauerstoff).

Alkalipatronen sollen die Kohlensäure der ausgeatmeten Luft binden. Da bereits bei leichter Arbeit 2% CO_2 schädlich wirken (9), muß bei dem Träger eines Sauerstoffgerätes, der immer schwere Arbeit zu leisten und aus einem sehr kleinen Gerätevolumen zu atmen hat, die Anhäufung von Kohlensäure vermieden werden. Gleichzeitig mit der Kohlensäure wird der Wasserdampf der ausgeatmeten Luft gebunden:

$$K_2O + CO_2 = K_2CO_3; \quad K_2O + H_2O = 2\,KOH.$$

Infolge der Wasseraufnahme neigen die Alkalikörner zum Flüssigwerden. Die ätzende Lauge muß bei senkrecht stehenden Patronen in einem Laugefang abgefangen werden. Bei waagerecht liegenden Patronen ist der Laugefang entbehrlich, seitdem 1938 weniger zum Laugen neigendes Material gefunden wurde. Brauchbare Alkalipatronen rasseln beim Schütteln. Bei der Bindung von CO_2 und H_2O entsteht Wärme. Das Warmwerden ist der Beweis für einwandfreie Arbeit der Patronen. Unbrauchbare Patronen erwärmen sich nicht oder nur langsam. Das Einatmen selbst sehr warmer Luft ist nicht gesundheitsschädlich. Die Alkalipatronen sind für die Gebrauchszeit der Sauerstoffflasche des Geräts berechnet. Angebrauchte Patronen sollen nicht wieder verwendet werden.

Literatur. Bangert: Dräger-Hefte, 1938, S. 3990 (Alkalipatronen). — Normblatt DIN 3176, 1937 (Abmessung und Gebrauchszeit von Alkalipatronen). — Hetzel: Dräger-Hefte, 1939, S. 4057 (Desinfektionswirkung der Alkalipatrone).

Proxylen-Geräte. Weniger wichtig sind diejenigen Geräte, bei denen der Sauerstoff durch den Atemprozeß im Gerät chemisch entwickelt wird. Als Sauerstoffträger dienen hier die Superoxyde des Natriums und Kaliums Na_2O_2 und K_2O_2. Durch die bei der Ausatmung entstehenden Stoffe CO_2 und H_2O wird der Sauerstoff folgendermaßen frei gemacht:

$$2\,Na_2O_2 + 2\,H_2O = 4\,NaOH + O_2 \quad \text{und} \quad 2\,Na_2O_2 + 2\,CO_2 = 2\,Na_2CO_3 + O_2.$$

Der Einbau einer Alkalipatrone ist somit überflüssig. Es hat sich sogar gezeigt, daß das Gerät schlecht anspringt und durch Einbau einer besonderen CO_2-Patrone, die einmalig 4 l CO_2 abgibt, in Betrieb gesetzt werden muß.

Literatur. Stampe: Z. ges. Schieß- u. Sprengstoffwes., 1929, S. 360; 1929, S. 234; 1930, S. 419.

Kreislüftung im Unterseeboot. Besondere Bedeutung haben die Alkalipatronen bei der Unterwasserfahrt von U-Booten. Die verbrauchte Luft wird mit Fliehkraftgebläsen durch Alkalipatronen gesaugt, dadurch von CO_2 befreit und dann wieder in den Raum gedrückt. Sauerstoff wird aus Stahlflaschen zugesetzt. Der CO_2- und O_2-Gehalt der Luft ist gasanälytisch leicht zu überwachen, z. B. mit einfachen Orsatapparaten (11). Ohne Lüftung steigt der CO_2-Gehalt schnell an. Werden pro Mann und Minute b 1 CO_2 abgegeben (bei schlafender Besatzung b $\approx$ 0,16, bei normaler Tätigkeit b $\approx$ 0,33, im Gefecht b $\approx$ 0,5) und ist t die Zeit in min, v der „spezifische Raum" in l/Mann, c der jeweilige CO_2-Gehalt in l/l (das Hundertfache ist der %-Gehalt), so ergibt sich der CO_2-Gehalt c aus der Formel c · v = b · t. Z. B. hat mit b = 0,33, v = 3000 der

CO_2-Gehalt nach 3 Stunden die Grenze von 2% erreicht. Wird die Lüftung angestellt, ausgedrückt als spezifische Lüftung λ in l/Mann und min, so ändert sich in der kleinen Zeit dt der Kohlensäuregehalt c um dc, sodaß:

$$v \cdot dc = (b - \lambda c)\, dt; \quad \text{integriert:} \quad c = \frac{b}{\lambda} + \left(k - \frac{b}{\lambda}\right) \cdot e^{-\frac{\lambda}{v}t}.$$

Bei Bestimmung der Integrationskonstanten ist angenommen, daß bei Beginn der Lüftung (t = 0) der CO_2-Gehalt der Luft bereits = k war. Die Formel läßt erkennen, daß der CO_2-Gehalt von vielen Faktoren abhängt. Selbst nach langer Lüftungszeit (t = ∞) kann er nie kleiner werden als $c_\infty = b/\lambda$ (mit b = 0,33 und λ = 24 z. B. $c_\infty = 0,01375$ oder 1,38% CO_2).

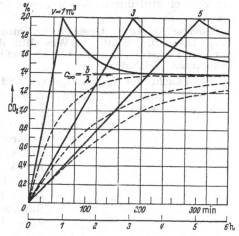

Wie schnell die Exponentialkurve diesem Grenzwert zustrebt, hängt bei festliegenden Werten von k, b und λ von dem spezifischen Volumen v ab. Bei v = 5000 l/Mann sinkt der CO_2-Gehalt von k = 2% auf etwa 1,38% erst nach etwa 10 Stunden, bei kleinerem v entsprechend schneller. Der CO_2-Gehalt kann überhaupt nur abnehmen, solange k > b/λ bzw. λ > b/k ist. Ist aber bei schwacher Lüftung λ < b/k, so steigt der CO_2-Gehalt unabhängig von der Raumgröße bis nahe an den Grenzwert b/λ. Z. B. steigt bei k = 0,02 bzw. 2% der CO_2-

Abb. 56. Zeitlicher Verlauf des CO_2-Gehaltes bei der Kreis- und Durchflußlüftung. Ansteigende Geraden: CO_2-Anstieg ohne Lüftung. Kurven: CO_2-Anstieg bzw. CO_2-Abnahme nach Anstellen der Lüftung bis zum Grenzwert c_∞ von anfangs k = 0 (gestrichelt) bzw. k = 2% CO_2 (sämtliche Kurven für b = 0,33 u. λ = 24).

Gehalt bis nahe an den Grenzwert b/λ = 0,33/10 = 0,033 bzw. 3,3% CO_2 bei der schwachen Lüftung λ = 10 l/min. Bei λ = b/k bleibt der CO_2-Gehalt konstant = k, z. B. bei λ = 0,33/0,02 = 16,5 l/min. — Die Formeln setzen voraus, daß CO_2 von den Alkalipatronen vollständig gebunden wird. Die Patronen erreichen aber erst nach etwa 10 min ihre volle Leistung (kenntlich an der fühlbaren Wärme), lassen aber nach 3—4 Stunden beträchtlich nach. (Bei Erkalten sind neue Patronen einzuschalten.) Man setzt den mittleren Wirkungsgrad der Patronen = 50% und rechnet mit den Formeln weiter, setzt aber für die Lüftung den doppelten Wert ein. — Nach dem Auftauchen kann der CO_2-Gehalt k bei Durchlüftung mit Außenluft schnell verringert werden. Nach dem Abschalten der Alkalipatronen fällt ihr Widerstand weg und das Gebläse ergibt eine bedeutend höhere Leistung. Ist z. B. λ = 1000 l/min, so wird der Grenzwert c_∞ = b/λ = 0,33/1000 = 0,00033 bzw. 0,033% CO_2 bei anfänglich 2% CO_2 praktisch nach etwa 40 min erreicht.

Literatur. Stelzner: Dräger-Hefte 1936, S. 3288 (Kreislüftung).

Durchflußlüftung im Schutzraum. Bei der Schutzraumlüftung fallen die Alkalipatronen weg. Es wird mit Frischluft belüftet, die in Gasfiltern von schädlichen Gasen befreit ist. Die Lüftung wird angestellt, wenn der Schutzraum betreten wird. Es ist also der anfängliche CO_2-Gehalt $k = 0$. Damit vereinfacht sich die Formel zu

$$c = \frac{b}{\lambda}\left(1 - e^{-\frac{\lambda}{v}t}\right).$$

Der CO_2-Gehalt strebt wieder exponentiell der Grenze b/λ zu (Abb. 56). Die Überlegungen sind sinngemäß anzuwenden. Der spezifische Luftraum ist gewöhnlich $v = 3000$ l/Mann bzw. 3 m³/Mann. Die Auswertung der Formel wird durch Nomogramme erleichtert, die von Roeder angegeben wurden.

Literatur. Roeder: Gasschutz u. Luftschutz, 1938, S. 228. — Stelzner: Dräger-Hefte 1936, S. 3107. — Wiss. Mitt. des Drägerwerkes, 1936, Heft 1. — Stampe: Dräger-GL-Kalender 1941 (Raumfilter). — Meier-Windhorst: desgl. (Schutzraum-Kleinlüfter).

Der Tauchretter (Gegenlunge von Dräger) ist ein vereinfachtes Sauerstoffgerät (Abb. 57). Sauerstoffvorrat und Alkalipatrone reichen bei nicht zu schwerer Arbeit für ¹/₂ Stunde aus. Der Tauchretter dient zum Ausschleusen der Mannschaft aus havarierten U-Booten. Charakteristisch ist das Einatmen von Sauerstoff unter Druck (10 m Tiefe = 1 atü). Hochprozentiger Sauerstoff kann unter Druck bei längerer Einatmung zu einer Sauerstoffvergiftung führen (Ermüdung, Schweißbildung, Lippenzucken, Schwindel, Bewußtlosigkeit). Als ungefähres Maß für die Zulässigkeit der O_2-Atmung unter Druck ist das Produkt aus Atemzeit in min und Teildruck des Sauerstoffs anzusehen, ausgedrückt in atü min. Der O_2-Teildruck ist = Gesamtdruck · Volumanteil des Sauerstoffs (O_2-Prozentgehalt/100) (22). Aus Versuchen der Drägerwerke im Taucherkessel ergab sich als äußerst zulässiger Wert etwa 80 atü min. Bis 15 m Tiefe kann selbst 100% Sauerstoff ohne Gefahr 30 min geatmet werden (1,5 · 30 = 45 atü min), bis

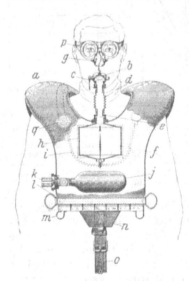

Abb. 57. Schematische Darstellung des Dräger-Tauchretters.

40 m Tiefe 80% Sauerstoff 25 min lang (80 atü min), bis 60 m Tiefe 85% Sauerstoff 9 min (46 atü min). Bei Arbeitsleistung müssen die letzten Zeiten verkürzt werden. Unter hohem Wasserdruck soll die Atemzeit möglichst kurz sein. Das Gerät ist also erst kurz vor dem Austauchen zur Atmung anzusetzen. (Dauert das Fluten des Bootes längere Zeit, sodaß der CO_2-Teildruck zu hoch wird, oder tritt infolge Elektrolyse des kochsalzhaltigen Seewassers Chlor auf (16,50), kann das Gerät auf Befehl schon früher in Gebrauch genommen werden). Bei

Tiefen über 20 m wird der Atemsack ganz oder teilweise mit Luft (80% N_2!) gefüllt, um den Teildruck des Sauerstoffs zu vermindern und damit die zulässige Atemzeit zu vergrößern. Beim Austauchen aus Tiefen von 20—30 m wird der Atemsack durch einen Atemzug halb mit Luft gefüllt, der Rest durch Sauerstoff ergänzt, beim Austauchen aus 30—100 m wird der Atemsack durch 3 Atemzüge mit Luft gefüllt. Im ersten Falle wird alle 10—15 min, im letzten Falle alle 5—10 min Sauerstoff nachgefüllt. Während des Austauchens dehnt sich die Luft im Atemsack aus und entweicht durch das Überdruckventil. Nach Erreichen der Oberfläche wird dieses Ventil festgesetzt, die Nasenklammer abgenommen, der Atemsack mit Sauerstoff oder mit Außenluft aufgefüllt und der Mundstückhahn geschlossen. Der Tauchretter dient nun als Schwimmboje.

In Tiefen von 0—20 m wird eine Nachfüllung des Atemsacks erforderlich, wenn dieser zusammenklappt und damit dem Träger durch hohen Atemwiderstand das Signal zum Nachfüllen gibt. Der Atemsack kann aber nur zusammenklappen, wenn die „Restluft" im Atemsack weniger als 3 l beträgt, da die Lunge mehr als 3 l faßt. Befindet sich aber viel Stickstoff im Atemsack, so klappt dieser nicht zusammen, weil der Stickstoff nicht verbraucht wird. Dieser Fall würde z. B. schnell eintreten, wenn aus dem Atemsack, mit gewöhnlicher Luft gefüllt, geatmet würde. Da der Atemsack etwa 12 l faßt, bleiben $^4/_5$ davon = 9,6 l Stickstoff dauernd im Gerät. Der Träger würde zwar seine Lunge füllen, aber keinen Sauerstoff erhalten und schnell bewußtlos werden. Der Stickstoff muß daher möglichst restlos durch „Leeratmen" entfernt werden. Es ist dann nach Auffüllen mit Sauerstoff sichergestellt, daß nach Verbrauch der größten Sauerstoffmenge die verbleibende Restluft weniger als 3 l beträgt, beim Atmen der Sack also zusammenklappt. Gleichzeitig enthält die Restluft noch mindestens 15% Sauerstoff, also Sauerstoff in gerade noch ausreichender Menge. Daraus ergibt sich die Vorschrift: Gegenlunge leersaugen — Sauerstoff einlassen — nach tiefer Ausatmung ansetzen zur Beatmung.

Literatur. Wiss. Mitt. des Drägerwerkes, 1935, Heft 9.

Der Höhenatmer dient zur Versorgung des Fliegers mit Sauerstoff. Die Sättigung des Blutes mit Sauerstoff ist gesichert, wenn der Teildruck (22) des Sauerstoffs in der Höhe dem normalen Teildruck des Sauerstoffs am Boden entspricht. Da der Teildruck des Sauerstoffs = Luftdruck p · Volumanteil des Sauerstoffs x ist (x = Prozentgehalt/100), so ergibt sich:

$$x \cdot p = 0{,}21 \cdot 760 \text{ bzw. } x = 0{,}21 \cdot 760/p = 160/p.$$

In 6000 m Höhe ist die Luft also auf $x = 160/354 = 0{,}45$ bzw. 45% Sauerstoff anzureichern. Weitere Zahlen ergeben sich aus Tab. 37. Obwohl die Theorie für 6500 m nur 53% Sauerstoff erfordert, ist bei dieser Höhe aus Sicherheitsgründen bereits reine Sauerstoffatmung einzuschalten. Bis 6500 m Höhe wird aus Gründen der Sauerstoffersparnis ein Gemisch aus reinem Flaschensauerstoff und Luft bereitet. (Sauerstoffgeräte nach Art des Heeresatmers mit Kreislauf der Luft haben sich im Flugzeug wegen Vereisung der Ventile und unregelmäßigen Anspringens stark unterkühlter Alkalipatronen nicht bewährt.) Der Höhenatmer ist ein

Tab. 37. Luftdruck, Temperatur und Sauerstoffteildruck in verschiedenen Höhen nach Hollmann.

Höhe über dem Meere m	Luftdruck Torr	Temperatur °C	Sauerstoffteildruck der Luft Torr	Volumanteil[1] des Sauerstoffs x in %
0	760,00	+15	160,0	21,0
1 000	675,45	+10	142,0	23,9
2 000	597,56	+ 5	125,5	27,3
3 000	527,00	0	110,5	31,3
4 000	463,23	− 5	97,0	36,1
5 000	405,80	−10	85,3	41,9
6 000	354,37	−15	74,4	48,8
7 000	308,35	−20	64,7	57,5
8 000	267,25	−25	56,0	68,3
9 000	230,56	−30	48,4	82,0
10 000	198,30	−35	41,6	99,5

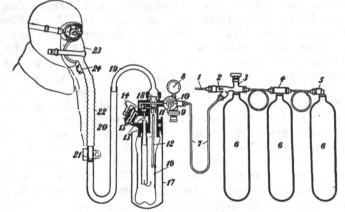

Abb. 58. Höhenatmer-Anlage.
Zeichen: 1 = Rohrleitung, 2 = Rückschlagventil, 3 = Verschlußventil, 4 = T-Stücke, 5 = Winkelstücke, 6 = Sauerstoff-Flaschen, 7 = Rohrleitung zum Höhenatmer, 8 = Druckmesser, 9 = Druckminderer, 10 = Absperrhahn, 11 = Spindel, 12 = Steuerhebel, 13 = Injektor, 14 = Schieberventil. 15 = Sperrventil, 16 = Steuerbeutel, 17 = Schutzkorb des Steuerbeutels, 18 = Einatemventil, 19 = Krümmer, 20 = Atemschlauch, 21 = Anschluß Faltenschlauch, 22 = Faltenschlauch, 23 = Atemmaske, 24 = Ausatemventil. (Drägerwerke.)

rein lungenautomatisches Gerät, das bei größter Sparsamkeit zuverlässige Deckung des Sauerstoffbedarfs gewährleistet. Sein wichtigster Bestandteil ist der Injektor. Der durch den Lungenautomaten gesteuerte Sauerstoff ruft beim Ausströmen einen Unterdruck in der kleinen Gehäusekammer hervor, sodaß sich ein Glimmerventil öffnet und Luft in einer Menge einströmen läßt, die durch ein Schieberventil geregelt ist. Das Sauerstoff-Luft-Gemisch strömt in den Atembeutel, an dessen Wand der Hebel des Lungenautomaten befestigt ist. Aus dem Atembeutel gelangt das Gemisch durch ein Einatemventil in den Faltenschlauch und in die Höhenatemmaske. Die ausgeatmete Luft wird durch ein Ausatemventil ins Freie gedrückt.

Literatur. Hollmann: Dräger-Hefte 1941, S. 4506.

[1] Entsprechend normalem Sauerstoffteildruck in Meereshöhe. Die Zahlen enthalten Korrekturen für Erwärmung und Feuchtigkeitsaufnahme der Luft in der Lunge.

Sachverzeichnis.